高等职业教育
氢能技术应用专业
系列教材

燃料电池技术

基础分册

段春艳　胡昌吉　主编
胡文勇　熊子昂　李　姗　副主编
周　宁　主审

化学工业出版社
·北京·

内容简介

本书按照项目化教学组织教材内容，融入氢燃料电池产业新技术、新工艺、新产品，全面反映新时代教学改革成果，并将实践训练与行业技术职业规范贯穿整个教学过程。

本书是以“做”为中心的教学做一体化的新形态工作手册式教材。本书分为基础分册、项目分册、学生工作手册三册。基础分册介绍了市场上的燃料电池产品、燃料电池的性能参数、标准规范、不同应用场景的燃料电池等。项目分册包含两个项目：小功率风冷型质子交换膜燃料电池制作、大功率水冷型质子交换膜燃料电池制作。每个项目按照项目订单、设计与原材料准备、单电池制作、系统装调、系统应用的次序组织内容，与燃料电池技术产品开发及生产岗位要求相适应。学生工作手册提供“记录单”和“任务评价表”，便于记录与反馈。本书配有二维码，扫描即可查看相应的数字资源，同时配备氢能技术应用专业教学资源库共享网课课程，有利于教师教学和学生自主学习。

本书适合作为高职院校氢能技术应用专业的教材，也可以作为燃料电池技术工艺工程师的学习用书，亦可供氢能相关专业的技术人员作为参考书。

图书在版编目（CIP）数据

燃料电池技术 / 段春艳，胡昌吉主编. -- 北京 : 化学工业出版社，2024. 12. --（高等职业教育氢能技术应用专业系列教材）. -- ISBN 978-7-122-47184-0

Ⅰ. TM911.4

中国国家版本馆 CIP 数据核字第 2024FK4550 号

责任编辑：葛瑞祎　　文字编辑：宋　旋
责任校对：宋　玮　　装帧设计：张　辉

出版发行：化学工业出版社
（北京市东城区青年湖南街 13 号　邮政编码 100011）
印　　装：中煤（北京）印务有限公司
787mm×1092mm　1/16　印张 20　字数 481 千字
2024 年 12 月北京第 1 版第 1 次印刷

购书咨询：010-64518888　　售后服务：010-64518899
网　　址：http://www.cip.com.cn
凡购买本书，如有缺损质量问题，本社销售中心负责调换。

定　　价：59.00 元

编审人员名单

主　编　**段春艳**（佛山职业技术学院）

　　　　胡昌吉（佛山职业技术学院）

副主编　**胡文勇**（佛山职业技术学院）

　　　　熊子昂（广东绿储氢基能源科技股份有限公司）

　　　　李　姗（佛山职业技术学院）

参　编　**冯　源**（佛山职业技术学院）

　　　　龙志军（佛山职业技术学院）

　　　　施　涛（上海攀业氢能源科技股份有限公司）

　　　　李国伟（佛山供电局试验研究所）

　　　　武晨华（内蒙古机电职业技术学院）

　　　　张泽敏（广东轻工职业技术学院）

主　审　**周　宁**（佛山市华南新能源汽车产业促进中心）

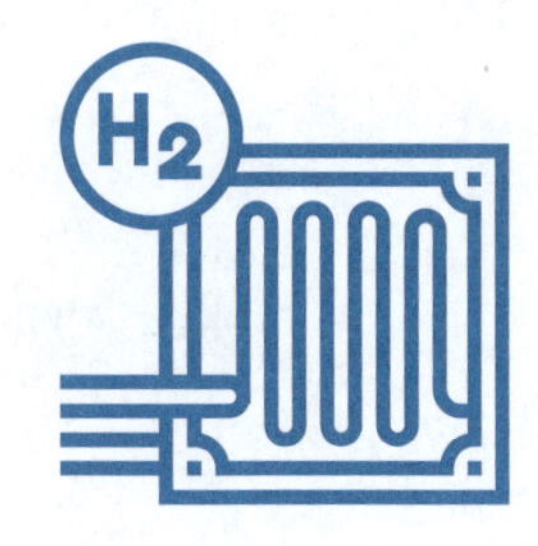

序言

2020 年 9 月，中国明确提出 2030 年“碳达峰”与 2060 年“碳中和”目标，氢能作为最具发展潜力的清洁能源之一，是未来能源体系的重要组成部分，也是实现交通、工业和建筑等领域大规模深度脱碳的有效途径。2022 年 3 月，国家发展改革委、国家能源局联合印发《氢能产业发展中长期规划（2021—2035 年）》，正式将氢能产业列入国家发展战略。我国氢能产业快速发展。

燃料电池是一种将燃料所具有的化学能直接转换成电能的化学装置，被誉为继水力发电、热能发电和原子能发电之后的第四种发电技术，是氢能产业核心技术之一。燃料电池的起源可以追溯到 1839 年，其名称于 1889 年被正式采用。20 世纪 50 年代之前，燃料电池的研究进展缓慢，之后取得巨大的进步，尤其是近年来，在世界各地尤其是中国的多场景应用示范的推动下，技术不断进步完善，逐渐走向成熟。

佛山市作为国内较早涉足氢能的地区，2009 年就开始引入氢能项目，2017 年着手布局氢能产业。在推进氢能产业发展的过程中，佛山市乃至全国深受氢能人才缺乏之困扰，尤其是氢能技术技能人才严重不足，成为阻碍氢能产业发展的重要因素。2019 年，佛山市南海区政府与联合国开发计划署（UNDP）合作，发起建设 UNDP-中国粤港澳大湾区氢能经济职业学院示范项目，广泛联合佛山地区的职业院校和氢能企业开展氢能职业技术技能教材研究编制，推动我国氢能职业技术和技能人才培养和教育工作。2020 年，高职院校开始开设“氢能技术应用”专业，2022 年教育部同意开设“氢能科学与工程”本科专业，打开了氢能人才培养的方便之门。

《燃料电池技术》基于当前燃料电池的最新技术、生产工艺和设备技术，结合职业教育特点和教学做一体化教学改革成果，旨在培养适合燃料电池生产企业实际岗位需求的职业技术和技能人才，对推动我国氢能职业技术和技能人才培养和教育工作具有重大意义。

教育、科技、人才是中国式现代化的基础性、战略性支撑，职业教育在培养高素质技术技能人才、大国工匠方面发挥重要作用。氢能是未来国家能源体系的组成部分，氢能技术技能人才培养任重道远，需要社会各界的持续关注和努力。

蔡德权

中国标准化协同创新平台氢能专家委员会副主任

华南氢能产业技术创新战略联盟理事长

2024 年 10 月

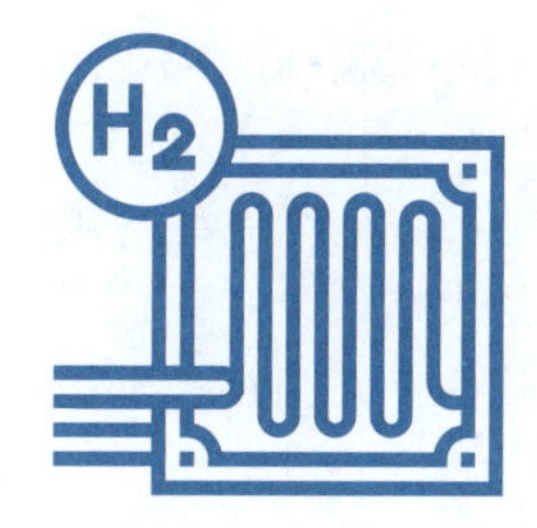

前言

“燃料电池技术”是高职氢能技术应用专业的一门实践性很强的必修专业课。本教材以服务燃料电池行业企业实际岗位需求为出发点，融合了高职氢能专业教学做一体化教学改革成果，吸纳了氢燃料电池生产行业的最新技术、工艺、产品和设备等。同时，紧密结合当前氢燃料电池产业的生产实际情况，确保了教材内容的高度针对性和实用性。

本教材具有以下特点：

1. 全面反映新时代教学改革成果，按照项目化教学组织教材内容，融入新技术、新工艺、新产品

在严格遵循国家关于职业院校教材管理办法及最新人才培养方案的指导方针下，本教材以课程为依托，深度融入新时代校企合作、创新教育、项目化教学及信息化改革等教学改革精髓，聚焦于培养燃料电池生产工艺工程师岗位所需的核心职业能力，将项目化学习、自主学习以及创新应用能力的培育理念贯穿全教材，旨在全面提升学生的专业技能与综合素质。

本教材紧密贴合氢燃料电池行业企业的产品生产类型及项目化工作特性，旨在培养学生的项目执行能力与系统思维能力。为此，将教材内容精心划分为基础分册、项目分册和学生工作手册三大部分，引导学生在初步掌握燃料电池技术概况的基础上，循序渐进地完成两个难度逐步升级的综合项目，通过实践深化理论知识，提升解决实际问题的能力。基础分册介绍了市场上的燃料电池产品、燃料电池的性能参数、标准规范、不同应用场景的燃料电池等。项目分册包括小功率风冷型质子交换膜燃料电池制作、大功率水冷型质子交换膜燃料电池制作两个项目。风冷型质子交换膜燃料电池功率小，结构简单，水冷型质子交换膜燃料电池功率大，结构相对复杂，由简单到复杂的递进，利于学习者逐步掌握燃料电池的设计、制作和创新实践应用。

2. 以“做”为中心的教学做一体化的新形态工作手册式教材，教学资源库共建共享

根据职业院校学生的特点，教材全面贯彻“以学生为中心”的理念，深度融合了企业的岗位标准、产品执行的行业标准、质量检测标准以及安全生产规范，确保教学过程与实际工作需求无缝对接，便于实施教学做一体化的教学模式。内容涵盖项目订单、产品设计与原材料准备、单电池生产、电堆装调、系统应用等关键环节，并融入了“燃料电池装调工”职业标准的内容，旨在培养学生在真实工作场景中的专业技能与职业素养。通过本课程的学习，学生能够全面掌握燃料电池生产工艺的精髓，毕业后能够直接胜任燃料电池生产工艺工程师岗位的工作，具备解决实际生产问题的能力。

每个项目均依据企业项目实施的完整流程，精心设计了 4 个任务，每个任务有明确的任务单、任务资讯、任务实施和任务评价。在任务实施过程中，提供了明确的学习指导，

同时在任务资讯部分特别标注了关键知识点。此外，对燃料电池生产工艺工程师的职业岗位能力标准进行了细致分解，并融入各个项目和任务之中。在学习的过程中，学生可按照学生工作手册提供的“记录单”“任务评价表”等内容循序渐进地开展工作。实战型的项目学习模式不仅精准提升了学生的各项能力，还借助工作手册中详尽的表格记录和评估反馈，实现了学习效果的量化衡量与显著提升，有助于培育学生追求卓越的工匠精神与勤勉敬业的劳动态度。

本教材配备立体化教学资源，教材中设有微课二维码，随扫随学。此外，本教材还提供氢能技术应用专业教学资源库共享网络课程，涵盖燃料电池生产岗位的职业能力分析表、课程标准、课件、题库等内容。

3. 校企“双元”合作开发，实现校企协同“双元”育人

本教材由职业院校具备双师素质与丰富教学经验的一线专业教师，以及拥有深厚实践经验的企业技术专家共同编写。为了适应氢能产业的发展趋势和行业需求，编写团队深入企业前沿，开展广泛的调研与实践，确保教材内容能够及时吸纳行业最新的技术革新、工艺升级及规范标准。所选取的案例来源于企业真实产品和技术工艺，真实反映典型岗位职业能力要求。在此基础上，编写团队充分融合教育教学理念，精心编排内容，使之既贴合企业实际需求，又便于学习者掌握，使教材兼具实践性与教学性。

4. 落实立德树人根本任务，巧妙融入课程思政内容，努力实现职业技能和职业精神培育的高度融合

教材中设有“氢能文化”，任务单后配有与本次任务主旨贴合的“安全生产”，将思政元素巧妙地穿插在课程学习中，对于培养学生职业素养、塑造学生正确的价值观与人生观有积极的作用，还可以让学生体会中华优秀传统文化的优美之处，增强文化自信。

本教材由段春艳、胡昌吉主编，胡文勇、熊子昂、李姗副主编，周宁主审。段春艳负责基础分册、项目分册项目一以及学生工作手册的编写；胡昌吉、熊子昂、胡文勇、李姗负责项目分册项目二的编写；胡文勇、李姗负责项目一生产过程图片的拍摄整理；冯源负责优质教学资源的制作；龙志军提供了行业技术标准及应用；施涛等企业专家及武晨华、张泽敏提供了部分案例、图片、企业作业指导书等；李国伟从技能人才培养的角度出发，参与编写了知识、技能、素质目标，提供了燃料电池在发电领域的应用案例等。编写过程中参阅和选用了国内外有关专家在氢能技术方面的一些新理念和成果，同时得到了上海攀业氢能源科技股份有限公司、广东绿储氢基能源科技股份有限公司、广东泰极动力科技有限公司、佛山市华南新能源汽车产业促进中心等单位的大力支持与帮助，在此表示衷心的感谢！

由于编者水平有限，书中不足之处在所难免，恳请读者批评指正，以便我们在重印和修订时及时改正。

编者

目录

基础分册

项目分册

学生工作手册

绪　论

氢能由于其零排放和低碳的特点，是公认的清洁能源。近年来，氢能开始应用于各类车辆，为其提供动力电源；目前汽车市场上、道路上、展会上等地方都能够看到氢能公交车、氢能物流车、氢能叉车、氢能电动自行车等。氢能被列入《“十四五”可再生能源发展规划》，近年来发展迅速。

某公司打算进入氢燃料电池行业，需要做一个前期的调研，了解燃料电池技术。作为技术部承接此项目的负责人，你应该怎样完成这个工作呢？

知识目标	技能目标	素质目标
掌握燃料电池的基本工作原理	能够区分不同类型的燃料电池	能够与团队合作完成工作任务
了解不同工作环境下燃料电池的技术要求	能够分辨燃料电池的主要部件名称	能够查阅文献资料并分析
了解燃料电池的技术标准	能够画出燃料电池的基本结构	能够使用常用办公软件编辑文档
了解燃料电池的应用领域	能够说出燃料电池的主要性能参数	能够分享个人或小组工作结果
掌握不同类型燃料电池的结构、材料及性能特点	能够根据不同的应用场景选取不同类型的燃料电池	具有节能环保意识

“双碳”目标与氢燃料电池

“双碳”目标是碳达峰与碳中和的简称。2020 年 9 月 22 日，国家主席习近平在第七十五届联合国大会上宣布，中国力争 2030 年前二氧化碳排放达到峰值，努力争取 2060 年前实现碳中和目标。

氢燃料电池使用氧气和氢气发电，产生的副产物是水。氢燃料电池发电是清洁无污染的，有利于实现碳中和。

知识导航

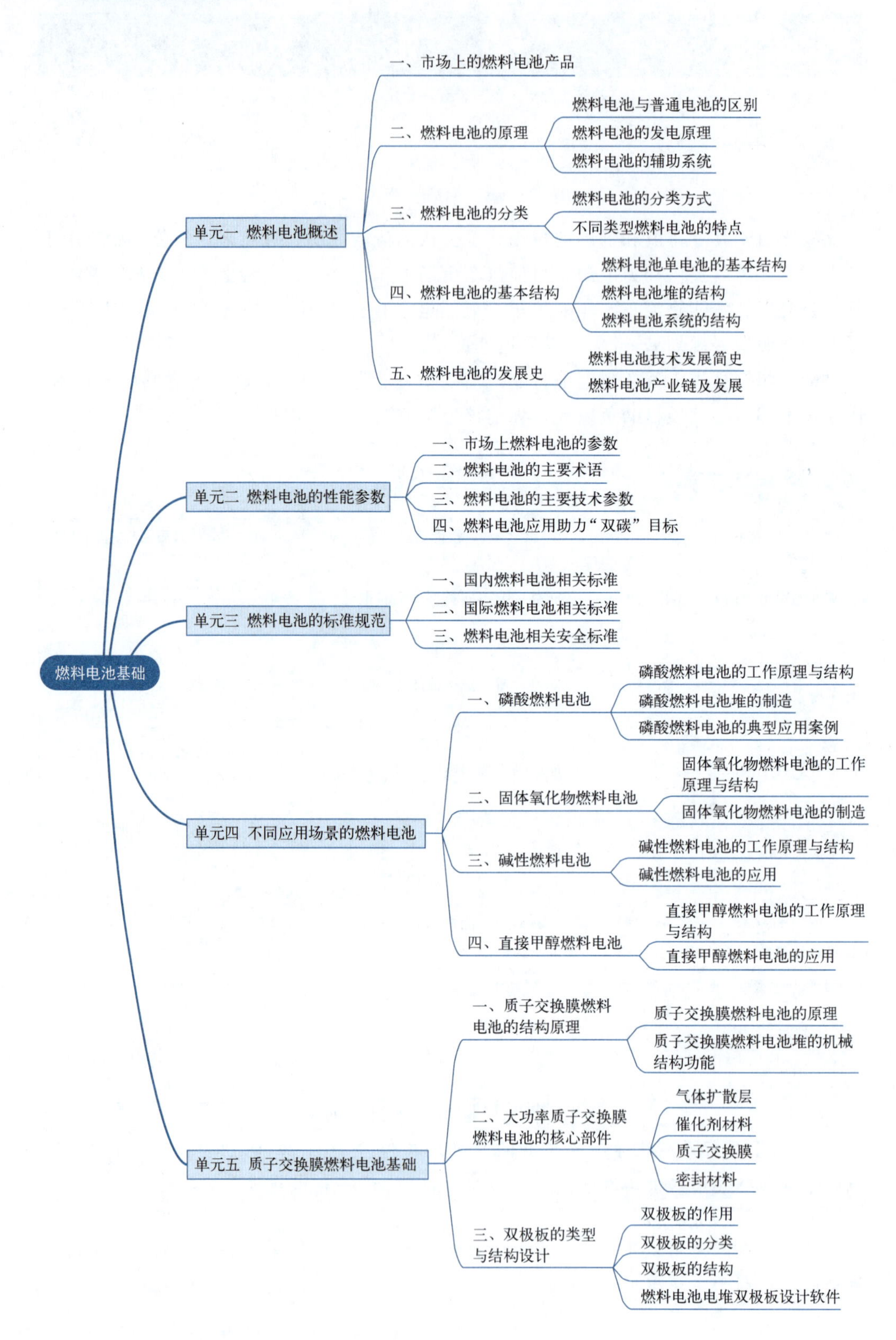
燃料电池基础
单元一 燃料电池概述
一、市场上的燃料电池产品
二、燃料电池的原理
燃料电池与普通电池的区别
燃料电池的发电原理
燃料电池的辅助系统
三、燃料电池的分类
燃料电池的分类方式
不同类型燃料电池的特点
四、燃料电池的基本结构
燃料电池单电池的基本结构
燃料电池堆的结构
燃料电池系统的结构
五、燃料电池的发展史
燃料电池技术发展简史
燃料电池产业链及发展
单元二 燃料电池的性能参数
一、市场上燃料电池的参数
二、燃料电池的主要术语
三、燃料电池的主要技术参数
四、燃料电池应用助力“双碳”目标
单元三 燃料电池的标准规范
一、国内燃料电池相关标准
二、国际燃料电池相关标准
三、燃料电池相关安全标准
单元四 不同应用场景的燃料电池
一、磷酸燃料电池
磷酸燃料电池的工作原理与结构
磷酸燃料电池堆的制造
磷酸燃料电池的典型应用案例
二、固体氧化物燃料电池
固体氧化物燃料电池的工作原理与结构
固体氧化物燃料电池的制造
三、碱性燃料电池
碱性燃料电池的工作原理与结构
碱性燃料电池的应用
四、直接甲醇燃料电池
直接甲醇燃料电池的工作原理与结构
直接甲醇燃料电池的应用
单元五 质子交换膜燃料电池基础
一、质子交换膜燃料电池的结构原理
质子交换膜燃料电池的原理
质子交换膜燃料电池堆的机械结构功能
二、大功率质子交换膜燃料电池的核心部件
气体扩散层
催化剂材料
质子交换膜
密封材料
三、双极板的类型与结构设计
双极板的作用
双极板的分类
双极板的结构
燃料电池电堆双极板设计软件

单元一
燃料电池概述

【单元目标】

1. 了解不同类型的燃料电池；
2. 掌握燃料电池的发电原理，并能写出反应式；
3. 能够分辨燃料电池的主要部件。

【单元描述】

新质生产力日新月异的发展态势加速了战略性新兴产业和未来产业的发展。氢能产业成为未来国家能源体系的组成部分，2024 年 4 月，氢能被纳入了《中华人民共和国能源法（草案）》。《草案》明确了符合本法的能源的定义：直接或者通过加工、转换而取得有用能的各种资源，包括煤炭、石油、天然气、核电、水能、生物质能、风能、太阳能、地热能、海洋能以及电力、热力、氢能等。

氢能源的核心部件是氢燃料电池系统，你能分辨出市场上的氢燃料电池系统及其特点吗？

一、市场上的燃料电池产品

近年来，氢能产业市场应用迅速发展。在不同城市的交通要道上经常能看到氢能公交车，在一些物流园能够看到氢燃料电池重载物流车、叉车等。氢能应用节能环保，深入人心。但是氢能具体应用在哪些方面，如何应用在车上，大多人并不清楚。氢能相关的展览会上能看到不同的氢能公司展示出的产品，例如不同规格的氢燃料电池堆（图 1-1-1），氢燃料电池发动机（图 1-1-2），氢燃料电池车（图 1-1-3）等。图 1-1-2 所示为佛山市某氢能公司的 E100 氢燃料电池发动机，该系统额定功率为 102kW，能够用于公交车、中重载型物流车以及环卫车。

你能找出更多的燃料电池产品吗？

图 1-1-1 某公司的氢燃料电池堆

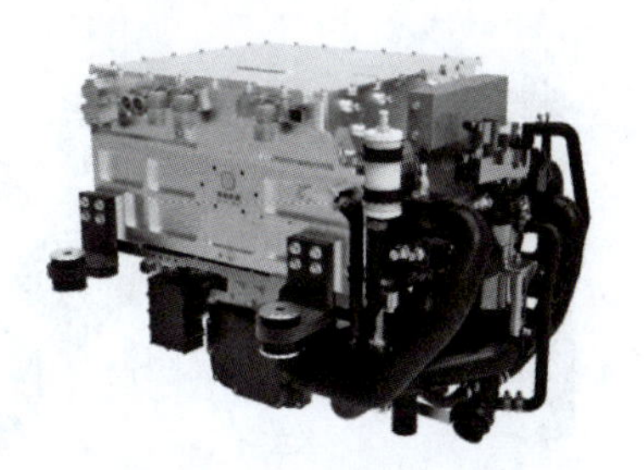

图 1-1-2 某氢能公司的 E100 氢燃料电池发动机

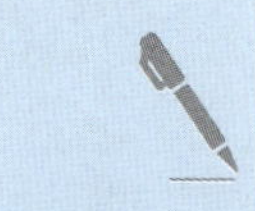

图 1-1-3　氢燃料电池车

氢能应用于交通工具中，主要以电源部件的形式与其他结构部件相连接。简而言之，氢气作为燃料，通过燃料电池系统产生电，供产品使用。排出的后产物为水，不会对环境造成污染，符合国家“双碳”目标的要求。

★本节重点，目的是在实际应用时，能够根据客户需求选取不同的燃料电池产品。

二、燃料电池的原理

根据标准 GB/T 28816—2020《燃料电池　术语》，燃料电池的定义是将一种燃料和一种氧化剂的化学能直接转化为电能（直流电）、热和反应产物的电化学装置。燃料和氧化剂通常存储在燃料电池的外部，当它们被消耗时会输入燃料电池中。

燃料电池发电时，将燃料和氧化剂（空气）分别送进燃料电池，电就被奇妙地生产出来。从外表看，燃料电池有正负极和电解质等，像一个蓄电池，但实质上，它不能“储电”，而是一个“发电厂”。

（一）燃料电池与普通电池的区别

图 1-1-4、图 1-1-5 分别为常规的干电池和充电电池实物。图 1-1-6 为燃料电池的实物。常规的干电池、充电电池的外形类似；从结构上看，都有正负极和电解质。燃料电池是一种电化学装置，燃料电池的单体电池由正负两个电极（负极即燃料一侧电极，正极即氧化剂一侧电极，分别称为阳极和阴极）以及电解质组成。不同的是，一般电池的活性物质贮存在电池内部，因而限制了电池容量。燃料电池的正、负极本身不包含活性物质，只是个催化转换元件。燃料电池是名副其实的把化学能转化为电能的能量转换装置。燃料电池工作时，燃料和氧化剂由外部供给，进行反应。原则上，只要反应物不断输入，反应产物不断排出，燃料电池就能连续地发电。表 1-1-1 给出了燃料电池与干电池、充电电池的对比情况。

图 1-1-4　干电池

图 1-1-5　充电电池

图 1-1-6　燃料电池

表 1-1-1 燃料电池与干电池、充电电池的对比

项目	燃料电池	干电池	充电电池
装置	能量转换装置	能量储存装置	能量储存装置
发电	电化学能量发生器，以化学反应发电	电化学能量生产装置，一次性将化学能转变为电能	电化学能量的储存装置，将化学能与电能进行可逆转换
工作	必须有外部燃料的输入	不需要输入能量	重复充电使用
能量	不能存储能量	能存储能量	能存储能量
电极结构	正负极、电解质	正负极、电解质	正负极、电解质
辅助装置	燃料储存装置/燃料转换装置、附属设备	没有	没有，需要充电器充电
质量/体积	随着燃料使用，质量略有减少	基本不变	基本不变
使用频率	保持燃料输入，持续发电	一次性	反复充电使用

（二）燃料电池的发电原理

不同属性的电解质的燃料电池在发生电化学反应时，离子传输过程有所不同，工作过程基本一致。

以酸性电解质氢氧燃料电池为例，分析燃料电池的发电原理（图 1-1-7）。氢氧燃料电池反应是电解水的逆过程。氢气是燃料，氧气是氧化剂。氢气和氧气分别通过氢燃料电池的阳极流道和阴极流道进入燃料电池内部，经过气体扩散层后到达催化剂层。氢气在阳极催化剂层上失去电子 e^-，成为质子 H^+；电子 e^- 通过外部线路经负载流向阴极，形成电流；氧气在燃料电池的阴极，与质子、电子结合生成水。中间的电解质对电子的阻抗很大，仅允许质子通过到达燃料电池的阴极部分。

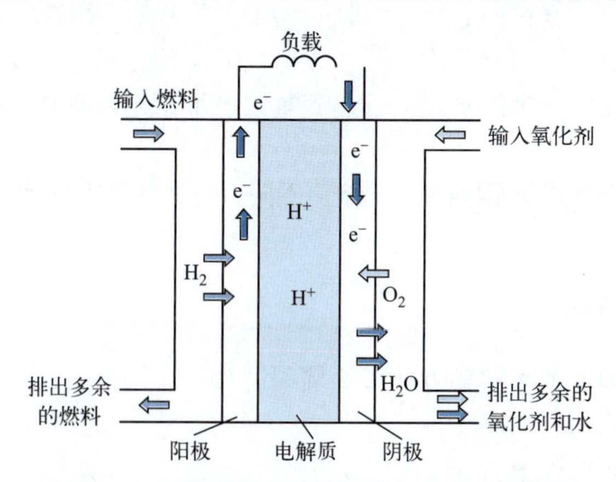

图 1-1-7 酸性电解质氢氧燃料电池的基本原理

酸性电解质氢氧燃料电池工作时的化学反应式如下。

❶ 阳极反应方程式为：$H_2 \longrightarrow 2H^+ + 2e^-$

❷ 阴极反应方程式为：$O_2 + 4H^+ + 4e^- \longrightarrow 2H_2O$

❸ 总反应方程式为：$2H_2 + O_2 \longrightarrow 2H_2O$

从反应式可以看出，由 H_2 和 O_2 反应生成 H_2O，除此以外没有其他的反应，H_2 所具有的化学能转变成了电能。但实际反应中，伴随着电极的反应存在一定的电

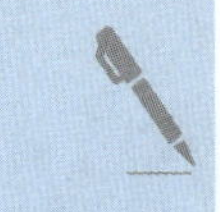

阻，会产生部分热能，减少了化学能转换成电能的比例。引起这些化学反应的一组电池称为单电池组件，产生的电压通常低于 1V。实际应用时，为了获得大的功率，通常采用多个单电池组件堆叠串联的办法来获得大功率输出，即为燃料电池堆。单电池组件之间的电气连接以及燃料气体和空气之间的分离，采用了上下两面都备有气体流道的部件，即双极板。燃料电池堆的功率由总的电压和电流的乘积决定，电流与电池中的反应面积成正比。

（三）燃料电池的辅助系统

燃料电池需要通入反应物才能输出电流，必须有燃料和氧化剂供应系统；燃料电池工作过程中产生热量和水（图 1-1-8），必须考虑设置热管理系统、水排出装置；燃料电池的燃料为氢气等，需要防止其泄漏，并考虑设置安全预警装置；燃料电池发出的电能供给负载使用，需要考虑其电学参数等与负载相匹配，并考虑设置电性能控制装置。因此，燃料电池工作时，通常需要配备一套相应的辅助系统，包括反应剂供给系统、热管理系统、排水系统、电性能控制系统及安全装置等。

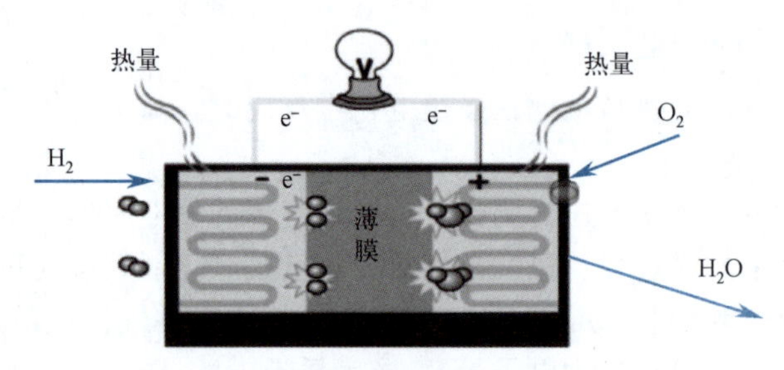

图 1-1-8　燃料电池工作过程中产生热量和水

燃料电池由膜电极（阴极气体扩散层、阴极催化层、质子交换膜、阳极催化层、阳极气体扩散层五层压合在一起）、双极板、端板、集流板等组成。双极板通常由石墨板或不锈钢板制成，表面有反应物分布流道，流道的作用是使反应物均匀分布并参与反应，同时带走反应产生的水。端板起到紧固电堆、绝缘等作用；集流板则用来收集双极板的电流。

在实际使用中，燃料电池因内部的电解质不同，经过电解质与反应相关的离子种类也不同。

三、燃料电池的分类

不同类型的燃料电池，其最佳的应用场景有所不同。在后续实际应用中，需要考虑最佳适用类型来进行燃料电池的选型。

燃料电池的分类按照不同的方法有不同的区分，不同类型的燃料电池其优缺点有所不同，也具有不同的应用场景。

（一）燃料电池的分类方式

燃料电池常见的分类方式如图 1-1-9 所示，可以按照电解质类别区分、按燃料类别和反应机理区分、按工作温度区分、按冷却方式区分、按燃料的处理方式区分、按开发早晚顺序区分等。

1. 按电解质类别分类

按电解质类别可分为：碱性燃料电池（Alkaline Fuel Cell，AFC）、酸性燃料电池、熔融碳酸盐燃料电池（Molten Carbonate Fuel Cell，MCFC）、固体氧化物燃料电池（Solid Oxide Fuel Cell，SOFC）。酸性燃料电池进一步细分为磷酸燃料电池

（Phosphoric Acid Fuel Cell，PAFC）、质子交换膜燃料电池（Proton Exchange Membrane Fuel Cell，PEMFC）、直接甲醇燃料电池（Direct Methanol Fuel Cell，DMFC）。分类如图 1-1-10 所示。其中，目前尚处于开发阶段的 DMFC 采用全氟磺酸膜作电解质，工作温度为室温～200℃，多用于微型移动电源。

燃料电池的分类
- 按电解质类别区分
- 按燃料类别和反应机理区分
- 按工作温度区分
- 按冷却方式区分
- 按燃料的处理方式区分
- 按开发早晚顺序区分

图 1-1-9　燃料电池的不同分类方式

燃料电池(按电解质分类)
- 碱性燃料电池(AFC)
- 磷酸燃料电池(PAFC)
- 熔融碳酸盐燃料电池(MCFC)
- 固体氧化物燃料电池(SOFC)
- 质子交换膜燃料电池(PEMFC)
- 直接甲醇燃料电池(DMFC)

图 1-1-10　燃料电池（按电解质分类）

2. 按燃料类别和反应机理分类

按燃料类别和反应机理可分为氢型、碳型、氮型和有机物型燃料电池。

当前最常用的是以 H_2 为燃料的氢氧燃料电池。此外还有研发中的以甲醇（CH_3OH）、联氨（N_2H_4）、烃类及一氧化碳（CO）等为燃料的燃料电池；以铝（Al）、镁（Mg）、锂（Li）和锌（Zn）等轻金属为燃料，以 O_2 作为氧化剂的电池称为金属空气燃料电池，分别为 Al-空气电池、Mg-空气电池、Li-空气电池和 Zn-空气电池。

3. 按工作温度分类

按工作温度分为高温燃料电池（＞600℃）、中温燃料电池和低（常）温燃料电池，如图 1-1-11 所示。

燃料电池(按工作温度分类)
- 低温燃料电池(<100℃)
  - 碱性燃料电池(AFC, 100℃)
  - 质子膜燃料电池 (PEMFC, 70~90℃)
- 中温燃料电池
  - 中温型碱性燃料电池(AFC, 200℃)
  - 磷酸燃料电池 (PAFC, 150~220℃)
- 高温燃料电池(>600℃)
  - 熔融碳酸盐燃料电池(MCFC, 600~700℃)
  - 固体氧化物燃料电池 (SOFC, 800~1000℃)

图 1-1-11　燃料电池（按工作温度分类）

碱性燃料电池（AFC，工作温度约为 100℃）、固体高分子质子膜燃料电池（PEMFC，也称为质子交换膜燃料电池，工作温度为 100℃以内）称为低温燃料电池；磷酸燃料电池（PAFC，工作温度约为 200℃）称为中温燃料电池。

熔融碳酸盐燃料电池（MCFC，工作温度约为 650℃）和固体氧化物燃料电池（SOFC，工作温度约为 1000℃）称为高温燃料电池，并且高温燃料电池又是面向高质量废热利用而进行热电联合利用开发的燃料电池。

4. 按冷却方式分类

按冷却方式分为空冷型燃料电池、液冷型燃料电池。

5. 按燃料的处理方式分类

按燃料的处理方式的不同，可分为直接式、间接式和再生式。间接式的包括重整

式燃料电池和生物燃料电池。再生式燃料电池中有光、电、热、放射化学燃料电池等。

6. 按开发早晚顺序分类

按其开发早晚顺序分类，把 PAFC 称为第一代燃料电池，MCFC 称为第二代燃料电池，SOFC 称为第三代燃料电池。

（二）不同类型燃料电池的特点

市场上常见的不同类型燃料电池的特点如表 1-1-2 所示。

表 1-1-2 不同类型燃料电池的特点

类型	碱性燃料电池	质子交换膜燃料电池	磷酸燃料电池	熔融碳酸盐燃料电池	固体氧化物燃料电池
英文简称	AFC	PEMFC	PAFC	MCFC	SOFC
电解质	氢氧化钾溶液	质子交换膜	磷酸	碱金属碳酸盐熔融混合物	氧离子导电陶瓷
燃料	纯氢	氢气	天然气、氢气	天然气、沼气、煤气、氢气	天然气、沼气、煤气、氢气
氧化剂	纯氧	空气	空气	空气	空气
效率	60%～90%	40%～60%	55%	>50%	50%～65%
工作温度	60～120℃	80～100℃	160～220℃	600～1000℃	600～1000℃
功率输出	300W～5kW	100W～1MW	200kW	2MW～10MW	1kW～100kW
应用	军事、航空航天、交通运输、备用电源	交通运输、固定式应用	分布式发电	分布式发电、电力设备	发电、热电回收、交通、空间宇航

四、燃料电池的基本结构

★本节重点，为后续设计制作燃料电池产品结构奠定基础。

（一）燃料电池单电池的基本结构

不同类型的燃料电池，其基本结构大致相同。一般都包括阳极、阴极、电解质、催化剂等，具体来说，一般包括电解质隔膜、双极板、催化剂层、气体扩散层等（图 1-1-12），具体功能如表 1-1-3 所示。

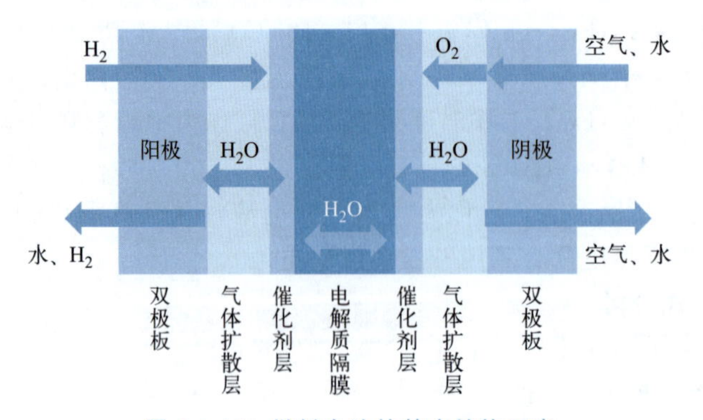

图 1-1-12 燃料电池的基本结构示意

表 1-1-3 燃料电池基本结构部件及功能

部件	功能
电解质隔膜	传导质子，隔离反应气体
催化剂层	由催化剂和催化剂载体形成的薄层，主要功能是降低氧化还原反应温度阈值，从而使氢气和氧气在电极上反应产生电流，同时帮助提高燃料利用率和电池效率
气体扩散层	由导电材料制成的多孔材料，主要功能是支撑催化剂层，收集电流，为电化学反应提供电子通道、气体通道和排水通道
双极板	阻隔燃料和氧化剂，收集和传导电流，导热，将各个单电池串联起来，并通过流道为反应气体进入电极及水的排出提供通道

因为燃料电池具体的材料特性、工作环境、工作温度等不同，其具体的形状、细节工艺和结构、具体的化学反应也有所差别。以质子交换膜燃料电池为例，实物如图 1-1-13 所示，其单电池结构如图 1-1-14 所示。单电池结构包括膜电极、双极板、端板。膜电极由质子交换膜、催化剂、碳纸（气体扩散层）组成。

图 1-1-13 质子交换膜燃料电池实物

图 1-1-14 质子交换膜单电池结构

（二）燃料电池堆的结构

燃料电池产生的能量取决于几个因素，如燃料电池类型、反应面积、物质活性、工作温度和供应给电池的气体压力。单个燃料电池的输出电压一般小于 1V，单电池的输出电流=电流密度×膜电极的活性面积。多个燃料单电池通常被串联成一个燃料电池堆，一个典型的燃料电池堆可能由数百个燃料电池组成，达到一定的功率，才能满足不同负载的功率需求。

质子交换膜燃料电池电堆是由多个单体电池组合压制而成的，如图 1-1-15 所示。氢氧质子交换膜燃料电池的理论开路电压为 1.229V，但由于多种因素的影响，燃料电池的实际开路电压达不到理想值，一般在 1V 左右。在燃料电池放电过程中，还存在三种主要的电压损耗，分别被称为活化极化损失、欧姆极化损失和浓差极化损失。例如：氢气和氧气分子中原子间共价键断裂需要吸收能量（活化极化），电子零部件内阻和彼此之间的接触电阻（欧姆极化），生成的水太多无法及时排出影响后续反应气体进入（浓差极化）等因素，都会导致电压损失。

电堆由膜电极（由质子交换膜、催化剂、气体扩散层组成）、双极板、端板等组成。电堆结构里，膜电极和双极板重复堆叠，形成燃料电池的串联结构。

（三）燃料电池系统的结构

氢燃料电池系统由电堆、氢循环系统、空气循环系统、水热管理系统、电控系统组成，如图 1-1-16 所示。此外，大型的氢燃料电池系统还包括数据采集系统。

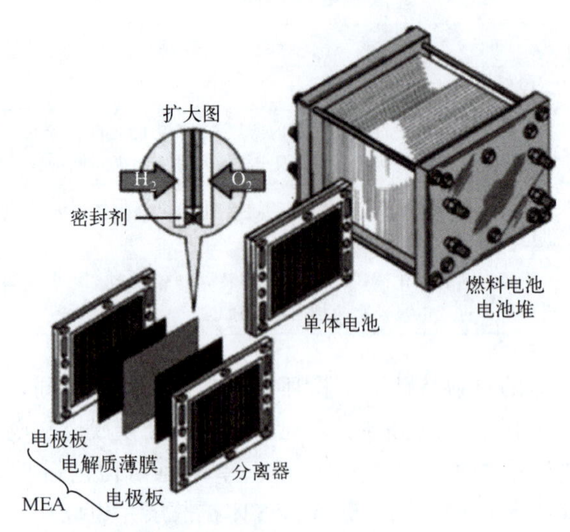

图 1-1-15 质子交换膜燃料电池堆的产品结构

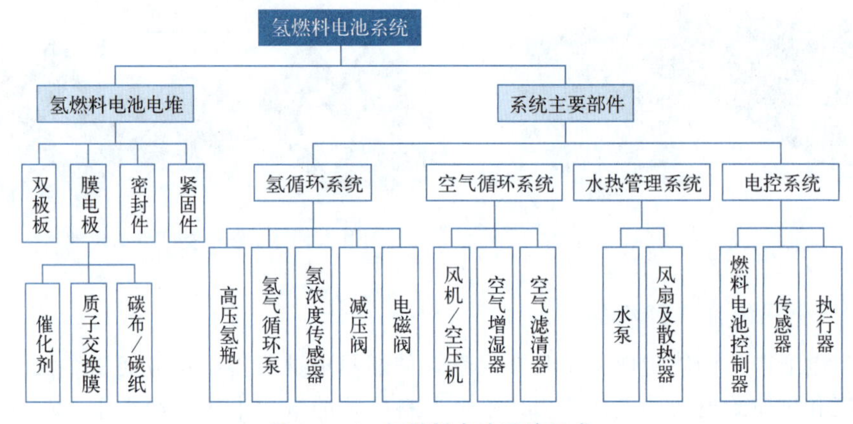

图 1-1-16 氢燃料电池系统组成

氢燃料电池的典型应用为交通工具，现以氢燃料电池电动汽车为例，分析其氢燃料电池动力系统。氢燃料电池电动汽车的动力系统包括燃料电池系统、高压储氢罐、燃料电池升压器、蓄电池组、驱动电机等，其在汽车车身中的大体布局如图 1-1-17 所示。

氢燃料电池汽车动力系统的具体工作流程如图 1-1-18 所示。各个不同部分的功能如下：

❶ 电控系统的 DC/DC 变换器可以把电堆产生的直流电升降压后给蓄电池充电，也可以再经过逆变器转变成交流电驱使牵引马达运转。牵引马达的供电源主要是电堆，蓄电池起辅助作用，对功率需求进行削峰填谷，减小燃料电池堆的输出波动。

❷ 热管理系统、电控系统和数据采集系统已在燃油车中应用多年，技术比较成熟，而电堆、氢气供给循环系统、空气供给系统是氢燃料电池发动机的特有部件。

❸ 电堆产生电能，是燃料电池动力系统的核心部件。电堆由多个燃料电池串联堆叠而成，形象地称为电堆。

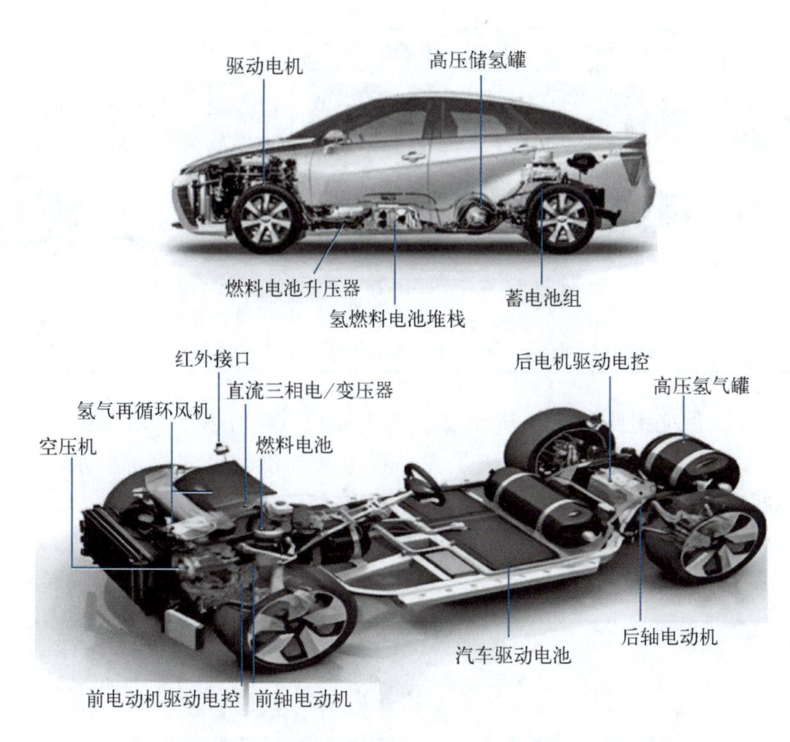

图 1-1-17 氢燃料电池汽车的动力系统布局

❹ 膜电极是燃料电池的核心部件，是氢气和氧气反应生成水的电化学反应场所。

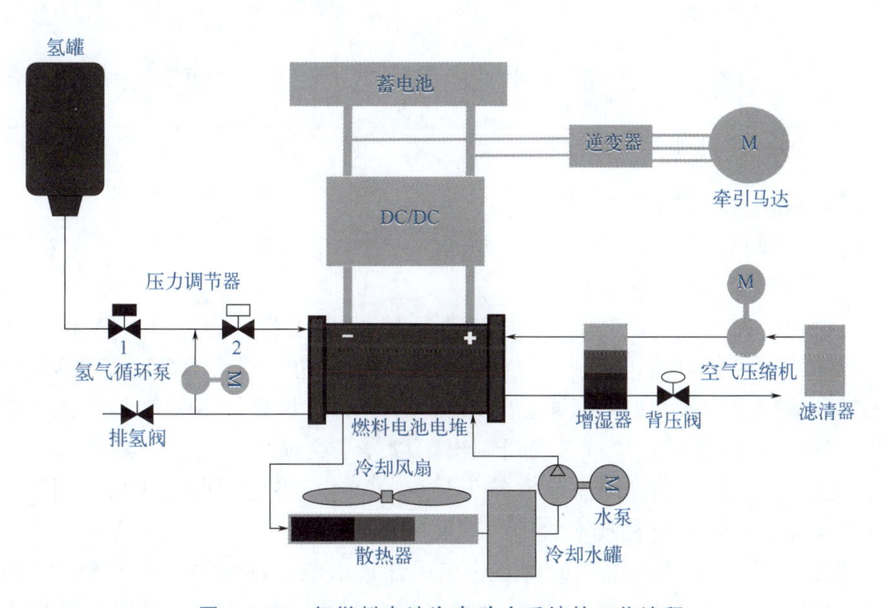

图 1-1-18 氢燃料电池汽车动力系统的工作流程

❺ 氢气供给系统的主要部件有储氢瓶（罐）、减压阀、电磁阀和氢气循环泵或引射器。在安全性方面，储氢瓶最值得关注。储氢瓶分为 5 种类型（表 1-1-4），Ⅲ、Ⅳ、Ⅴ型瓶可用于车载储氢瓶，Ⅴ型瓶处于全球研发中。

表 1-1-4 不同类型的储氢瓶

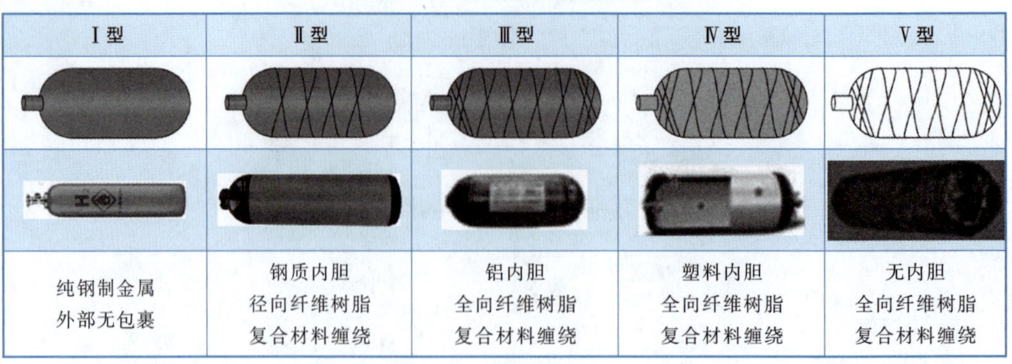

Ⅰ型	Ⅱ型	Ⅲ型	Ⅳ型	Ⅴ型
纯钢制金属 外部无包裹	钢质内胆 径向纤维树脂 复合材料缠绕	铝内胆 全向纤维树脂 复合材料缠绕	塑料内胆 全向纤维树脂 复合材料缠绕	无内胆 全向纤维树脂 复合材料缠绕

❻ 空气供给系统主要包括滤清器、空气压缩机（空压机）、增湿器、中冷器、节气门等，重要部件为空压机。空压机是为燃料电池提供空气的设备，常用空压机分为罗茨式空压机、涡旋式空压机、螺杆式空压机和离心式空压机。目前车载空压机的主流是罗茨式空压机和离心式空压机。不同类型空压机的优劣势如表 1-1-5 所示。

表 1-1-5 不同类型的空压机的优劣势

空压机种类	优势	劣势
罗茨式	流量压力范围宽，结构简单，成本低，工艺难度低	叶片少，脉动大，噪声大，体积大，重量重，高压段效率低
涡旋式	效率高，力矩变化小，平衡性好，噪声低，结构简单，可靠性高	成本高，涡旋体形线加工精度高，密封要求高，密封结构复杂
螺杆式	流量压力范围宽，压比大，内压缩，容积效率高	低压段效率低，内压缩，冷却要求高，螺杆需耐磨涂层，轴承精度要求高，工艺复杂、叶片少，噪声高
离心式	供气量大而连续，运转平稳，响应速度快，结构简单，噪声低	稳定工况区较窄，低流量下存在喘振现象、空气轴承启停次数有限制

五、燃料电池的发展史

你能列举出近五年中国燃料电池技术的发展历程吗？

（一）燃料电池技术发展简史

燃料电池的发展史（表 1-1-6）可以追溯到 19 世纪初。1842 年，William Grove 首次设计的气态伏打电池，实现了氢气与氧气反应发电，成为第一台氢氧燃料电池。随着燃料电池理论和研究的不断丰富，培根（Bacon）型碱性氢氧燃料电池出现。20 世纪 60 年代初，美国通用电气公司研制出了以离子交换膜为电解质隔膜的质子交换膜燃料电池。1960 年，美国国家航空航天局（NASA）将燃料电池成功应用于 Apollo 登月飞船，标志着燃料电池技术的重大进展。

20 世纪 80 年代，燃料电池的商业化应用开始出现。日本的一些公司开始研究和使用燃料电池，希望将其应用于汽车和家庭能源系统。1996 年，丰田公司推出了第一款燃料电池汽车，标志着燃料电池技术的商业化应用。

21 世纪，燃料电池技术的研究进入了新的发展阶段。许多国家和公司开始投入大量资金和精力开展相关研究。2015 年，日本开始使用燃料电池巴士，标志着燃料电池技术的成熟，开始广泛应用。

表 1-1-6 燃料电池发展简史

时间	国家	事件
1842 年	英国	William Grove 成功研制出第一台氢氧燃料电池
1889 年		L. Mond 和 C. Langer 组装出燃料电池，结构接近现代燃料电池
1952 年	英国	F. T. Bacon 研制成培根(Bacon)型碱性氢氧燃料电池
20 世纪 60 年代	美国	Apollo 登月飞船主电源采用培根(Bacon)型中温碱性燃料电池
1965 年	美国	双子星座宇宙飞船采用美国通用的 PEMFC 为主电源，兆瓦级燃料电池研制成功
20 世纪 70～80 年代	美国	民用燃料电池开发
20 世纪 60 年代	美国	杜邦公司开发了含氟的磺酸型质子交换膜
20 世纪 90 年代	全球多个国家	质子交换膜燃料电池、直接甲醇燃料电池发展
1969 年	中国	航天氢氧燃料电池的研制
1969 年后	中国	国防军工的燃料电池研究任务
1983 年	加拿大	国防部支持 Ballard 动力公司开展燃料电池研究
1996 年	日本	丰田公司推出了第一款燃料电池汽车
2006 年	中国	“十一五”863 计划节能与新能源汽车重大项目启动
2011 年	中国	掌握电动汽车的关键核心技术
2015 年	日本	使用燃料电池巴士

(二) 燃料电池产业链及发展

1. 燃料电池及氢能产业链

氢能源因为其属于清洁能源，受到各国的广泛关注。燃料电池是氢能应用于交通运输领域、发电领域的核心部件，其在氢能产业链中处于下游应用环节，如图 1-1-19、图 1-1-20 所示。氢能产业链可以分为上、中、下游。上游主要是制备氢气，涉及各种不同类型的制氢厂；中游主要包括氢气的储存、运输和加注，涉及氢气储运设施、加氢站等工厂单位；下游主要是氢气的使用，包括车辆、电源等燃料电池应用产品。

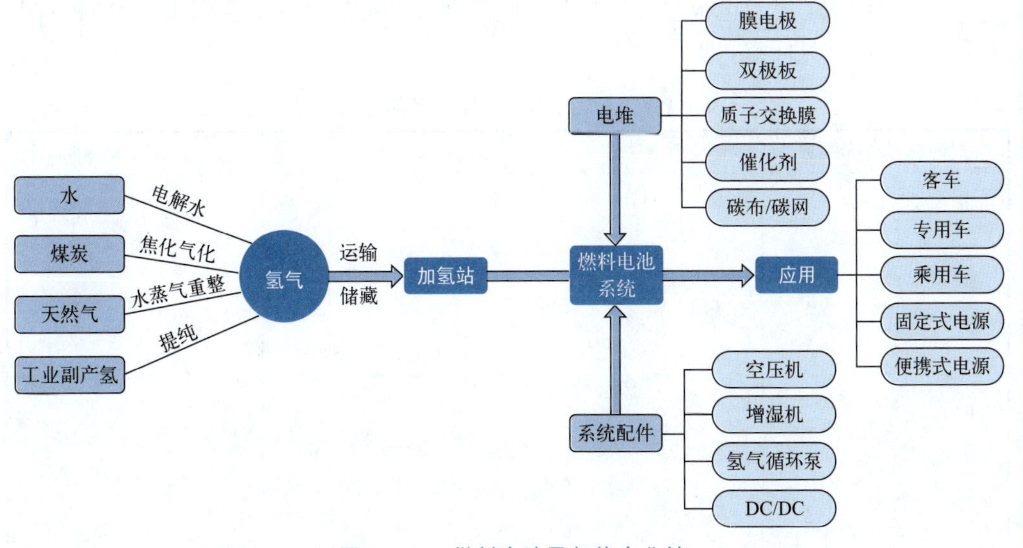

图 1-1-19 燃料电池及氢能产业链

(a) 制氢厂

(b) 氢能储运罐

(c) 加氢站

(d) 燃料电池工厂

(e) 氢能车

图 1-1-20 氢能产业链主要环节

2. 燃料电池的技术发展方向

未来燃料电池的发展史，需要我们新能源人共同去书写。

燃料电池技术未来的发展方向主要包括以下几个方面：

❶ 提高燃料电池的效率和功率密度，以满足更广泛的应用需求。

❷ 提高燃料电池的寿命和稳定性，降低生产成本。

❸ 研发更加环保和可持续的燃料电池燃料，如生物质、水等可再生资源。

❹ 深化燃料电池的集成应用，如与太阳能、风能等多种新能源技术的融合应用，实现能源的优化利用。

【单元测试】

一、调研实践题

1. 认识燃料电池

收集实验室的燃料电池、合作企业的燃料电池，或者上网查找不同公司的燃料电池产品，判断其异同点，填写表 1-1-7。

表 1-1-7 不同来源燃料电池产品的异同点

燃料电池产品名称	燃料电池 1	燃料电池 2	燃料电池 3
相同点	1. 2.	1. 2.	1. 2.
不同点	1. 2.	1. 2.	1. 2.

2. 判断燃料电池与普通电池的异同点

根据燃料电池实物产品、普通电池产品、蓄电池产品、太阳电池产品，判断其异同点，填写表 1-1-8。

表 1-1-8 不同来源燃料电池产品的异同点

电池名称	燃料电池	普通电池	蓄电池	太阳电池
相同点	1. 2.	1. 2.	1. 2.	1. 2.
不同点	1. 2.	1. 2.	1. 2.	1. 2.

3. 燃料电池发电原理实验

根据小型燃料电池实验模型，以及燃料电池的基本结构与化学反应图（图 1-1-21），分析并写出燃料电池的发电过程。

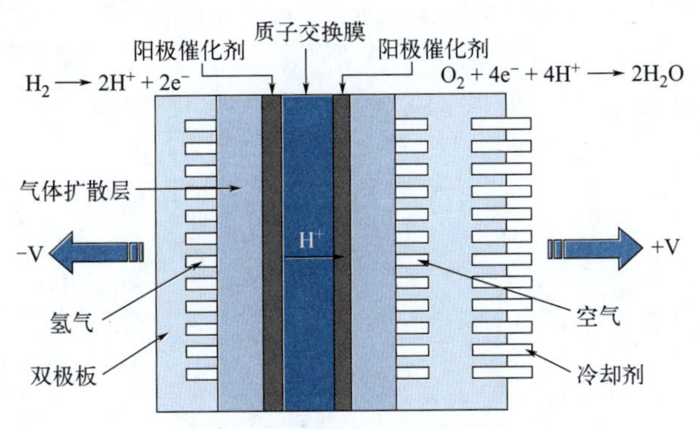

图 1-1-21 燃料电池的基本结构

（1）阳极反应式：________________

（2）阴极反应式：________________

（3）总反应式：________________

（4）发电步骤：________________

4. 分辨不同类型的燃料电池

根据实验室、合作企业、网络调研的燃料电池产品，判断燃料电池的类型，填写表 1-1-9。

表 1-1-9 不同来源燃料电池产品的类型

编号	燃料电池来源	燃料电池所属类型	燃料电池类型小结
1#			
2#			
3#			
4#			
5#			

5. 分辨不同类型燃料电池的结构

根据收集的实验室、合作企业、网络调研的燃料电池产品，拆解1～2个燃料电池产品，画出燃料电池的结构，比较不同燃料电池的结构的异同点，填写表1-1-10。

表1-1-10 不同来源燃料电池产品的结构

燃料电池1结构	燃料电池2结构	燃料电池3结构	燃料电池结构小结

6. 了解燃料电池的发展史

查找文献，调研企业，了解燃料电池的发展史，了解燃料电池技术的进步趋势，填写表1-1-11。

表1-1-11 燃料电池产品技术及发展时间

燃料电池技术名称	1 （ ）	2 （ ）	3 （ ）	4 （ ）	5 （ ）
发展时间					
燃料电池技术发展过程示意图					

7. 结果观察与分析

分小组整理任务单、任务过程及结果，整理成PPT，汇报分享。

二、判断题

1. 燃料电池是一种将燃料和氧化剂点燃，利用气体膨胀驱动发电机转动发电的装置。（ ）

2. 燃料电池本质上是一种依赖于外部连续供能的电化学能量转换装置，在没有持续不断的燃料和氧化剂供应的情况下，独立的燃料电池单元无法维持其电化学反应并对外输出电能。（ ）

3. 氢氧质子交换膜燃料电池的阳极输出时是电源负极，工作气体是氢气。（ ）

4. 氢氧碱性燃料电池的阴极输出时是电源负极，工作气体是氢气。（ ）

5. 质子交换膜只允许质子和水穿过，几乎不允许电子通过。（ ）

三、选择题

1. 一般来说，(　　) 不是燃料电池的组成部分。

A. 正极　　B. 负极　　C. 燃料　　D. 电解质

2. 一般来说，(　　) 不会在质子交换膜燃料电池中产生。

A. 电流　　B. 热量　　C. 水　　D. 紫外线

3. 对于氢氧燃料电池，每消耗一个氢气分子，能够产生 (　　) 个电子。

A. 1　　B. 2　　C. 3　　D. 4

4. (　　) 不是燃料电池的特性。

A. 绿色环保

B. 只要燃料供应稳定，可以一直不间断地持续工作下去

C. 可通过充电的方式补能

D. 将化学能转变为电能输出

5. 相较于锂离子电池，(　　) 不是燃料电池的优点。

A. 可通过加大燃料罐来方便地增加总能量携带量

B. 不需要附加组件或系统，可以直接放电

C. 长时间放置时，不会因自放电而导致能量散失

D. 随着工作，自身重量会越来越轻

6. 氢燃料电池单元的输出电压一般为 (　　)。

A. $<1.2V$　　B. 1.5～3.0V　　C. 3.0～4.5V　　D. 约 5V

7. 在氢燃料电池体系中，(　　) 决定了单个电池单元在无负载条件下的理论最大电势差，即开路电压。

A. 燃料和氧化剂种类　　B. 电池串联数

C. 单片电池中活性面积　　D. 燃料电池的电解质种类

四、简答题

1. 燃料电池与干电池、蓄电池、锂电池一样吗？有什么区别？

2. 为什么说燃料电池工作时只产生水，是无污染、绿色的新能源产品？

3. 市场上有不同的燃料电池产品，它们的结构都一样吗？怎么区分它们的类型？

4. 不同类型的燃料电池，应用场景一样吗？

单元二

燃料电池的性能参数

【单元目标】

1. 能够看懂燃料电池的铭牌上的参数；
2. 掌握燃料电池的常用性能参数的含义；
3. 掌握燃料电池技术领域的常用术语；
4. 了解燃料电池的应用场景。

【单元描述】

古语说，差若毫厘，谬以千里。产品的技术参数是产品在设计和制造过程中所考虑的技术规格和要求，需要真实准确地反映产品的性能。解读产品的规格参数能够帮助消费者快速选取最适合的产品。同样，产品技术参数的准确度也影响客户对产品的信任度。

燃料电池作为可发电的一种电池类型，可用作电力系统产品的一个部件，在选取应用时，首要的是分辨其性能参数，与其他系统部件配合应用。燃料电池产品的关键的性能参数有哪些呢？

一、市场上燃料电池的参数

燃料电池的种类很多，市场上也有不同类型的产品，示例如图 1-2-1、图 1-2-2 所示。由于燃料电池技术目前处于市场化的快速发展期，不同公司的技术有所差异且迭代迅速，达到标准化还需要一段时间的市场化沉淀。

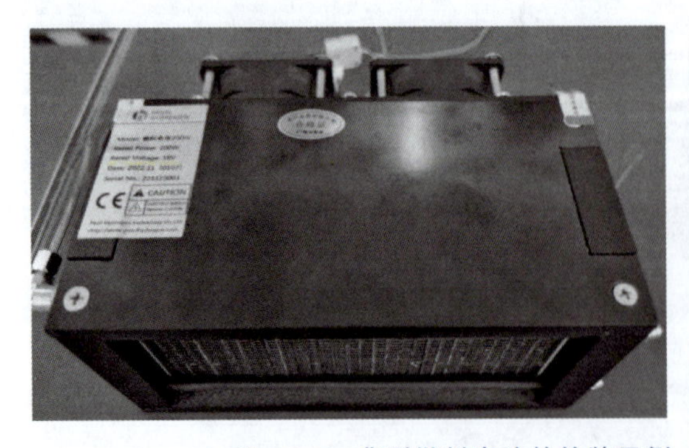

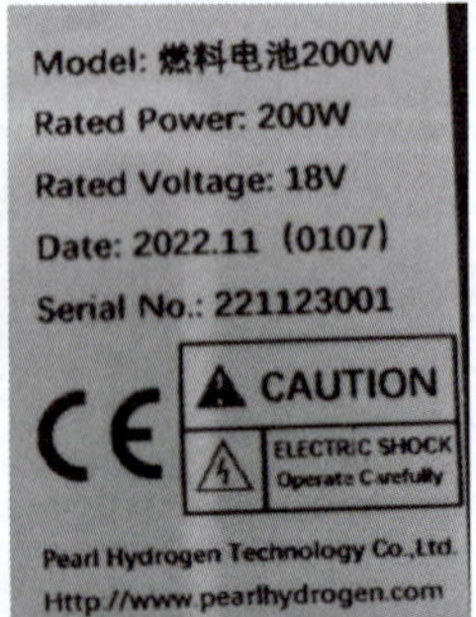

图 1-2-1　典型燃料电池的铭牌示例（200W）

表 1-2-1～表 1-2-3 给出了某公司质子交换膜燃料电池产品的参数配置，从中可以看出市场上燃料电池产品的特点，以及应用时需要配备的氢气要求。

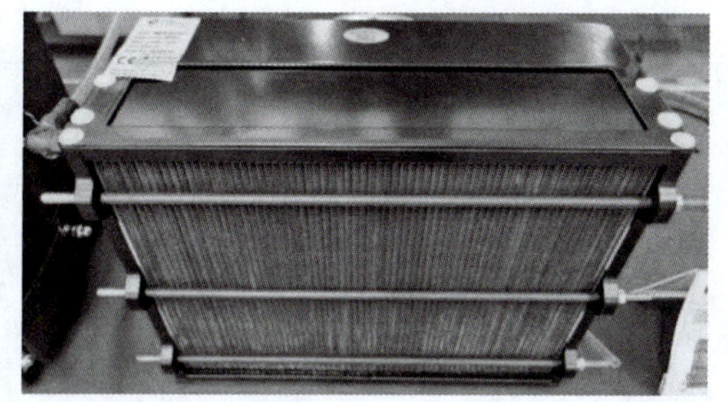

图 1-2-2 典型燃料电池铭牌示例（2000W）

表 1-2-1 某公司 12W 和 20W 质子交换膜燃料电池产品的参数配置

项目	参数	
产品型号	H-12	H-20
额定输出	12W,7.8V/1.6A	20W,7.8V/2.6A
单电池数	13 片	13 片
反应物	氢气、空气	氢气、空气
供氢质量	干燥,纯度 99.99%	干燥,纯度 99.99%
供氢压力	4.3～5.8psi(30～40 kPa)	4.3～5.8psi(30～40 kPa)
供氢流量	满负荷运转时 180mL/min	满负荷运转时 280mL/min
启动时间	<30s	<30s
输出电压	6～12V	6～12V
放气阀压	6V	6V
风扇电压	4～12V	4～12V
增湿类型	自增湿	自增湿
冷却类型	空冷	空冷
环境温度	5～35℃	5～35℃
电堆效率	40%满额功率	40%满额功率
电堆温度	<55℃	<55℃
产品重量	225g	230g
产品尺寸	76mm×71mm×46mm	76mm×71mm×46mm
备注	产品为 12W 半集成型质子交换膜燃料电池,标准配置包括电堆外壳、风扇	产品为 20W 半集成型质子交换膜燃料电池系统,标准配置包括电堆、电磁阀、电控装置、外壳及风扇集成体、低压保护

表 1-2-2 某公司 30W 和 100W 质子交换膜燃料电池产品的参数配置

项目	参数	
产品型号	H-30	H-100
额定输出	30W,9V/3.4A	100W,14V/7.2A
单电池数	12 片	24 片
反应物	氢气、空气	氢气、空气
供氢质量	干燥,纯度 99.99%	干燥,纯度 99.99%
供氢压力	4.3～5.8psi(30～40 kPa)	5.8～6.5psi(40～45kPa)

续表

项目	参数	
供氢流量	满负荷运转时 420mL/min	满负荷运转时 1.4L/min
启动时间	<30s	<30s
输出电压	7～14V	13～23V
放气阀压	6V	12V
风扇电压	4～12V	4～12V
增湿类型	自增湿	自增湿
冷却类型	空冷	空冷
环境温度	5～35℃	5～35℃
电堆效率	40%满额功率	40%/14V
电堆温度	<55℃	<65℃
产品重量	235g	0.95kg
产品尺寸	64mm×80mm×48mm	104mm×135mm×90mm
备注	产品为 30W 半集成型质子交换膜燃料电池系统，标准配置包括电堆、电磁阀、电控装置、外壳及风扇集成体、低压保护	产品为 100W 全集成型质子交换膜燃料电池系统，标准配置包括电堆、电磁阀、电控装置、外壳及风扇集成体、连接线和连接管

表 1-2-3　某公司 500W 和 1000W 质子交换膜燃料电池产品的参数配置

项目	参数	
产品型号	H-500	H-1000
额定输出	500W，21V/24A	1000W，43.2V/24A
单电池数	36 片	72 片
反应物	氢气、空气	氢气、空气
供氢质量	干燥，纯度 99.99%	干燥，纯度 99.99%
供氢压力	7.2～9.4psi(50～65 kPa)	7.2～9.4psi(50～65 kPa)
供氢流量	满负荷运转时 7L/min	满负荷运转时 14L/min
启动时间	<30s	<30s
输出电压	4～12V	—
放气阀压	12V	—
风扇电压	12V	—
增湿类型	自增湿	自增湿
冷却类型	空冷	空冷
环境温度	5～30℃	5～30℃
电堆效率	40%/21V	40%/43.2V
内部温度	<65℃	<65℃
产品重量	2.8kg(配风扇和外壳)	4.9kg
产品尺寸	216mm×180mm×125mm	215mm×125mm×300mm
备注	产品为 500W 半集成型质子交换膜燃料电池系统，标准配置包括电堆、电子及 LCD 集成体、连接线和连接管	产品为 1000W 半集成型质子交换膜燃料电池系统，标准配置包括电堆、电子及 LCD 集成体、连接线和连接管

二、燃料电池的主要术语

GB/T 28816—2020《燃料电池　术语》标准给出了燃料电池的主要相关术语的解释，此处给出燃料电池常用的术语，便于实际应用中区分。

燃料电池技术交流的专业术语，掌握后方便工作中沟通和技术交流。

1. 废水

从燃料电池发电系统中排出且不是热回收系统组成部分的多余水。

2. 水分分离器

把燃料电池排出气体中的水蒸气凝聚和分离的设备。

3. 湿封

通过电解质表面张力防止燃料电池反应气泄漏出去的气密方法。

4. 内部连接体

在燃料电池堆中连接单电池的导电气密部件。

5. 增湿

(1) 增湿　通过燃料和/或氧化剂反应气体，向燃料电池内部引入水的过程。

(2) 增湿器　将水加入到燃料和/或氧化剂气体中的设备。

6. 气体

(1) 气体扩散层　放置在催化层和双极板之间形成电接触的多孔基层，该层允许反应物进入催化层和反应产物的去除。气体扩散层也被称为多孔传输层。

(2) 气体泄漏量　除有意排出的废气之外，离开燃料电池模块的所有气体的总和。

(3) 气体吹扫　从燃料电池发电系统中将气体和/或液体（例如燃料、氢气、空气或水）清除的保护性操作。

(4) 燃料利用率　参与电化学转化产生电池电流的燃料量和进入电池总的燃料量的比值。

7. 燃料电池堆

由单电池、隔离板、冷却板、歧管和支撑结构组成的设备，通过电化学反应把（通常）富氢气体和空气反应物转换成直流电、热和其他反应产物。

8. 歧管

为燃料电池或燃料电池堆输送流体或从中收集流体的管道。

❶ 外部歧管的设计是针对摞在一起的单电池，气体混合物从一个中央源被送往大的燃料和氧化剂的进口，该进口覆盖紧邻的电池堆端并用恰当设计的密封垫密封。类似的系统在对面端收集废气。

❷ 内部歧管是设计在电池堆内部的通道系统，它穿过双极板把气体分配给各单电池。

9. 面积

(1) 电池面积　垂直于电流流动方向的双极板的几何面积。电池面积表示为 m^2 或 cm^2。

(2) 活性面积　垂直于电流流动方向的电极的几何面积。活性面积表示为 m^2 或 cm^2。活性面积也称为有效面积，用于计算电池的电流密度。

(3) 电化学表面积　能够参与电化学反应的电催化剂表面的面积。电化学表面积

表示为 m^2。

（4）膜电极组件面积　垂直于净电流流动方向整个膜电极组件的几何面积，包括膜的活性面积和未涂催化剂部分的面积。膜电极组件面积表示为 m^2 或 cm^2。

（5）比表面积　每单位质量（或体积）催化剂的电化学表面积或反应物能接触到的电催化剂的面积。比表面积表示为 m^2/g，m^2/m^3。

10. 催化剂

（1）催化剂　能加速（增加速率）反应、本身不被消耗的物质。催化剂降低了反应活化能，从而使反应速率增加。

（2）催化剂涂层膜　在一个聚合物电解质燃料电池表面涂有催化层、形成电极反应区的膜。

（3）催化剂涂层基质　表面涂有催化层的基质。

（4）催化层　和膜的任何一面相邻、含有电催化剂的薄层，通常具有离子和电子传导性。催化层构成了可发生电化学反应的空间区域。

（5）催化剂担载量　燃料电池中单位活性面积上催化剂的量，要明确是单独阳极或单独阴极担载量，或者阳极和阴极担载量的总和。催化剂担载量表示为 g/m^2。

（6）催化剂中毒　催化剂的性能被物质（毒物）抑制。电催化剂中毒会导致燃料电池的性能下降。

（7）催化剂聚结　由于化学和/或物理过程，催化剂颗粒结合在一起。

11. 活化

能保证燃料电池正常运行的（和电池/电池堆有关）预备步骤，按照制造商规定的规程来实现。活化可能包括可逆和/或不可逆的过程，取决于电池技术。

12. 电流

（1）泄漏电流　除了短路外，在不需要导电的路径上出现的电流。泄漏电流表示为 A 或 mA。

（2）额定电流　制造商规定的最大连续电流，燃料电池电源系统设计在该电流下运行。额定电流表示为 A。

（3）电流集流体　燃料电池中从阳极端收集电子或向阴极端传递电子的导电材料。

（4）电流密度　单位活性面积上通过的电流。电流密度表示为 A/m^2 或 A/cm^2。

（5）衰减速率　在一定时间内电池性能衰减的比率。衰减速率可以用来衡量电池性能的可恢复性损失和永久性损失。常用的测量单位是每单位时间伏特（直流）或每固定时间内终值和初值电压（直流）的百分比。

★本节重点，燃料电池的技术参数是燃料电池实际应用时选型的主要参考指标。

三、燃料电池的主要技术参数

燃料电池的重要参数包括输入的氢气浓度、输入的氧气浓度、电池温度、电池压力、电池容量、电池负载。

1. 氢气浓度

（1）燃料电池使用的氢气的浓度　不同类型的燃料电池对氢气纯度的要求不同。电池反应进行的温度越低，对燃料的要求越高。AFC 对酸性成分特别敏感，要求彻底消除 CO_2。氢气中少量的 CO 会引起 PEMFC 的催化剂中毒。MCFC 的燃料气体中可含有较高浓度的CO，这些CO在MCFC中可全部转换为H_2，在MCFC的氧化性气体中还要含有大量的CO_2，以补偿向另一电极转移的碳酸盐。氢气净化的途径很多，例如使用适当的溶液、半透明膜或分子筛吸附，或经过特殊的化学反应去除杂质。

国家标准GB/T 37244—2018《质子交换膜燃料电池汽车用燃料 氢气》规定了PEMFC汽车用燃料氢气的术语和定义、氢气浓度、氢气中杂质含量要求及其分析试验方法等，适用于聚全氟磺酸类质子交换膜。质子交换膜燃料电池所用的氢气纯度为99.97%以上，杂质气体可能会对催化剂、电解质等产生影响，造成燃料电池性能的下降。

（2）燃料电池系统排放氢气的浓度　燃料电池车辆排放氢气的浓度也要符合一定的要求。在国家标准《燃料电池电动汽车安全要求》中，提出了瞬时氢气排放浓度不超过8%，且任意3s内平均氢气体积浓度不超过4%的强制要求。

电堆的性能维持需要间歇排气以保证阳极氢气分压或浓度维持在较高水平，又需要标定燃料电池系统排气策略以保证氢气排放符合法规。

2. 氧气浓度

氧气是燃料电池工作时，内部发生电化学反应时的氧化剂。大部分燃料电池使用空气，少部分燃料电池使用纯氧。

3. 电池温度

燃料电池工作时的温度，通过温度传感器监测。

4. 电池压力差

从一个电极到另一个电极之间测量的电解质两侧的压力差。电池压力差表示为Pa。

5. 电池容量

（1）总功率　燃料电池堆输出的直流电功率。总功率单位为W。

（2）最低功率　燃料电池发电系统能够连续稳定运行的情况下输出的最小净电功率。最低功率单位为W。

（3）净电功率　燃料电池发电系统产生的可供外部使用的电功率。净电功率的单位为W。净电功率是总功率和由辅助系统所消耗的功率的差。

（4）额定功率　在生产商规定的正常运行条件下，所设计的燃料电池发电系统的最大连续电输出功率。额定功率单位为W。

（5）比功率　额定功率和燃料电池发电系统的质量、体积或面积的比值。比功率表示为kW/kg、kW/m^3、W/cm^2。

6. 单电池或电堆寿命

燃料电池在一个基准电流运行条件下，从首次启动到其电压降至低于规定的最低可接受电压时的时间间隔。

7. 标准条件

预定的测试或操作条件，作为测试的基础，以便得到重复、可比的测试数据。典型的标准化条件是指燃料和氧化剂的参数，如组成、流速、温度、压力和湿度，以及燃料电池的温度。

8. 电压

（1）最低电压　一个燃料电池模块在其额定功率下能连续运行的最低电压或其在

最大允许过载条件下的最低电压两者之间的低值。最低电压表示为 V。

（2）开路电压　燃料电池有燃料和氧化剂但没有外部电流流动时的端电压。开路电压表示为 V，也称空载电压。

（3）输出电压　在运行条件下，输出电端之间的电压。输出电压表示为 V。

9. 氧化剂利用率

参与电化学反应产生燃料电池电流的氧化剂的量和进入燃料电池的氧化剂总量的比值。

氧化剂利用率=（$O_{2\ in}-O_{2\ out}$）/$O_{2\ in}$，其中 $O_{2\ in}$、$O_{2\ out}$ 分别是进口和出口的 O_2 流量。

10. 燃料电池的其他性能参数

燃料电池需要关注的性能参数如表 1-2-4 所示。

表 1-2-4　燃料电池需要关注的性能

序号	性能分类	具体性能
1	总体性能	*I-V* 曲线，功率密度
2	电极反应动力学	活化损失，交换电流密度，传递系数，电化学活性表面积
3	欧姆特性	欧姆阻抗，电解质电导率，接触电阻，电极电阻，内部接触电阻
4	质量传输特性	极限电流密度，扩散系数，渗透率，压强损耗，反应物/生成物均匀性
5	寄生损失	漏电流、副反应、燃料泄漏、BOP（燃料电池堆及辅助系统）消耗功率
6	电极结构	孔隙率、弯曲率、电导率
7	催化层结构	厚度、孔隙率、催化剂负载、颗粒大小、电化学活性表面积、催化剂利用率、三相界面、离子传导率、电子传导率
8	流场结构	压降、气体分布、电导率
9	热量	热的产生与消耗，热平衡，热应力，热循环性能衰减
10	寿命问题	寿命测试、退化、动态循环、启停、失效、侵蚀、疲劳

四、燃料电池应用助力“双碳”目标

（一）国家“双碳”目标提出与氢燃料电池政策

2020 年 9 月 22 日，国家主席习近平在第七十五届联合国大会一般性辩论上庄严宣布：中国将提高国家自主贡献力度，采取更加有力的政策和措施，二氧化碳排放力争于 2030 年前达到峰值，努力争取 2060 年前实现碳中和。

2022 年 10 月 16 日，中国共产党第二十次全国代表大会召开。党的二十大报告中再次强调了我国的“双碳”目标，指出要积极稳妥地推进碳达峰碳中和，并且从碳排放双控、能源革命、健全碳市场、提升碳汇能力等方面做了具体部署。

氢燃料电池由于其应用过程不产生废气，只产生水，成为国家“双碳”目标下清洁能源应用的举措之一，获得了各项政策的大力支持。燃料电池技术近年飞速发展，商业化进程突飞猛进。

科技部等九部门印发《科技支撑碳达峰碳中和实施方案（2022—2030 年）》，指出要研发氢能技术。国家在氢能方面发布了系列支持政策，表 1-2-5 给出了国家层面氢能产业的政策。

表 1-2-5 国家层面氢能产业政策

时间	部门	政策	主要内容
2019.3	国务院	《2019 年政府工作报告》	推动充电、加氢等设施建设
2019.11	国家发改委等 15 部门	《关于推动先进制造业和现代服务业深度融合发展的实施意见》	推动氢能产业创新、聚集发展，完善氢能制备、储运、加注等设施服务
2020.6	国家能源局	《2020 年能源工作指导意见》	推动储能、氢能技术进步与产业发展
2020.9	财政部等 5 部门	《关于开展燃料电池汽车示范应用的通知》	对 2020 年开始的 4 年示范期的氢燃料电池支持政策进行了初步确定，主要特点是以奖代补、地方主导、分区推广与全产业链支持
2020.11	国务院办公厅	《新能源汽车产业发展规划（2021—2035 年）》	有序推进氢燃料供给体系建设；攻克氢能储运、加氢站、车载储氢、氢燃料电池汽车应用支撑技术
2021.3	全国人民代表大会	《中华人民共和国国民经济和社会发展第十四个五年规划和 2035 年远景目标纲要》	在氢能与储能等前沿科技和产业变革领域，组织实施未来产业孵化加速计划，谋划布局一批未来产业
2021.4	国家能源局	《2021 年能源工作指导意见》	开展氢能产业试点示范，探索多种技术发展路线和应用路径

燃料电池是氢能作为电能应用的核心部件。碳排放量很高的传统交通运输领域，例如卡车、航运和空运，是燃料电池技术发挥潜能的理想领域。

（二）氢燃料电池应用助力国家“双碳”目标实现

国家全方位部署发展清洁能源，氢能是其中的一个新兴技术，与传统能源、可再生能源等必将形成优势互补、共同发展的格局。氢能与传统能源相比较，其具有竞争力的优势领域如图 1-2-3 所示。

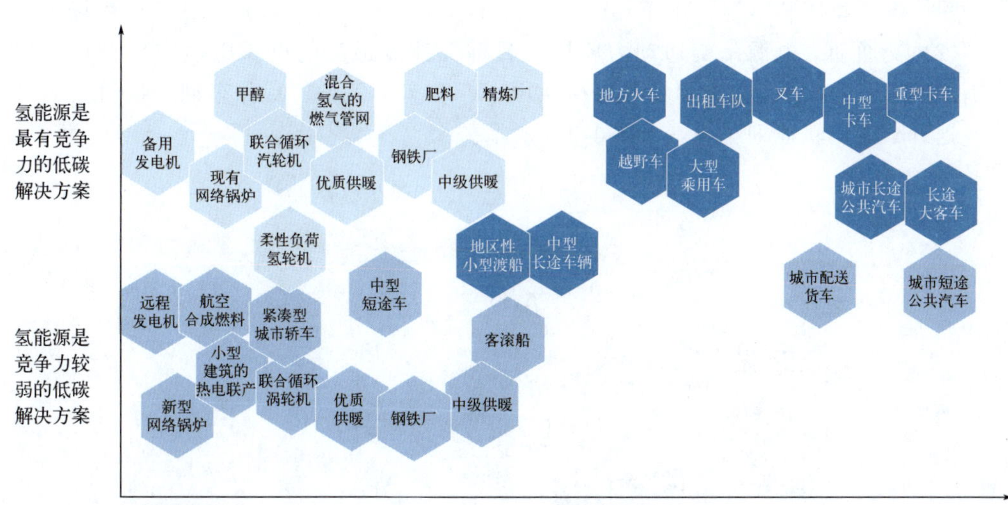

图 1-2-3 氢能源在交通运输领域的应用竞争力分析

燃料电池根据其应用场景不同可大体分为交通运输用、固定式、便携式燃料电池。氢燃料电池车是燃料电池的重要应用领域。《中国氢能源及燃料电池产业白皮书》

显示，预计2020年至2025年间，中国氢能产业产值将达1万亿元，氢能源汽车数量将达到5万辆；到2030年，氢能产业产值将达到5万亿元。

燃料电池的应用领域主要包括固定电源、交通动力电源、便携式电源以及储能调峰电站等。

1. 燃料电池作为动力电源的应用

燃料电池技术的应用范围已经扩展到汽车行业之外的多个领域，包括航空、铁路、海运以及多用途车辆，甚至还有滑板车和自行车。目前主要是质子交换膜燃料电池应用在这些领域。

燃料电池作为动力电源等的应用场景如表1-2-6所示。

表1-2-6 燃料电池作为动力电源的应用场景

领域	燃料电池	应用场景
航天	碱性燃料电池(AFC)	Apollo登月飞船和航天飞机的船上主电源
分散电站	磷酸燃料电池(PAFC)	近百台PC25(200kW)作为分散电站在世界各地运行,但成本较高
交通工具动力源、可移动电源	质子交换膜燃料电池(PEMFC)	在室温下快速启动,较快响应负载要求,作为电动车动力源、不依赖空气推进的潜艇动力源、各种可移动电源的最佳候选者,开始商业化应用
小型便携式电源	直接甲醇燃料电池(DMFC)	为笔记本电脑等供电的小型便携式电源
大、中、分散型电站	固体氧化物燃料电池(SOFC)	可以与煤的气化构成联合循环,适宜建造大、中、分散型电站,热电联产应用

(1) 固定电源　固定燃料电池被用于商业、工业及住宅的主要电源、备用电源，或分布式发电及余热供热等，也可以作为动力源安装在航天器、偏远气象站、大型公园及游乐园、通信中心、农村及偏远地带。

固体氧化物燃料电池适用于热电联产、分布式发电、主（备）电站等应用场景。

(2) 交通动力电源　交通动力应用是目前关注度最高的燃料电池应用领域，如图1-2-4所示。交通运输应用场景包括乘用车、客车、叉车、特种车辆、物料搬运设备、越野车辆、轨道列车等，如图1-2-5所示。

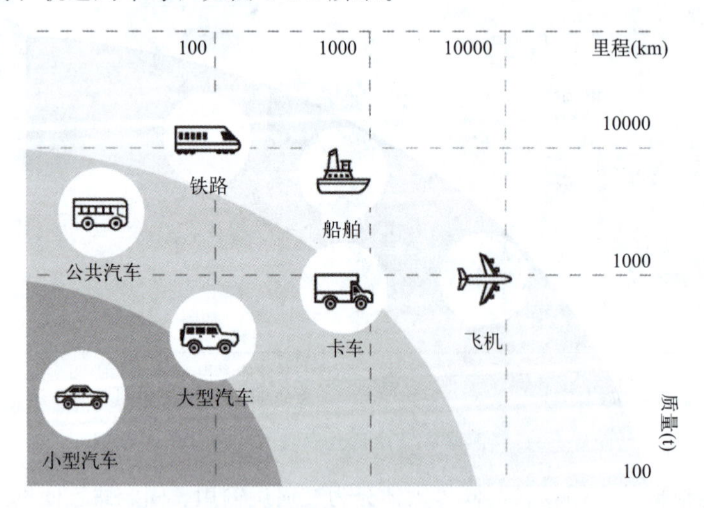

图1-2-4 燃料电池在交通领域的应用

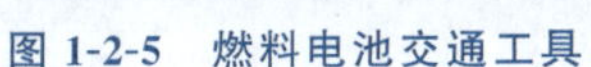
图 1-2-5 燃料电池交通工具

(3) 便携式电源 便携式电源的应用包括笔记本电脑、手机及其他需要电源的移动设备，如图 1-2-6 所示。燃料电池的能量密度通常是可充电电池的 5～10 倍，例如，DMFC 和 PEMFC 被应用于军用单兵电源和移动充电装置上。成本、稳定性和寿命是燃料电池应用于便携式移动电源时需要解决的问题。

图 1-2-6 便携式燃料电池笔记本

2. 燃料电池在储能方面的应用

将燃料电池与传统能源构成多能源系统应用，发挥其储能作用，是一个重要的应用领域。例如，一套燃料电池多能源系统，与火电调峰储能，通过电解水制氢储备多发的电，在用电高峰的时候通过燃料电池系统反向消耗氢气发电。这一领域适用于 SOFC 燃料电池应用。

以某公司的燃料电池储能电站为例（图 1-2-7）。该燃料电池储能电站是集光伏发电、制氢设备、燃料电池发电系统以及电力并网于一体的综合能源供电系统。集成于一台 12.19m（40ft）标准集装箱中，供电端采用双电源供电，可以自动切换供电系统；制氢端采用质子交换膜和碱性混合制氢系统，运行过程中两套制氢设备互不干扰，氢气纯度达 99.99%；制取的氢气不仅用于燃料电池发电，还将用于配套的燃料电池观光车动力系统；同时安装了控制和监控系统，用于检测、控制、远程遥控系统各个模块的运行情况。

图 1-2-7 燃料电池多能源储能电站案例

【单元测试】

一、调研实践题

1. 认识燃料电池的铭牌参数

收集实验室的燃料电池、合作企业的燃料电池，或者上网查找不同公司的燃料电池产品，以表格形式列出其铭牌上的性能参数，列出其名称，分析其异同点，填写表 1-2-7。

表 1-2-7 不同燃料电池产品的铭牌及参数名称

燃料电池产品名称	燃料电池 1	燃料电池 2	燃料电池 3
燃料电池产品铭牌图片			
铭牌上每个参数的名称	1. 2. 3. 4.	1. 2. 3. 4.	1. 2. 3. 4.
不同燃料电池铭牌参数的共同点			
不同燃料电池铭牌参数的不同点			

2. 识别燃料电池性能参数的含义

收集实验室的燃料电池、合作企业的燃料电池，或者上网查找不同公司的燃料电池产品说明书的参数，以表格形式列出，判断不同参数所代表的含义，比较其异同点，填写表 1-2-8。

表 1-2-8 不同型号燃料电池的参数列表及含义

产品型号		产品图片	
参数名称	参数数值	参数含义	

3. 燃料电池拆装和结构认识

用螺钉旋具和装置拆解一个燃料电池产品，写出燃料电池拆解和组装流程。

（1）燃料电池产品拆解流程：

（2）燃料电池产品组装流程：

4. 分辨燃料电池的部件名称和作用

收集实验室的燃料电池、合作企业的燃料电池，选取一个燃料电池产品，对燃料电池的每个部件拍照或者画出其示意图，并标出其名称、作用和特点等，填写表 1-2-9。

表 1-2-9 典型燃料电池产品的部件名称和作用

产品型号		产品图片	
部件名称	部件图片/示意图	部件材质、作用、特点等	

5. 燃料电池应用场景调研

调研燃料电池的应用场景，选取典型应用案例，说明系统结构、工作用途、典型技术参数等，填写表 1-2-10。

表 1-2-10 典型燃料电池应用场景及参数

典型燃料电池应用场景	燃料电池结构	工作用途	典型技术参数

6. 结果观察与分析

分小组整理任务单、任务过程及结果，整理成 PPT，汇报分享。

二、判断题

1. 目前技术条件下，质子交换膜燃料电池的氧化剂气体必须使用纯氧，因此质子交换膜燃料电池电动汽车成本仍较高。(　　)

2. 质子交换膜燃料电池发电效率很高，基本不需要对电堆进行温度监控与管理。(　　)

3. 燃料电池不同于锂离子电池，一般不规定储能总量，仅规定额定发电功率。实际储能取决于外置燃料供应方式及储量大小。(　　)

4. 燃料电池系统实际输出的净电功率通常低于电堆本身的总功率输出，原因是整个系统运行过程中，电堆之外的辅助设备也会消耗一部分电力。(　　)

5. 对质子交换膜燃料电池进行测试和参数标定时，一般不必规定一个标准条件，因为燃料电池与锂离子电池不同，在−30～50℃的环境温度下都能正常工作。(　　)

6. 国家标准 GB/T 37244—2018《质子交换膜燃料电池汽车用燃料 氢气》规定氢气中不应含有一氧化碳（CO），这项规定的最主要理由是保护人，避免使用者意外吸入导致中毒，该气体对电堆的影响极小，基本可以忽略不计。(　　)

三、单选题

1. 针对碱性燃料电池的氧化剂供应，若其中含有微量（例如高于 0.1％含量）(　　)，则该气体的存在是不可接纳的。

A. 氮气 N_2　　B. 氩气 Ar

C. 二氧化碳 CO_2　　D. 水蒸气 H_2O

2. 根据国家标准 GB/T 37244—2018《质子交换膜燃料电池汽车用燃料 氢气》，(　　) 浓度的氢气适合车用质子交换膜燃料电池使用。

A. 98％　　B. 99％　　C. 99.9％　　D. 99.99％

单元三

燃料电池的标准规范

【单元目标】

1. 了解国内氢能及燃料电池技术相关的标准制定单位；
2. 了解燃料电池相关标准所对应的技术类型；
3. 会查找使用燃料电池的标准规范。

【单元描述】

俗话说，无规矩不成方圆。产业发展，标准先行。中国氢能产业要高效发展，并在世界氢能产业竞争中占有领先优势，氢能相关标准的制定，不可忽视。中国氢能行业企业积极参与国内外氢能标准化工作，提高了我国氢能国际标准化影响力。

制定标准是氢能产业发展的重要一环，当前，与氢燃料电池相关的标准都有哪些呢？

一、国内燃料电池相关标准

标准对于行业发展具有重要意义。燃料电池技术的进步带动了燃料电池电动汽车的发展和应用，也促使行业建立相关标准规范。

中国在氢能以及燃料电池方面相关的标准化技术委员会主要有四个，包括全国燃料电池及液流电池标准化技术委员会（SAC/TC 342）、全国氢能标准化技术委员会（SAC/TC 309）、全国汽车标准化技术委员会电动车辆分技术委员会（SAC/TC 114/SC 27）、全国气瓶标准化技术委员会车用高压燃料气瓶分技术委员会（SAC/TC 31/SC 8）。

1. 国内氢能及燃料电池相关的标准化技术委员会

（1）全国燃料电池及液流电池标准化技术委员会　该委员会于2008年经国家标准化管理委员会批复正式成立，编号为SAC/TC 342，负责燃料电池和液流电池技术领域的标准化工作，对口国际电动委员会燃料电池标准化技术委员会（IEC/TC 105），秘书处设在机械工业北京电工技术经济研究所。

归口的燃料电池领域国家标准36项，国家标准指导性技术文件3项，团体标准2项。部分标准如表1-3-1所示。

（2）全国氢能标准化技术委员会　该委员会于2008年经国家标准化管理委员会批复正式成立，编号为SAC/TC309，负责氢能领域的标准化工作，对口国际标准化组织氢能技术委员会（ISO/TC 197），秘书处设在中国标准化研究院。

表 1-3-1 燃料电池相关标准示例

序号	标准号	标准名称
1	GB/T 36288—2018	燃料电池电动汽车燃料电池堆安全要求
2	GB/T 36544—2018	变电站用质子交换膜燃料电池供电系统
3	GB/T 38914—2020	车用质子交换膜燃料电池堆使用寿命测试评价方法
4	GB/T 38954—2020	无人机用氢燃料电池发电系统
5	GB/T 20042.1—2017	质子交换膜燃料电池 第1部分:术语
6	GB/T 28816—2020	燃料电池 术语
7	GB/Z 21742—2008	便携式质子交换膜燃料电池发电系统
8	GB/T 30084—2013	便携式燃料电池发电系统安全
9	GB/T 34872—2017	质子交换膜燃料电池供氢系统技术要求
10	GB/T 20042.2—2023	质子交换膜燃料电池 第2部分:电池堆通用技术条件
11	GB/T 34582—2017	固体氧化物燃料电池单电池和电池堆性能试验方法

由氢能标委会归口的国家标准约 27 项，国家标准指导性技术文件 1 项，并发布了 1 项团体标准。部分标准如表 1-3-2 所示。

表 1-3-2 氢能相关标准示例

序号	标准号	标准名称
1	GB/T 37563—2019	压力型水电解制氢系统安全要求
2	GB/T 37359—2020	积分球法测量悬浮式液固光催化制氢反应
3	GB/T 37562—2019	压力型水电解制氢系统技术条件
4	GB/T 34542.3—2018	氢气储存输送系统 第3部分:金属材料氢脆敏感度试验方法
5	GB/T 34542.2—2018	氢气储存输送系统 第2部分:金属材料与氢环境相容性试验方法
6	GB/T 37244—2018	质子交换膜燃料电池汽车用燃料 氢气
7	GB/T 34540—2017	甲醇转化变压吸附制氢系统技术要求
8	GB/Z 34541—2017	氢能车辆加氢设施安全运行管理规程
9	GB/T 34539—2017	氢氧发生器安全技术要求
10	GB/T 34542.1—2017	氢气储存输送系统 第1部分:通用要求

（3）全国汽车标准化技术委员会电动车辆分技术委员会 该委员会于 1998 年经国家标准化管理委员会批复正式成立，编号为 SAC/TC 114/SC 27，负责电动车辆等专业领域标准化工作，对口国际标准化组织汽车技术委员会电动汽车分技术委员会（ISO/TC 22/SC 37)，秘书处设在中国汽车技术研究中心。

发布燃料电池汽车方面的标准约 14 项。部分标准如表 1-3-3 所示。

表 1-3-3 氢燃料电池汽车相关标准示例

序号	标准号	标准名称
1	GB/T 39132—2020	燃料电池电动汽车定型试验规程
2	GB/T 24549—2020	燃料电池电动汽车 安全要求
3	GB/T 37154—2018	燃料电池电动汽车 整车氢气排放测试方法
4	GB/T 35178—2017	燃料电池电动汽车 氢气消耗量 测量方法

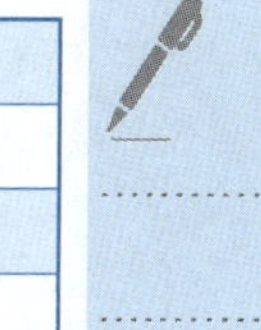

续表

序号	标准号	标准名称
5	GB/T 34593—2017	燃料电池发动机氢气排放测试方法
6	GB/T 34425—2017	燃料电池电动汽车加氢枪
7	GB/T 29123—2012	示范运行氢燃料电池电动汽车技术规范
8	GB/T 29124—2012	氢燃料电池电动汽车示范运行配套设施规范
9	GB/T 26990—2023	燃料电池电动汽车 车载氢系统技术条件
10	GB/T 26779—2021	燃料电池电动汽车加氢口

(4) 全国气瓶标准化技术委员会车用高压燃料气瓶分技术委员会　该委员会于2011年经国家标准化管理委员会批复正式成立，编号为SAC/TC 31/SC 8，负责车用压缩天然气瓶及车用高压氢气瓶等复合材料气瓶的标准化工作，秘书处挂靠在浙江大学化工机械研究所/浙江金盾压力容器有限公司。

发布《车用压缩氢气铝内胆碳纤维全缠绕气瓶》(GB/T 35544—2017) 等标准。

2. 国内氢燃料电池相关标准分类

中国氢能技术标准体系主要包括8个方面：氢能基础与管理、氢质量、氢安全、氢工程建设、氢制备与提纯、氢储运加注、氢能应用、氢相关检测。

已经发布的40项国家标准中，形成了由基础标准、FC模块、固定式FC发电系统、便携式FC发电系统、微型FC发电系统、驱动辅助动力用FC发电系统等组成的燃料电池标准体系框架。2023年4月前，国内典型氢燃料电池相关标准如表1-3-4所示。

表1-3-4　国内典型氢燃料电池相关标准

序号	分类	典型标准	数量
1	氢气	GB/T 37244—2018 质子交换膜燃料电池汽车用燃料 氢气 GB/T 40045—2021 氢能汽车用燃料 液氢 GB/T 40060—2021 液氢贮存和运输技术要求 GB/T 40061—2021 液氢生产系统技术规范 T/CAB 0078—2020 低碳氢、清洁氢与可再生氢的标准与评价 T/CECA-G 0015—2017 质子交换膜燃料电池汽车用燃料氢气 T/CAAMTB XXXX—XXXX 燃料电池汽车高压氢气加注技术规范 T/CSAE 123—2019 燃料电池电动汽车密闭空间内氢泄漏及氢排放试验方法和安全要求 GB/T 34540—2017 甲醇转化变压吸附制氢系统技术要求 DB37/T 4073—2020 车用加氢站运营管理规范 T/GERS 0004—2021 加氢站运营管理规范 GB 4962—2008 氢气使用安全技术规程	12项
2	燃料电池堆及辅助系统(BOP)	DB37/T 4100—2020 质子交换膜燃料电池冷却液技术要求 T/CAAMTB 13—2020 燃料电池电动汽车用空气压缩机试验方法 T/CAAMTB 14—2020 燃料电池电动汽车用 DC/DC 变换器 T/CAAMTB XX—XXXX 燃料电池用空气压缩机耐久性试验方法 T/CAAMTB XX—XXXX 燃料电池系统增湿器性能测试规范 T/CCAMTB XX—XXXX 燃料电池系统用氢气循环泵性能测试规范 T/CSTE 0010—2019 氢燃料电池用离心式空压机 T/CSTE 0076—2020 氢燃料电池用离心式空压机 T/CSAE 187—2021 氢燃料电池发动机用离心式空气压缩机性能试验方法	9项

续表

序号	分类	典型标准	数量
3	整车	GB/T 28183—2011 客车用燃料电池发电系统测试方法 GB/T 23645—2009 乘用车用燃料电池发电系统测试方法 GB/T 24549—2020 燃料电池电动汽车安全要求 GB/T 26991—2023 燃料电池电动汽车动力性能试验方法 GB/T 35178—2017 燃料电池电动汽车 氢气消耗量 测量方法 GB/T 37154—2018 燃料电池电动汽车 整车氢气排放测试方法 GB/T 26990—2012 燃料电池电动汽车 车载氢系统技术条件 GB/T 31498—2021 电动汽车碰撞后安全要求 GB 18384—2020 电动汽车安全要求 GB/T 39132—2020 燃料电池电动汽车定型试验规程 DB37/T 4096—2020 车载氢系统气密性检测和置换技术要求 T/GERS 0005—2021 燃料电池电动汽车车载供氢系统安装技术规范 T/GERS 0006—2021 燃料电池电动汽车车载供氢系统气密性检测和置换技术要求 JT/T 1342—2020 燃料电池客车技术规范 T/CAAMTB 21—2020 燃料电池电动汽车车载供氢系统振动试验技术要求 T/CSAE 122—2019 燃料电池电动汽车低温冷起动性能试验方法 T/CCGA 40008—2021 车载氢系统安全技术规范	17 项
4	发动机	GB/T 24554—2022 燃料电池发动机性能试验方法 GB/T 33979—2017 质子交换膜燃料电池发电系统低温特性测试方法 GB/T 33983.1—2017 直接甲醇燃料电池系统 第 1 部分:安全 GB/T 33983.2—2017 直接甲醇燃料电池系统 第 2 部分:性能试验方法 GB/T 34593—2017 燃料电池发动机氢气排放测试方法 GB/T 38914—2020 车用质子交换膜燃料电池堆使用寿命测试评价方法 DB37/T 4098—2020 质子交换膜燃料电池发动机安全性技术要求 T/CSAE 149—2020 燃料电池发动机电磁兼容性能试验方法 T/CCAMTB XX—XXXX 燃料电池系统工况耐久试验方法 T/CAAMTB XX—XXXX 燃料电池系统振动试验规范 T/CAAMTB XX—XXXX 车用质子交换膜燃料电池发电系统使用寿命测试评价方法 T/CSAE 183—2021 燃料电池堆及系统基本性能试验方法 T/CSAE 236—2021 质子交换膜燃料电池发动机台架可靠性试验方法	13 项
5	模块	GB/T 28817—2022 聚合物电解质燃料电池单电池测试方法 GB/T 29838—2013 燃料电池 模块 GB/T 31035—2014 质子交换膜燃料电池电堆低温特性试验方法 GB/T 33978—2017 道路车辆用质子交换膜燃料电池模块 GB/T 34582—2017 固体氧化物燃料电池单电池和电池堆性能试验方法 GB/T 36288—2018 燃料电池电动汽车 燃料电池堆安全要求	6 项
6	部件	GB/T 20042.1—2017 质子交换膜燃料电池 第 1 部分:术语 GB/T 20042.2—2023 质子交换膜燃料电池 第 2 部分:电池堆通用技术条件 GB/T 20042.3—2022 质子交换膜燃料电池 第 3 部分:质子交换膜测试方法 GB/T 20042.4—2009 质子交换膜燃料电池 第 4 部分:电催化剂测试方法 GB/T 20042.5—2009 质子交换膜燃料电池 第 5 部分:膜电极测试方法 GB/T 20042.6—2024 质子交换膜燃料电池 第 6 部分:双极板特性测试方法 GB/T 20042.7—2014 质子交换膜燃料电池 第 7 部分:炭纸特性测试方法 GB/T 35544—2017 车用压缩氢气铝内胆碳纤维全缠绕气瓶 T/CATSI 02007—2020 车用压缩氢气塑料内胆碳纤维全缠绕气瓶 GB/Z 27753—2011 质子交换膜燃料电池膜电极工况适应性测试方法 DB37/T 4097—2020 商用车用质子交换膜燃料电池堆耐久性测评方法 T/CAAMTB 12—2020 质子交换膜燃料电池膜电极测试方法 T/CCAMTB XX—XXXX 质子交换膜燃料电池金属双极板测试方法 T/CCAMTB XX—XXXX 质子交换膜燃料电池密封元件测试方法	14 项

续表

序号	分类	典型标准	数量
7	其他	GB/T 24548—2009 燃料电池电动汽车 术语 GB/T 26779—2021 燃料电池电动汽车加氢口 GB/T 26990—2023 燃料电池电动汽车 车载氢系统技术条件 GB/T 27748.1—2017 固定式燃料电池发电系统 第1部分:安全 GB/T 27748.2—2013 固定式燃料电池发电系统 第2部分:性能试验方法 GB/T 27748.3—2017 固定式燃料电池发电系统 第3部分:安装 GB/T 27748.4—2017 固定式燃料电池发电系统 第4部分:小型燃料电池发电系统性能试验方法 GB/T 26466—2011 固定式高压储氢用钢带错绕式容器 GB/T 28816—2020 燃料电池 术语 GB/T 34544—2017 小型燃料电池车用低压储氢装置安全试验方法 GB/T 34872—2017 质子交换膜燃料电池供氢系统技术要求 GB/Z 21742—2008 便携式质子交换膜燃料电池发电系统 GB/T 36544—2018 变电站用质子交换膜燃料电池供电系统 GB/T 23751.1—2009 微型燃料电池发电系统 第1部分:安全 GB/T 23751.2—2017 微型燃料电池发电系统 第2部分:性能试验方法 GB/Z 23751.3—2024 微型燃料电池发电系统 第3部分:燃料容器互换性 GB/T 29123—2012 示范运行氢燃料电池电动汽车技术规范 GB/T 24552—2009 电动汽车风窗玻璃除霜除雾系统的性能要求及试验方法 GB/T 38954—2020 无人机用氢燃料电池发电系统 DB37/T 4060—2020 氢燃料电池电动汽车运行规范 DB37/T 4099—2020 质子交换膜燃料电池发动机故障分类、远程诊断及处理方法 GB/T 40297—2021 高压加氢装置用奥氏体不锈钢无缝钢管 T/CSTE 0015—2020 氢燃料电池公交车维保技术规范 T/CSTE 0017—2020 氢燃料电池物流车运营管理规范 T/CSTE 0016—2020 氢燃料电池公交车运营管理规范 GB 32311—2015 水电解制氢系统能效限定值及能效等级 GB/T 19774—2005 水电解制氢系统技术要求 GB/T 37562—2019 压力型水电解制氢系统技术条件 GB/T 37563—2019 压力型水电解制氢系统安全要求 QX/T 420—2018 气象用固定式水电解制氢系统 T/CCGA 40003—2021 氢气长管拖车安全使用技术规范 T/CCGA 40004—2021 加氢站用隔膜压缩机安全使用技术规范 T/CCGA 40005—2021 加氢站用液驱活塞氢气压缩机安全使用技术规范 T/CCGA 40006—2021 加氢机安全使用技术规范 T/GDASE 0017—2020 车用压缩氢气铝内胆碳纤维全缠绕气瓶定期检验与评定 T/CCGA 40007—2021 车用压缩氢气塑料内胆碳纤维全缠绕气瓶安全使用技术规范 T/CCGA 40009—2021 车载液氢系统安全技术规范 T/CCGA 40010—2021 液氢加注机安全使用技术规范 T/CCGA 40011—2021 液氢杜瓦安全技术规范 GB/T 29729—2022 氢系统安全的基本要求 T/DLSHXH 001—2020 加氢站技术验收指南 T/DLSHXH 002—2020 加氢站运营服务规范 T/DLSHXH 003—2020 加氢站现场运行安全管理规范	44项

二、国际燃料电池相关标准

世界各国，包括日本、韩国等亚洲国家，美国、德国等欧美国家，都积极抢占标准这一产业制高点。在国际上，UN/WP.29、ISO、IEC、SAE等组织推出了氢气和燃料电池及燃料电池汽车方面的标准。

国际标准是燃料电池出口订单产品设计、应用的重要依据，出口到不同的国家，需要满足相应的标准。

1. 国际燃料电池相关标准组织

（1）美国材料与试验协会　美国材料与试验协会（American Society for Testing and Materials，ASTM）成立于1898年，是世界上最早、最大的“非盈利志愿性”标准组织。主要任务是制定材料、产品、系统和服务等领域的特性和性能标准、试验方法和程序标准，促进有关知识的发展、应用和推广。

ASTM标准属性分为下列五种；功能应用（Application）标准，材料（Material）标准，处理（Process）标准，属性和测量（Property&Measurement）标准，试验方法（Test Method）标准。所有标准由ASTM技术委员会集合100＋国家30000＋会员代表；制造商-用户-消费者-政府和学术机构，经过讨论、验证、审核后订立并发布。ASTM标准是生产、管理、采购以及制定法规与条例的基础。ASTM标准获得全球产业的认可并广泛应用。ASTM标准中涉氢标准有64种，典型标准示例如表1-3-5所示。

表1-3-5　ASTM氢燃料电池相关标准示例

序号	标准号	英文名称	中文名称
1	WK52011	Specification for Coolant for Fuel Cell,Battery Electric,and Hybrid Vehicles	燃料电池，电池电力和混合动力车辆冷却液规范
2	WK5847	Practice for Standard Practice for Sampling of High Pressure Hydrogen and Related Fuel Cell Feed Gases	高压氢气和相关燃料电池进料气体采样的标准实践规范
3	WK60937	Specification for Design of Fuel Cells for Use in Unmanned Aircraft Systems(UAS)	用于无人机系统(UAS)的燃料电池设计规范
4	WK74158	Specification for Non-Glycol Based Coolants for Fuel Cell and Battery Electric Vehicles	燃料电池和电池电动车的非乙二醇类冷却剂规范
5	WK4548	Test Method for Determination of Trace Contaminants in Hydrogen and Related Fuel Cell Feed Gases	测定氢和相关燃料电池原料气中微量污染物的测试方法
6	WK21597	Test Method for Microscopic Measurement of Particulates in Hydrogen Fuel	氢燃料微粒的显微测量方法
7	WK21611	Test Method for Gravimetric Measurement of Particulate Concentration	氢燃料中颗粒浓度的重量法测试方法

（2）联合国世界车辆法规协调论坛　联合国世界车辆法规协调论坛（WP.29）是联合国欧洲经济委员会内陆运输委员会下属的一个永久性工作组，主要开展国际范围内汽车技术法规的制修订、协调、统一与实施工作。

GTR法规全称为全球统一汽车技术法规，由联合国世界车辆法规协调论坛（UN/WP.29）负责制定发布。2013年，由联合国世界车辆法规协调论坛（UN/WP.29）负责制定发布的全球统一汽车技术法规UN GTR No.13《氢和燃料电池电动汽车全球技术法规》是燃料电池汽车领域内第一个国际性法规，起到纲领性作用。该法规的制定是为了使氢燃料电池汽车能够达到与传统汽车同样的安全级别，以避免氢气爆炸或燃烧等造成人员伤害。此外，还包括当汽车发生事故时乘员和急救人员免受电击危险等要求。表1-3-6给出了典型的内容。

表 1-3-6 UN GTR No. 13《氢和燃料电池电动汽车全球技术法规》内容解析

序号	模块	主要内容	备注
1	压缩氢气储存系统	主要内容包括压缩氢气储存系统性能要求、温度驱动压力泄放装置性能试验、单向阀和自动关断阀三大方面	规定了车用压缩氢气储存系统完整性的要求。规定用于道路车辆的压缩氢气储存系统，其标称工作压力不应高于 70MPa，使用寿命不超过 15 年
2	车载氢系统	标准内容主要针对汽车氢燃料系统的性能和安全需求	规定了氢燃料供应系统的完整性要求，具体包括氢气储存系统、管路、接头和其他与氢气接触的部件
3	电安全	对汽车正常使用和发生碰撞后的电安全方面都给出了具体要求	一般燃料电池汽车的高压线路系统比纯电动汽车和混合动力电动汽车都要复杂。 燃料电池电动汽车的高电压系统的失效可能造成电击，电流通过人体的皮肤、肌肉、头发等对人体造成伤害
4	装有液氢储存系统的车辆	主要包括 LHSS 储存系统设计验证要求、LHSS 燃料系统完整性、LHSS 设计验证的测试方法、LHSS 燃料系统完整性的测试方法等方面	燃料电池电动汽车使用液氢储存系统也是一个技术趋势

（3）国际电工委员会（IEC）和国际标准化组织（ISO） 国际电工委员会（IEC）和国际标准化组织（ISO）在燃料电池电动汽车标准的制定方面起到了基础和协调的重要作用。ISO 主要负责整车、动力系统和电池标准，IEC 负责电器附件和基础设施标准。在充电连接、充电通信、电池规格尺寸等领域，ISO 和 IEC 紧密合作，成立联合工作组共同制定标准。

国际电工委员会（IEC）专门成立了国际电工委员会燃料电池标准化技术委员会（IEC/TC 105），负责燃料电池的国际标准制定。国际电工委员会下设的 TC 105 燃料电池技术分委会共有 14 个工作组，具体负责固定式燃料电池发电系统、交通工具用燃料电池系统、燃料电池动力系统、便携式燃料电池系统、微型燃料电池系统、燃料电池辅助动力系统六个方面相关标准的研究和制定。

在国际标准化组织（ISO）的相关技术委员会中，氢能技术领域的标准主要是由 ISO/TC 197（Hydrogen Technologies）分委会负责制定。在氢燃料质量、加氢站、氢气制备、氢安全等方面的标准有 18 项以上。ISO/TC 22（Road Vehicles）分委会负责制定道路车辆方面的标准；ISO/TC 58（Gas Cylinders）负责氢瓶方面的标准制定，具体包括气瓶的接头、设计和操作要求。表 1-3-7 给出了 ISO 发布的典型的部分氢能标准。

表 1-3-7 ISO 发布典型标准（部分）

序号	标准号	标准名称
1	ISO 19882:2018	气态氢-车用压缩储氢容器的温度驱动的压力泄放装置
2	ISO 19881:2018	气态氢-陆地车辆储氢容器
3	ISO 16111:2018	可运输的储氢装置-金属氢化物可逆吸附氢气
4	ISO/TS 19883:2017	氢气分离和纯化的压力变压吸附系统安全
5	ISO/TR 15916:2015	氢系统安全基本要求
6	ISO 17268:2020	陆地车辆加氢连接装置

续表

序号	标准号	标准名称
7	ISO 22734:2019	电解水氢气发生器-工业和商业设施
8	ISO 13985:2006	液氢-陆地车辆燃料罐
9	ISO 13984:1999	液氢-陆地车辆燃料加注系统接口
10	ISO/TS 19880-1:2020	气态氢-加氢站-第1部分:基本要求
11	ISO/19880-3:2018	气态氢-加氢站-第3部分:阀
12	ISO/19880-5:2019	气态氢-加氢站-第5部分:软管和软管组件
13	ISO/19880-8:2019	气态氢-加氢站-第8部分:氢气品质控制
14	ISO 14687:2019	氢燃料-产品规范

(4) 美国汽车工程师学会　美国汽车工程师学会（SAE）制定了大量的电动汽车类标准，具体包括整车、零部件和充电标准等。SAE 标准在数量和制定速度上都处于相对领先地位，多为国际标准所参考和采用。

SAE 涉及电动汽车标准制定的委员会有混合动力委员会、燃料电池标准委员会、汽车电池标准委员会、轻型汽车性能和经济性测量委员会等。燃料电池标准化委员会主要负责制定燃料电池电动汽车相关的标准和试验规程。其发布的标准内容涵盖氢气、电池、电堆、系统、整车几个不同层级，具体涉及术语、质量控制、氢安全、急救、加氢通信、碰撞安全、能耗测试等方面。

部分国际标准组织图标如图 1-3-1 所示。

图 1-3-1　部分国际标准组织图标

2. 国际燃料电池相关标准分类

不同国际组织制定的燃料电池相关的标准对我国燃料电池标准的制定有一定的借鉴意义，也为燃料电池及燃料电池电动汽车等产品走向国际化市场奠定基础。不同的国际组织制定的燃料电池相关标准的内容和侧重点如表 1-3-8 所示。

表 1-3-8　燃料电池相关国际标准组织制定的标准内容的侧重点

序号	组织	标准侧重点	备注
1	联合国世界车辆法规协调论坛(UN/WP. 29)	国际范围内汽车技术法规的制修订	UN GTR No. 13《氢和燃料电池电动汽车全球技术法规》是燃料电池汽车领域内第一个国际性法规
2	国际电工委员会(IEC)	电器附件和基础设施标准	IEC 发布的标准基本上是围绕燃料电池模块和系统展开的，并不涉及燃料电池电动汽车的整体级别标准

续表

序号	组织	标准侧重点	备注
3	国际标准化组织(ISO)	整车、动力系统和电池标准	发布了氢燃料质量、加氢站、氢气制备、氢安全等方面的标准。我国部分氢相关国标部分标准的制定参考了ISO的对应标准,主要有: GB/T 29729—2022《氢系统安全的基本要求》非等同采用了ISO/TR15916:2015的内容 GB/T 30719—2014《液氢车辆燃料加注系统接口》等同采用了ISO13981:1999 GB/T 30718—2014《压缩氢气车辆加注连接装置》非等同采用了ISO 17268:2006 GB/T 29729—2022《氢系统安全的基本要求》非等同采用了ISO/TR 15916:2004
4	美国汽车工程师学会(SAE)	燃料电池汽车类标准	我国在相关标准的制定过程中,国标很少采用SAE的对应标准。部分标准(含国标、行标、团标、企标)参考SAE的相关标准中的一些内容

三、燃料电池相关安全标准

能给出燃料电池产品需要用到安全标准的实际案例吗?

燃料电池应用过程中由于使用氢气，其安全性是必须正视的问题，也是燃料电池能够真正进入大众的应用领域的重要的一个因素。燃料电池相关的安全标准规范示例如表1-3-9所示。

表1-3-9 燃料电池相关的安全规范示例

序号	分类	标准名称	标准主要内容
1	氢气	GB 4962—2008《氢气使用安全技术规程》	① 规定了气态氢在使用、置换、储存、压缩与充(灌)装、排放过程以及消防与紧急情况处理、安全防护等方面的安全技术要求。 ② 适用于气态氢生产后的地面上各作业场所
2	燃料电池系统	GB/T 30084—2013《便携式燃料电池发电系统-安全》	① 规定了便携式燃料电池发电系统的构造、标志和试验要求,此类燃料电池系统是可移动,不固定的。 ② 适用于在室内或户外使用,额定输出电压不超过600V(交流)或850V(直流)的交流型和直流型便携式燃料电池发电系统
3		GB/T 29729—2022《氢系统安全的基本要求》	① 规定了氢系统的类别、氢的基本特性、氢系统的危险因素及其风险控制的基本要求。 ② 适用于氢的制取、储存、输送和应用系统的设计和使用

【单元测试】

一、调研实践题

1. 燃料电池的标准分类

查找燃料电池相关的技术标准，将其按照燃料电池的电池、系统、部件等进行分类，填写表1 3 10。

表 1-3-10 燃料电池技术标准分类

燃料电池标准分类	典型标准	标准主要内容	标准立项单位
电池			
系统			
部件			

2. 查找质子交换膜燃料电池的技术标准

查找燃料电池相关的技术标准，列出质子交换膜燃料电池相关的技术标准，并将其按照质子交换膜燃料电池的系统结构进行归类。举例说明质子交换膜燃料电池堆的制造需要遵循哪些技术标准，填写表 1-3-11。

表 1-3-11 质子交换膜燃料电池技术标准分类

标准分类	典型标准	标准主要内容	标准立项单位

3. 查找燃料电池工作用氢需要遵循的技术标准

查找燃料电池工作用氢需要遵循的技术标准，列表分析其核心技术标准内容，填写表 1-3-12。

表 1-3-12 燃料电池工作用氢需要遵循的技术标准分析

序号	典型标准	标准主要内容	标准立项单位
1			
2			
3			

4. 查找与燃料电池安全相关的技术标准

查找燃料电池安全工作需要遵循的技术标准，列表分析其核心技术标准内容，填写表 1-3-13。

表 1-3-13 燃料电池安全需要遵循的技术标准分析

序号	典型标准	标准主要内容	标准立项单位
1			
2			
3			

5. 学会使用燃料电池技术标准

选取一项与燃料电池相关的技术标准，说明其核心技术标准内容，填写表 1-3-14。

表 1-3-14 燃料电池技术标准分析

序号	典型标准	标准核心技术内容	标准立项单位
1			
2			
3			

6. 结果观察与分析

分小组整理任务单、任务过程及结果，整理成 PPT，汇报分享。

二、判断题

1. 全国燃料电池及液流电池标准化技术委员会成立于 2008 年，并与国际电工委员会燃料电池标准化技术委员会（IEC/TC 105）对接，其秘书处设在机械工业北京电工技术经济研究所。（　　）

2. 全国氢能标准化技术委员会成立于 2008 年，负责氢能领域的标准化工作，并对应国际标准化组织氢能技术委员会（ISO/TC 197），其秘书处位于中国标准化研究院。（　　）

3. 全国汽车标准化技术委员会电动车辆分技术委员会成立于 1998 年，专注于电动车辆领域的标准化工作，与国际标准化组织汽车技术委员会电动汽车分技术委员会（ISO/TC 22/SC 37）相对应，其秘书处设在中国汽车技术研究中心。（　　）

4. 全国气瓶标准化技术委员会车用高压燃料气瓶分技术委员会成立于 2011 年，

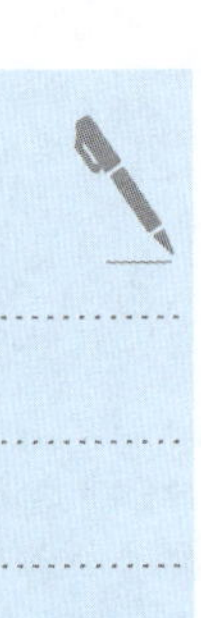

专门负责车用高压氢气瓶及压缩天然气瓶等复合材料气瓶的标准化工作，秘书处设在浙江大学化工机械研究所和浙江金盾压力容器有限公司。（　　）

5. 全国气瓶标准化技术委员会车用高压燃料气瓶分技术委员会直接对接的是国际电工委员会（IEC）下的某个燃料电池技术委员会。（　　）

三、选择题

1. 在燃料电池相关安全规范中，专门针对氢气使用安全技术规程的标准涉及（　　）环节。

A. 制氢、储存、运输和终端应用

B. 使用、置换、储存、压缩充装、排放及消防应急处理

C. 氢系统危险因素识别和风险控制

D. 氢燃料电池电动汽车的关键系统安全

2. 国际电工委员会（IEC）下设的专门负责燃料电池国际标准制定的技术委员会是（　　）。

A. ISO/TC 197　　B. ISO/TC 22

C. ISO/TC 58　　D. IEC/TC105

3. 对于道路车辆方面的标准制定，尤其是涉及燃料电池电动汽车的标准，主要由（　　）技术委员会负责。

A. ISO/TC 197　　B. IEC/TC 105

C. ISO/TC 22　　D. ISO/TC 58

四、简答题

1. 燃料电池的标准对于燃料电池行业的发展具有哪些方面的作用?

2. 燃料电池相关的标准主要涉及燃料电池技术的哪些方面的内容?

3. 燃料电池相关的安全规范有哪些?

4. 当前国内生产的燃料电池有哪些认证?

单元四

不同应用场景的燃料电池

【单元目标】

1. 能够分辨磷酸燃料电池的结构组成、关键材料、性能特点及应用场景；
2. 能够分辨固体氧化物燃料电池的结构组成、关键材料、性能特点及应用场景；
3. 能够分辨碱性燃料电池的结构组成、关键材料、性能特点及应用场景；
4. 能够分辨直接甲醇燃料电池的结构组成、关键材料、性能特点及应用场景。

【单元描述】

中国在氢能领域已取得多方面进展，居于世界前列。第一，中国年制氢产量约 3300 万吨，其中，达到工业氢气质量标准的约 1200 万吨，是世界上最大的制氢国，在氢能供给上具有巨大潜力。第二，中国氢能应用领域逐步扩大。据了解，中国已在部分区域实现燃料电池汽车小规模示范应用，成为国际公认的最有可能率先实现氢燃料电池和氢能汽车产业化的国家之一。第三，2022 年年底，中国已建成加氢站 310 座，居世界第一。第四，领先的氢能产业集群，京津冀、长三角和粤港澳大湾区汇集全产业链规模以上工业企业超过 300 家。

氢能产业快速发展，氢燃料电池进入市场化应用的有哪些类型呢？

一、磷酸燃料电池（大型电厂）

（一）磷酸燃料电池的工作原理与结构

1. 基本结构

图 1-4-1 为磷酸燃料电池的单电池结构示意图。单电池为方形层状结构，包括电极支撑层、电极筋板、催化剂层、电解质、隔板。各部件的材料和功能如下：

❶ 电极支撑层一般采用碳纸或碳布，其具有高孔隙率，可以使燃料或空气均匀透过。为避免高孔隙率导致铂的使用率低，先使用炭黑＋聚四氟乙烯配制成乳液涂制 1～2μm 厚的平整层，再涂一层数十微米厚的催化剂层。

❷ 催化剂采用在炭黑上搭载铂等贵金属制成，催化剂层由分散催化剂的团聚物和黏合剂的氟树脂颗粒构成。燃料电极和空气电极的催化剂差异主要是铂的浓度不同，空气电极的铂载量约是燃料电极的 4 倍。

❸ 电极筋板，即双极板，负责分配燃料和氧化剂，提供电流回路，同时保持电池内的温度和压力。通常采用高密度石墨制成。

❹ 电解质采用纯磷酸，但不是作为独立一层存在，而是存在于电解质层（基质）内部的孔隙中，电堆工作时也会少量进入催化剂层。

❺ 电解质层（基质）是具有高孔隙率的碳化硅隔膜，碳化硅具有极高的电化学稳定性。磷酸吸附在孔隙中，能够隔离两侧的燃料和空气，并能传导氢离子。

❻ 隔板包裹上述部件。隔板由不允许气体通过的致密碳制成。电极与隔板必须具有良好的导电性、耐腐蚀性和较长的寿命。

❼ 纯磷酸固化温度为42℃，电池停止运行时如磷酸固化可能产生内应力，破坏电解质层（基质）和催化剂层。为了维持电池的高性能，需要维持空气极催化层高性能化、单电池内的磷酸的最佳状态。不管是否运行，都需要维持内部温度在45℃以上。

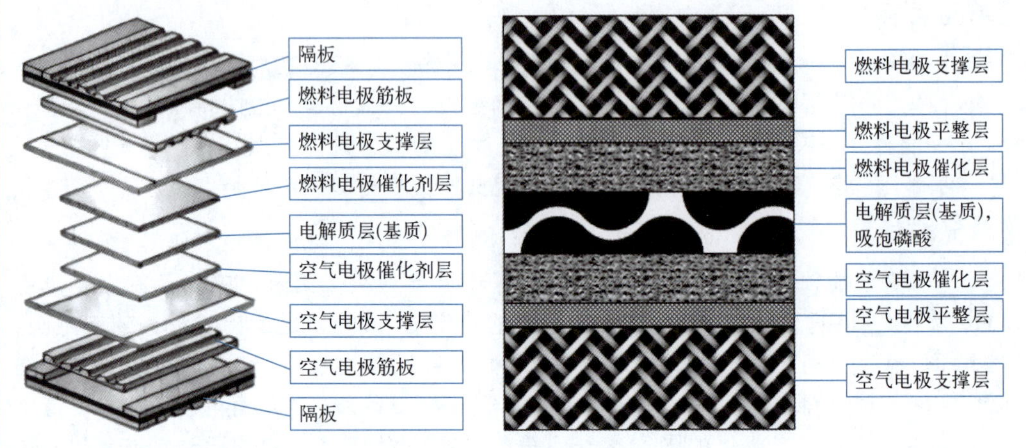

图 1-4-1 PAFC 基本结构

磷酸型燃料电池单电池典型构成材料如表 1-4-1 所示。

表 1-4-1 磷酸型燃料电池单电池典型构成材料

项目		材料要求说明	典型材料
燃料电极催化剂层、空气电极催化剂层	催化剂	高活性、长期稳定性	铂负载于炭黑
	平整层	憎水性、高电子电导率	聚四氟乙烯＋炭黑
燃料电极支持层、空气电极支持层		透气性、电子电导率、机械强度、热传导性、耐腐蚀性	碳纸或碳布
燃料电极筋板、空气电极筋板		致密性、电子电导率、机械强度、热传导性、耐腐蚀性	石墨板
电解质		高纯度	98%～99%浓磷酸
电解质层(基质)		耐腐蚀性、磷酸保持性	SiC
隔板		机械强度、电子电导率、机械强度、热传导性	石墨板

磷酸燃料电池由多个单电池堆叠而成，且每隔5～7个单电池，上下设置一块冷却板，以消除发电过程中产生的热量；电池堆由上下紧固结构和供气歧管构成。PAFC的工作温度在200℃左右，可以使用一般的工业碳材料作为材料。

通常1个电池堆可以组成500～800kW级发电装置，对于容量更大的电站系统，则由数组电池堆组合而成。

★本节重点，随着技术发展，磷酸燃料电池产品应用越来越多，需要掌握其工作原理与结构。

2. 工作原理

磷酸燃料电池是一种使用氢气和氧气作为反应物的燃料电池，其工作原理如图1-4-2所示，主要由阳极、阴极和电解质组成，磷酸为电解质，阳极发生氢气的氧化反应，阴极发生磷酸的还原反应。

❶ 氢气通过管道到达阳极，在阳极催化剂的作用下，氢分子分解为带正电的氢离子，释放出带有负电的电子。

$$阳极：H_2 \longrightarrow 2H^+ + 2e^-$$

❷ 磷酸在水溶液中易离解出氢离子（$H_3PO_4 \longleftrightarrow H^+ + H_2PO_4^-$），氢离子和磷酸根不断反复结合与分离，并将阳极（燃料极）反应中生成的氢离子传输至阴极（空气极）。

❸ 电池另一端，氧气或者空气通过管道到达阴极，在阴极催化剂的作用下，氧吸收电子，并与氢离子结合生成水。

$$阴极：O_2 + 4H^+ + 4e^- \longrightarrow 2H_2O$$

❹ 反应过程中，电子流到连接正负极的外电路，获得电流。总的电化学反应为：

$$总反应：O_2 + 2H_2 \longrightarrow 2H_2O$$

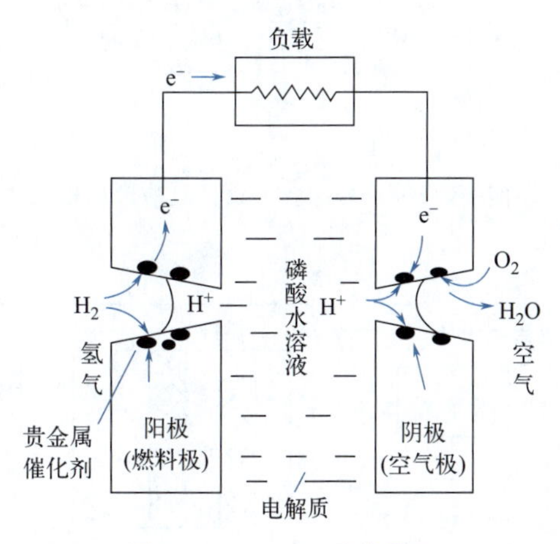

图 1-4-2 PAFC 反应原理

（二）磷酸燃料电池堆的制造

1. 磷酸燃料电池堆

磷酸燃料电池堆核心构造（图1-4-3）包括电极（燃料极、空气极）、含磷酸的电解质层、隔板、冷却板、各种类型物料管、其他辅助元件等关键部件。典型水冷却式PAFC电池堆的构造如图1-4-4所示，除了单电池单元以外，还包括集电板、绝缘板、冷却水总管、燃料进入管、燃料集流腔、空气集流腔、主端子、压板、盖板，以及夹紧沉头螺钉等。

2. 磷酸燃料电池发电系统

磷酸燃料电池发电系统主要由四部分组成，包括PAFC电池堆、燃料转化装置、热量管理单元和系统控制单元。图1-4-5给出了磷酸燃料电池发电系统的基本构成，表1-4-2给出了磷酸燃料电池发电系统的四部分在系统中的功能。

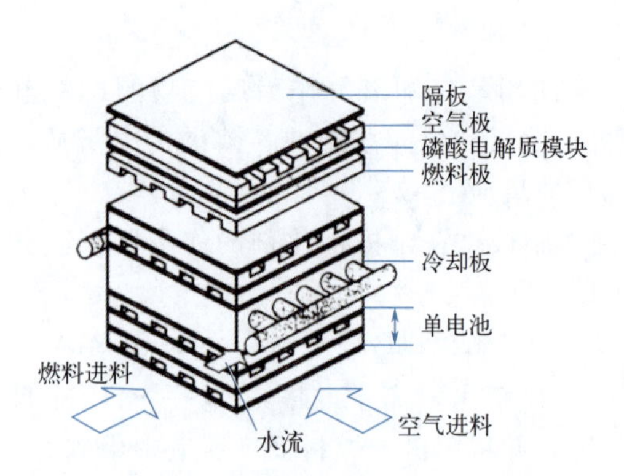

图 1-4-3 磷酸燃料电池堆核心构造

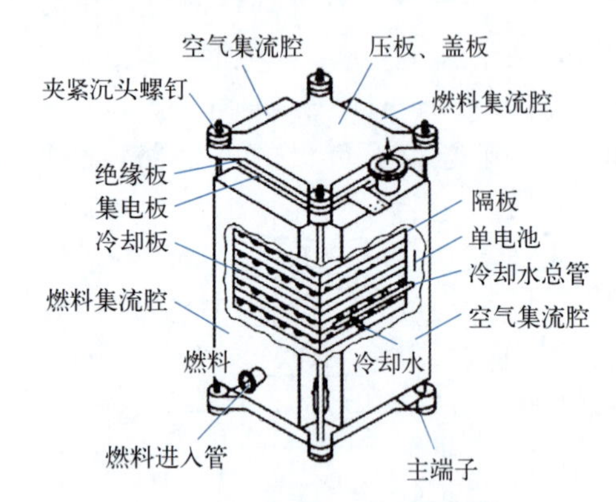

图 1-4-4 水冷却式 PAFC 电池堆构造

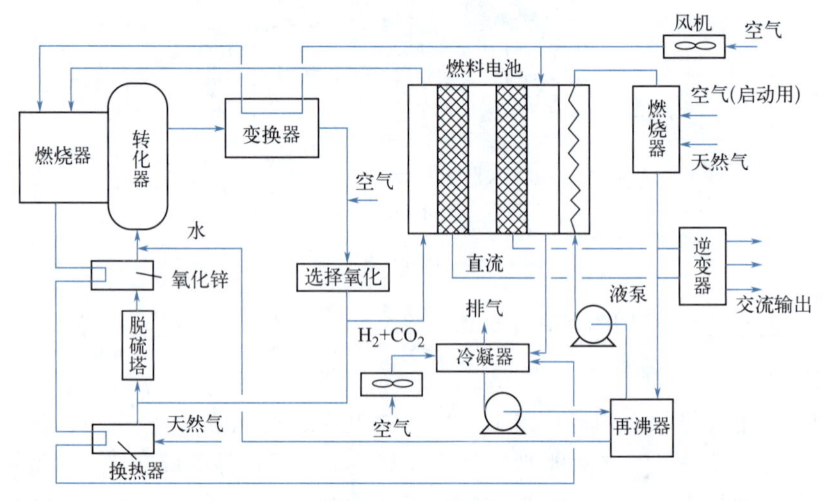

图 1-4-5 磷酸燃料电池发电系统基本构成

磷酸燃料电池的发电和热利用基本流程是，燃料气体或城市煤气添加水蒸气后被送到转化器，把燃料转化成 H_2、CO 和水蒸气的混合物，CO 和水进一步在移位反应器中经催化剂转化成 H_2 和 CO_2。经过入场处理后的燃料气体进入燃料电池堆的燃料极，同时将氧输送到燃料堆的空气极进行化学反应，借助催化剂的作用迅速产生电能和热能。

表 1-4-2 磷酸燃料电池发电系统四部分的功能

序号	名称	功能
1	PAFC 电池堆	将富氢气体及空气转化成电流
2	燃料转化系统	将化石燃料转化成富氢气体
3	热量管理单元	将电池堆发电过程中产生的热量进行回收利用管理
4	系统控制单元	① 将直流电转化成交流电； ② 控制所有部件，根据需要调整电或热负荷

(1) 燃料转化装置　燃料转化装置中燃料转化过程包括脱硫、催化重整转化与一氧化碳变换三个反应过程。反应过程的作用、反应、操作条件以及催化剂如表 1-4-3 所示。

表 1-4-3 燃料转化系统中每个过程操作条件

项目	脱硫过程	蒸气转化过程	CO 变换过程
作用	脱硫	天然气转化成 H_2 和 CO	将 CO 变换为富氢气体和 CO_2
反应式	$R-SH+H_2 \longrightarrow R-H+H_2S$ $H_2S+ZnO \longrightarrow ZnS+H_2O$	$CH_4+H_2O \longrightarrow CO+3H_2$	$CO+H_2O \longrightarrow CO_2+H_2$
操作条件	温度：573～673K 压力：0～0.98MPa	温度：1023～1123K 压力：0～0.98MPa 水-碳比：2～4	温度： 高温段 593～753K 低温段 453～553K 压力：0～0.98MPa
催化剂	Co-Mo 催化剂、Ni-Mo 催化剂、ZnO	Ni 催化剂	Fe-Cr 催化剂 Cu-Zn 催化剂

注：反应式中 R 为烃类。

(2) 热量管理单元　在 PAFC 电池堆中，有 3 种不同的冷却方式，即水冷却、空气冷却和绝缘油冷却。

水冷却：冷却水的温度为 160～180℃；沸水冷却、加压水冷却。

空气冷却：利用空气强制对流而将燃料电池产生的热量移走。特点是排热系统简单，操作稳定可靠。

绝缘油冷却：适用于小型现场型燃料电池系统。

一般来讲，水冷却式的冷却效果优于其他两种方式，对于大规模电站系统更是如此。空气冷却比水冷却简单，适合小规模发电装置，但空气冷却需要较多的辅助动力设备以促进空气循环，发电系统净效率将会降低。从冷却效果与系统复杂程度来说，绝缘油冷却方式介于水冷却与空气冷却两者之间，其整个系统紧凑、简单，且不易腐蚀。表 1-4-4 对 PAFC 系统中采用的三种冷却方式的特点进行了比较。

表 1-4-4 PAFC 系统中常用冷却方式比较

特点	水冷却	绝缘油冷却	空气冷却
冷却效率	高	中等	中等或较低
系统结构	复杂	中等	简单
冷却剂处理	复杂	中等	简单
工作压力	高(达零点几兆帕)	低	可灵活调节

续表

特点	水冷却	绝缘油冷却	空气冷却
热电共生效果	好	中等	一般
辅助动力	小	较小	大
冷却板设置	每隔数个单电池	隔数个单电池	隔一个或数个单电池
制造商	LFC、富士、日立、东芝	富士	ERC、西屋电气、三洋

(3) 系统控制单元　系统控制单元包括逆变器和过程控制系统。逆变器的功能是将燃料电池系统生产的直流电转换成交流电。过程控制系统的设计的基本准则是有效管理具有不同响应时间的各个过程。磷酸燃料电池电站的类型可以分为两种，独立电源系统、联网电站系统（图 1-4-6）。表 1-4-5 给出了 PAFC 系统的工作条件。

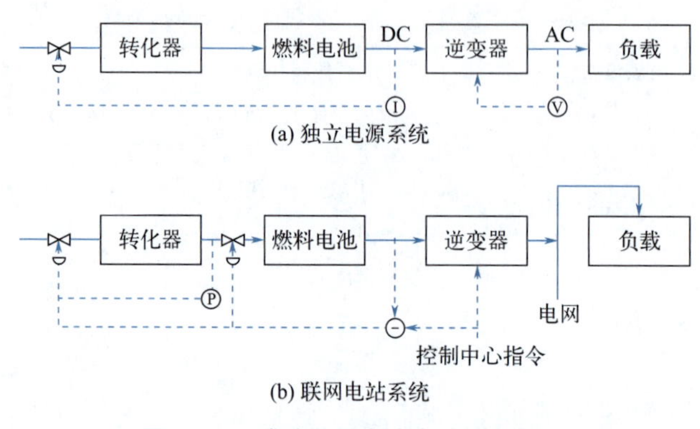

图 1-4-6　磷酸燃料电池电站控制框图

表 1-4-5　PAFC 的工作条件

序号	参数名称	具体工作条件
1	工作温度	180～210℃，电池堆在较高温度下的热力学效率低于较低温度的效率
2	工作压力	通常小容量电池堆采用常压，大容量电池堆采用数百千帕，电池堆的效率随压力的增大而增加
3	冷却方法	空气、水或水及蒸汽混合、绝缘液体
4	燃料利用率	70%～80%
5	氧化剂利用率	氧化剂气体利用率为 50%～60%，空气中的氧含量为 21%，50%～60%的利用率表明空气中 10%～12%的氧消耗在燃料电池中
6	反应气体组成	典型的重整气体中含 H_2 80%，CO_2 20%，以及少量的 CH_4、CO 和硫化物等杂质
7	发电效率	发电效率为 40%～50%，PAFC 系统产生余热的量相当多且清洁，包括电和热，系统的总效率可达 80%

（三）磷酸燃料电池的典型应用案例

你能找出身边磷酸燃料电池应用的实际案例吗？

PAFC 用于发电厂包括两种情形：分散型发电厂，容量为 10～20MW，安装在配电站；中心电站型发电厂，容量在 100MW 以上，可以作为中等规模热电厂。

PAFC 电厂比起一般电厂具有如下优点：即使在发电负荷比较低时，依然可以保持高的发电效率；由于采用模块结构，现场安装简单、省时，并且电厂扩容容易。

1. FP-100i 磷酸燃料电池发电系统

以某公司 FP-100i 磷酸燃料电池发电系统为例，分析磷酸燃料电池的热电联产的功能和特点（图 1-4-7）。FP-100i 采用易于现场安装的封装组件结构，宽度为 2.2m，高度为 2.5m（安装时为 3.4m）。单独安装的氮气设备和水处理设备的附带设备内置于封装组件中；采用将用于散热处理的气冷式散热器安装在顶部的构造；散热时可以产生 90℃的热水，可利用吸收式冷热水器为空调提供冷水；停电时，能为顾客设施的特定负载独立供电；系统发生异常时，会立即切断与系统的连接，切换到只对燃料电池内部的辅助设备供电的待机状态，系统恢复后会在短时间内恢复供电。

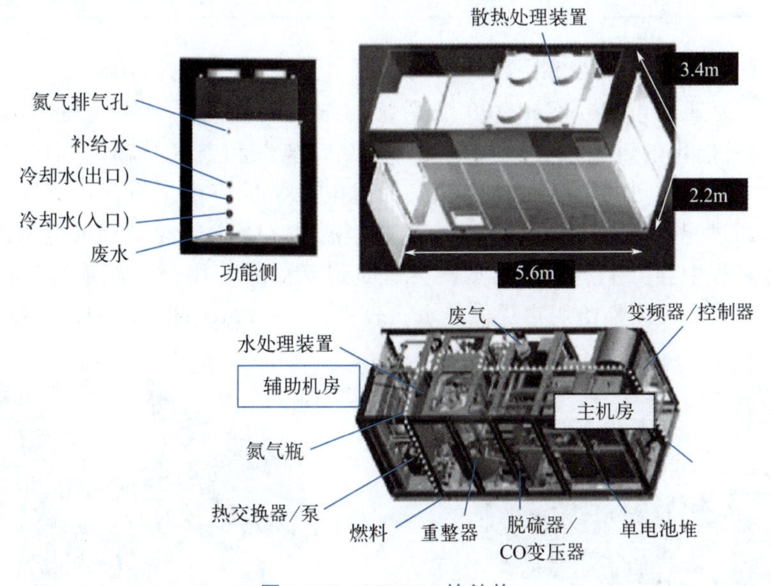

图 1-4-7　FP-100i 的结构

表 1-4-6 为 100kW 燃料电池的主要规格。在燃料方面，利用重整器和脱硫器的优势，能够使用城市煤气，也可以使用生物沼气等。

表 1-4-6　FP-100i 的主要规格

燃料		城市燃气	生物沼气	纯氢气
额定输出		AC105kW(发电端)/100kW(输电端)		
尺寸		5.5m(长)×2.2m(宽)×3.4m(高)		
质量		14t		13.5t
额定电压,相数,频率		AV210V/220V,三相,50/60Hz		
热量输出		中温废热回收	中温废热回收	中温废热回收
		123kW(15～60℃)	116kW(15～60℃)	99kW(15～60℃)
效率	发电效率	42%[LHV]	40%[LHV]	48%[LHV]
	综合效率	91%[LHV]	84%[LHV]	93%[LHV]
燃料种类		城市燃气 13A	生物沼气(CH_4:60%,CO_2:40%)	纯氢气(99.99%以上)
燃料消耗		22m^3/h	44m^3/h	74m^3/h

续表

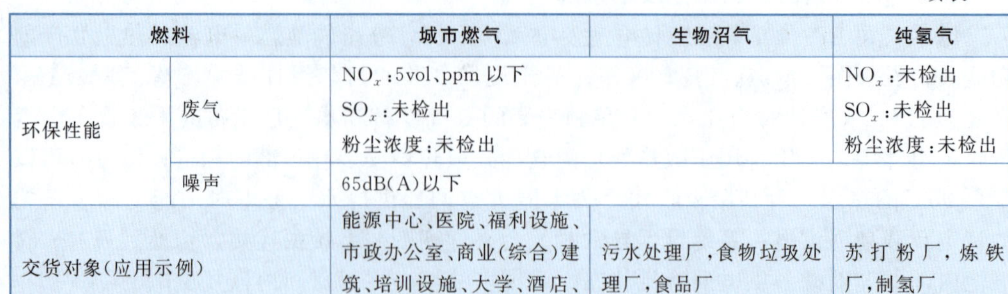

燃料		城市燃气	生物沼气	纯氢气
环保性能	废气	NO_x:5vol、ppm 以下 SO_x:未检出 粉尘浓度:未检出		NO_x:未检出 SO_x:未检出 粉尘浓度:未检出
	噪声	65dB(A)以下		
交货对象(应用示例)		能源中心、医院、福利设施、市政办公室、商业(综合)建筑、培训设施、大学、酒店、展示设施	污水处理厂,食物垃圾处理厂,食品厂	苏打粉厂,炼铁厂,制氢厂

2. PureCell-400 磷酸燃料电池供电系统

图 1-4-8 为某公司 PureCell-400 型系统的结构。首先，天然气在燃料处理系统（FPS）中通过催化剂重整被转化成氢气。然后，氢气和空气被输送到四个磷酸型燃料电池堆，在燃料电池堆内，氢气和氧气通过电化学反应产生直流电（DC）、热量和水。最后，通过配电板上的 DC/AC 逆变器将直流电（DC）转化成交流电（AC）。燃料电池在工作过程中会产生蒸汽，而蒸汽会返回到 FPS 中，用于蒸汽重整过程。未被使用的热量会通过热交换器给用户提供热水。表 1-4-7 为 PureCell-400 型系统技术参数。

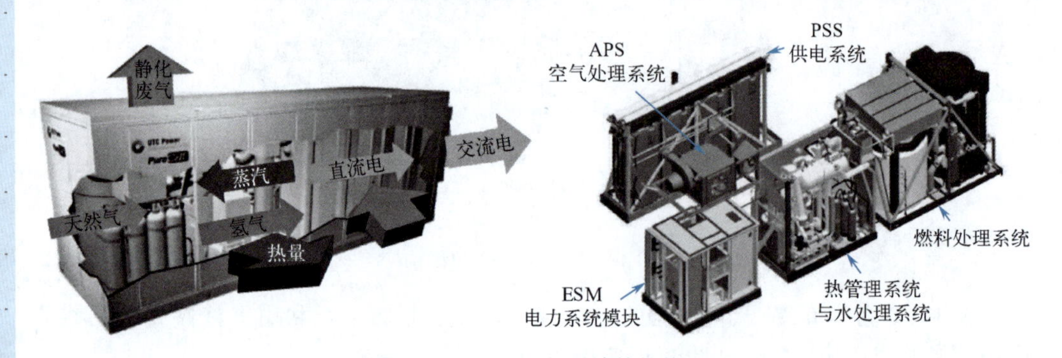

图 1-4-8 PureCell 系统的结构

表 1-4-7 PureCell-400 型系统技术参数

特性	性能
净功率输出	400kW/471 kV·A,480V,60Hz,3 相
电效率(较低热值)	42%(初始)
	40%(额定)
燃料消耗(较高热值)/(MMBtu/h)	3.60(初始)
	3.79(额定)
可回收热量/(MMBtu/h)	1.537(初始)
	1.708(额定)
系统总效率(低热值)	90%
工作寿命/年	20
检修间隔期/年	10
环境工作稳定温度范围/°F	−20～113

注：1Btu/h=0.2930711W。

（1）热管理系统（TMS）与水处理系统（WTS） 热管理系统和水处理系统用来保持系统内的热平衡，水处理系统会为燃料电池堆和辅助系统提供冷却水。燃料电池堆内产生的水蒸气会被传输到燃料处理系统中，用于天然气的重整。热管理系统包含两个热循环交换器，控制器将多余的热传送到 PureCell-400 冷却模块的接口。从燃料电池产生的热量会提供给用户。

水处理系统会给燃料电池堆和辅助设备提供适量的处理水。通过将循环水经过一系列脱矿质装置，就可形成处理水。如果工作在 30℃ 环境温度下，通常不需要补充水。如果工作温度高于 30℃，那么就需要为系统补充适量经脱矿质装置处理过的水。

（2）供电系统（PSS） 磷酸型燃料电池堆如气体燃料电池堆一样，由无数的重复部件组成。其中一个重复的部件就是单体电池。每个单体电池由磷酸电解液、负极和正极组成。

供电系统模块包含 4 个燃料电池堆，其组成了 PureCell-400 的核心。每个燃料电池堆或电池堆模块包含 376 个单体电池，可产生超过 100kW 的电能。四个燃料电池堆通过串联连接，产生高压直流电。

（3）电力系统模块（ESM） 电力系统模块可同时作为整个发电站的电力调节系统和工作控制器。从燃料电池堆发出的直流电会通过逆变器转化成 480V AC、60Hz 的三相电传输给用户。以逆变器为基础的系统会自动同步地将直流电转化成建筑电力系统所需的交流电，而无须单独的同步设备。ESM 同时还会提供一个单独的 480V 接口用来驱动独立的用户负载。使用时，无论电网是否存在，用户负载都可以使用。一旦没有电网，燃料电池会在几秒内转化成独立于电网的工作模式，以满足独立负载的用电要求。发电站的控制器位于 ESM 内，通过独立提供的远程监测系统，从 UTC 控制中心发出自动控制和远程控制辅助设备的寄生用电也由 ESM 提供。

（4）空气处理系统（APS） 空气处理模块的主要功能是为正极和天然气重整炉提供经过过滤处理的空气。低压离心送风机会提供所需的空气流。流通空气同时还会被输送到燃料室和电动机室，以冷却和给位于其中的部件通风。一旦出现泄漏，送风机提供的空气还可用来疏散系统内可能存在的易燃的燃料混合物。

（5）燃料处理系统（FPS） FPS 将管道传输的天然气转化成重整氢气，这是一种富含氢气的气体，被输送到燃料电池堆的负极端。该模块包含一个冷凝器，用来收集燃料电池在反应过程中产生的水，即冷凝反应中排出的废水蒸汽。这样就减少了在大多数工作条件下所需的补水过程。所收集的水会用于蒸汽重整过程。

（6）冷却模块 PureCell-400 系统包含一个远程干空气冷却器，以保证燃料电池系统的冷却。冷却模块有 6 个风扇，作为内部附加负载，直接由电站供电，其用电量并不会降低 PureCell-400 的净功率输出。风扇以变速工作，并被自动控制，用来调节系统的内部温度。用户的热循环会降低冷却模块的总负载。

（7）远程控制系统 发电站包含一个以互联网为基础的通信系统，称作 RMS。RMS 会使 UTC 电力控制中心远程控制电站的工作数据及拥有有限的控制权，其中包括启动、功率输出 kW 设定点和关闭命令。同时，电站也具备对超出限制的参数、状态和维护进行告警的功能。RMS 同时还为用户提供网站，以观察电站的工作状态。每个 RMS 可同时与 6 个 PureCell-400 交流。

表 1 4 8 为 PureCell-400 型系统可用燃料所允许的气体成分。

表 1-4-8 允许的气体成分

天然气成分	最大允许量	天然气成分	最大允许量
甲烷	100%	O_2	0.2%
乙烷	10%	N_2	4%
丙烷	5%	总含硫量	最大 30×10^{-6},平均 6×10^{-6}
丁烷	1.25%	NH_3	0.5×10^{-6}
戊烷、己烷	0.5%	卤化物	0.05×10^{-6}
CO	3.0%	烯烃	0.0%

固体氧化物电池工作原理

二、固体氧化物燃料电池（热电联供）

（一）固体氧化物燃料电池的工作原理与结构

1. 固体氧化物燃料电池的结构

固体氧化物燃料电池的整体构造为全固态结构，电解质使用固体氧化物材料，工作温度一般在 600℃以上，由于高温环境无需纯氢气作为燃料，可以利用重整反应将碳氢化合物转换为氢气，能够直接使用氢气、一氧化碳、甲烷和乙醇等各种可燃气体作为燃料。SOFC 的高温工作条件保证了它具有较高的反应速度和发电效率，高温尾气用于余热复合发电能使综合效率达到 83%。

SOFC 的常见结构包括圆管式、平板式。圆管式 SOFC 如图 1-4-9 所示，单个燃料电池的结构包括阳极、阴极、电解质、连接体等。单个 SOFC 电池通过串联或者并联组成电池堆。工作时，内部圆管通入空气，内外圆管夹层通入燃料。

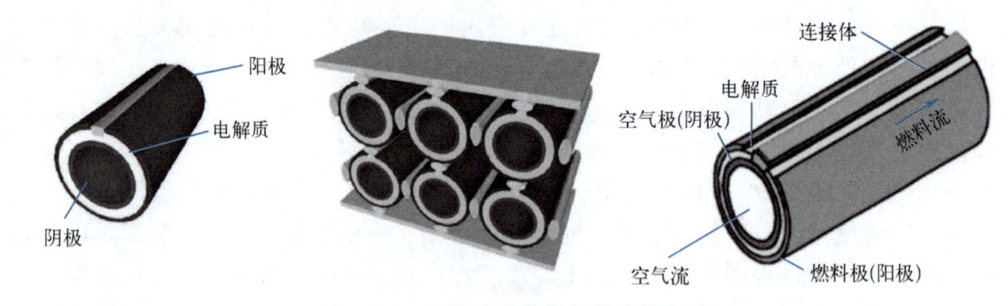

图 1-4-9 圆管式固体氧化物燃料电池

平板式 SOFC 如图 1-4-10 所示，电堆由多个单电池串联堆叠而成，各个组件均为平板式结构。平板式 SOFC 由空气电极、固态电解质以及电极烧结而成，形成 PEN 板（Positive electrode-Electrolyte-Negative electrode plate）。PEN 平板由双面刻有流道的双极板连接，空气和燃气分别从双极板两侧的导气槽中交叉流过。

★本节重点，随着技术发展，固体氧化物燃料电池产品应用越来越多，需要掌握其工作原理与结构。

2. 固体氧化物燃料电池的工作原理

图 1-4-11 为 SOFC 的工作原理，氧气在多孔阴极内通过催化反应得到电子转化为氧离子，氧离子通过固体电解质传输到阳极，之后氧离子与多孔阳极内的氢气经过催化和反应最终变成水蒸气，氢气分子上脱离出来的电子则流经外电路后回到阴极。固体电解质将两侧的气体分隔开，由于两侧氧分压的不同，产生了氧的化学位梯度，

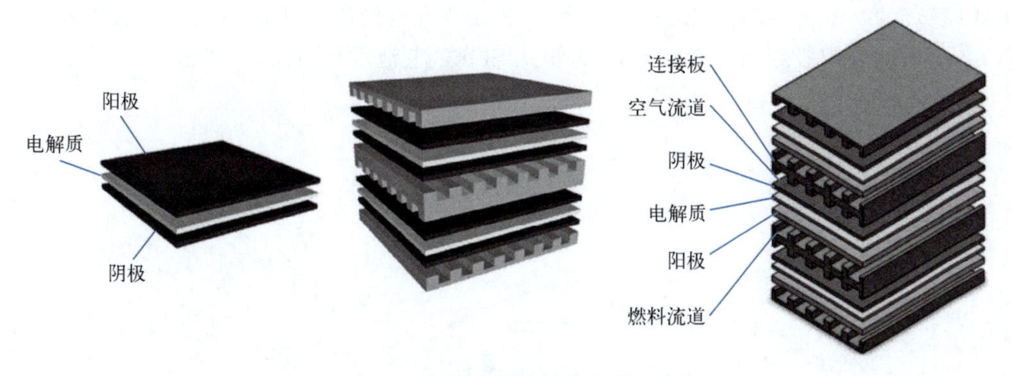

图 1-4-10 平板式固体氧化物燃料电池

在该化学位梯度的作用下，在阴极获得电子的氧离子经固体电解质向阳极运动，在阳极与氢气反应产生水分子并释放出电子，从而在两极形成电压。固体氧化物燃料电池的典型特征是电解质为固态、无空隙的金属氧化物，由氧离子在晶体中穿梭迁移，从而实现电荷的传递。

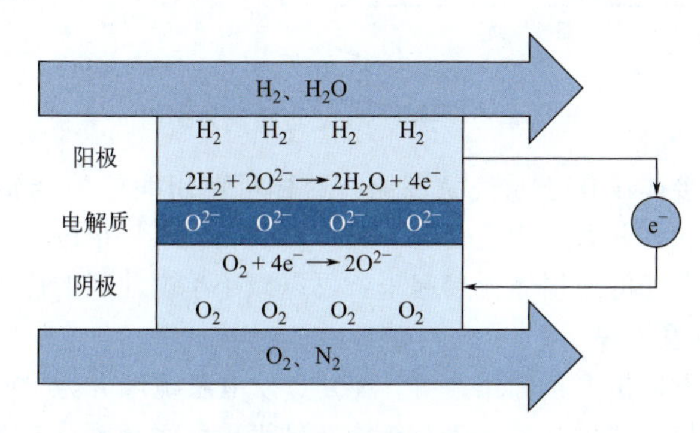

图 1-4-11 固体氧化物燃料电池的工作原理

固体氧化物燃料电池适合与煤气化、燃气轮机、汽轮机等构成联合循环发电系统，建造中心电站或分散电站。其发电工作原理分为三步：

❶ 在阴极上，氧分子被吸附解离后得到电子，被还原成氧离子。

$$O_2 + 4e^- \longrightarrow 2O^{2-}$$

❷ 氧离子在电位差和氧浓度驱动力的作用下，通过电解质中的氧空位向阳极迁移，与燃料（以 H_2 为例）发生氧化反应生成水并释放热量，同时释放电子。

$$2H_2 + 2O^{2-} \longrightarrow 2H_2O + 4e^-$$

❸ 电池的总反应：

$$2H_2 + O_2 \longrightarrow 2H_2O$$

（二）固体氧化物燃料电池的制造

1. 固体氧化物燃料电池堆

图 1-4-12 给出了管式 SOFC 电池堆示意图。管式 SOFC 单电池从内到外由一端封闭的多孔阴极支撑管、电解质、连接体和阳极组成。它由一端封闭、一端开口的管状单体电池以串、并联方式组装而成。其制备工艺为：通过挤压成型方法制备多孔的氧化钙和稳定的氧化锆支撑管，在支撑管上制备阳极、电解质薄膜和阴极，燃料从管芯输入，空气通过管子外壁供给，高温烧结成型。即每个单体电池从内到外由多孔

CaO 稳定的 ZrO_2（简称 CSZ）支撑管、LSM 空气电极、YSZ 固体电解质薄膜和 Ni/YSZ 金属陶瓷阳极组成。图 1-4-12 为管式 SOFC 电池堆示意图。

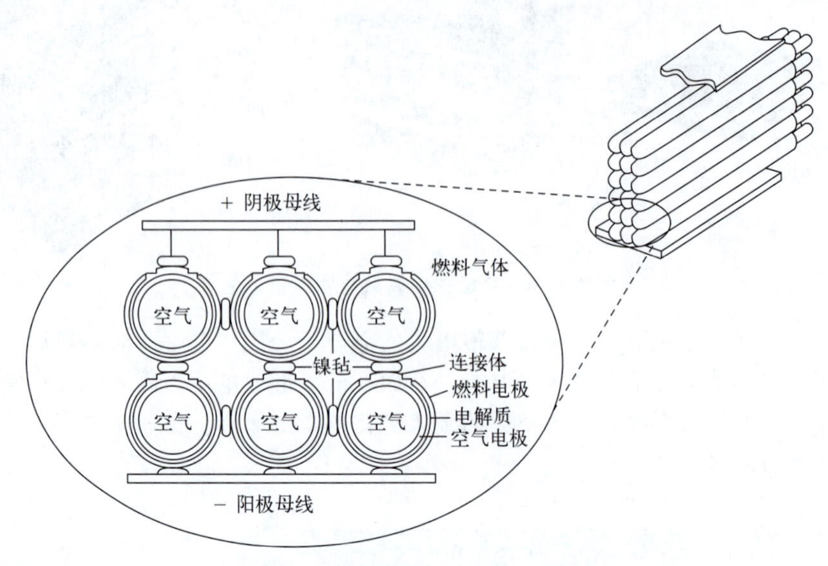

图 1-4-12　管式 SOFC 电池堆示意图

单电池间的连接体设在还原气氛一侧，这样可使用廉价的金属材料作电流收集体。单电池采用串联、并联方式组合到一起，可避免当某一单电池损坏时电池组完全失效。用镍毡将单电池的连接体连接起来，可以减小单电池间的应力。

2. SOFC 发电系统

按照系统的功率输出大小和用途等，SOFC 发电系统可分为 100W 的便携式电源系统、千瓦级家用热电联供系统、千瓦级汽车辅助电源系统、分布式电源及固定电站用百千瓦以及兆瓦级发电系统等。

SOFC 发电系统由热管理系统、物料供应系统、控制系统、SOFC 电堆模块、电力转换系统等组成，如图 1-4-13、图 1-4-14 所示。

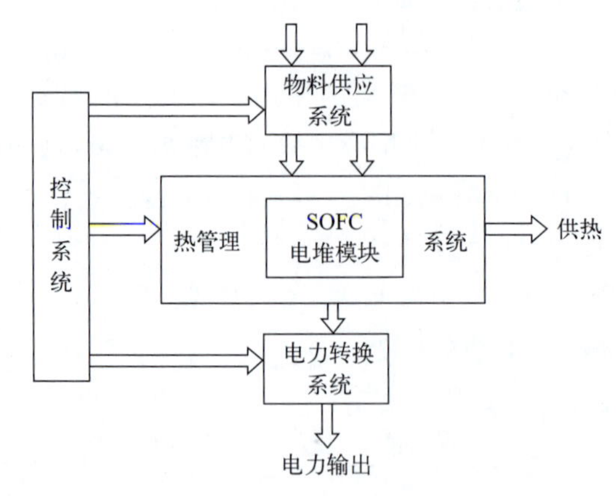

图 1-4-13　SOFC 发电系统流程

固体氧化物燃料电池（SOFC）发电系统的组装步骤包括以下几个方面。

❶ 电堆模块的组装：按照要求完成电堆模块的组装。

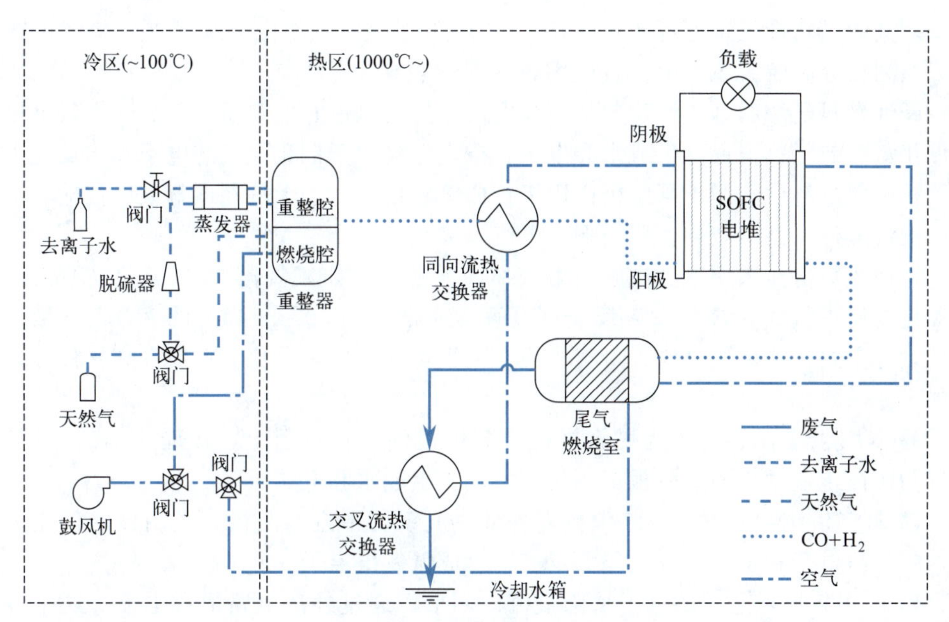

图 1-4-14 SOFC 系统示意图

❷ 燃料重整器的组装：燃料重整器主要用于将传统燃料（如天然气或甲烷）转化为适合 SOFC 系统使用的合成气。首先，安装和连接燃料进口和出口管道，然后按照设计要求安装和组装燃料重整器的其余部分，包括催化剂层、换热管、反应室等。

❸ 燃烧器的组装：燃烧器用于在需要额外热源时使燃料完全燃烧。安装和连接燃料进口和出口管道，然后根据设计要求安装和组装燃烧器的其余部分，包括燃料喷嘴、燃烧室、点火装置等。

❹ 热交换器的组装：热交换器用于回收电堆模块排出的热量，提供预热给进入电堆的新鲜气体。安装和连接燃料进口和出口管道，然后根据设计要求安装和组装热交换器的其余部分，包括热交换管、冷却剂流道等。

❺ 如果系统需要使用脱硫器来处理燃料中的硫化物，可以将其安装和连接到燃料进口和出口管道中。

❻ 安装和连接泵和风机，用于提供气体流动的压力和流量控制。

❼ 安装和连接电堆模块、热交换器、燃料重整器、燃烧器、脱硫器、泵和风机等所有部件的管道。

❽ 安装和连接电池系统控制单元和监测仪器，用于对整个系统进行控制和监测。

❾ 进行系统测试和性能验证，确保整个系统的正常运行和高效发电。

三、碱性燃料电池（航天、军事装备）

（一）碱性燃料电池的工作原理与结构

★本节重点，随着技术发展，碱性燃料电池产品应用越来越多，需要掌握其工作原理与结构。

碱性燃料电池（AFC），也称为培根燃料电池，以其英国发明者弗朗西斯·托马斯·培根（Francis·Thomas·Bacon）的名字命名，是最成熟的燃料电池技术之一。碱性燃料电池消耗氢气和纯氧，以产生饮用水、热量和电力。它是最高效的燃料电池

之一，其能量转换效率有可能达到70%。自20世纪60年代中期以来，NASA在阿波罗系列任务和航天飞机上一直使用碱性燃料电池。

碱性燃料电池的基本结构包括燃料电极、空气电极和电解质三部分。燃料电极用于催化氢气与氢氧根反应生成水和电子，空气电极用于催化氧气与电子和水反应生成氢氧根。而电解质则用于从阴极向阳极传递氢氧根。电子无法在电解质中传输，被迫从阳极流经外电路负载到达阴极形成电流。

碱性燃料电池采用碱性电解质溶液作为电解质，如氢氧化钾/氢氧化钠溶液，通过催化剂促进氢气和氧气发生反应。电解质通常采用30%～45%的KOH溶液。其工作过程主要包括氢气供应、氧气供应、电子传导，以及电化学反应和离子传导，具体如下。

❶ 氢气供应：氢气作为燃料被供应到阳极的催化剂层上，在催化剂的作用下，氢气与阴极传输过来的氢氧根离子发生反应，生成水和电子。

❷ 氧气供应：氧气从空气中或者外部供应系统中进入阴极，在阴极的催化剂层上，氧气与电子和水结合发生还原反应，生成氢氧根离子。

❸ 电子传导：产生的电子从阳极流向阴极，通过外部电路形成电流。这个过程驱动了电子器件的工作。

❹ 离子传导：氢氧根离子在电解质溶液中传导，从阴极经过电解质层到阳极。

碱性燃料电池电化学反应如下。

❶ 负极反应：

$$2H_2+4OH^- \longrightarrow 4H_2O+4e^-$$

❷ 正极反应：

$$O_2+2H_2O+4e^- \longrightarrow 4OH^-$$

❸ 总反应：

$$2H_2+O_2 \longrightarrow 2H_2O$$

除当前最广泛使用的氢气作为燃料的氢氧碱性燃料电池外，实验室研发当中，碱性燃料电池还可以使用甲醇和氨等可溶于水的有机物作为燃料，但距离实用化尚需时日。碱性燃料电池的发电原理如图1-4-15所示。

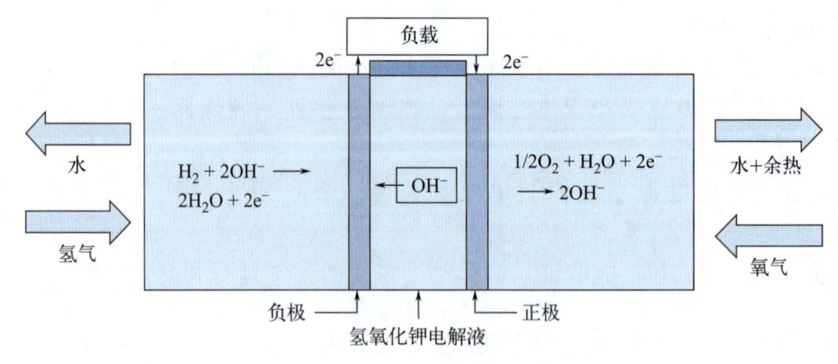

图1-4-15　碱性燃料电池的发电原理

（二）碱性燃料电池的应用

碱性燃料电池具有高能量密度、高效率、低噪声等优点，因此在航天、军事装备等领域得到广泛应用。例如，在航天领域中，碱性燃料电池被用于为卫星和空间站提供能源，以及为火箭发动机提供动力。在军事装备领域中，碱性燃料电池被用于为潜艇、导弹等提供能源。此外，在民用领域中，碱性燃料电池也被用于为电动汽车、住宅能源系统等提供能源。随着技术的不断发展和进步，碱性燃料电池将会有更广泛的应用前景。

碱性燃料电池由阳极、阴极、电解质、催化剂、气体扩散层、电流收集器和导电板等组件构成，见表 1-4-9。阳极和阴极上的催化剂促进氢气的氧化和氧气的还原反应，在碱性溶液电解质中产生电子流和离子传导。气体扩散层用于均匀分布气体，电流收集器收集电子流，导电板提供电子流路径。

表 1-4-9 碱性燃料电池的结构部件

名称	材料
氧电极	Pt/C、Ag
氢电极	Pt-Pd/C、Ni
电解质溶液	氢氧化钾、氢氧化钠
隔膜	浸饱碱液的多孔石棉
双极板	无孔碳板、镍板、镀 Ni/Au/Ag 的金属板(铝板、镁板、铁板)

碱性燃料电池发电系统典型结构如图 1-4-16 所示。空气通过气泵，经过二氧化碳脱除，进入碱性燃料电池的空气极，参与反应，多余的排出。氢气从氢气储存器中流入氢气引射器中，形成氢气射流，进入燃料电池的氢气极，参与反应；多余的氢气通过气液分离器，去除水分，进入氢气引射器，继续循环使用。电解质溶液通过电解液循环泵，通过热交换器，冷却并循环使用。燃料电池发电系统的冷却和热管理采用水冷方式。

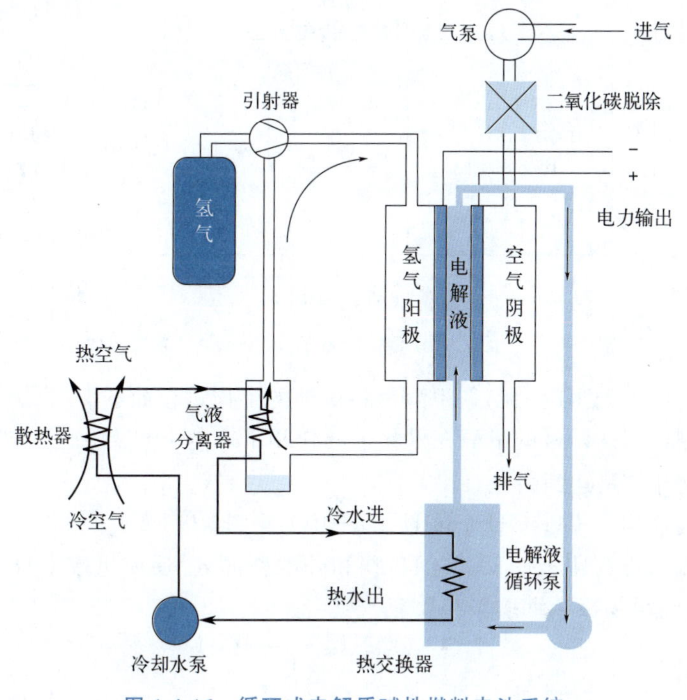

图 1-4-16 循环式电解质碱性燃料电池系统

★本节重点，随着技术发展，直接甲醇燃料电池应用越来越多，需要掌握其工作原理与结构。

四、直接甲醇燃料电池（便携式电源）

（一）直接甲醇燃料电池的工作原理与结构

直接甲醇燃料电池（DMFC）是一种以甲醇为燃料，通过电化学反应将其化学能转化为电能的装置，属于低温燃料电池。DMFC 主要由阳极、电解质、阴极和外部电路组成。阳极是甲醇的供应端，需要具有良好的导电性和稳定性；电解质是甲醇和氢离子的传输通道，需要具有高离子导电性；阴极是氧的供应端，也需要具有良好的导电性和稳定性；外部电路是电子的传输通道，需要具有高电子导电性。

根据电解质溶液的酸碱性不同，其工作原理有所不同。

在酸性介质中，甲醇被输送到阳极，在阳极发生氧化反应，产生二氧化碳、氢离子和电子。电子通过外电路传输到阴极，氢离子通过电解质传输到阴极，在阴极上与氧发生还原反应产生水（图 1-4-17）。具体如下：

❶ 阳极侧，甲醇溶液作为燃料通过管道进入阳极侧，甲醇在催化剂的作用下，与 H_2O 反应生成 CO_2、H^+、e^-。产生的 CO_2 从阳极室出口排出，H^+ 通过质子交换膜传输至阴极，电子通过外电路到达阴极，形成传输电流并带动负载。

$$CH_3OH+H_2O \longrightarrow CO_2+6H^++6e^-$$

❷ 阴极侧，H^+ 与外电路转移的电子，和 O_2 发生还原反应生成水，产生的 H_2O 从阴极室出口排出。

$$O_2+4H^++4e^- \longrightarrow 2H_2O$$

❸ 总反应：

$$2CH_3OH+3O_2 \longrightarrow 2CO_2+4H_2O$$

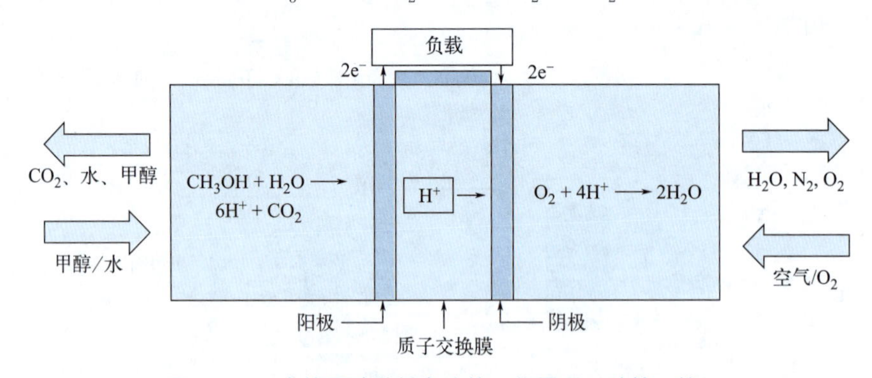

图 1-4-17 直接甲醇燃料电池的工作原理（酸性环境）

在碱性介质中（图 1-4-18），甲醇燃料电池的工作过程如下：

❶ 阳极侧，到达阳极的甲醇在催化剂的作用下，与 OH^- 反应生成 CO_2、H_2O、e^-。电子通过外电路达到阴极。

$$CH_3OH+6OH^- \longrightarrow CO_2+5H_2O+6e^-$$

❷ 阴极侧，进入阴极的 O_2 与 H_2O 和外电路的 e^- 反应生成 OH^-。OH^- 通过质子交换膜传输至阳极，继续参与反应。

$$2H_2O+O_2+4e^- \longrightarrow 4OH^-$$

❸ 总反应：

$$2CH_3OH+3O_2 \longrightarrow 2CO_2+4H_2O$$

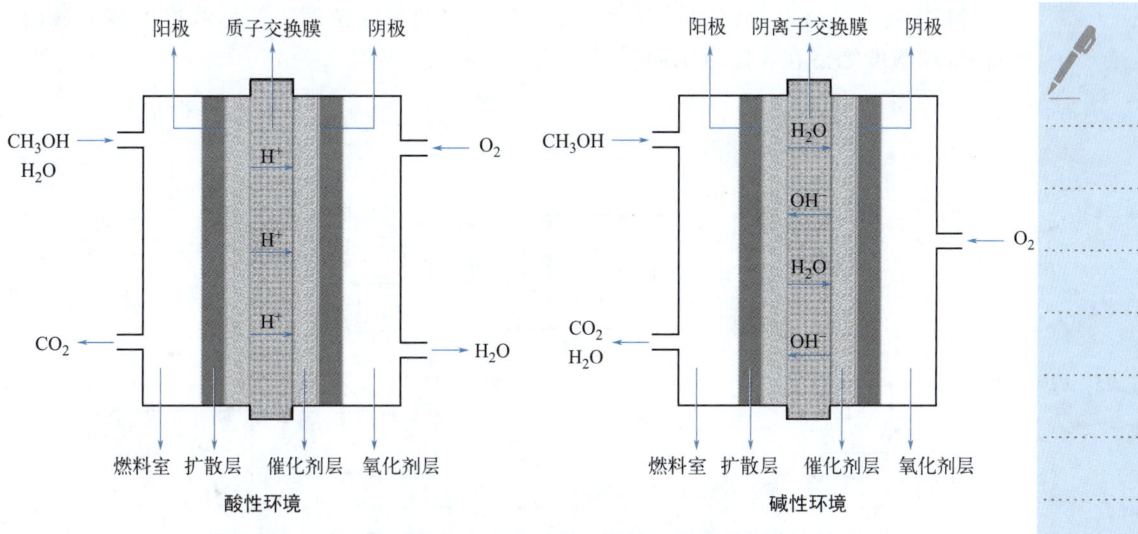

图 1-4-18 直接甲醇燃料电池在酸性和碱性环境的结构图比较

（二）直接甲醇燃料电池的应用

直接甲醇燃料电池具有高能量密度、低排放、可再生能源等特点，因此在便携式电源领域具有广泛的应用前景。目前，DMFC 已经应用于移动通信、笔记本电脑、无人机等便携式电子设备中。同时，DMFC 也在军用、应急救援等领域得到应用。图 1-4-19、图 1-4-20 为东芝微型甲醇燃料电池。

能找出身边直接甲醇燃料电池应用的实际案例吗？

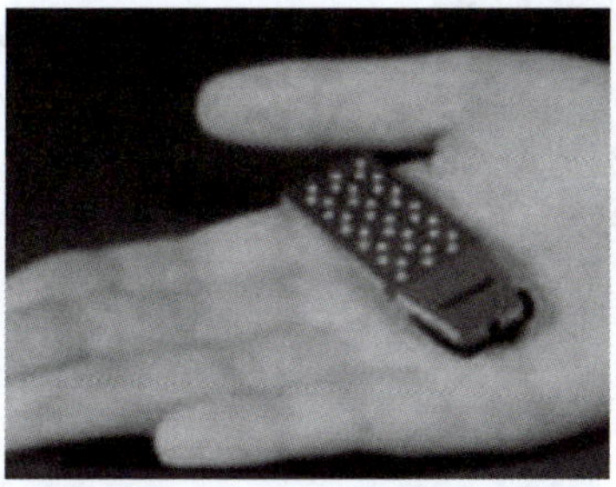

图 1-4-19 东芝微型燃料电池

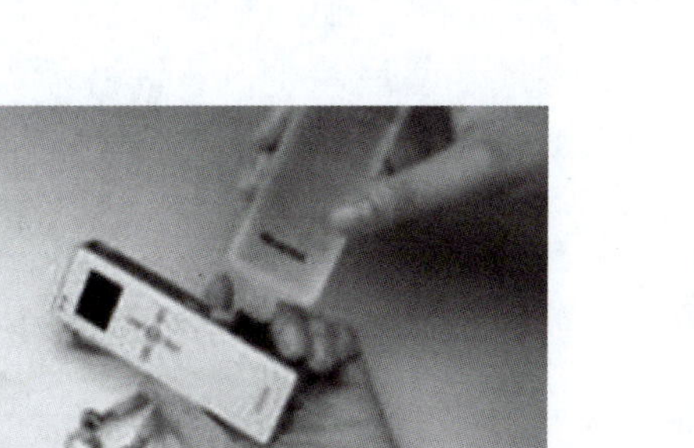

图 1-4-20 具有加油盒的东芝燃料电池

典型的 DMFC 系统如图 1-4-21、图 1-4-22 所示。该系统额定输出功率为 50W，采用单电池串联结构，设计工作电流密度为 120mA/cm^2，主要由电堆、物料供给泵、检测控制模块、水热管理模块等组成。DNFC 使用的燃料为纯度高于 99.9%的甲醇，在燃料电池电堆阳极流场中使用的是稀释后的甲醇溶液，DMFC 运行时必须进行水的回收，以稀释甲醇燃料，维持阳极供料。其典型部件及模块的功能如表 1-4-10 所示。

系统工作流程主要为：

❶ 低浓度甲醇溶液储存在气液分离器中，通过低浓度供给泵输送到电堆阳极流场，在电堆内反应后再返回到气液分离器。

❷ 空气泵将空气输送到电堆阴极流场，在电堆内反应后进入冷凝器，通过风扇对冷凝器进行制冷，实现阴极水的回收。回收的水返回到气液分离器中，对甲醇燃料进行稀释，其他气体通过排气口排放到系统外。

❸ 冷凝器装置通过控制风扇的启停来调节水的回收速度，使低浓度甲醇溶液的储存量和浓度维持在一定范围内。

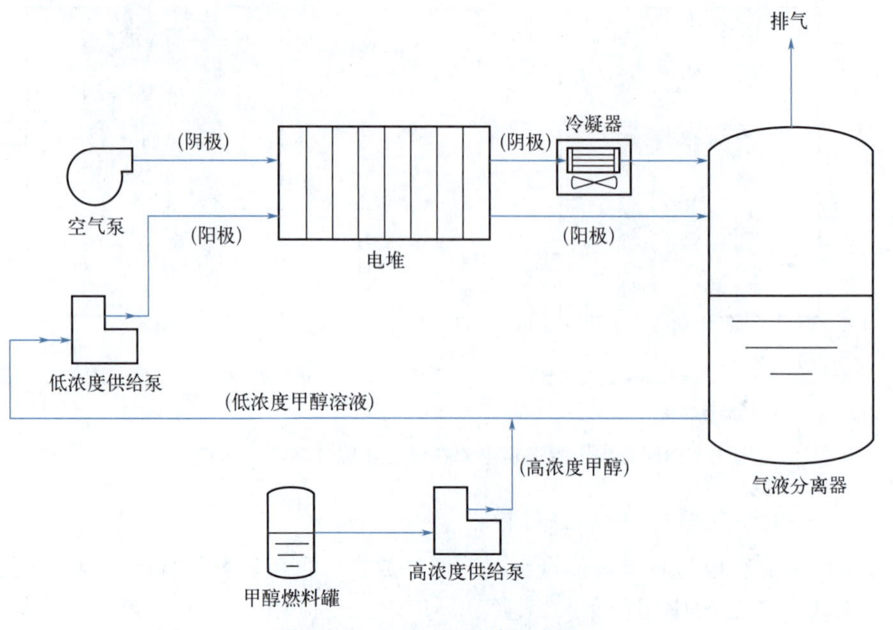

图 1-4-21 DMFC 系统组成原理

图 1-4-22 DMFC 燃料电池系统实物

表 1-4-10 典型 DMFC 系统部件及功能

部件		功能
电堆		甲醇与氧气发生电化学反应的位置，直接产生电能，是 DMFC 的发电场所
物料供给泵	高浓度甲醇供给泵	甲醇燃料供给
	低浓度甲醇溶液供给泵	电堆阳极溶液供给
	空气泵	电堆阴极空气供给
检测控制模块	传感器	用于 DMFC 的电能管理、运行控制等。运行控制包括燃料供给控制、运行状态监测等
	DC/DC 电路板	
	锂离子电池	
	控制软件	
水热管理模块		包括气液分离器、冷凝器、风扇，实现低浓度甲醇溶液的储存、气液分离、水的回收、尾气排放等

【单元测试】

一、调研实践题

1. 认识磷酸燃料电池堆

❶ 通过调研企业或查阅文献、资源，了解磷酸燃料电池堆的基本原理、构造和工作过程，填写表 1-4-11。

表 1-4-11 磷酸燃料电池堆的原理和工作过程

磷酸燃料电池堆名称	原理	组成结构	工作过程
	1. 2.	1. 2.	1. 2.

❷ 分析影响磷酸燃料电池堆性能的因素。通过实地观察或调研文献，了解影响磷酸燃料电池堆性能的因素，如温度、压力、反应物浓度、催化剂活性等，填写表 1-4-12。

如果条件允许，可以通过模拟实验了解不同条件下磷酸燃料电池堆的性能。通过改变温度、压力、反应物浓度等参数，观察磷酸燃料电池堆性能的变化。

表 1-4-12 磷酸燃料电池堆性能影响因素

磷酸燃料电池堆的典型性能参数	影响因素	性能调控的策略和方法
温度	1. 2.	1. 2.
压力	1. 2.	1. 2.
反应物浓度	1. 2.	1. 2.
催化剂活性	1. 2.	1. 2.

❸ 调研磷酸燃料电池系统在大型电厂中的应用和发展情况。通过实地观察或调研文献，了解磷酸燃料电池堆在大型电厂中的应用和发展情况，填写表 1-4-13。

表 1-4-13 典型磷酸燃料电池系统应用场景分析

典型磷酸燃料电池堆	应用场景	应用特点
		1. 2.
		1. 2.

2. 认识固体氧化物燃料电池堆

❶ 通过调研企业或查阅文献、资源，了解固体氧化物燃料电池堆的基本原理、构造和工作过程，填写表 1-4-14。

表 1-4-14 固体氧化物燃料电池堆的原理和工作过程

固体氧化物燃料电池堆名称	原理	组成结构	工作过程
	1. 2.	1. 2.	1. 2.

❷ 分析影响固体氧化物燃料电池堆性能的因素。通过实地观察或调研文献，了解影响固体氧化物燃料电池堆性能的因素，如温度、压力、反应物浓度、催化剂活性等，填写表 1-4-15。

如果条件允许，可以通过模拟实验了解不同条件下固体氧化物燃料电池堆的性能。通过改变温度、压力、反应物浓度等参数，观察固体氧化物燃料电池堆性能的变化。

表 1-4-15 固体氧化物燃料电池堆性能影响因素

固体氧化物燃料电池堆的典型性能参数	影响因素	性能调控的策略和方法
温度	1. 2.	1. 2.
压力	1. 2.	1. 2.
反应物浓度	1. 2.	1. 2.
催化剂活性	1. 2.	1. 2.

③ 通过实地观察或调研文献，调研固体氧化物燃料电池堆在大型电厂中的应用和发展情况，填写表 1-4-16。

表 1-4-16 典型固体氧化物燃料电池系统应用场景分析

典型固体氧化物燃料电池堆	应用场景	应用特点
		1. 2.
		1. 2.

3. 认识碱性燃料电池堆

❶ 通过调研企业或查阅文献、资源，了解碱性燃料电池堆的基本原理、构造和工作过程，填写表 1-4-17。

表 1-4-17 碱性燃料电池堆的原理和工作过程

碱性燃料电池堆名称	原理	组成结构	工作过程
	1. 2.	1. 2.	1. 2.

❷ 分析影响碱性燃料电池堆性能的因素。通过实地观察或调研文献，了解影响碱性燃料电池堆性能的因素，如温度、压力、反应物浓度、催化剂活性等，填写表 1-4-18。

如果条件允许，可以通过模拟实验了解不同条件下碱性燃料电池堆的性能。通过改变温度、压力、反应物浓度等参数，观察碱性燃料电池堆性能的变化。

表 1-4-18 碱性燃料电池堆性能影响因素

碱性燃料电池堆的典型性能参数	影响因素	性能调控的策略和方法
温度	1. 2.	1. 2.
压力	1. 2.	1. 2.
反应物浓度	1. 2.	1. 2.
催化剂活性	1. 2.	1. 2.

❸ 通过实地观察或调研文献，调研碱性燃料电池堆在大型电厂中的应用和发展情况，填写表 1-4-19。

表 1-4-19 典型碱性燃料电池系统应用场景分析

典型碱性燃料电池堆	应用场景	应用特点
		1. 2.
		1. 2.

4. 认识直接甲醇燃料电池堆

❶ 通过调研企业或查阅文献、资源，了解直接甲醇燃料电池堆的基本原理、构造和工作过程，填写表 1-4-20。

表 1-4-20 直接甲醇燃料电池堆的原理和工作过程

直接甲醇燃料电池堆名称	原理	组成结构	工作过程
	1. 2.	1. 2.	1. 2.

❷ 分析影响直接甲醇燃料电池堆性能的因素。通过实地观察或调研文献，了解影响直接甲醇燃料电池堆性能的因素，如温度、压力、反应物浓度、催化剂活性等，填写表 1-4-21。

如果条件允许，可以通过模拟实验了解不同条件下直接甲醇燃料电池堆的性能。通过改变温度、压力、反应物浓度等参数，观察直接甲醇燃料电池堆性能的变化。

表 1-4-21 直接甲醇燃料电池堆性能影响因素

直接甲醇燃料电池堆的典型性能参数	影响因素	性能调控的策略和方法
温度	1. 2.	1. 2.
压力	1. 2.	1. 2.
反应物浓度	1. 2.	1. 2.
催化剂活性	1. 2.	1. 2.

❸ 通过实地观察或调研文献，调研直接甲醇燃料电池堆在大型电厂中的应用和发展情况，填写表 1-4-22。

表 1-4-22 典型直接甲醇燃料电池系统应用场景分析

典型直接甲醇燃料电池堆	应用场景	应用特点
		1. 2.
		1. 2.

5. 结果观察与分析、总结和报告

分小组整理任务单、任务过程及结果，整理 PPT，汇报分享。

二、判断题

1. 因为工作温度较高，磷酸燃料电池比质子交换膜燃料电池有更好的一氧化碳催化剂抗毒性能。(　　)

2. 因为磷酸燃料电池工作温度远超过标准大气压下水的沸点，冷却水会处于沸腾状态或高压状态，因此采用水冷方案时，系统复杂度较高。(　　)

3. 城市管网的天然气中为了作泄漏警示，通常掺有 $20mg/m^3$ 的四氢噻吩或硫醇，因为浓度很低，PAFC 能耐受，重整制氢之前不用脱硫。(　　)

三、选择题

1. 在磷酸燃料电池堆的组成部分中，不包括（　　）。

A. 质子交换膜　　B. 电极板　　C. 催化剂　　D. 集电板

2. 当氢气中含有微量相同浓度的下列杂质时，(　　) 对磷酸燃料电池堆造成的影响最严重。

A. NH_3　　B. N_2　　C. O_2　　D. CO_2

3. 下列选项中，(　　) 不能作为固体氧化物燃料电池（SOFC）的阳极反应气体。

A. CH_4　　B. CO　　C. CH_3OH 蒸气　　D. O_2

4. 固体氧化物燃料电池（SOFC）适用于（　　）系统。

A. 百瓦级后备电源　　B. 千瓦级家用热电联供

C. 兆瓦级固定电站发电　　D. 全部都可以

5. 在下列种类的燃料电池系统中，废热利用潜在价值最高、应用范围最广的是（　　）。

A. 质子交换膜燃料电池　　B. 磷酸燃料电池

C. 固体氧化物燃料电池　　D. 碱性燃料电池

6. 关于碱性燃料电池的不正确说法是（　　）。

A. 最早实用化的燃料电池技术

B. 氢气在阳极上脱电子生成氢离子，氢离子经电解质移动到阴极，在阴极表面与氧气和电子结合生成水

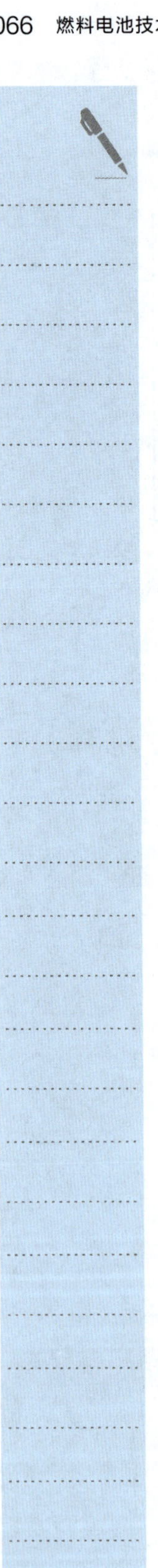

C. 在军用装备中应用较多

D. 氢气和空气都需要净化，去除二氧化碳等酸性气体，以免与电解质发生化学反应

7. 关于直接甲醇燃料电池的不正确说法是（　　）。

A. 直接甲醇燃料电池不是指集成了甲醇制氢装置的普通氢氧燃料电池，而是直接将甲醇作为阳极反应物的燃料电池

B. 反应过程中阳极可能产生少量一氧化碳，进而导致电堆输出下降

C. 当前主要采用质子交换膜作为电解质，其他形式较少

D. 因为燃料是以液体形式供应的，阳极无须排气，工作时入口常开，出口一直保持关闭

单元五

质子交换膜燃料电池基础

【单元目标】

1. 能够写出质子交换膜燃料电池工作的电化学反应式；
2. 能够认识并指出质子交换膜燃料电池的核心部件，并描述其功能；
3. 能够识别质子交换膜燃料电池各个部件的材质、主要加工方法；
4. 能够说出双极板的流道的主要作用和类型。

【单元描述】

质子交换膜燃料电池是氢能源作为电能利用的核心部件，是国内氢燃料电池系统应用的主流产品。其核心部件的设计生产归属于不同的企业，是燃料电池产业链上的重要组成部分。

一、质子交换膜燃料电池的结构原理

（一）质子交换膜燃料电池的原理

质子交换膜电池工作原理

1. 质子交换膜燃料电池的基本结构

质子交换膜燃料电池的基本结构包括一个固体聚合物膜，被两个气体扩散层和双极板夹着，如图 1-5-1 所示。质子交换膜的材料一般是全氟磺酸型固体聚合物。Pt/C 或 Pt-Ru/C 作为催化剂，催化剂层在质子交换膜的两侧，在扩散层和质子交换膜之间。正极和负极分别位于质子交换膜的两侧，带有气体流通通道的石墨或表面改性的金属板作为双极板。氢气为燃料，空气或纯氧作为氧化剂。

质子交换膜燃料电池的机械结构一般由一系列的双极板支撑，双极板是燃料电池产生电流的收集终端，并且是形成氢气、氧气（空气）流道的外壁，也是水和过量气体排出的通道。

2. 质子交换膜燃料电池的工作原理

质子交换膜燃料电池是酸性燃料电池，其工作原理如图 1-5-2 所示，分为以下三个步骤：

❶ 氢气通过管道或导气板到达阳极，在阳极催化剂作用下，氢分子解离为带正电的氢离子（即质子），并释放出带负电的电子。

$$H_2 \longrightarrow 2H^+ + 2e^-$$

❷ 氢离子穿过电解质（质子交换膜）到达阴极；电子不能穿过质子交换膜，则通过外电路到达阴极。电子在外电路形成电流，通过适当连接可向负载输出电能。

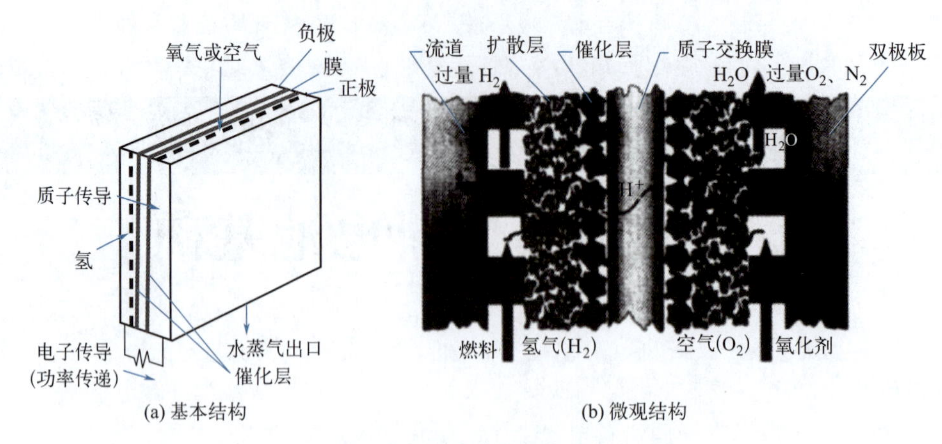

图 1-5-1 质子交换膜燃料电池基本结构

❸ 在电池阴极端，氧气（或空气）通过管道或导气板到达阴极；在阴极催化剂作用下，氧气分子吸收电子，并与氢离子结合生成水。

$$O_2 + 4H^+ + 4e^- \longrightarrow 2H_2O$$

因此，总的电化学反应为：

$$2H_2 + O_2 = 2H_2O$$

由于质子交换膜只能传导质子，氢质子可以直接穿过质子交换膜到达阴极，电子只能通过外电路传输。电子通过外电路流向阴极时产生直流电。以阳极为参考时，阴极电位为1.23V，即每一单电池的发电电压理论上限为1.23V。接有负载时输出电压取决于输出电流密度，通常为0.5～1V。将多个单电池层叠组合能构成输出电压满足实际负载需要的燃料电池堆。

质子交换膜燃料电池的最佳工作温度为80～90℃，转换效率约为60%。在标准大气压下，室温为25℃时燃料电池的理想能量转换效率为83%，但由于电池内阻的存在和电极工作时的极化现象，实际效率有所降低。

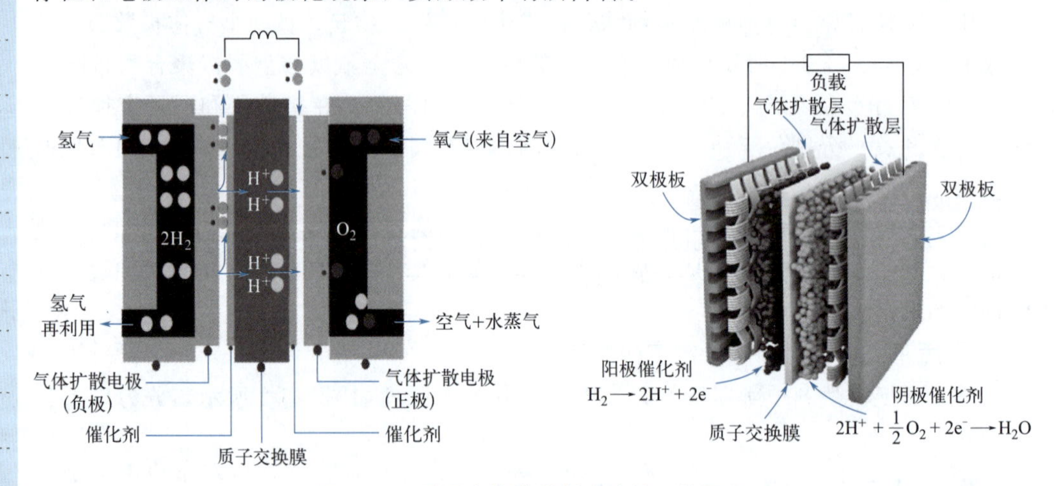

图 1-5-2 质子交换膜燃料电池的工作原理

图 1-5-3 给出了典型燃料电池结构在不同位置的反应过程。质子交换膜（PEM）两侧是催化剂层（CL），在此位置，$H^+ \cdot nH_2O$ 通过电渗透向阴极运动，水通过反向扩散和渗透向阳极运动；在阳极催化剂层一侧，发生半反应 $H_2 \longrightarrow 2H^+ + 2e^-$，

H^+发生水合作用，形成$H^+ \cdot nH_2O$；在阴极催化剂层一侧，发生半反应$O_2+4H^++4e^- \longrightarrow 2H_2O$；在阳极侧的气体扩散层，进来的$H_2$和水分向质子交换膜一侧扩散/对流，水流向双极板的流道，电子到达双极板；在阴极侧的气体扩散层，水流向双极板的流道，进来的O_2和水分向质子交换膜一侧扩散/对流，电子从双极板向扩散层流动。在阳极侧，H_2携带水分通过阳极双极板的氢气流道进入燃料电池，进入气体扩散层。在阴极侧，O_2携带水分通过阴极双极板的空气流道进入燃料电池，进入气体扩散层。

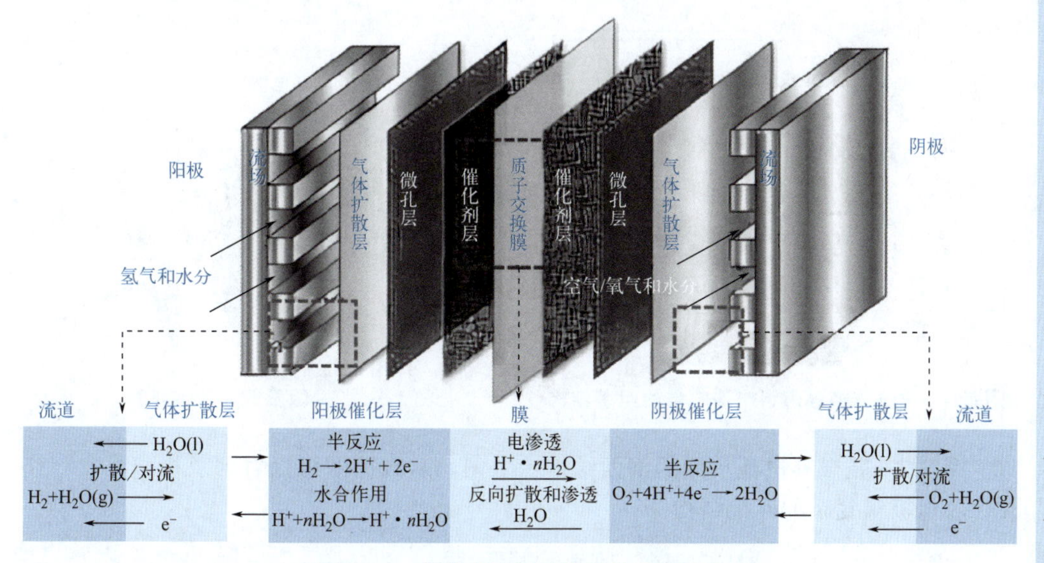

图 1-5-3　燃料电池不同位置的反应过程

3. 质子交换膜燃料电池的典型特点

（1）优点

❶ 发电过程不涉及氢氧燃烧，不受卡诺循环的限制，能量转换效率高。

❷ 电池能量密度大，有持续氢气供应时可持续发电，续航仅受限于燃料携带量。

❸ 发电时不产生污染，低排放或实现零排放。

❹ 采用固体电解质，固体电解质没有腐蚀性，也不存在电解质的重分配。固体电解质极板之间间隙小，有利于提高单元电池的电压和电池组的总电压。

❺ 发电单元模块化，耐压程度高，结构强度大且安全耐用、寿命长（可达8000h以上）、工艺性好，电池可拆解，组装和维修方便。

❻ 能在接近常温下快速启动和关闭，并且可以在从低至高不同负荷水平下持续稳定运行。这使得在常温条件下无需使用辅助加热设备，减少了温度对电池材料的影响，从而提高了电池性能并延长了电池寿命。

❼ 工作时没有噪声。

（2）缺点

❶ 成本较高：PEMFC的制造成本较高，主要是材料成本和制造工艺成本。

❷ 氢气储存困难：PEMFC需要氢气作为燃料，但氢气储存和运输需要特殊设施和技术，成本和风险较高。

❸ 氢气纯度要求高：采用化石燃料重整化或化工副产品得到的氢气中常含有硫

氧化物、氮氧化物、一氧化碳等杂质，会造成质子交换膜或催化剂的性能退化，需要对氢气进行纯化，间接提高了成本。

（二）质子交换膜燃料电池堆的机械结构功能

1. 电池堆的基本结构

燃料电池电堆具有复杂并且精细的机械结构，如图 1-5-4 所示。膜电极两侧是气体扩散层，然后是密封圈和双极板，组成单电池单元，多个单电池单元叠片组装，最外侧添加正负极集流板、端板，形成电堆。端板上留有气体流道的入口和出口，如图 1-5-5 所示。

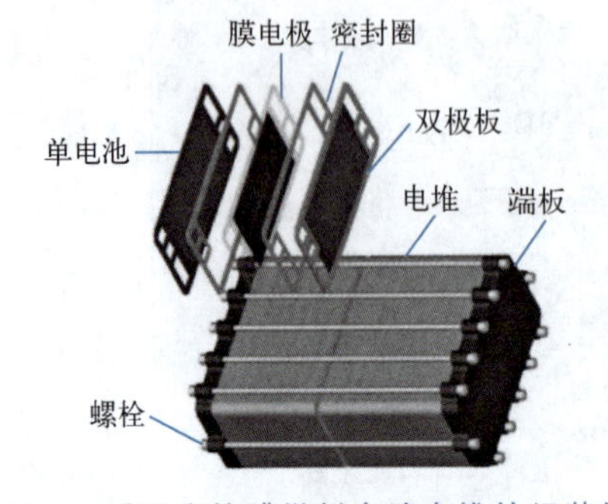

图 1-5-4 质子交换膜燃料电池电堆的组装结构

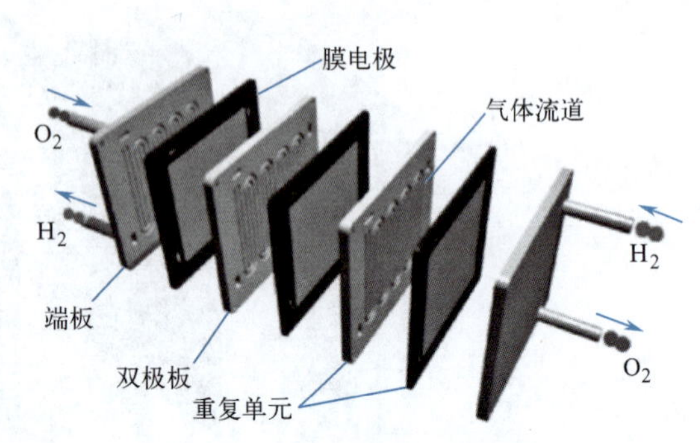

图 1-5-5 端板及气体流道示意

图 1-5-6 是燃料电池单元的剖面结构示意图，从剖面图可以看到双极板、密封组件、膜电极等复杂的匹配结构。

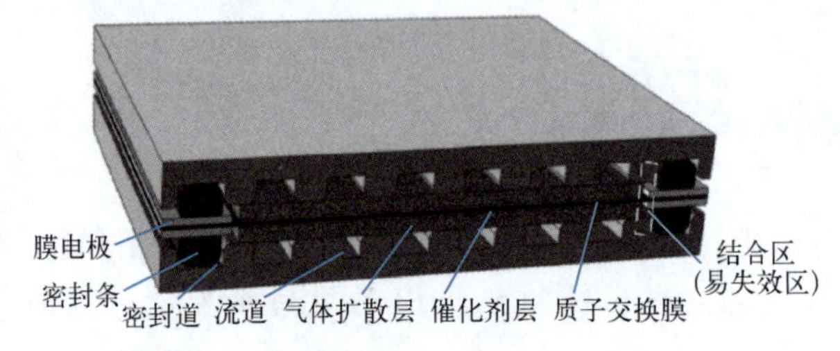

图 1-5-6 电池单元的剖面结构示意图

（1）膜电极　膜电极（Membrane Electrode Assembly，MEA）是燃料电池的核心部件，是氢气和氧气发生反应生成水的电化学反应场所。膜电极包括质子交换膜、催化剂层和气体扩散层，如图 1-5-7 所示。在实际生产时，可以提前将涂覆了催化剂的质子交换膜（CCM）与气体扩散层（GDL）热压合成一个膜电极组件，也可以在装配时再逐层放置 GDL/CCM/GDL 后组装。

（2）气体扩散层　气体扩散层（GDL）作为 PEMFC 的关键材料之一，不仅要具备良好的导电性，还应具有导气排水以及支撑催化层的功能。GDL 通常由微孔层（MPL）和支撑层（GDB）两部分组成，如图 1-5-8 所示。MPL 由碳粉和憎水剂制成，而 GDB 为碳布或碳纸。

（3）端板　端板作为电堆的结构件，其主要作用是控制接触压力，因此足够的强度与刚度是端板最重要的特性。足够的强度可以保证在封装力作用下端板不发生破坏，足够的刚度则可以使得端板变形更加合理，从而均匀地传递封装载荷到密封层和 MEA 上。

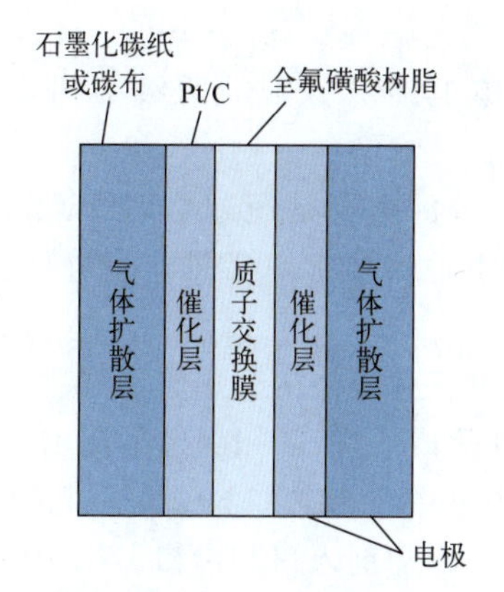

图 1-5-7 膜电极的多层结构示意

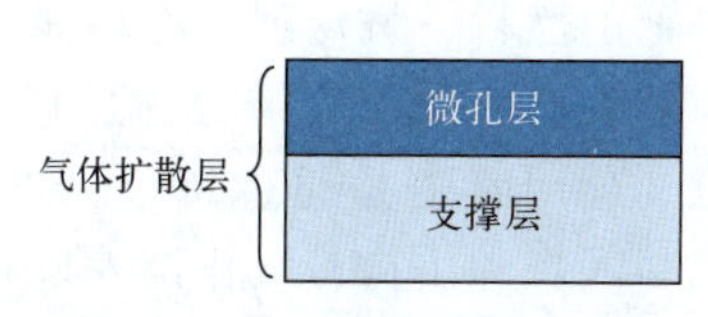

图 1-5-8 GDL 的结构示意图

（4）紧固 电堆叠片结构的稳定性是通过外部的紧固螺栓所施加的组装力来保持的（图 1-5-9）。组装力施加在端板上，能保证组装力的稳定，以及组装力在电池平面上的均匀分布。

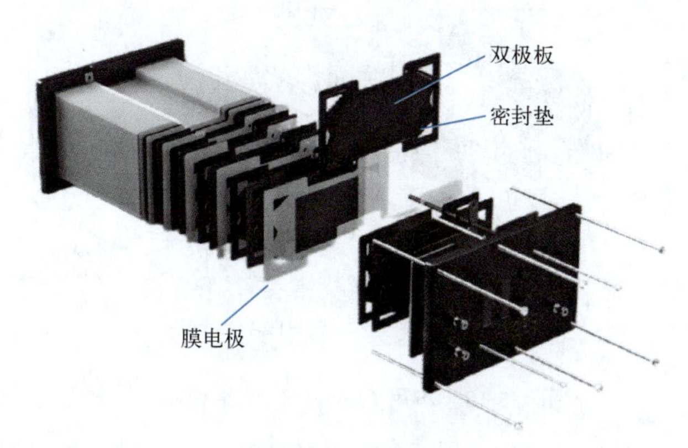

图 1-5-9 电堆的紧固螺栓示意

2. 电池堆的结构功能

电堆工作过程中，电池结构伴随着燃料、氧化剂、冷却剂等流体的输入与输出、循环等，需要考虑流体的分配和电堆密封功能。另外，为了保持单电池的一致性，需要考虑电堆气流分配功能；电堆作为动力输出源，通常具备高电流、高电压、高功率输出，所以还需要考虑电堆的电气绝缘性能。

（1）流体分配功能 反应气体包括燃料、氧化剂，冷却剂包括液体或气体两种形式，是电堆内的两种关键流体类型。流体的分配功能包括两部分：

❶ 均匀地将燃料（氢气）、氧化剂（空气或纯氧）和冷却剂分别导入到各节电池单元不同的流体腔内，将反应生成的水、未参加反应的燃料和氧化剂有效地排出电堆。

❷ 引导冷却剂均匀地流入电堆内，从而有效带走电池反应过程中产生的多余热量，保持电堆整体温度的稳定性。

根据能斯特方程，在相同的电池设计的条件下，电池组中各节单电池的性能与其压力、温度和反应气体的浓度等操作参数直接相关，电池组的流体分配功能则决定了各节单电池的上述操作参数是否能够保持一致，是影响电堆的单电池一致性的关键因素。

电堆的流体分配功能通过电堆级分配、单电池级分配的两级结构实现。具体如下：

❶ 电堆级的流体分配结构。电堆级的流体分配主要是通过公用管道将三种流体导入每节电池，同时又通过公用管道将每节单电池流体汇总后排出。电堆公用管道，可分为内公用管道和外公用管道。

电堆外部的燃料、氧化剂、冷却剂分别通过三种流体的公用管道导入并分配至各节单电池，每种流体公用管道分为进口和出口两段。图 1-5-10 为车用 PEMFC 电堆的结构示意，公用管道是通过每节单电池中双极板、MEA 上的六个孔道搭接而成的，包括燃料入口和出口、氧化剂入口和出口、冷却剂入口和出口。结构中的集流板的主要作用是作为输出端子，输出电流。

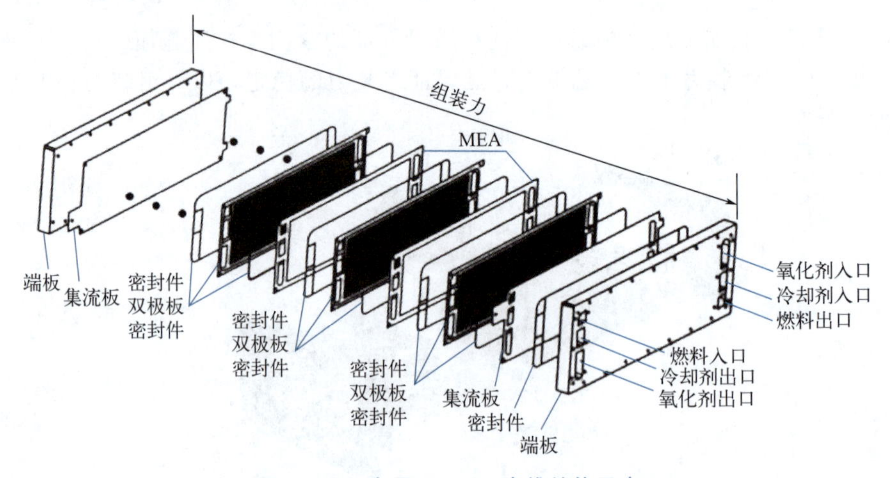

图 1-5-10 车用 PEMFC 电堆结构示意

❷ 单电池级的流体分配结构。单电池级的流体分配结构主要包括每节单电池的过桥通道和双极板的流场。过桥通道将公用管道的流体导入每节单电池双极板的流场区，过桥结构主要通过双极板公用管道和流场区之间的微小通道结构实现，如图 1-5-11 的区域 3 放大图所示。双极板流场如图 1-5-11 的区域 2 所示，每种流场将相应的流体进行均匀的分配，每片双极板都包含三种流场，分别负责燃料、氧化剂和冷却剂的分配和流通。

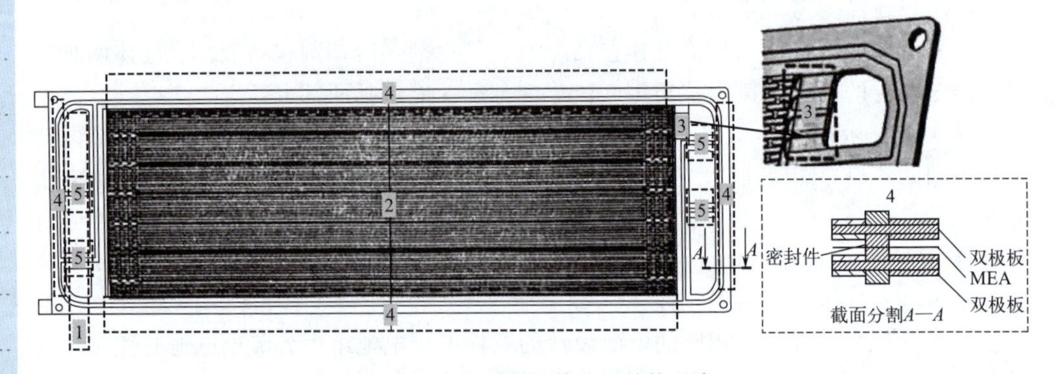

图 1-5-11 双极板流体分配结构示意

1—公用管道区；2—流场区；3—过桥结构区；4—防外漏密封区域；5—防内漏密封区域

该双极板是常见的 2 板 3 场结构，一面接触阳极通氢气，另一面接触阴极通空气，中间部分过冷却液。双极板总体分为四个区，1 是公用管道区，2 是流场区，3 是过桥区，4 和 5 是密封区。4 为双极板周边密封区，防止气体外泄；5 为公用管道周边，防止流体内漏密封区。

从图 1-5-12 的单电池剖面结构示意图可以看出，每片双极板的一面与 MEA 的一面构成一个流场，双极板的另一面与另一片 MEA 的一面构成另一个气体流场，而双极板中心的空腔区域是冷却剂流场。

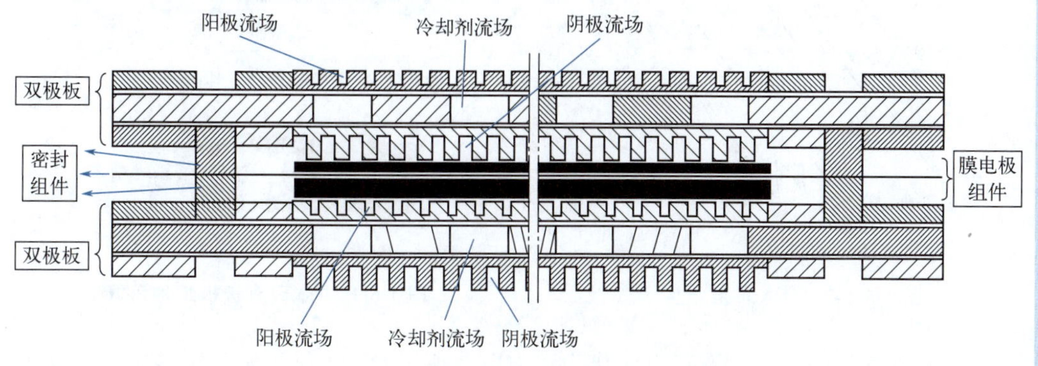

图 1-5-12 电池单元的剖面结构示意

（2）机械密封功能 电堆通过密封结构实现燃料（氢气）、氧化剂（空气或纯氧）和冷却剂三者之间的有效隔离，防止三者的相互串漏和对外泄漏。主要产生的问题包括：

❶ 燃料与氧化剂之间的少量串漏，会导致二者之间的直接接触反应，产生“短路”，造成电池堆的经济性下降，严重的串漏会造成催化剂、质子交换膜乃至电堆烧毁。

❷ 燃料或氧化剂与冷却剂之间的串漏，一方面影响电堆的性能，另一方面冷却剂进入反应气体流场可能会污染电极，造成气体传质阻力提升，吸附于催化剂表面，减小电池的有效反应面积，造成电池性能衰减，严重时造成电极的不可逆损伤。

❸ 不论是反应气体还是冷却剂的对外泄漏，除了造成性能下降，还会引起电堆以及系统的安全性隐患，导致电堆和系统的可靠性下降。

电堆的机械密封功能是维持电堆高效、可靠和安全运行的基本保障。电堆的密封有两种：一种是采用密封件、传统橡胶圈等；另一种是采用密封件、胶封配合使用。

❶ 密封件密封。图 1-5-12 的电池单元的剖面结构图中展示了一种典型的电堆密封结构，可以看出双极板、密封件、MEA 之间的配合关系。密封件通常为橡胶材料，在双极板和密封边框的约束及电堆组装力的作用下，实现密封作用。图 1-5-13 为常见的电堆密封结构，双极板、MEA 和密封材料在一定的组装力下实现电堆密封，通过螺栓最终固定。

图 1-5-13 电堆通过组装力和螺栓密封

❷ 胶封。电极的密封边框结构如图 1-5-14 所示。两片密封边框分别处于膜电极的两侧，与密封件进行搭接压缩后实现密封功能。该电极边框为双边结构，密封边框也可以为单边结构，即 MEA 中只在阳极或阴极单侧加入边框材料，甚至可以采用无边框密封结构，即采用胶封。

采用液体硅橡胶将膜电极和双极板一体化注塑的工艺才是未来的方向，例如本田双极板（图 1-5-15）将薄板冲压成型工艺、树脂成型工艺和橡胶成型工艺集成为一个工艺，生产成本大大降低，有利于工艺的产业化发展。

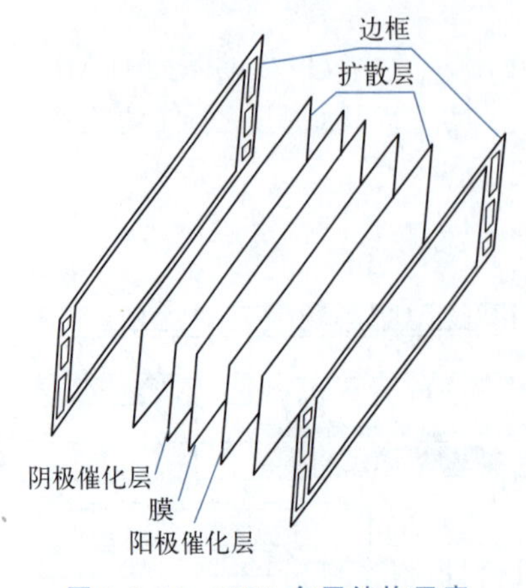

图 1-5-14　MEA 多层结构示意

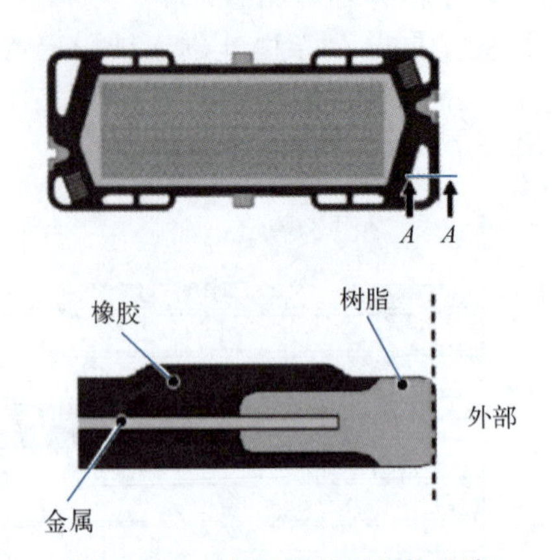

图 1-5-15　本田双极板结构示意

（3）电气绝缘功能　燃料电池作为动力电池使用时，电堆通常由很多单电池单元串联形成，功率能够达到几十乃至上百千瓦，工作电压也达百伏以上，需要通过有效的绝缘设计保障电堆应用的电气安全。

电堆的上述结构功能需要通过不同的电堆机械结构来实现，不同应用功能、不同厂家的燃料电池电堆结构有所差异。

电堆的绝缘通常具有两级结构：

❶ 第一级为防止单电池之间电气短路的单电池绝缘结构，主要通过 MEA 边框实现，单电池工作电压低于 1V，因此单电池绝缘通常采用聚酯材料来达到要求；

❷ 第二级是电堆对外部环境的电堆级绝缘结构，主要通过电堆两端集流板外侧的绝缘板来实现，如果端板为绝缘特性良好的材料，则可以直接作为绝缘板起到绝缘隔离作用，如图 1-5-10 所示，否则需要在集流板与端板之间加入独立的绝缘板。

绝缘板对燃料电池功率输出无贡献，仅对集流板和后端板进行电隔离。为了提高功率密度，要求在保证绝缘距离（或绝缘电阻）前提下最大化减少绝缘板厚度及重量。但减少绝缘板厚度存在制造过程中产生针孔的风险，并且可能引入其他导电材料，引起绝缘性能降低。例如，丰田 Mirai 燃料电堆在阴极侧集流板和后端板间设置绝缘板，该绝缘板由第一绝缘板和第二绝缘板构成，采用热塑性树脂 PET 真空成型（吹塑），厚度均为 0.3mm 左右（图 1-5-16）。

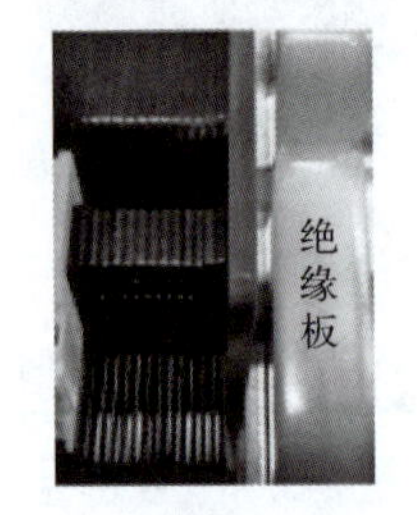

图 1-5-16　丰田 Mirai 电堆模块中的绝缘板

二、大功率质子交换膜燃料电池的核心部件

（一）气体扩散层

气体扩散层（图 1-5-17）为质子交换膜燃料电池的膜电极材料之一。其结构主要由两部分组成，分别是大孔隙的基底层和小孔隙的微孔层。其中，基底层为微孔层和催化层提供支撑作用，微孔层则改善了基底层与催化层之间的接触界面，如图 1-5-18 所示。气体扩散层的结构及材料如图 1-5-19 所示。

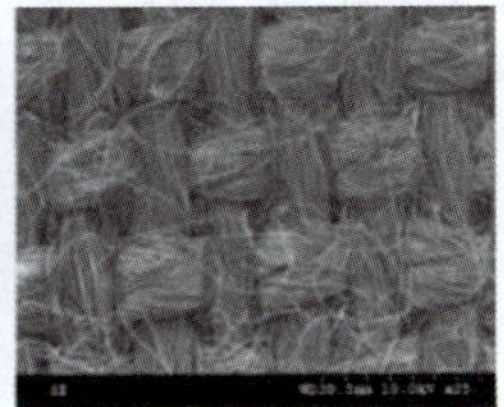

(a) PAN系碳纤维布

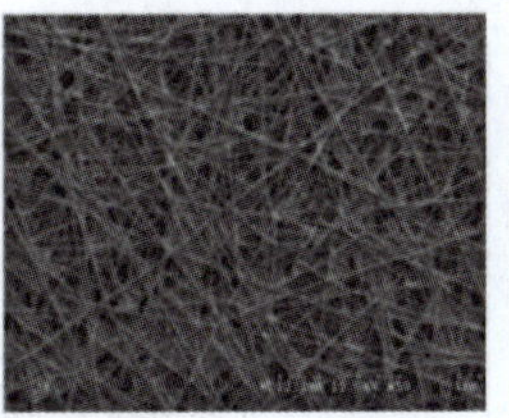

(b) PAN系碳纤维纸

图 1-5-17 气体扩散层实物及其微观组织

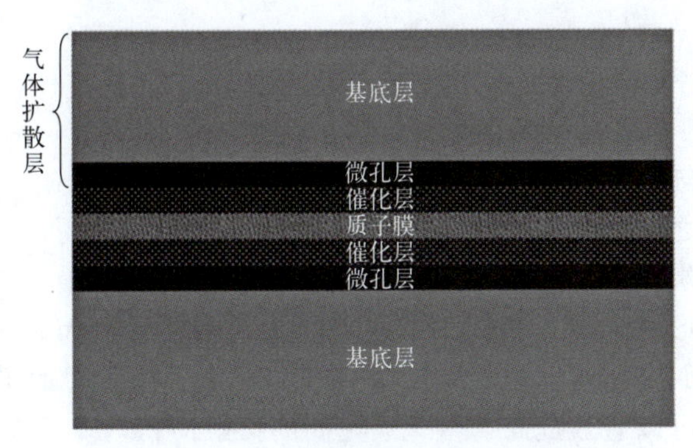

图 1-5-18 膜电极各层材料示意图

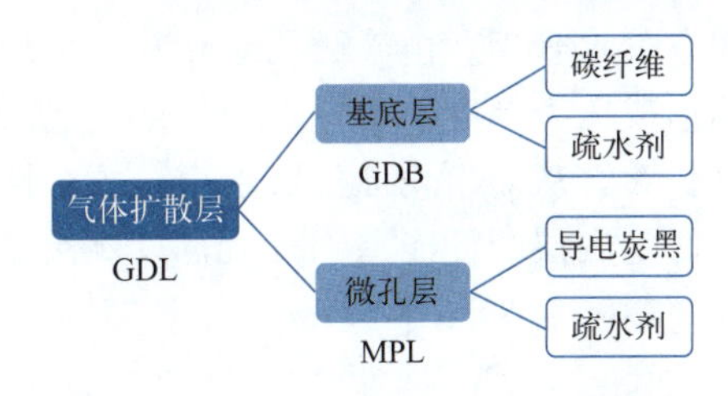

图 1-5-19 气体扩散层的结构及材料

1. 基底层

基底层（Gas Diffusion Barrier，GDB）是扩散层最主要的部分，要求孔隙率高、孔径大、导电性良好，同时具备足够的机械强度。构成基底层的材料主要是碳材料，比如碳布、碳纸、非织造布及炭黑纸，这类材料孔隙率高，一般能达到 70% 以上；孔径较大，在 50～150μm 之间。也有使用非碳的金属材料，比如泡沫金属或金属网。

（1）碳布　碳布又称为碳纤维布，由长的碳纤维经过编织形成，孔隙率在 70% 以上，比较软，具有良好的弯曲能力，能够良好地贴合到催化层表面。然而其机械强度不足，难以提供足够的支撑强度。

（2）碳纸　由 5～20μm 的短切碳纤维压制而成，与碳布相比，缺乏柔韧性，脆性大，但是制作工艺简单，具有更高的机械强度，所以更加适合用作膜电极的气体扩散层，是目前基底层商业化生产的首选材料。碳纸参数对性能的影响如表 1-5-1 所示。

基底层间的孔隙是气体和液态水传输的主要通道。碳材料本身是一类亲水性的材料，生成的水会遍布在所有孔隙中，阻碍气体的传输。为了避免水汽堵塞孔道，需要用 PTFE 对基底层进行疏水处理，形成一部分疏水性孔道，为干燥的气体预留传输的路径。

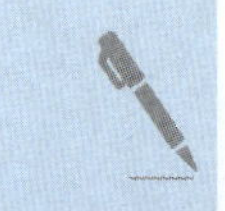

表 1-5-1 碳纸参数对性能的影响

参数	影响	趋势
厚度	理论上，碳纸越薄，电子从催化层传递到双极板的距离越短，电阻越小，越有利于电池的输出性能	因此基底层应在保持足够支撑特性的前提下，尽可能降低厚度
	厚度过薄会导致支撑强度不够	
孔隙率	孔隙率越大，透气性越好，传质阻力越小	商用碳纸的孔隙率一般在70%左右，可以实现较好的性能
	孔隙率太高会导致电子传递的路径减少，电阻增大	

2. 微孔层

基底层的孔隙率高，孔径大，直接与催化层接触，会减小有效接触面积，进而导致接触面电阻增大；另外，催化层中的催化剂颗粒有可能脱落，堵塞在孔隙中，会降低有效催化面积和气体孔隙度。需要在基底层和催化层之间涂覆一层微孔层，用于改善基底层和催化层之间的界面。

微孔层一般由炭黑粉和 PTFE 混合制备而成，再通过热压、喷涂、印刷等方式固定在基底层上，形成小气孔结构。微孔层的孔径小，一般为 5～50μm 级别，可以有效阻止催化层中的催化剂颗粒脱落后堵塞气体孔道。微孔层的平整度比基底层高，作为中间过渡层，可以有效提高与催化层之间的接触面积，降低界面电阻，改善界面电化学反应。

微孔层的存在有利于改善水管理。由于微孔层和基底层的孔径不同，会形成孔径梯度，在气体扩散层两侧形成压力梯度，迫使水分从催化层向气体扩散层传输，阻碍液态水在催化层表面凝聚长大，从而阻止催化层水淹。一个性能优异的微孔层，可以降低对基底层的要求，即便基底层的性能差别较大，只要保证微孔层一致，也能获得相近的排水导气性能。

3. 气体扩散层作用

气体扩散层是集流双极板和催化剂层之间的电子导体，高电导率且薄的气体扩散层可以有效减小内阻。

气体扩散层的主要作用是分配气体和水分。气体扩散层可阻止水进入膜电极的内层。如果催化剂层中积累水，则会造成水淹，那么催化剂层中 Pt 催化剂的利用率就会下降。为了增加气体扩散层的排水性能，必须对扩散层进行疏水性处理，通常使用 PTFE 进行表面处理以提高排水性能，使得气体扩散层表面和孔隙不会被液态水堵塞。否则全部孔道都会形成水膜，其他气体将无从进入催化层。疏水剂 PTFE 通常只能进入较大的孔隙，所以大孔径的间隙会被覆盖上 PTFE，形成疏水表面，构成气体通道；而小孔径的间隙则构成水分通道。水分要顺利排出，需要催化层和扩散层之间形成压力，产生毛细作用力，水分会在毛细力的作用下渗透到亲水孔道内。但 PTFE 的导电性能较差，而且加入过量的 PTFE 会降低孔隙率，导致排水和传质性能下降。通入气体扩散层中最优的 PTFE 含量为 30%左右。PEMFC 内部水-气传质过程如图 1-5-20 所示。

气体扩散层是一种多孔介质，这使得反应气体、水蒸气和反应生成的水可以在孔隙内传质。反应气体的传质有助于电化学反应的进行；水蒸气扩散到质子交换膜可以增加质子交换膜的离子电导率；液态水滴在催化剂层/扩散层的界面形成后，当局部压力较大时，水会透过气体扩散层向外排出。为了提高传质效率，可以适当提高气体

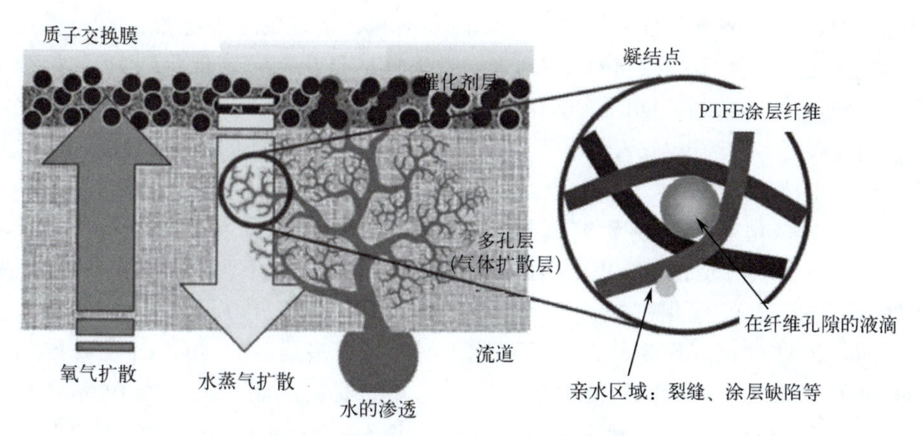

图 1-5-20 PEMFC 内部水-气传质过程

扩散层的孔隙率，但是会增加气体扩散层的电阻。

发生在气体扩散层上的过程有：热转移过程、气体输运过程、两相流过程、电子输运过程、表面液滴动力学过程等，要求其具备良好的传质、传热和导电的性能，同时还需要具备一定的机械强度来支撑膜电极。

（二）催化剂材料

1. 阴极氧还原反应催化剂

在降低成本和提高活性及稳定性两个目标的推动下，氧还原反应催化剂在近几十年获得了非常显著的进步。在 Pt 基催化剂方面，在燃料电池发展初期，特别是在航天等特殊领域，多采用铂黑催化剂，其成本高且催化剂利用率低。为提高催化剂利用率，发展了担载型的 Pt 纳米颗粒催化剂，载体多为碳材料。随后，在低铂载量催化剂的研究进程中，Pt 基合金（PtM）催化剂、Pt 基核壳结构催化剂以及具有特殊形貌（如多面体、纳米笼、纳米花、纳米线等）的 Pt 或 Pt 基合金催化剂等得到了越来越多的关注。催化剂的 Pt 载量大幅降低，催化活性和稳定性显著提高。在非 Pt 催化剂方面，以非贵金属 N-C 基催化剂最为引人注目。它们通常是以过渡金属（Fe、Co 等）、氮源（含 N_4 结构大环配体、NH_3、CH_3CN 等）及碳源（如碳载体、聚丙烯腈等）高温（一般为 600～1000℃）热处理后得到的金属大环化合物、金属脂肪族多胺以及金属聚吡咯类等物质作为活性组分。这类催化剂的研究虽然已取得了显著进展，但是在体积活性密度和燃料电池条件下的稳定性等方面还有待进一步提高，而且对该类催化剂的活性位以及反应机理的研究尚不够深入。因此，Pt 基催化剂仍然作为当前氧还原反应的主流催化剂，通过调节其形貌、组分及结构，从而有效提高活性与稳定性，在目前的 PEMFC 中具有更大的实际应用价值。

（1）铂黑催化剂　早期，在氢/氧燃料电池应用于宇航用途时，所采用的催化剂为铂黑（Pt 黑），即 Pt 的纳米粉末。如双子星飞船使用的燃料电池，其电极的 Pt 黑用量达 $35mg/cm^2$。

（2）Pt/C 催化剂　在传统 Pt 黑催化剂的基础上对 Pt 颗粒进行纳米化，获得较小的粒径尺寸。同时用高导电性的炭黑进行担载，获得高分散度的 Pt/C 催化剂。Pt/C 是目前 PEMFC 中最常用的催化剂。

在 Pt 单金属组分催化剂体系中，E-TEK 的 20% Pt/C 催化剂的活性面积约为 $100m^2/g$，而积比活性也可以达到或接近 $0.2mA/cm^2$。在各类新型氧还原反应催化

剂的研究中，该催化剂常被用作质量比活性和面积比活性的参考标准。另一类常用的Pt/C催化剂是TKK多孔碳担载Pt纳米颗粒形成的催化剂，该催化剂Pt的担载量一般可以达到46%～50%，同时该催化剂的活性面积一般在$65m^2/g$左右，面积比活性可以达到或接近$0.3\sim0.4mA/cm^2$。上述两种单一金属组分的催化剂中，Pt纳米颗粒的粒径一般为3～5nm。

(3) PtM催化剂　早期研究发现，Pt与第四周期过渡元素M（M＝Ni、Co、Cr、Mn、Fe等）构成的合金PtM在磷酸燃料电池中表现出了高于纯Pt的氧还原反应活性。随后，PtM催化剂被用于PEMFC，并同样表现出了优异的氧还原反应活性。目前，PtM催化剂作为氧还原反应催化剂的研究多通过引入除Pt之外的第二种或第三种元素，以期获得新的催化剂结构和优异的催化性能，统称为Pt基合金催化剂。PtM催化剂中通过第二元素的引入，改变Pt的d带中心和催化剂表面的原子排布，进而改变含氧物种在催化剂表面的化学吸附状态。在氧还原反应中，含氧物种在催化剂表面的吸附对其动力学过程有着重要影响，对于提高催化剂的催化活性和降低成本具有重要意义。

PtM催化剂主要包括具有外延生长的Pt合金单晶表面的催化剂，双金属纳米颗粒催化剂，具有不同维度、不同纳米空间结构（如纳米笼、纳米片、纳米线等）的Pt合金催化剂等。设计和制备策略主要是控制Pt合金催化剂的形状（或晶面暴露）以及尺寸、控制催化剂表面元素组成、控制催化剂的空间结构等。

与纯Pt相比，PtM催化剂的高氧还原反应活性可能来自以下原因：

❶ 雷尼效应——过渡金属M溶解导致催化剂表面粗糙化，增大了活性面积。

❷ 几何效应——原子半径较小的M进入Pt的晶格并使Pt的晶格收缩，改变了邻近Pt原子间距，有利于O—O的断裂。

❸ 电子效应——M的加入使得Pt的d带空穴减少或d带中心能量降低，减弱表面对OH_{ad}的吸附。几何效应与电子效应是相互作用的，例如晶格常数的减小可能会导致Pt电子结构的变化。

不容忽略的是，过渡金属M对阴极催化剂的稳定性有正反两方面的影响。一方面，M减缓了Pt在碳载体表面的移动性，且合金化后催化剂粒径普遍增大，使得催化剂的抗聚结能力提高；M的适度溶解可以在催化剂表面形成Pt-skeleton结构，有利于活性的提升。另一方面，M的过度溶出会导致合金化优势的消失，降低催化活性；M溶解后生成的M^{x+}由于还原电位较低，不能被阳极渗透过来的H_2还原，却能够与固体聚合物电解质（包括质子交换膜和催化层中的立体化试剂）的磺酸基团结合，占据质子的位置，造成膜的电阻增加、催化层的电阻增加、立体化试剂中氧气的扩散速率减小以及膜的加速降解，由此给燃料电池带来负面影响。

PtM催化剂的研究早期主要集中于Pt与贵金属体系，如Pt-Pd、Pt-Au等，之后的研究拓展至Pt与非贵金属体系，如Pt-Cu、Pt-Co等。

(4) 非铂催化剂　目前学者们研究的非铂氧还原反应催化剂主要有：过渡金属碳化物和氮化物催化剂、非金属碳基催化剂、过渡金属-氮-碳催化剂以及过渡金属硫族化合物、氧化物等其他非贵金属催化剂。其中，过渡金属-氮-碳化合物在酸性和碱性条件下均具有优良的活性，成为研究的重点。过渡金属-氮-碳化合物催化剂的氮源，除了含氮聚合物、有机小分子（如邻二氮菲等）或含氮气体外，还可利用成本低廉的生物质氮源；碳源除了普通炭黑、活性炭等，还出现了氮掺杂石墨烯和竹节状碳纳米

管包覆等新型碳载体。

（5）非金属催化剂 掺杂类的非金属催化剂中研究最多的是氮掺杂碳材料催化剂，包括氮掺杂碳纳米管、氮掺杂石墨烯、氮掺杂碳纳米纤维和氮掺杂有序介孔碳等，其中氮掺杂石墨烯及其衍生复合物基的非贵金属催化剂被认为较有前景。催化剂粉末如图 1-5-21 所示。

图 1-5-21 催化剂粉末

2. 阳极氢氧化反应催化剂

对于氢的电催化氧化，Pt 是非常理想的催化剂。通常氢的电催化氧化采用高分散的碳载 Pt 纳米颗粒（Pt/C）催化剂，氢气在 Pt 上的电氧化动力学过程非常快，所以阳极极化非常小。但是当氢气中含有微量的 CO 时，特别是通过天然气或其他烃类化合物重整制得的氢气中都含有微量的 CO，由于 CO 在 Pt 催化剂表面的强烈吸附会占据 Pt 催化剂的表面活性位点，与氢气形成竞争关系，导致催化剂对氢的催化效率降低，进而产生比较严重的极化现象和电池性能的下降，这种现象称为 CO 毒化。

目前，对氢的电氧化催化剂的研究主要集中在如何提高其抗 CO 毒化能力上，同时为了减少贵金属 Pt 的用量，降低催化剂成本，一些 Pt 合金催化剂和非 Pt 催化剂的研究引起了人们的广泛关注。抗 CO 毒化的催化剂研究主要集中在二元合金催化剂 PtM（M=Ru，Sn，W，Mo，Bi，Co，Cr，Fe，Os 和 Au 等）上。其中许多 PtM 合金催化剂都表现出比 Pt 更高的抗 CO 毒化的能力。而其中的 PtRu 催化剂又是目前为止研究最为成熟、应用最多的抗 CO 毒化阳极催化剂。在该二元合金催化剂中，Pt 和 Ru 通过协同作用降低 CO 的氧化电势，使电池在 CO 存在下相对于 Pt 性能明显提高。有研究表明，Ru 的加入可能会带来两方面的作用，一方面 Ru 通过电子作用修饰 Pt 的电子性能影响氢气的吸附和脱质子过程，减弱中间产物在 Pt 表面的吸附强度；另一方面，由于 Ru 是一种比 Pt 更活泼的贵金属，Ru 的加入能使催化剂在较低电位下获得反应所必需的表面含氧物种。

（三）质子交换膜

质子交换膜也称为质子膜或氢离子交换膜，是一种离子选择性透过的膜，在电池中起到为质子迁移和传输提供通道、分离气体反应物并阻隔电解液的作用。膜必须具有相对较高的质子导电性，对燃料和氧化性气体能够提供足够的屏障，在燃料电池运行环境中保持化学和机械稳定性。

通常质子交换膜由全氟磺酸（PSA）离子聚合物组成，其本质是四氟乙烯（TFE）和不同全氟磺酸单体的共聚物。最著名的膜材料是由科慕（Chemours）公司生产的 Nafion，以及陶氏化学公司（Dow Chemical Company）、戈尔（Gore）公司

等开发的复合/增强膜材料，具有更高的机械强度和尺寸稳定性。质子交换膜的性能如图 1-5-22 所示。

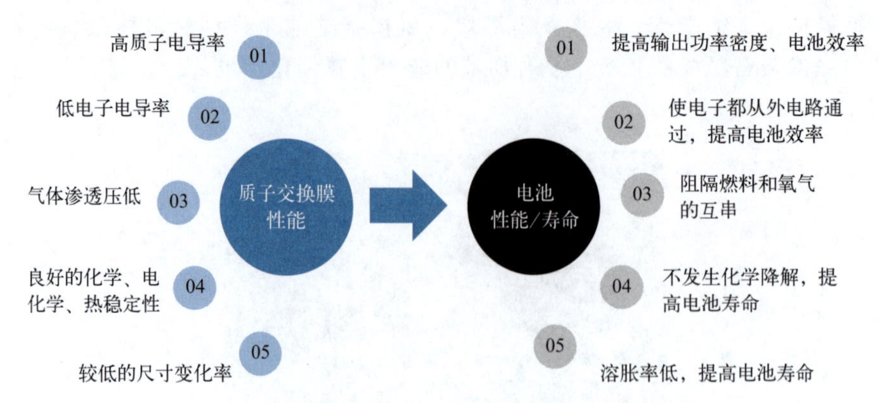

图 1-5-22 质子交换膜的性能

质子交换膜处在膜电极最中心的位置，作为质子传递载体将阳极催化层产生的质子转移至阴极催化层，与氧气反应生成水。同时，质子交换膜作为物理屏障将阳极燃料与阴极燃料分开，避免二者直接接触。此外，质子交换膜不导通电子，迫使电子通过外电路传导，达到对外提供能量的目的。

1. 质子交换膜的分类

从膜的结构来看，PEM 大致可分为三大类：磺化聚合物膜，复合膜，无机酸掺杂膜。目前研究的 PEM 材料主要是磺化聚合物电解质，按照含氟量分为全氟磺酸膜、部分氟化聚合物膜、新型非氟聚合物膜、复合膜等。目前，全氟质子交换膜（全氟磺酸膜）由于其优秀的热稳定性和化学稳定性、较高的力学强度以及较高的产业化程度而得到广泛应用。质子交换膜的分类及特点如表 1-5-2 所示。

表 1-5-2 质子交换膜的分类及特点

类别		结构	优点	缺点	代表产品
均质膜	全氟磺酸质子膜	氟化主链；侧链上存在磺酸基	机械强度高，化学稳定性好，在湿度大的条件下导电率高；低温时电流密度大，质子传导电阻小	在高温条件下，膜的导电性变差，对杂质气体的耐受性变差，且成本高、价格昂贵，易发生甲醇渗透	杜邦 Nafion@系列、陶氏 Xus-B204、苏威 Aquivion、旭化成 Aciplex、旭硝子 Flamion、东岳集团 DF 等
	部分氟化聚合物质子膜	氟碳基；碳氢化合物（如芳香烃）侧链	明显降低薄膜成本；单电池寿命提高；工作效率高	稳定性差；常温下性能不及全氟磺酸质子膜	以聚三氟苯乙烯、PVDF 等为基体材料，经过一定方式改性后制备成膜
	非氟化聚合物质子膜	烃基，以主链含有苯环的芳香族聚合物为基体材料，并通过磺化改性提升其质子电导率	机械强度高；环保安全；价格低廉	化学稳定性差；质子电导率低；制备工艺待完善	典型材料有磺化聚芳醚砜、磺化聚醚醚酮、磺化聚酰亚胺等
复合膜		用复合的方法来改性的全氟型磺酸膜（PTFE/PVDF）	耐溶、耐高温；有效降低膜材料甲醇渗漏	制备技术要求高	3M 公司

2. 全氟磺酸膜

理想的质子交换膜应具备如下特征：分解温度为250～500℃，水分子吸收率为2.5～27.5H_2O/SO_3H，电导率在10^{-5}～10^{-2}S/cm之间。全氟磺酸分子式如图1-5-23所示。

以全氟磺酸膜作为质子交换膜有两个优点。首先，全氟磺酸聚合物基于聚四氟乙烯的骨架，在氧化性和还原性环境中都显示出较强的稳定性，已经报道的最高寿命可达60000h。其次，在质子交换膜燃料电池的工作温度下，全增湿的全氟磺酸膜质子导电率可达到0.2S/cm，这意味着100μm厚的膜电阻可低至50mΩ·cm²，即在1A/cm²工作条件下电压损失仅为50mV。

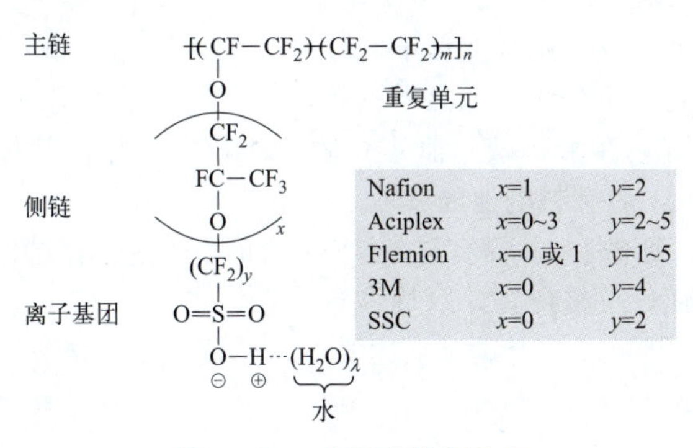

图1-5-23 全氟磺酸分子式

Nafion是一种无规共聚物，主要由三部分组成：中性半结晶聚合物骨架（聚四氟乙烯）主链、连接主链和第三部分结构的支链（聚磺酰氟化物乙烯基醚）。这部分结构的差异是各大厂商产品的主要区别，不同的支链结构会对全氟磺酸的质子传导率、稳定性等有显著影响，包含磺酸基团的离子簇。当质子交换膜遇水或溶剂时，水合质子可以在支链的磺酸根之间移动，实现质子的传导。共价键合的主链和支链不同的亲疏水性质导致全氟磺酸聚合物的相分离结构，这在溶剂化后更为显著。正是这种相分离形态赋予了全氟磺酸独特的离子和溶剂输送能力。因此，在静电作用下，全氟磺酸是一种多功能聚合物，其传输和机械功能取决于其形态。这种形态依赖于与疏水主链相关的机械（变形）能和与其侧链亲水离子基团水合相关的化学/熵能之间的各种相互作用。这些相互作用受到控制全氟磺酸结构/性能关系的各种环境和材料参数的控制和影响。

全氟磺酸膜也有其缺点，除了昂贵的价格之外，还包括安全和温度相关的限制等。首先，当温度超过150℃时，全氟磺酸会发生分解并释放出强腐蚀性有毒的SO_2气体，且在使用过程中氟会缓慢释放。这会引起人们对制造过程中的紧急情况、汽车事故等突发情况产生忧虑，同时也可能会限制燃料电池的回收。其次，升高温度会导致全氟磺酸膜脱水、水合能力降低、骨架软化引起的机械强度降低和燃料渗透率增大等一系列问题。而燃料电池性能随温度升高而提高更是加剧了这一系列问题。

影响全氟磺酸性能的主要结构因素是主链长度和侧链长度，二者共同决定全氟磺酸离聚物的当量（EW，即包含1摩尔离子基团的全氟磺酸离聚物干重，单位是gpolymer/molionic-group）、化学结构和相分离行为。另外，氧还原过程中的副产物H_2O_2分解产生的·OH自由基会进攻全氟磺酸侧链，从而导致全氟磺酸降解，降低

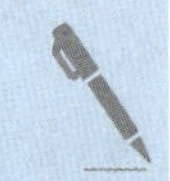

膜的使用寿命。目前常用的解决方法是加入自由基猝灭剂，其中以氧化锰和氧化铈为代表的过渡金属氧化物是常用的自由基猝灭剂。以氧化铈为例，Ce(Ⅲ)和Ce(Ⅳ)可以在与自由基相互反应过程中转化，使全氟磺酸离聚物免受自由基的攻击。

(四) 密封材料

1. 密封材料的一般性要求

密封材料应该满足密封功能的要求。由于被密封的介质不同，以及设备的工作条件不同，要求密封材料具有不同的适用性。对密封材料的一般要求如下：

❶ 材料的致密性好，不易泄漏介质。

❷ 有适当的机械强度和硬度。

❸ 压缩性和回弹性好，永久变形小。

❹ 高温下不软化、不分解，低温下不硬化、不脆裂。

❺ 耐腐蚀性能好，在酸、碱、油等介质中能长期工作，其体积和硬度变化小，且不黏附在密封面上，对燃料电池的其他部件不产生污染。

❻ 摩擦系数小，耐磨性好；具有与密封面结合的柔软性；耐老化性能好，经久耐用。

❼ 加工制造方便，价格便宜，取材容易。

虽然几乎没有材料可以完全满足上述要求，但是具有优异密封性能的材料一般能够满足上述大部分要求。

2. 密封材料种类

燃料电池常采用的密封材料为橡胶类高分子材料（图1-5-24），其制品种类繁多，包括硅橡胶、氟橡胶、丁腈橡胶（NBR）、氯丁橡胶（CR）、三元乙丙橡胶（EPDM）等。表1-5-3为几种常用密封材料的优缺点比较。

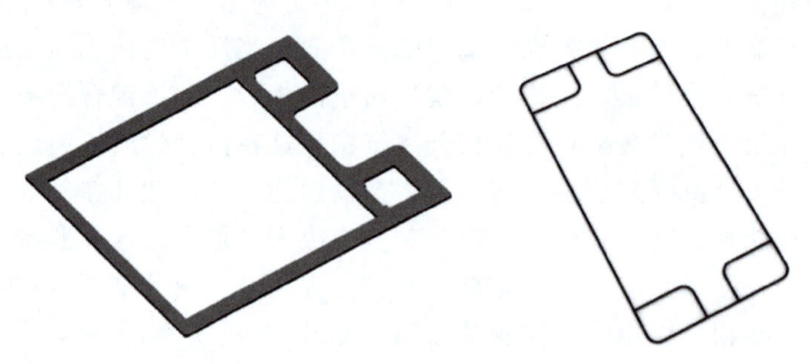

图1-5-24 燃料电池密封件

表1-5-3 几种常用密封材料的优缺点比较

密封材料种类	优点	缺点
硅橡胶(SR)	气密性好，具有良好的耐寒性，使用温度范围大(－100～300℃)	可能引起气流变形和阻塞
丁腈橡胶(NBR)	耐化学稳定性好，物理力学性能优异，加工性能较好，长期使用温度较高(120℃)，耐低温性能较好	酸性和高温下的长期稳定性不如氟类橡胶
三元乙丙橡胶(EPDM)	优良的化学稳定性，耐热老化性能优异，电绝缘性能较好	硫化速度慢，黏合性差，弹性差
氯丁橡胶(CR)	具有较高的拉伸强度、变形伸长率，化学稳定性优异，长期使用温度在80～100℃	耐低温性能较差，储存稳定性差

对橡胶密封件而言，回弹性越好、内部应力保存时间越长，密封效果越好。橡胶密封件的密封效果，除取决于密封件的结构设计之外，还主要取决于橡胶材料的力学性能，最主要的是取决于橡胶材料保持内部应力、形变复原时间的长短，即应力松弛时间。该时间长，橡胶密封件密封效果就好；反之，橡胶密封件内应力不易保持，密封效果就不好。

三、双极板的类型与结构设计

（一）双极板的作用和特点

1. 双极板的作用

双极板又称集流板，是电池的重要组成部分，其作用为：

❶ 分隔氧化剂与还原剂；

❷ 串联各单电池并具有集流作用；

❸ 在整个电极上均匀分布反应气体；

❹ 传导热量，使电池的废热顺利排出；

❺ 提供冷却液流体通道；

❻ 刚性，支撑 MEA。

2. 双极板的特点

结合双极板的功能，PEMFC 的双极板必须具备以下特点：

❶ 鉴于双极板两侧的流场分别是氧化剂与燃料通道，所以双极板必须是无孔的，若是复合双极板，那至少有一个是无孔的；

❷ 双极板实现单电池之间电的连接，起到收集传导电流的作用，而 PEMFC 的电压低、电流大，因此它必须由导电良好的材料构成，以防止内阻过大而影响电池的效率；

❸ 燃料气体和氧化剂气体通过由双极板、密封件等组成的公共孔道，并通过每个单电池的吸入管通向每个单电池，使流场均匀地分布在电极上；

❹ 阳极板的材料必须在阳极工作条件（特定的电极电势、氧化剂、还原剂等）下具有耐腐蚀性能，以满足电池组的使用寿命，通常为数千小时至数万小时。

综上所述，双极板必须是电与热的良导体，有一定的强度和气体致密性，具有耐腐蚀性，与燃料电池其他部件和材料相容且无污染性，有一定的憎水性，协助电池生成水的排出。

（二）双极板的分类

燃料电池双极板的基础材料有碳基与金属基两大类，由于尚无一种完美的材料可同时满足作为双极板的所有要求，如气体抗渗性、导电性、机械强度、耐蚀性以及低成本等，因此，也有复合材料或涂层材料用于双极板的制造。

根据材料的不同，双极板可以分为石墨双极板、金属双极板和复合双极板，具体分类如图 1-5-25 所示。

1. 石墨双极板

目前 PEMFC 中采用较多的是石墨双极板。石墨双极板具有耐腐蚀性强、导电导热性能好的优点。石墨材料最早被利用来制造双极板，包括人造石墨和天然石墨两种。石墨在燃料电池工作环境下具有优异的耐蚀性、高化学稳定性、对催化剂和膜无

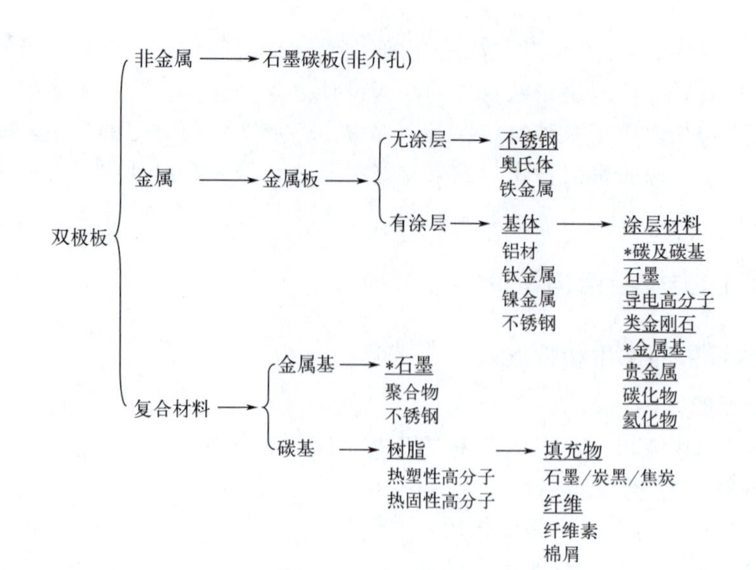

图 1-5-25 双极板的分类

污染以及良好的导电性。这些优点使石墨材料成为一种很好的制造双极板的原料，其流道一般采用机加工生产。半导体设备与材料制造商英特格（Entegris）的子公司POCO Graphite（石墨）公司生产了一种经典的石墨板。该公司专门从事优质的石墨/碳化物及其他先进材料的生产。POCO 生产了一系列高强度、具有精细结构和各向同性的石墨，并保证均匀一致的微观结构以满足极板使用。针对燃料电池应用，开发了一种著名的无孔石墨材料 PyroCell，用来保证电堆中不存在极板泄漏问题，其基本参数如表 1-5-4 所示。

表 1-5-4 PyroCell 典型材料性质

表观密度	抗弯强度	压缩强度	电阻率	热膨胀系数	肖氏硬度	纯度
1.78g/cm^3	8.96MPa	151.6MPa	228μΩ·cm	7.9μm/(m·℃)	74	99.99995%

然而，石墨材料由于其微观结构的特点在力学性能和工艺性上有其固有的缺点。与普通的碳材料或金刚石不同，石墨具有多层碳原子结构，层间的原子通过较强的共价键结合在一起，具有较小的原子间距；而层与层之间的原子通过较弱的范德华力结合，间距较大。因此，石墨本质上具有较低的弯曲强度，并且容易发生断裂。这也是为什么石墨板只能通过成本高和周期长的机加工方法生产，且容易产生缺陷。

（1）高密度机加工石墨双极板　目前 PEMFC 中采用较多的是石墨双极板。石墨双极板具有耐腐蚀性强、导电导热性能好的优点。缺点为：

❶ 为了防止石墨板发生弯曲和收缩等变形的情况，石墨板的石墨化温度需要进行程序升温，需要高于 2500℃；

❷ 双极板需要进行切割，但花费时间长，对机械的精度要求高，造成成本过高；

❸ 因为石墨易碎，难点在于组装；

❹ 石墨是多孔材料，须做堵孔处理。

目前采用此种工艺的石墨双极板厚度大多在 0.8mm 以上，石墨双极板的体积比功率和质量比功率都相对较低。

（2）柔性石墨双极板　石墨的脆性导致直接使用石墨机加工石墨板无法做到比较

薄，业界开发了使用模压工艺生产的柔性石墨双极板。

柔性石墨以天然鳞片石墨为材料，先氧化生成可膨胀石墨，再膨化处理成为膨胀石墨。遇高温体积可瞬间膨胀 150～300 倍，由片状变为蠕虫状，蠕虫状石墨之间可自行嵌合，材料具有阻燃、密封、吸附等功能。柔性石墨板有一定柔韧性，大幅增加了抗结构应力的能力，成本低、抗腐蚀性强。

柔性石墨双极板的主要生产工序是：

❶ 将膨胀石墨粉料加入模具中，利用液压机以数百吨的强大压力，将石墨粉料压成双极板坯，此时石墨颗粒之间只是靠压力挤压嵌合在一起，力学性能较差，容易损坏；

❷ 使用光学仪器自动检测技术，将表面有缺陷的双极板挑出，重新粉碎作为原料回收，良品下行；

❸ 将双极板坯放入密封腔体中抽真空，将内部空气全部抽出，然后在真空状态下用胶液淹没双极板，并给腔体充气加压，让胶水浸透到石墨板中间；

❹ 取出双极板沥干，清洗去表面的胶液，让表面保持良好导电状态；

❺ 将双极板在约 120℃ 的烤箱中烘烤 30min，让内部的胶固化，得到成品双极板。

2. 金属双极板

金属双极板的优点在于强度高、韧性好、导电性和导热性好，成本低，致密性好，易于加工，可显著降低流场板厚度（良好的机械加工强度使得金属双极板厚度可达 1 mm 以下)，大大提高了电池功率密度，是微型燃料电池的最优选择。

缺点：在 PEMFC 的工作环境（氧化性气氛，一定的电位和弱酸性电解质）下易被腐蚀，并且由于表面钝化（阴极）而使内部电阻迅速增加。

常用的金属材料是铝、镍、铜、钛和不锈钢。金属双极板受到腐蚀后金属粒子会污染质子交换膜，增加质子传递阻力，从而影响电池的性能，因此要对其表面改性或添加涂层，使得双极板既能保证导电需要，又能防止被腐蚀。目前研究较多的是不锈钢板，不锈钢板有成本低、强度大、易成型、体积小的优点。例如，采用中空阴极放电法在不锈钢上涂上一层超薄 TiN 膜，从而提高其抗腐蚀性。

3. 复合双极板

复合双极板采用薄金属板或高强度导电板作为分隔板，边框采用塑料、聚砜和聚碳酸酯等，边框与金属板之间采用胶连接，以注塑与焙烧法制备流场板。复合双极板有两种：一种是金属石墨复合双极板，即以金属片为基材，在两侧复合石墨材料层，具有金属成型容易、耐漏电性优异的优点；另一种是高分子复合材料双极板，具有热塑性聚合物材料的塑性，即材料在黏度流动转变温度下具有流动性和黏附性。

可以通过挤出成型、注塑成型和压缩成型获得各种形状的产品，并根据阳极板和工艺要求通过流动成型生产模具，然后将耐腐蚀的热塑性聚合物材料与导电填料混合。

复合材料型双极板具有石墨双极板和金属双极板的双重优点，生产价格更便宜、占用面积更小、机械强度更高、抗腐蚀性能更好，优化了燃料电池组的质量比功率和体积比功率，已成为未来双极板的发展趋势，但它的导电性能和力学性能还有待提高。

（三）双极板的结构

1. 双极板的典型结构

根据双极板所具有的功能，双极板上集成了多种结构，典型的双极板的结构如图1-5-26、图1-5-27所示。图1-5-26中双极板上有氢气通道孔、氧气通道孔、蛇形流道、密封圈槽。密封圈槽直接镶嵌在槽中，板间就不用密封垫片了。两块板背靠背贴合就组成双极板，一块板的正面与反面加工成一样也是一块双极板。

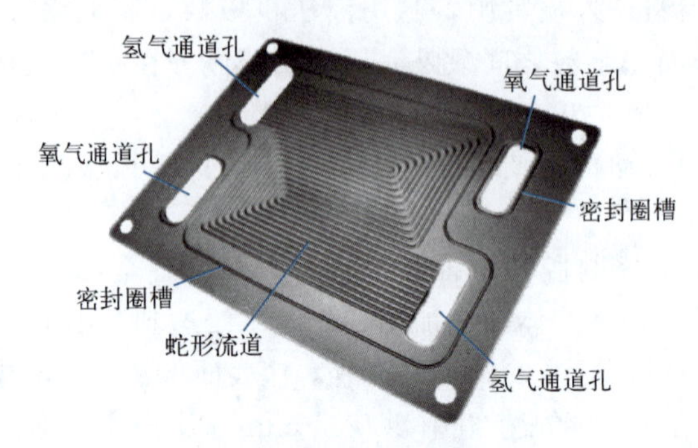

图 1-5-26　燃料电池双极板典型结构

图1-5-27是带有冷却液通道孔的双极板，通常用于较大功率的燃料电池。有的燃料电池会插入多片排热板，冷却液通过冷却液通道流过排热板，带走热量。

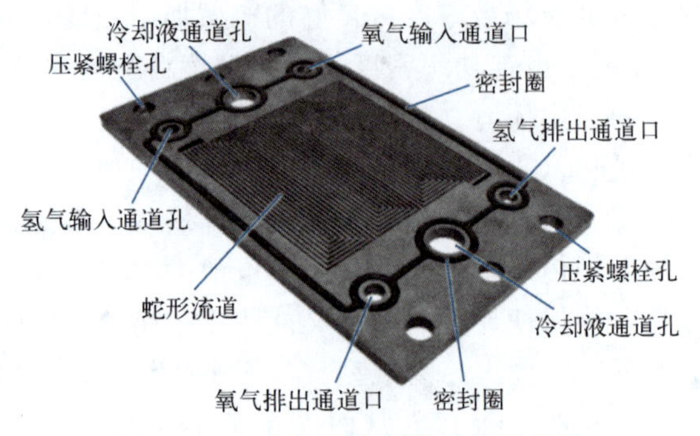

图 1-5-27　带冷却液通道孔的双极板

2. 双极板的流场结构

流场的形式和结构对反应物和生成物在电堆内部的流动、分配、扩散等起关键的作用。流场的设计是否合理将直接影响电堆能否正常运行。双极板的流场结构类型如图1-5-28所示，分为传统流场、新型流场两类。

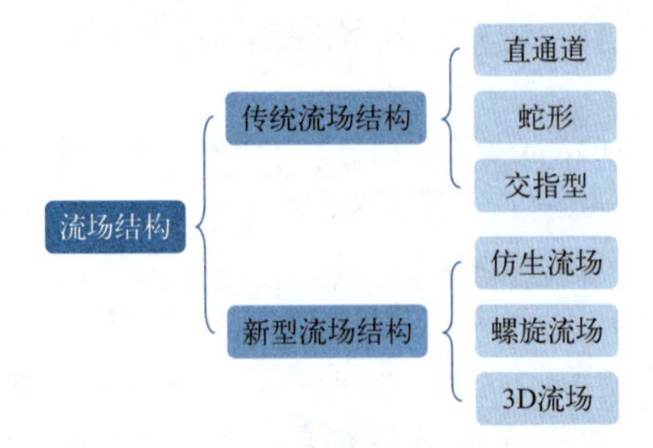

图 1-5-28　双极板流场结构类型

流场由各种图案的气体通道（沟槽或孔）和起支撑作用的脊或面组成。沟槽或孔为反应气体和水的流动提供通道，而脊或面的电极接触则起导电导热的作用。沟槽或孔所占的比例称为流场的开孔率。流场结构和开孔率不但影响双极板与电极的接触电阻，还影响传质和排水。可见，流场的几何形状、尺寸及开孔率等方面都是流场设计应该考虑的内容。另外，还应考虑电堆应用环境、工作状态、流场板与电极的电阻、气流分配、流速、压力和压力降等因素。

双极板的流场方向具有几种流向方式，如图 1-5-29 所示。

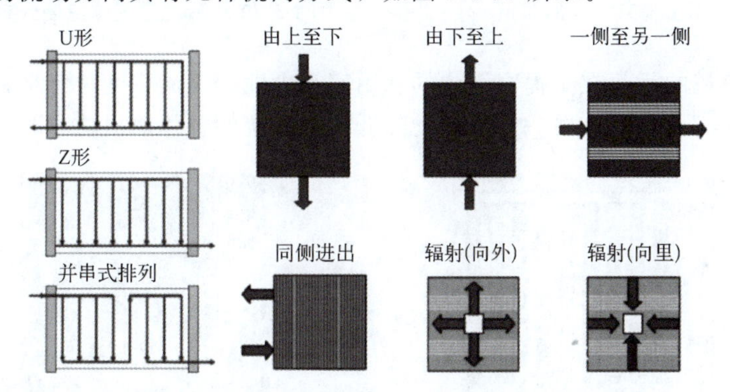

图 1-5-29 双极板的流场方向

（1）平行流道 平行流道是由多条相同形状的流道组成且以并联方式排布的一种设计方案，因此平行流道具有流动阻力小的优点，这可以提高燃料电池的整体效率，适用于活性面积较大的电池。在电池持续工作中，由于平行流道数目较多，所以每根流道中的气流流速比较低，可能在流道的后半段出现水淹的情况。平行流道又分为 Z 形和 U 形，如图 1-5-30 所示。

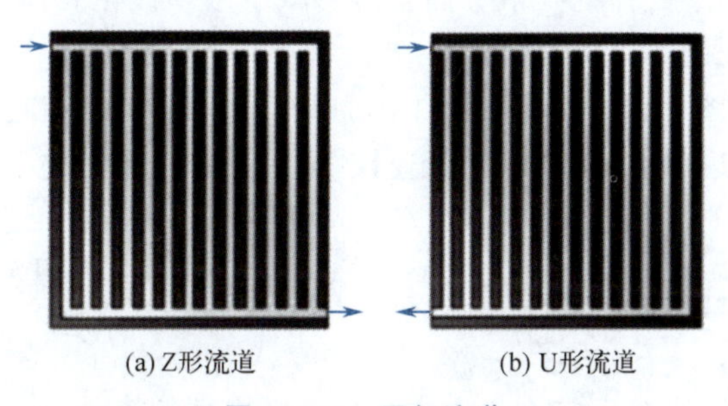

图 1-5-30 平行流道

（2）蛇形流道 蛇形流道，如图 1-5-31 所示，是一种应用较多的流道形式。它的优点是易于排出化学反应生成的液态水，从而在一定程度上降低了水淹的风险。但是对于活性面积较大的燃料电池，蛇形流道会因为流道过长造成气体压损过大，导致流道后半段的气体浓度过小，电流密度降低，反而容易引发水淹。图 1-5-32 所示为蛇形流道气体浓度的流场分析示意。

（3）叉指式流道 叉指式流道包括多个退化的流道（结构示意如图 1-5-33 所示，气体浓度分布示意如图 1-5-34 所示），这种流道结构并不是连续的，所以气流被强制通过 GDL（气体扩散层）进入相邻的流道。这样做的好处是有更多的气体进入 GDL 层中参与化学反应，从而使气体的利用率增大，从而提高电池的电流密度。该流场的压降主要取决于 GDL 的性质——孔隙率和疏水性，但是随着 GDL 的老化，电池的性能会受到显著的影响，所以这种类型的流道并不常见。

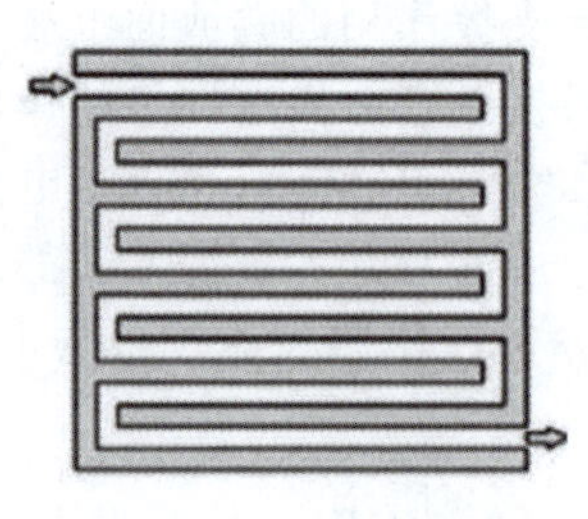

图 1-5-31　蛇形流道

图 1-5-32 蛇形流道气体浓度分布示意

叉指式流道的优势在于提高气体的利用率和电池的电流密度，但是它对气体的进气压力要求较高，这也会在一定程度上降低电池系统的整体输出功率。

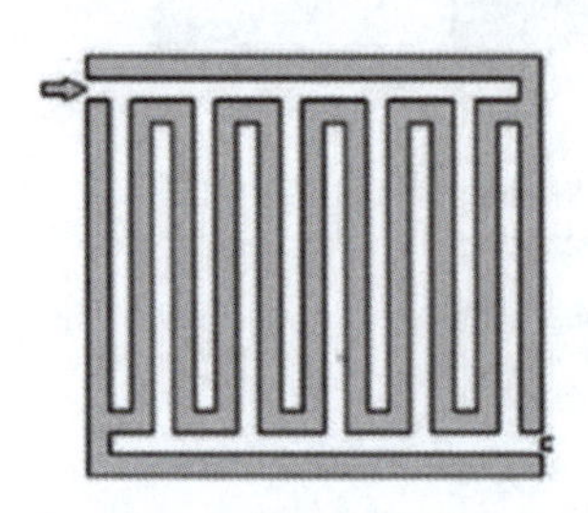

图 1-5-33　叉指式流道示意

图 1-5-34　叉指式流道气体浓度分布示意

（4）销型流道　销型流道是以规则图案排列的柱状销阵列（如图 1-5-35 所示），各个销的形状通常为立方形或圆形，不论流体走任何路径，其路径长度是相同的，故而是等压降的。这样做的好处是流体分布得较为均匀，而且可以将流道中的流体从层流变为紊流，更有利于气体的扩散，而且能够减少浓差极化。但是由于流体的流速较慢，对于排水是不利的。

仿真结果示意如图 1-5-36 所示，从图中可以看到，气体入口和出口的连接区域附近，气体浓度较高，而两边角落处由于气体流速较慢，可能会出现浓差极化和水淹等问题。

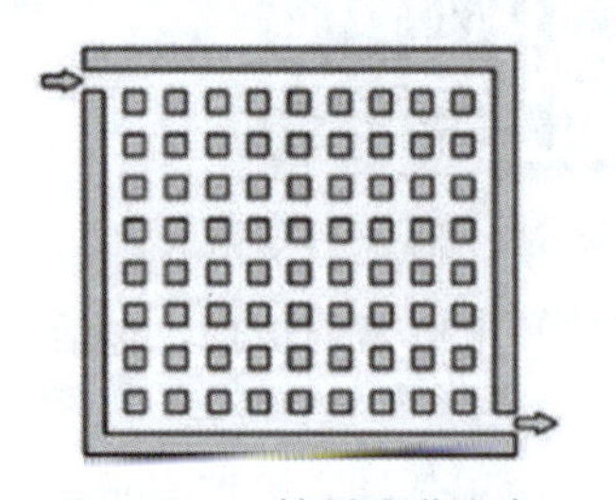

图 1-5-35　销型流道示意

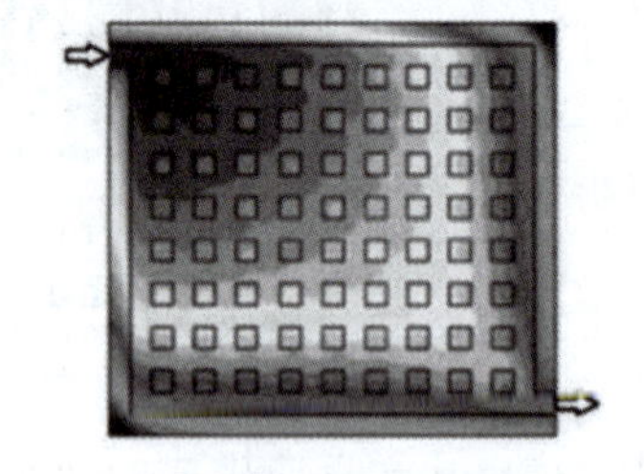

图 1-5-36　销型流道示意气体浓度分布示意

（四）燃料电池电堆双极板设计软件

燃料电池电堆双极板设计软件包括 Ansys、Pro-E、Solidworks 等软件。

1. Ansys

Ansys Fluent 的燃料电池模块能模拟质子交换膜燃料电池、固体氧化物燃料电池以及电解过程，该模块自带用户自定义函数（User-Defined Functions，UDF）来模拟电池内的电化学反应、电荷运输、气体扩散、水的运输、能量传递等，用户也可以根据自己的需要，通过 UDF 来修改其中的模型。如图 1-5-37 所示。

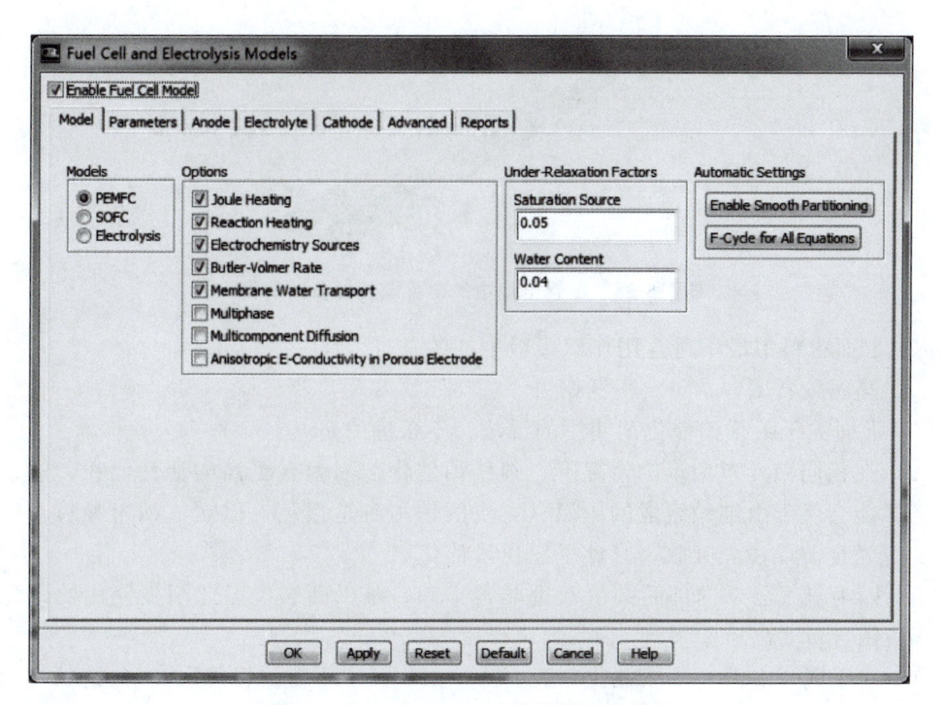

图 1-5-37 Ansys Fluent 的燃料电池模块

2. Pro-E

Pro-E 是应用于模具设计、机械设计的大型设计软件。相对于 UG、SOLIDWORKS 来说，PRo-E 参数化功能强大；对于建模来说，Pro-E 不仅有造型，而且导入外来文件后，可利用补面模块，在没有具体尺寸的情况下，通过拍照进行反求建模。在燃料电池中，可以用于双极板的设计仿真。

3. Solidworks

Solidworks 是一款三维 CAD 设计软件，可用于燃料电池的大型组装、制模及金属板材设计，以及振动、应力和流体流动模拟。

4. COMSOL Multiphysics

“燃料电池和电解槽模块”是 COMSOL Multiphysics®软件的一款附加产品，帮助用户通过仿真深入理解燃料电池和电解槽系统的工作原理，为电化学电池的设计和优化提供了强大的支持。模块支持对多种燃料电池和电解槽的仿真，包括质子交换膜燃料电池（PEMFC）、氢氧化物交换（碱性）燃料电池（AFC）和固体氧化物燃料电池（SOFC），以及相应的水电解槽系统等。

软件中内置的多物理场耦合功能方便用户在同一个软件界面内耦合多个物理效应，如多相流体流动、传热、热力学属性等，以更准确地模拟和分析真实场景下的燃料电池和电解槽系统。燃料电池中的电位等关键参数仿真如图 1-5-38 所示。

【单元测试】

一、选择题

1. 以下不属于气体扩散层功能的是（　　）。

A. 引导燃料气流　　　　B. 收集电流

C. 绝缘　　　　D. 排出反应产生的水

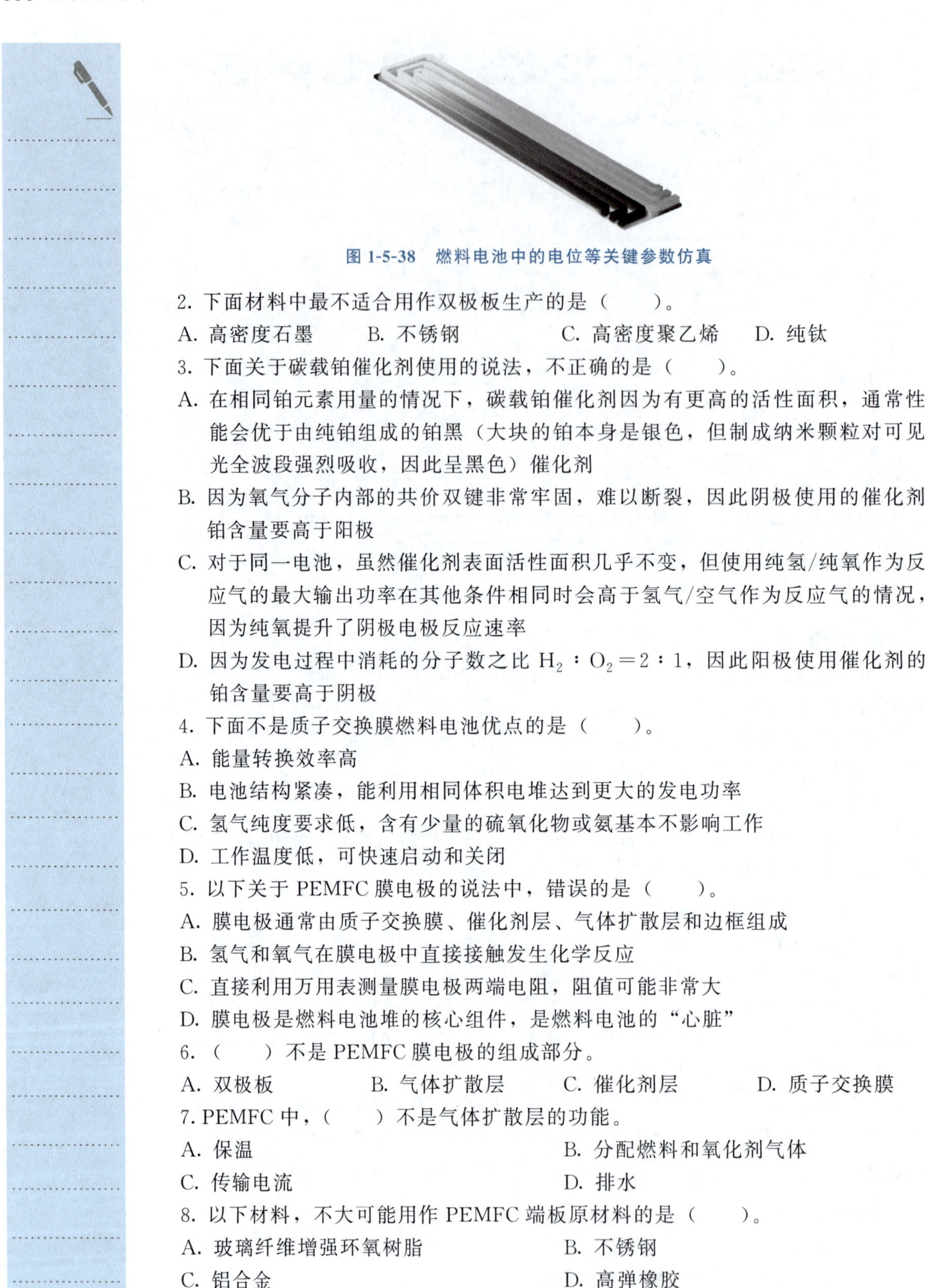

图 1-5-38 燃料电池中的电位等关键参数仿真

2. 下面材料中最不适合用作双极板生产的是（　）。

A. 高密度石墨　B. 不锈钢　C. 高密度聚乙烯　D. 纯钛

3. 下面关于碳载铂催化剂使用的说法，不正确的是（　）。

A. 在相同铂元素用量的情况下，碳载铂催化剂因为有更高的活性面积，通常性能会优于由纯铂组成的铂黑（大块的铂本身是银色，但制成纳米颗粒对可见光全波段强烈吸收，因此呈黑色）催化剂

B. 因为氧气分子内部的共价双键非常牢固，难以断裂，因此阴极使用的催化剂铂含量要高于阳极

C. 对于同一电池，虽然催化剂表面活性面积几乎不变，但使用纯氢/纯氧作为反应气的最大输出功率在其他条件相同时会高于氢气/空气作为反应气的情况，因为纯氧提升了阴极电极反应速率

D. 因为发电过程中消耗的分子数之比 $H_2:O_2=2:1$，因此阳极使用催化剂的铂含量要高于阴极

4. 下面不是质子交换膜燃料电池优点的是（　）。

A. 能量转换效率高

B. 电池结构紧凑，能利用相同体积电堆达到更大的发电功率

C. 氢气纯度要求低，含有少量的硫氧化物或氨基本不影响工作

D. 工作温度低，可快速启动和关闭

5. 以下关于 PEMFC 膜电极的说法中，错误的是（　）。

A. 膜电极通常由质子交换膜、催化剂层、气体扩散层和边框组成

B. 氢气和氧气在膜电极中直接接触发生化学反应

C. 直接利用万用表测量膜电极两端电阻，阻值可能非常大

D. 膜电极是燃料电池堆的核心组件，是燃料电池的“心脏”

6. （　）不是 PEMFC 膜电极的组成部分。

A. 双极板　B. 气体扩散层　C. 催化剂层　D. 质子交换膜

7. PEMFC 中，（　）不是气体扩散层的功能。

A. 保温　B. 分配燃料和氧化剂气体

C. 传输电流　D. 排水

8. 以下材料，不大可能用作 PEMFC 端板原材料的是（　）。

A. 玻璃纤维增强环氧树脂　B. 不锈钢

C. 铝合金　D. 高弹橡胶

9. 以下关于气体扩散层组成的说法中，错误的是（　）。

A. 气体扩散层通常由基底层和微孔层两部分组成

B. 常见的基底层材料为碳纤维布和碳纤维纸

C. 微孔层的孔隙率通常比基底层高，以使得气体更方便地到达催化剂层

D. 气体扩散层的微孔层一侧通常比基底层一侧更平整

10. 以下关于碳纸和碳布的说法，错误的是（　　）。

A. 碳纸通常比碳布有更好的机械强度

B. 碳布通常比碳纸柔软

C. 无论碳纸还是碳布，在保持足够强度和支撑性的前提下，应该尽量降低厚度，以减小内阻

D. 制成气体扩散层过程中，无论碳纸或碳布，都需要进行亲水化处理

二、判断题

1. 质子交换膜燃料电池具有能量转换率高、高温启动、无电解质泄漏等特点，被广泛用于轻型汽车、便携式电源以及小型驱动装置。（　　）

2. 质子交换膜燃料电池工作温度低，可在常温环境下快速启动和停止。（　　）

3. 在使用氢气和氧气作为工作气体时，碱性燃料电池和质子交换膜燃料电池内部均是氢离子 H^+ 源源不断在阳极生成，并经过电解质扩散到阴极，与 OH^- 离子结合成水。（　　）

4. 因为质子交换膜含水量越高，对质子的传导性越好，因此 PEMFC 不必理会排水问题，应当让反应产生的水分尽量留在电池内以降低内阻。（　　）

5. 燃料电池系统的散热设计是至关重要的，因为它直接影响到电堆的效率和使用寿命。（　　）

6. 因为气体可以扩散到任何一个角落，燃料电池结构设计只需要考虑密封，不需要考虑气体分配。（　　）

三、简答题

1. 对于质子交换膜燃料电池，如果氢气和空气发生串漏，可能会发生什么样的后果？

2. 有厂商在生产燃料电池双极板时，阳极侧使用金属材质，阴极侧采用石墨材质，然后将两者组成双极板使用。分析该厂商采用此做法的原因。

3. 当前市售燃料电池产品，氢气和空气流道最常采用蛇形流道和平行流道，冷却水最常采用销型流道和平行流道，简要分析采用这些流道的原因。

4. 简述氢氧质子交换膜燃料电池对密封层的一般要求。

参考文献

［1］ 苗乃乾，张诗洋，张蕾蕾，等．碳中和背景下化工行业的绿氢应用展望［J］．化工设计通讯，2023，49（11）：200-202.

［2］ 苗安康，袁越，吴涵，等．“双碳”目标下绿色氢能技术发展现状与趋势研究［J］．分布式能源，2021，6（4）：15-24.

［3］ 衣宝廉．燃料电池——原理·技术·应用［M］．北京：化学工业出版社，2003.

［4］ 周晖雨，范芷萱．燃料电池发展史：从阿波罗登月到丰田 Mirai［J］．能源，2019（7）：94-96.

［5］ 殷伊琳．我国氢能产业发展现状及展望［J］．化学工业与工程，2021，38（4）：78-83.

［6］ 徐东，刘岩，李志勇，等．氢能开发利用经济性研究综述［J］．油气与新能源，2021，33（2）：50-56.

［7］ 章俊良，蒋峰景．燃料电池：原理·关键材料和技术［M］．上海：上海交通大学出版社，2014.

［8］ 刁力鹏，陈政，孟维．完善燃料电池标准体系 促进氢能多元场景应用［J］．质量与认证，2024（2）：30-32.

［9］ 王璐，张静珠，孙阳阳，等．“双碳”背景下氢能产业链标准化现状及建设思考［J］．标准科学，2024（3）：93-97.

［10］ 郭心如，郭雨旻，罗方，等．磷酸燃料电池的能效、㶲及生态特性分析［J］．发电技术，2022，43（1）：73-82.

［11］ 磷酸型燃料电池（PAFC）发电系统示范工程［J］．中国电力，2009，42（1）：75.

［12］ 贾旭平．美国联合技术公司最新一代 PureCell-400 型磷酸燃料电池供电系统［J］．电源技术，2011，35（4）：359-362.

［13］ 毛翔鹏，李俊伟，方东阳，等．固体氧化物燃料电池材料发展现状［J］．中国陶瓷，2023，59（7）：10-20.

［14］ 滕梓源，张海明，吕泽伟，等．分布式固体氧化物燃料电池发电系统发展现状与展望［J］．中国电机工程学报，2023，43（20）：7959-7973.

［15］ 付凤艳，邢广恩．碱性燃料电池用阴离子交换膜的研究进展［J］．化工学报，2021，72（S1）：42-52.

［16］ 伍赛特．航天用燃料电池技术发展及展望［J］．上海节能，2019（10）：829-832.

［17］ 张曼，韩继续，王盈雪，等．直接甲醇燃料电池电催化剂研究进展［J］．浙江化工，2023，54（11）：7-13.

［18］ 张宇峰，张曙斌，刘晓为．微型直接甲醇燃料电池的研究进展［J］．北京工业大学学报，2018，44（6）：801-811.

［19］ 顾颖颖，于永昌，龙安椿，等．Bi 掺杂的直接甲醇燃料电池阳极催化剂研究进展［J］．有色金属材料与工程，2023，44（2）：35-44.

［20］ TONG Y Y，YAN X，LIANG J，et al. Metal-basedelectrocatalysts for methanol electro-oxidation：progress，opportunities，and challenges［J］. Small，2021，17（9）：1904126.

［21］ 胡华冲，李聪，李阳，等．直接甲醇燃料电池高海拔环境适应性研究［J］．电源技术，2023，47（4）：510.

［22］ 衣宝廉．燃料电池——高效、环境友好的发电方式［M］．北京：化学工业出版社，2000.

燃料电池技术

项目分册

段春艳　胡昌吉　主编

胡文勇　熊子昂　李　姗　副主编

周　宁　主审

化学工业出版社

·北京·

目录

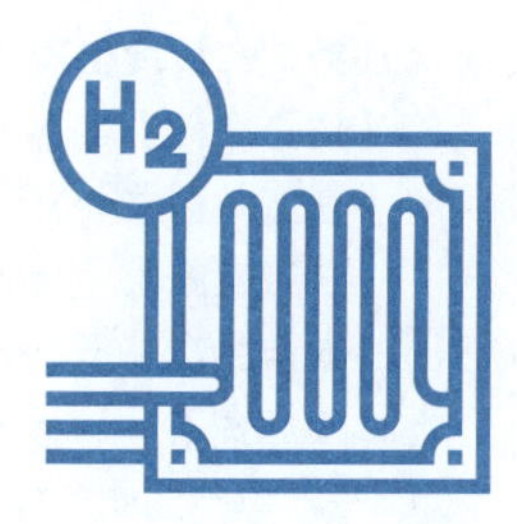

基础分册

项目分册

学生工作手册

项目一

小功率风冷型质子交换膜燃料电池制作

项目情境

2021级氢能技术应用专业学生的创业公司接到一批订单，需要制作一批小功率200W的质子交换膜燃料电池。假设你是一名氢能技术应用专业学生，也是学生创新创业团队的成员，到师兄的创业公司的技术工艺部实习，承担了该订单的任务。要求完成产品试制，确定工艺流程，然后小批量完成订单采购数量。你如何完成该订单任务呢？

燃料电池动力系统开发有限公司

采购订单

订单编号 PO202310150001　订单日期 2023-10-15　采购类型 批量采购

供货单位编号 2023001　供货单位 新能源系氢科技有限公司　采购员 ****

供方联系人****　供方电话 0757-12348888　供方地址 实训楼燃料电池室

物料编码	物料名称	物料描述	采购数量	采购单位	单价(含税)(人民币万元)	总价(含税)(人民币万元)	备注
31201010	M200型液冷燃料电池堆	尺寸205mm×85mm×140mm; 额定功率 200 W; 最大功率 240 W; 电压范围 15~30V; 电流范围 0~16A; 电堆质量 2100 g±50 g	100	台	0.4	40.0000	整体组装发货，全部接头散发件，我司自行安装
以下空白		以下空白	以下空白		以下空白		

送货地址 实训楼动力系统室原材料仓　送货方式 供应商自主决定　需求日期 2023-11-14

供应商确认（签字盖章）

1. 供应商收到订单后在一个工作日内确认回传我司，确保100%交货能力；
2. 供应商所提供的物料必须符合我司质量要求或不低于样品质量；
3. 发货到我司的运输相关费用一律由供应商承担；
4. 供应商需严格按订单交付，延期供货造成的损失将由供应商承担。如订单外送货，一律退回，由供应商自行取回；
5. 供应商来货时，必须在送货单上写清我司订单号、物料编码及数量。

制单 xxx　审核人 xxx　批准 xxx　审核日期 2023-10-15

项目目标

知识目标	能力目标	素质目标
掌握燃料电池单元的设计规范	会设计微小功率燃料电池堆	能够使用各种检索工具查找文献
了解燃料电池堆的设计规范	能制作微小功率燃料电池单元	具有团队合作精神
掌握燃料电池单元的设计方法	能制作微小功率风冷型燃料电池堆	具有工艺文档编辑能力
了解燃料电池的原材料的性能	能根据设计要求完成微小功率燃料电池系统的组装	
掌握质子交换膜燃料电池的结构和功能	能完成微小功率燃料电池堆的气密性测试	

项目导航

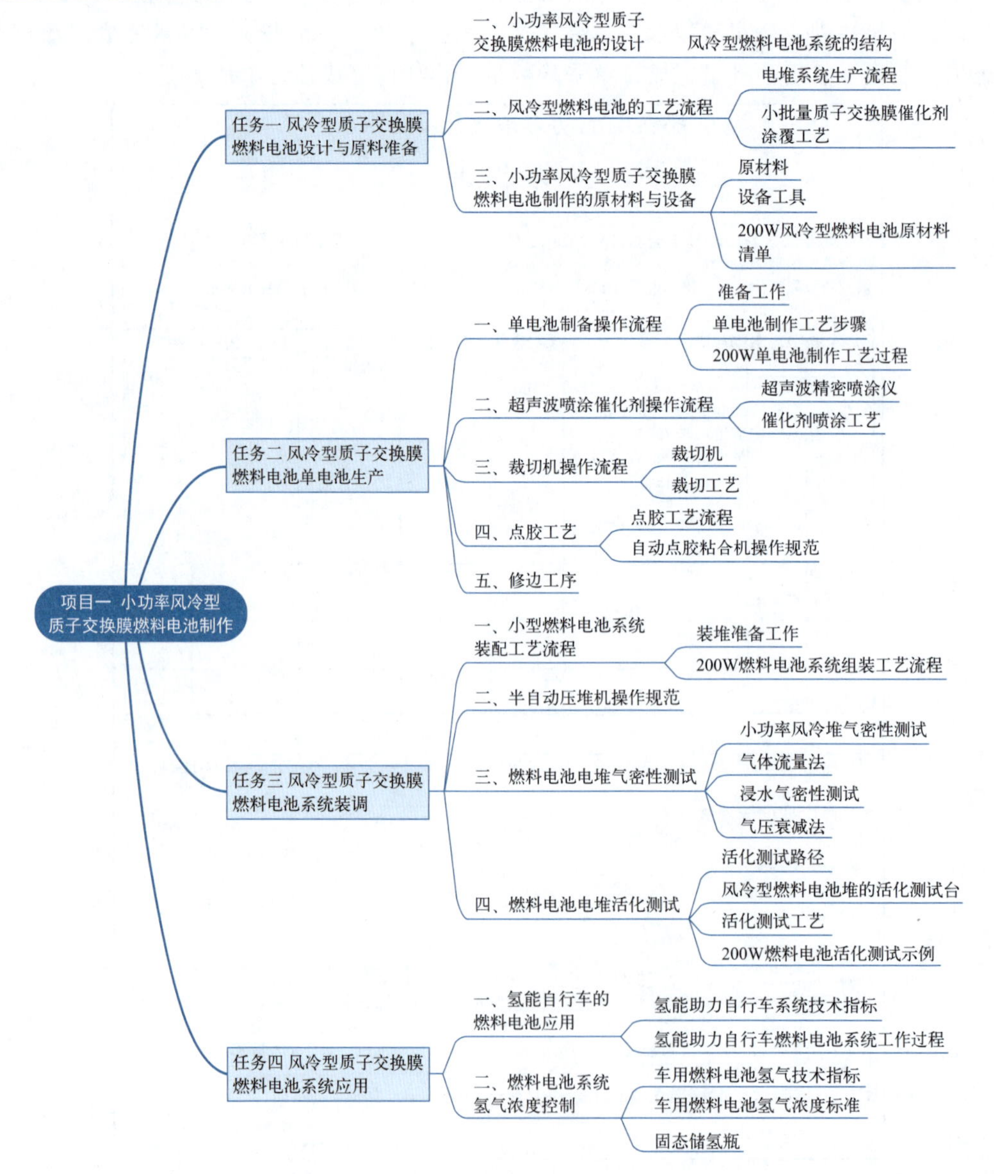

液氢设备与科技自立自强

液氢广泛用作航天动力燃料。我国航天事业近几十年来发展迅猛，中国已从航天大国迈向航天强国。航天事业的迅速发展也促使我国长征系列运载火箭的发射次数急速攀升，截至2021年，长征系列火箭的总发射次数就已经超过了400次。随着火箭发射变得越发频繁，各种航空配套设施的需求也在增加，据悉，长征五号所用氢燃料就全靠进口，法国人更是控制着中国航天的命脉，这是真的吗？

2021年9月，我国航天六院历时400多天突破了氢液化设备的核心技术，实现了液氢制造设备90%以上的国产化。没有谁能掐住中国航天发展的命脉。

任务一　风冷型质子交换膜燃料电池设计与原料准备

【任务目标】

1. 会设计风冷型质子交换膜燃料电池堆，绘制结构图；
2. 会采购风冷型质子交换膜燃料电池制作的原材料；
3. 会清点准备风冷型质子交换膜燃料电池制作的设备工具。

【任务单】

任务单

一、回答问题

1. 风冷型质子交换膜燃料电池的基本结构是什么样的？
2. 风冷型质子交换膜燃料电池有冷却系统吗？通常采用什么方式冷却？
3. 制作一个风冷型质子交换膜燃料电池堆，其工艺流程包括哪些？
4. 风冷型质子交换膜燃料电池制作的工艺流程有哪些？实验室和产业化的工艺流程一样吗？

二、依次完成8个子任务

序号	子任务	是否完成
1	设计风冷型质子交换膜燃料电池的结构	是□　否□
2	确定风冷型质子交换膜燃料电池制作的工艺流程	是□　否□
3	确定原材料清单	是□　否□
4	确定制作设备和工具清单	是□　否□
5	确定性能测试方法	是□　否□
6	确定产品试用的应用场景	是□　否□
7	形成制作方案、报告文档	是□　否□
8	结果总结与分析	是□　否□

【任务实施】

1. 设计风冷型质子交换膜燃料电池的结构

（1）确定风冷型质子交换膜燃料电池的基本结构　图1-1-1为典型的风冷型质子交换膜燃料电池产品，供参考。

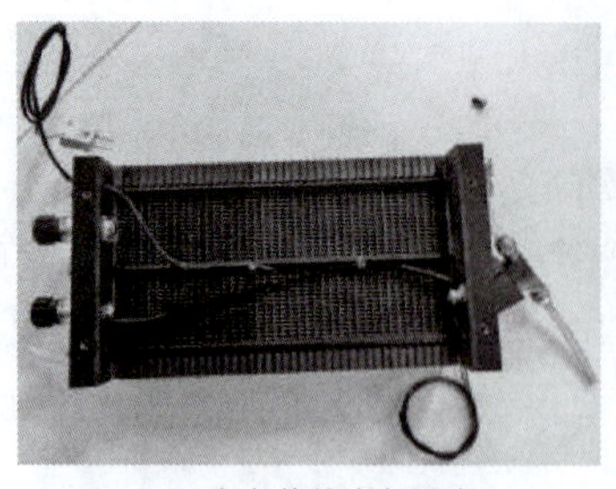
(a) 未安装外壳与风扇

(b) 安装外壳与风扇后的成品

图 1-1-1 风冷型质子交换膜燃料电池

(2) 确定风冷型质子交换膜燃料电池的主要性能参数

(3) 设计核算风冷型质子交换膜燃料电池的结构和部件参数

❶ 设计氢气流道；

❷ 设计空气流道；

❸ 选择风扇；

❹ 确定电堆的结构。

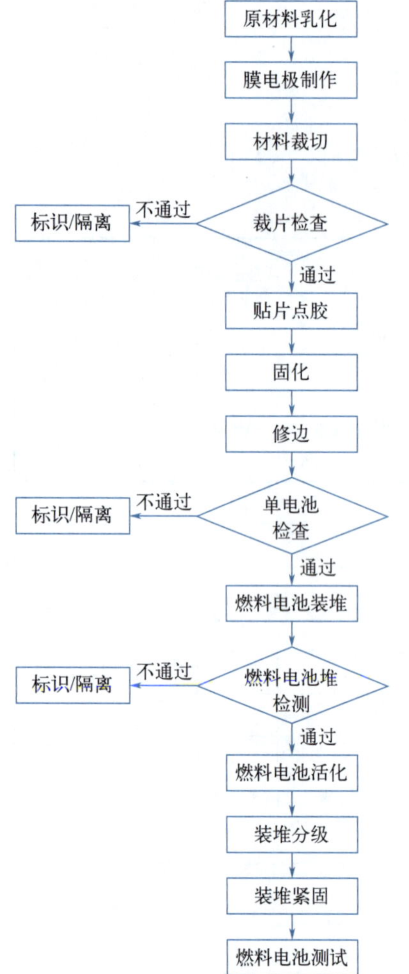

图 1-1-2 小功率质子交换膜燃料电池生产工艺流程

2. 确定风冷型质子交换膜燃料电池制作的工艺流程

根据设计的风冷型质子交换膜燃料电池的结构和参数，确定其制作的工艺流程。图 1-1-2 为典型的小功率风冷型质子交换膜燃料电池生产工艺流程，供参考。

此处燃料电池制作为小功率小批量制作，未涉及大批量自动化设备及工艺制作。膜电极的制作可以采用涂了催化剂的质子交换膜，也可以在质子交换膜上自己练习涂覆催化剂。

3. 确定原材料清单

确定制作风冷型质子交换膜燃料电池的原材料及部件，做好制作前期的原材料采购或制作准备工作。

4. 确定制作设备和工具清单

确定制作风冷型质子交换膜燃料电池的制作设备、工具，做好制作前期的设备工具准备工作，以便顺利完成燃料电池堆的制作过程。

5. 确定性能测试方法

风冷型质子交换膜燃料电池堆制作完成后，需要完成基本的性能测试，例如气密性测试、活化测试等。提前熟悉其测试方法、设备，做好准备工作。

6. 确定产品试用的应用场景

风冷型质子交换膜燃料电池堆制作完成后，将其安装在应用产品上，可以检验电堆及系统的应用性能。提前确定其应用场景，做好应用产品的采购准备工作。

7. 形成制作方案、报告文档

将小功率风冷型质子交换膜燃料电池堆设计、制作准备等形成制作方案，作为后续制作过程的参考依据。

8. 结果总结与分析

分小组整理任务单、任务完成过程、任务结果，整理 PPT，汇报分享。

完成学生工作手册中相应的记录单“1-1-1”。

【安全生产】

（1）电脑：撰写调研报告、任务方案。

（2）网络：线上调研搜索工具。

（3）笔、表格：记录工具。

（4）产品：小功率风冷型质子交换膜燃料电池样品。

（5）工具：螺钉旋具等。

（6）安全生产素养。

❶ 创新设计的灵感来源于市场需求；

❷ 5S 管理：整理、整顿、清扫、清洁、素养。

【任务资讯】

★本节重点，实际应用时，能够根据客户需求设计相应的小功率燃料电池产品。

一、小功率风冷型质子交换膜燃料电池的设计

根据温度控制方式的不同，燃料电池可以分为水冷型和风冷型两种。小功率质子交换膜燃料电池一般采用风冷型散热。水冷型燃料电池主要应用于大功率燃料电池系统中，换热能力强，但是电池结构复杂，一般用在输出功率 30kW 以上的场合。风冷型燃料电池主要用在对功率要求较小（10W～5kW）的场景，例如便携式移动电源、无人机电源等领域。

（一）小功率风冷型燃料电池系统的结构

小功率风冷型燃料电池结构简单，将进气装置与冷却装置合为一体，无增湿、增热装置，无空气压缩机，依靠直流风扇为反应提供氧气并同时进行散热，不再需要额外的阀门和管道等，减轻了设备重量。图 1-1-3 为风冷型燃料电池系统的结构示例，这种结构，进气温度即为环境温度。图 1-1-4 为典型的风冷型燃料电池实物，燃料电池用风扇作为冷却装置。

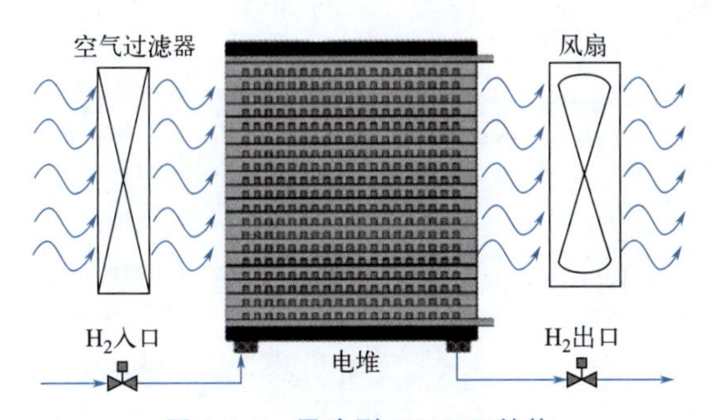

图 1-1-3 风冷型 PEMFC 结构

图 1-1-5 为 200 W 的风冷型燃料电池堆及加了外壳、风扇的燃料电池电源实物产品。该 200 W 风冷型燃料电池堆产品的结构如图 1-1-6 所示。该燃料电池电源产品包含一组直流风扇、温度传感器、燃料电池堆、外壳等结构。

图 1-1-4 典型的风冷型燃料电池系统的实物

(a) 燃料电池堆

(b) 燃料电池电源产品

图 1-1-5 200W 风冷型燃料电池堆及电源产品

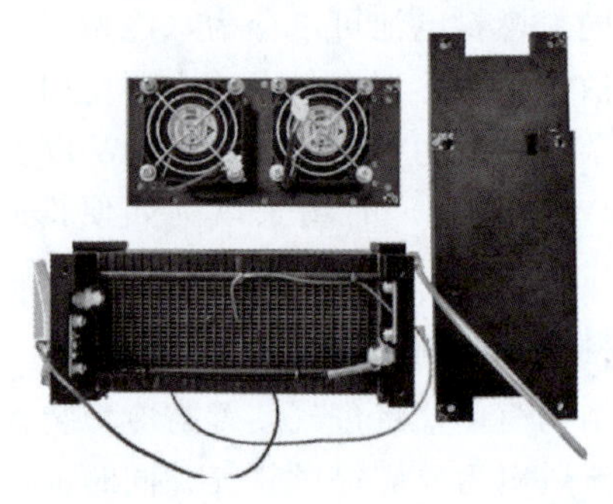

图 1-1-6 200W 风冷型燃料电源产品的结构示意

（二）小功率风冷型燃料电池系统

对于小型燃料电池，可采用空气冷却，或每隔几个电池插一块排热板（水冷）；对于微型燃料电池，不需要排热板，直接用风扇吹即可。燃料电池冷却的方式如图 1-1-7 所示。

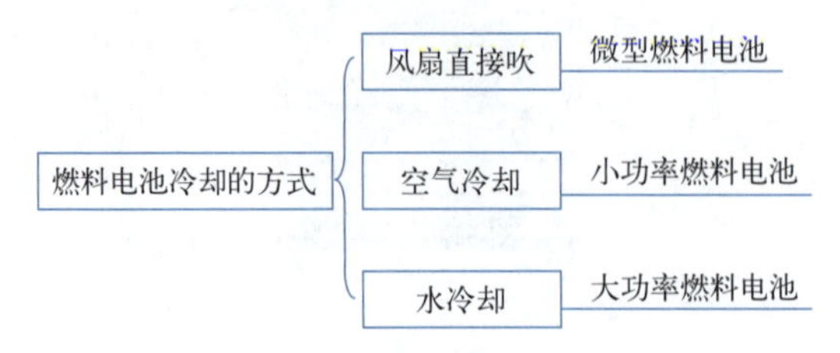

图 1-1-7 燃料电池冷却的方式

风冷型燃料电池的膜电极组件材料、流道的结构尺寸以及流道的排布方式等都会对电池的性能产生重要影响。

风冷型质子交换膜燃料电池将氧气供应通道与冷却气体通道相结合，简化了燃料电池的设计，其性能对通道的结构非常敏感。阴极通道结构的变化会对电池内温度、相对湿度和反应物的分布产生重要的影响。流道的设计应在双极板的设计中考虑。

以某 3kW 风冷型燃料电池系统为例，其控制系统如图 1-1-8 所示。氢气燃料通过分流阀，一部分经过分水器输送干燥氢气，一部分输送未经处理的含水氢气燃料给电堆；氧气以空气的形式由反应风机控制输入空气通道，通过传感器对空气进、出气口，氢气进、出气口的温湿度，电堆温度以及电堆输出电压、电流分别进行采集、监测。

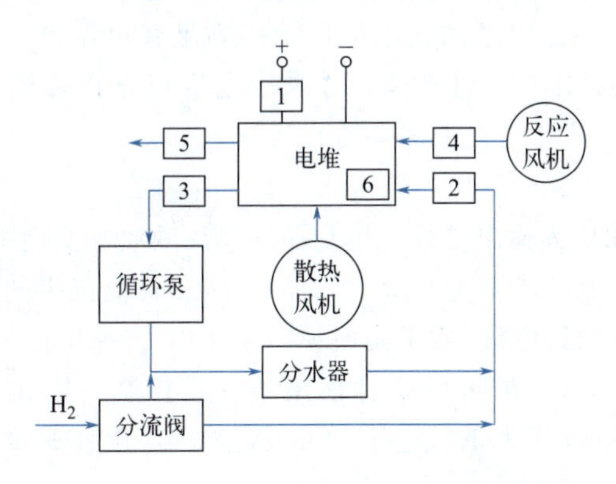

图 1-1-8 风冷式燃料电池控制系统的结构

1—输出电压电流；2—氢气入口温湿度；
3—氢气出口温湿度；4—空气进口温湿度；5—空气出口温湿度；6—电堆温度

（三）风冷型质子交换膜燃料电池的设计示例

以 200W 风冷型质子交换膜燃料电池的设计为例。

1. 分析客户需求

客户提供了燃料电池堆设计的基本参数，如表 1-1-1 所示。客户自己备有 DC/DC 电压变换器，新电堆的电压不可低于 12V，出于安全考虑也不允许电堆输出高于 36V，实际工作时要求电堆输出电压控制在 15～30V。该电堆对应的终端产品将面向广东地区，无防结冰要求，但客户要求在环境温度 40℃时仍能以额定功率 200W 工作。其他项均无明确要求。

表 1-1-1 客户需求的燃料电池堆参数表

项目	参数要求	备注
额定功率	200W	须在需求温度范围内以此功率持续工作
最大功率	240W	间歇性短时需求
电堆输出电压	15～30V	不得超出范围
工作温度	0～40℃	产品面向广东地区，无防结冰需求，但需在 40℃时仍以额定功率稳定输出
长×宽×高	无特别要求	
重量	无特别要求	
结构	风冷	无特别要求
数量	100 台	

2. 初步方案确定

❶ 客户对具体结构无特别要求，该堆功率也较小，因此选用氧化剂与冷却空气共用流道的结构，成本较低；

❷ 客户对尺寸和重量无特别要求，本期订单只有 100 台，因此选用高密度石墨 CNC 机加工方式生产的双极板，避免新开模具，生产数量也较灵活；

❸ 客户对电压范围要求严格，因此需提前确定叠加层数，考虑单电池工作电压低于 1V，选定 30 片叠加，可确保电堆的输出电压始终满足客户需要；

❹ 客户对工作温度提出了特别要求，且风冷电堆仅靠将环境中的空气吹入来带走废热，易受环境条件影响，设计过程中需要重点考虑。

3. 单电池参数设计

（1）确定额定输出和最大输出参数　极化曲线是反映质子交换膜工作能力的重要工具之一，从中可以得到燃料电池的诸多重要参数。查 CCM 供应商提供的极化曲线图（图 1-1-9），图中横坐标为电流密度（测试电流/质子交换膜活性面积），纵坐标为电压。从极化曲线的温度条件可以看出，供应商对该 CCM 的推荐使用条件是控制温度在 50℃左右，氢气压力为 50kPa。在规定的温度和氢气压力下，电压为 0.6V 时对应电流密度为 0.39A/cm^2，电压为 0.5V 时对应电流密度为 0.54A/cm^2。

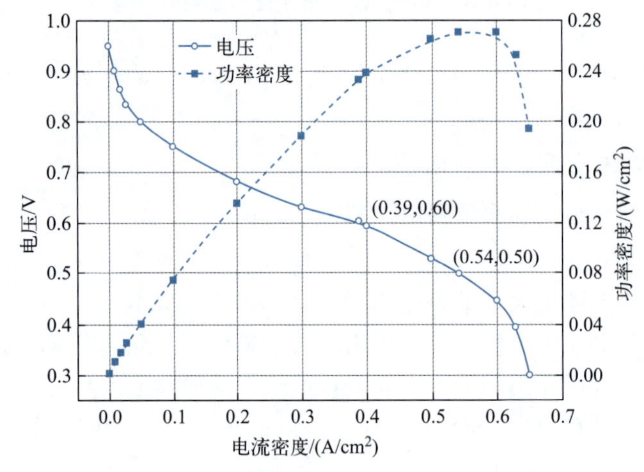

图 1-1-9　CCM 极化曲线（H_2：50kPa，50℃）

单电池的输出电压越低，通常在该工作条件下的电能转换效率也越低，实际生产中会兼顾考虑效率和成本。在工程实践中，水冷大功率电堆通常将单电池输出 0.65V 时电堆输出功率定为额定功率，0.60V 时输出功率定为最大功率。风冷电堆通常将单电池输出 0.60V 时电堆输出功率定为额定功率，0.50V 时输出功率定为最大功率。因此选择单电池工作特性参数如表 1-1-2 所示。

表 1-1-2　单电池工作特性

项目	电流密度/(A/cm^2)	电压/V	功率密度/(W/cm^2)
额定功率	0.39	0.6	0.234
最大功率	0.54	0.5	0.270

（2）确定活性面积　电堆额定功率 200W、最大功率 240W 为客户需求参数（表 1-1-1），由于输出电压需求已确定电堆为 30 片单电池叠加，结合表 1-1-2 所列额定功率时功率密

度为 0.234W/cm^2，最大输出时的功率密度为 0.270W/cm^2，分别计算为了满足额定功率和最大功率所需的单电池的最小活性面积。如下：

$$活性面积\ S_1=\frac{电堆额定功率}{叠加片数\times额定功率密度}=\frac{200\text{W}}{30\times0.234\text{W/cm}^2}=28.49\text{cm}^2$$

$$活性面积\ S_2=\frac{电堆最大功率}{叠加片数\times最大功率密度}=\frac{240\text{W}}{30\times0.270\text{W/cm}^2}=29.63\text{cm}^2$$

综合两个计算结果，单电池至少应选用 29.63cm^2 作为活性面积，才可以使额定功率和最大功率两种工作状态都得到满足。考虑材料裁切，选用 5.3cm×5.6cm 作为活性区域尺寸，即活性面积为 29.68 cm^2，于是有：

电堆设计额定功率＝额定功率密度×活性面积×叠加片数＝0.234×29.68×30≈208.4（W）

电堆设计最大功率＝最大功率密度×活性面积×叠加片数＝0.270×29.68×30≈240.4（W）

电堆设计额定电流＝额定电流密度×活性面积＝0.39×29.68≈11.575（A）

电堆设计最大电流＝最大电流密度×活性面积＝0.54×29.68≈16.027（A）

综合获得燃料电池的单电池参数如表 1-1-3 所示。

表 1-1-3 燃料电池的单电池基本电性能参数

项目	电堆额定输出(需求)	电堆最大输出(需求)	单电池额定输出(需求)	单电池最大输出(需求)	电堆额定输出(设计)	电堆最大输出(设计)
功率/W	200	240	6.67	8	208.4	240.4
电压/V	18	15	0.6	0.5	18	15
电流/A	11.1	16	11.1	16	11.575	16.027

4. 核心材料和尺寸确定

选用 5.3cm×5.6cm 作为活性区域尺寸，再适当扩大材料尺寸以留下组装空间，得到材料各尺寸如表 1-1-4 所示。

表 1-1-4 燃料电池核心材料尺寸设计

项目	长/cm	宽/cm	活性面积/cm^2	有效面积/cm^2	备注
氢侧气体扩散层	6.0	5.6	33.6	29.68	氢侧气体扩散层/氧侧气体扩散层/质子交换膜三者同时重叠的部分才是有效的活性面积
氧侧气体扩散层	5.3	6.0	31.8		
质子交换膜	6.0	6.0	36		

如图 1-1-10 所示，根据质子交换膜尺寸决定双极板核心区域尺寸也为 6.0cm×6.0cm。由于氢气需要完全密封在电堆内部，在核心区旁边布置氢气主流道（长条形通孔，多片单电池叠加时，这些通孔串成氢气主流道），其中一侧可作为进气主流道，另一侧则为排气主流道。正面由环绕整个板边缘的密封胶槽隔离出氢气区，氢气整体上沿双极板长边流动。氢侧气体扩散层的长边与双极板长边平行放置，其位置轮廓如图（a）中虚线框所示。背面中央为空气流场区，空气整体上沿双极板短边流动。氧侧气体扩散层长边与双极板短边平行，其位置轮廓如图（b）虚线框所示。氢气主流道由两道环形胶槽分别密封，实现和空气区的隔离。

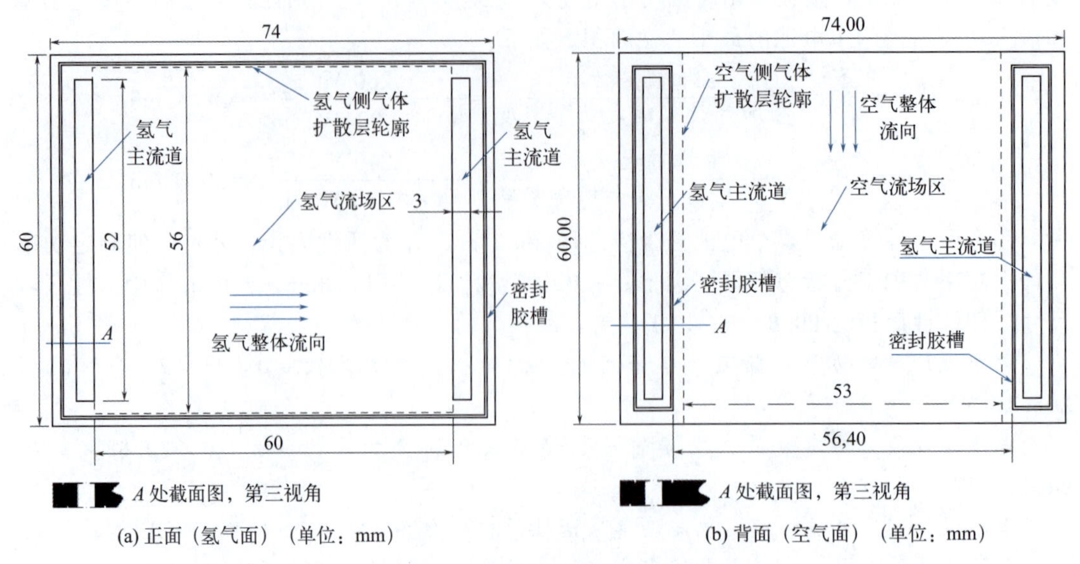

(a) 正面（氢气面）（单位：mm）　　(b) 背面（空气面）（单位：mm）

图 1-1-10　双极板整体设计

5. 双极板氢气流道设计

首先估算燃料电池工作时的最大氢气流量需求，再根据流量进行流道的尺寸、形状和布局设计。

（1）燃料消耗量计算　根据燃料电池电极反应方程式，每个氢气分子可以释放 2 个电子，每个氧气分子可以吸收 4 个电子。氢气和氧气的消耗量可以通过法拉第第一和第二定律进行计算。

法拉第第一定律：在电极界面上发生化学变化物质的质量与通入的电量成正比。用公式表示为

$$m=k_{e}Q=k_{e}It$$

式中，m 为燃料电池消耗的氢气，g；Q 为电量，C；I 为电流，A；t 为时间，s；k_{e} 被称为电化学当量，单位为克每库仑（g/C），其值可由法拉第第二定律得到。

法拉第第二定律：物质的电化学当量 k_{e} 跟它的化学当量成正比。所谓化学当量是指该物质的摩尔质量 M 跟它的化合价的比值，单位为 g/mol，用公式表示为

$$k_{e}=\frac{M}{Fn}$$

式中，M 为物质的摩尔质量，单位为克每摩尔（g/mol），氢气的摩尔质量为 2.016g/mol，氧气的摩尔质量为 32g/mol；F 为法拉第常数，其值为 96485.3C/mol；n 为每个分子在化学反应中得到或失去的电子总数，对于氢气 $n=2$，对于氧气 $n=4$。因此，燃料电池消耗的燃料或空气的质量：

$$m=\frac{M}{Fn}It$$

由表 1-1-3 知，燃料电池以最大功率 240W 输出时，电流为 16A，单电池每秒消耗掉的氢气量为

$$m_{H_2}=\frac{M_{H_2}}{Fn_{H_2}}It=\frac{2.016}{96485.3\times2}\times16\times1=1.672\times10^{-4}(g)$$

即在标称最大功率 240W 输出的情况下，每片单电池每秒消耗氢气 1.672×10^{-4}g，考虑 1.2 倍过量系数，需求的氢气流量为 2×10^{-4}g/s。假如氢气以体积计算时，其实际体积流量与电池的实时温度有关，数值会有波动，因此模拟中采用质量流量而不用体积流量。

与此同时，每秒消耗掉的氧气量为

$$m_{O_2}=\frac{M_{O_2}}{Fn_{O_2}}It=\frac{32}{96485.3\times4}\times16\times1=1.327\times10^{-3}(\text{g})$$

（2）流道设计　图 1-1-11 为初步设计的氢气流道，采用直通流道能够降低氢气的流动阻力，减小对供氢压力的要求。流道采用等距平行布局，重要的特征参数有沟宽 a，沟深 b，脊宽 c。沟宽和脊宽的比值 a/c 越大，则气体越均匀，流阻越小，但气体扩散层与双极板的接触面积减小，接触电阻将增大。反之流阻稍大而接触电阻减小。沟深 b 一般为 0.2～2mm，视氢气流量需求而定。本例中，沟宽 $a=1.2$mm，沟深 $b=0.3$mm，脊宽 $c=3$mm，氢气流道总数为 13 条。

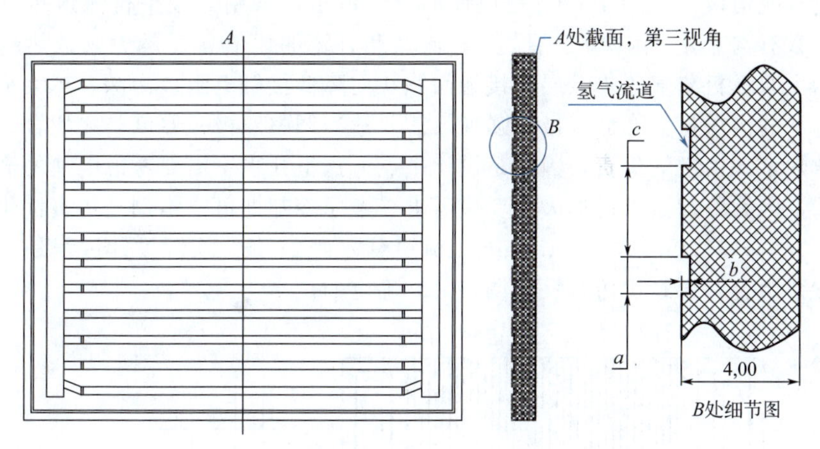

图 1-1-11　氢气流道设计图（单位：mm）

（3）流道仿真　使用 SolidWorks 或 ANSYS 等具有流体分析能力的软件进行仿真，不需实际制造样件即可初步估计双极板中的气体流动和工作状态，大幅提高设计效率并降低成本。将左右两条主流道入口，左侧设置为恒定流量边界条件，以 0.2mg/s 流量通入氢气，右侧设定为恒定气压边界条件，保持 101.325 kPa 即与环境气压一致，温度恒定 50℃，不考虑消耗情况下模拟工作时气体流动情况，流道正中位置的结果如图 1-1-12 所示。氢气流速大约为 0.6m/s，前后需要的压力差仅 50Pa，流阻非常小。只要氢气入口压力大于 50Pa，该流道即能为电化学反应提供足够氢气，实际工作压力约为 50kPa，基本不会存在氢气供应不足的可能性，此流道设计可用。

6. 双极板空气流道设计

（1）散热需求分析　客户需求电堆工作温度为 0～40℃，且最高温度时仍能以额定功率工作，因此不必理会最低工作温度，只考虑 40℃时的散热需求即可。由于额定输出时单电池电压为 0.6V，最大功率时单电池电压为 0.5V，氢氧燃料电池理论开路电压为 1.23V，因此实际电堆在额定功率附近的效率可以用电压除以 1.23 来大致估算，即效率为 40%～48%，这与氢气流道的设计有关。因此，即使考虑工作条件波动，在额定功率 200W 输出时，散热需求也不超过 300W。即只要在环境温度（即进气温度）40℃时，电

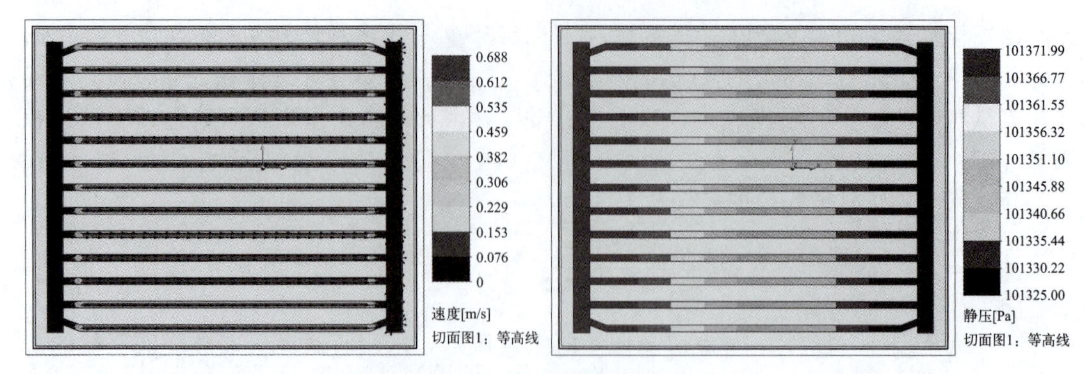

图 1-1-12　氢气流场速度和压力差分布

堆能够保持 300W 的散热功率，同时电堆内部稳定在安全温度上，就能保持 200W 额定输出。电堆散热功率除以 30 片，在环境温度 40℃时，每片单电池需要能够保持 10W 的散热功率。

(2) 空气流道设计　图 1-1-13 是设计的空气流道，采用等距平行流道布置。流道的重要特征参数有沟宽 a、沟深 b、脊宽 c，沟宽和脊宽的比值 a/c 越大则散热越好，反之则有利于增大双极板与气体扩散层的接触面积从而降低接触电阻。沟深 b 越大也越有利于散热，但过深的沟深将会降低双极板强度，需要适当调整双极板厚度与之配合。风冷型燃料电池的散热全部由空气负责，因此是设计重点。这里几乎不需要考虑电池的输出对反应气体的需求，因为冷却需求远远大于反应需求，考虑冷却即可。本例经仿真优化的最终参数 $a=1.5$mm，$b=3.0$mm，$c=1.0$mm，流道总数为 21 条。实际设计过程是先选择一个初步尺寸参数组合，再经过仿真反复调整最终确定的。

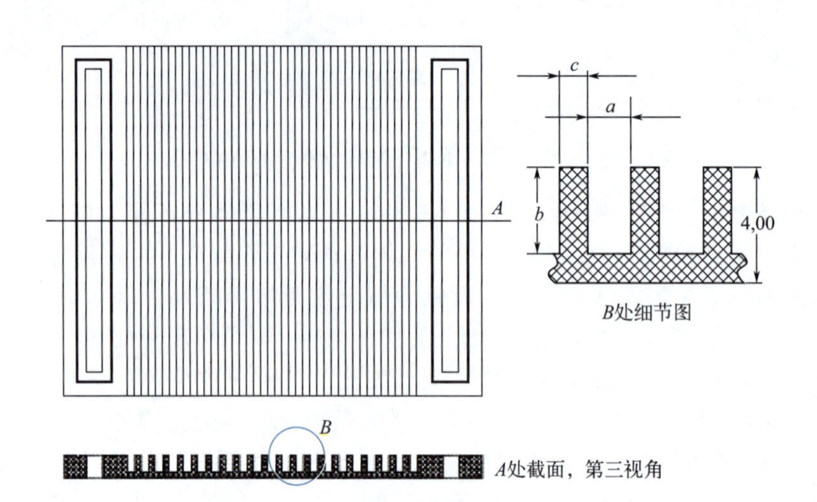

图 1-1-13　空气流道设计图（单位：mm）

(3) 单电池散热仿真　与氢气不同，空气直接来自外部空气，因此使用体积流量更符合实际情况。将空气流道下端设置成固定流量边界条件，进风量 0.5 L/s，进风温度 40℃ (313.15K)；上端设置成恒定压力边界条件，恒定气压为 101.325 kPa（正常大气压）。由于石墨导热性能非常好，实际工作时，废热会很快被导到双极板上。为简便不再设置热源，将双极板设定成 10W 的体积热源。所有其他表面为绝热表面，没有考虑氢气的散热效果，也没有考虑真实工作时空气直接从气体扩散层上带走的热量。即所有热量只能从石墨表面传导到散热空气中带走。实施仿真并反复调整设计，最终得到结果如图 1-1-14 所示。图（a）展现了双极板上氢气侧表面温度分布，其最大和最小温差不超过 4℃，中央区域温差不超过 3℃，整体最高温度不超过 61.68℃（334.83K）。该温度较推荐工作温度 50℃略高，但根据燃料电池原理，此时电池输出能力更强且质子交换膜无脱水老化危险。图（b）展现了空气流道正中的空气流速，主体流速为 5～10m/s，数值合理。该设计能满足环境温度 40℃下以额定 200W 工作的散热需求。

至此，单电池设计完成。双极板三维模型如图 1-1-15 所示，双极板主要设计参数如表 1-1-5 所示，气体扩散层和质子交换膜的尺寸如表 1-1-4 所示。

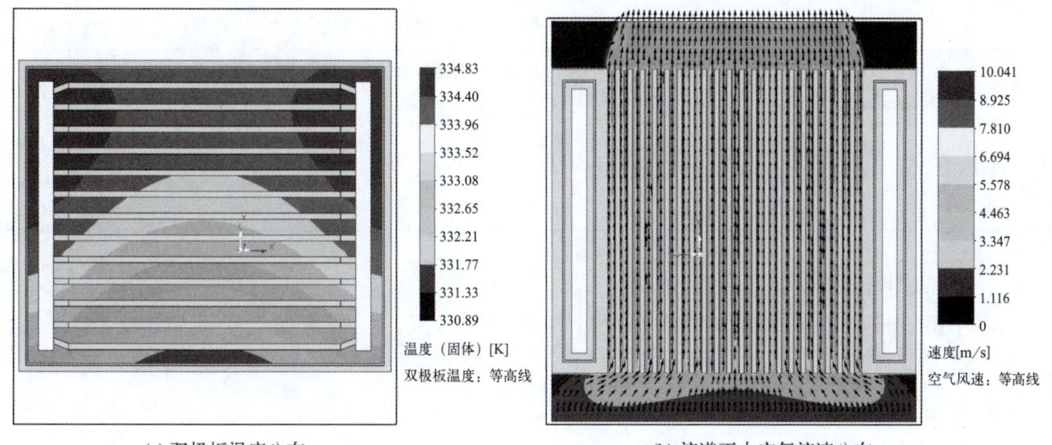

(a) 双极板温度分布　　(b) 流道正中空气流速分布

图 1-1-14　单电池散热仿真结果

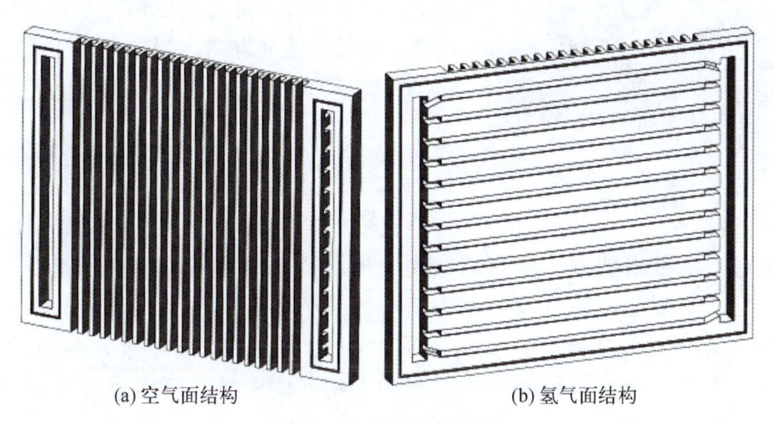

(a) 空气面结构　　(b) 氢气面结构

图 1-1-15　双极板模型

表 1-1-5　双极板主要设计参数

尺寸/(mm×mm×mm)	材质	氢气主流道截面/(mm×mm)	氢气流道	空气流道	密封胶槽/mm	加工工艺
74×60×4.0	等静压石墨，密度 1.72 g/cm^3，比热容 1400 J/(kg·℃)，热导率 105 W/(m·℃)，电阻率 1.2×10^{-5} Ω·m	52×3.0	13 条等距平行流道，沟深 0.3mm，沟宽 1.2mm，脊宽 3.0mm	21 条等距平行流道，沟深 3mm，沟宽 1.5mm，脊宽 1.0mm	宽 0.4，深 0.3	CNC 机加工

7. 散热风扇选型

根据散热仿真的结果，每片单电池需求的最大风量为 0.5L/s，电堆共 30 片单电池，则电堆的风量需求为 15L/s，即 $0.9m^3/min$（0.9CMM），折算成常用的英制单位为 31.8CFM。CFM 是 Cubic Foot per Minute（立方英尺每分钟）的缩写，1CFM＝0.0283CMM＝28.3L/min。

30 片单电池叠加后，电堆长度超过 15cm，应布置 2 个风扇，以保证不同单电池具有接近的空气流量和尽量相近的温度。表 1-1-6 是某厂家一款小功率轴流散热风扇的参数表，选用两枚该型风扇，即可完全满足散热需求。

表 1-1-6　6025F24 型轴流散热风扇参数表

型号	尺寸/(mm×mm×mm)	接口	额定速度/(r/min)	最大风量/CFM	额定电压/V	额定电流/A	噪声大小/(dB/A)	其他
6025F24	60×60×25	4PIN	5000	27.5	12/24	0.25(12V) 0.12(24V)	35	双滚珠轴承，纯铜电机，7 幅三角扇叶

8. 其他部件选型

此外还需根据电堆的电学性能、尺寸要求选择端板，根据氢气气密性要求等选择气体接口、紧固螺栓。

9. 电堆的结构

电堆由单电池堆叠而成，如图 1-1-16 所示。

图 1-1-16　电堆示意图

操作条件是影响质子交换膜燃料电池性能的重要因素。优化操作条件可以创造一个良好的电化学反应环境，延长电池的寿命。操作条件主要包括风冷电堆的空气流量、电堆工作温度、阳极尾气排放方式等。

二、风冷型燃料电池的工艺流程

风冷型燃料电池的工艺流程主要包括膜电极生产、单电池生产、电堆组装等。催化剂、膜电极材料、碳纸等原材料分属不同的生产工序环节，市场化后，不同公司的主营业务为其中的某个环节。小型燃料电池的生产也可以购买膜电极材料、碳纸、双极板等原材料，制作电池单元，组装电堆，配置不同的机械结构，形成最终的产品。此处介绍的工艺流程为采购不同原材料后，小批量制作小功率质子交换膜燃料电池堆的工艺流程。

（一）电堆系统生产流程

小功率质子交换膜燃料电池堆的生产流程如图 1-1-17 所示。将催化剂原料搅拌乳化，然后采用喷涂等工艺将催化剂涂覆在质子交换膜上，将质子交换膜等各种原材料按尺寸裁切，检查裁切后的原材料，按照顺序叠层，放入点胶机点胶，然后放置固化，修边去掉多余的胶，检查所有的单电池，合格品叠层装成燃料电池电堆，检测是否漏气，电堆活化处理检测，合格后拆堆分级，装堆成品，然后测试，完成燃料电池堆的制作。挑出每一步工序过程中的不合格品，做好标识处理。表 1-1-7 给出了小功率质子交换膜燃料电池堆作业工序简介。

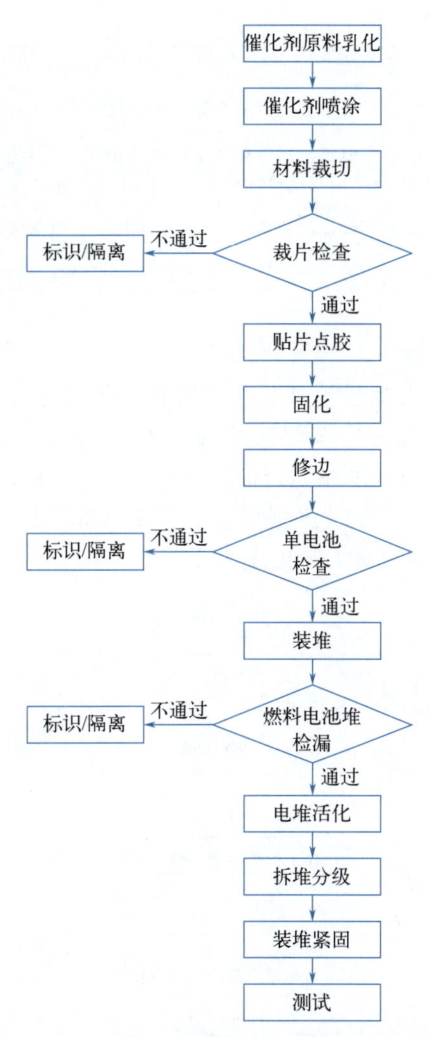

图 1-1-17 小功率质子交换膜燃料电池堆生产工艺流程

表 1-1-7 小功率质子交换膜燃料电池堆作业工序简介

工序编号	作业工序名称	作业工序简介
1	催化剂原材料乳化	把不同种类及比例的原材料进行高速乳化
2	催化剂喷涂	将催化剂按阴极面和阳极面通过超声波精密设备，喷涂在质子交换膜上面
3	材料裁切	把氢/氧碳布、膜电极按所需的规格尺寸在电脑的软件上画好图后，按作业指导书进行操作，精准裁切
4	裁片检查	将已裁切好的氢碳布、氧碳布、膜电极按标准进行检查并记录好检查数据
5	贴片点胶	把石墨板、氢碳布、氧碳布、膜电极用硅胶按作业指导书进行操作，形成单电池
6	固化	形成单电池后，硅胶需进行固化。固化时间：常温环境下 8～12h 后
7	修边	把单电池上多余的硅胶边角料按作业指导书修理干净
8	单电池检查	按检查标准进行检查，并记录好检查数据
9	装堆	把数片单电池通过压机按作业指导书装配成燃料电池堆
10	燃料电池堆检漏	对已经装配好的燃料电池堆进行气密检测

续表

工序编号	作业工序名称	作业工序简介
11	电堆活化	通过活化测试设备对单电池进行活化检测
12	拆堆分级	通过活化过程对性能优劣的单电池进行识别分级，按作业指导书进行操作，填写记录好相关作业数据
13	装堆紧固	把性能合格的单电池装配成燃料电池堆，通过螺栓紧固
14	出厂测试	出厂最终检测，确保产品质量合格

（二）小批量质子交换膜催化剂涂覆工艺

催化剂涂覆工艺流程在大批量标准化生产之前，通常采用的工艺流程如图 1-1-18 所示。拿到催化剂材料，按照配方要求配置原料，然后采用搅拌机在一定的转速下搅拌处理，同时准备好涂覆的原材料，采用超声波喷涂单侧（氢侧），干燥后，喷涂另一侧（氧侧），干燥后即完成了膜电极的催化剂喷涂。后续根据尺寸要求，裁切制作单电池。表 1-1-8 给出了小批量催化剂涂覆工艺工序简介。

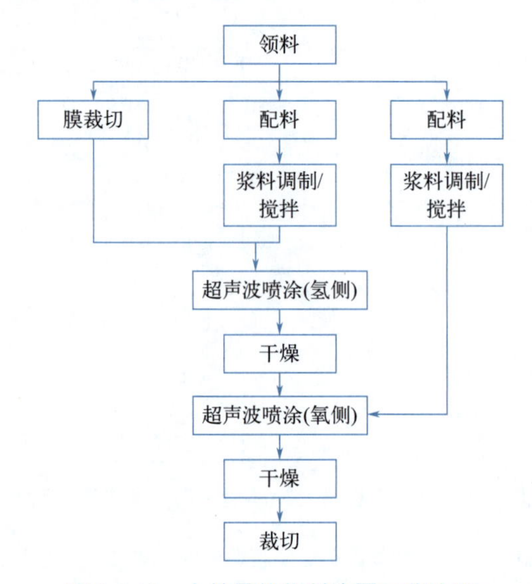

图 1-1-18　小批量催化剂涂覆工艺流程

表 1-1-8　小批量质子交换膜催化剂涂覆工序的工艺流程简介

工序编号	工序名称	作业工序简介
1	膜裁切	将待喷涂催化剂的质子交换膜裁切成需要的尺寸
2	领料 1	① 使用量筒量取全氟磺酸树脂溶液（离聚体浓度 5wt%）适量； ② 使用精密天平称取催化剂（Pt 载量 40wt%）适量
3	配料 1	① 先将全氟磺酸树脂溶液倒进烧杯中； ② 用一根玻璃棒沿同一方向轻轻搅拌，边搅拌边将低载铂催化剂（Pt 载量 40wt%）缓缓加入溶液中； ③ 继续搅拌直至目视均匀
4	浆料搅拌 1	① 将初步均匀混合的烧杯，放在高速剪切乳化搅拌机下，调整搅拌头（已提前清洁烘干）下端位于液面下约 50% 深度处； ② 以启动 2s、停止 5s 的点动方式，搅拌 5 min，使催化剂与溶液充分混合均匀，不得有透光不均或分层现象

续表

工序编号	工序名称	作业工序简介
5	超声波喷涂（氢侧）	① 将配制好的催化剂浆料装入注射器中，并安装到超声波喷涂机上； ② 按预定程序逐片喷涂，直至全部完成
6	干燥 1	放置数分钟自然晾干
7	领料 2	① 使用量筒按照要求量取全氟磺酸树脂溶液（离聚体浓度 5wt%）； ② 使用精密天平称取催化剂（Pt 载量 60wt%）
8	配料 2	① 先将全氟磺酸树脂溶液倒进烧杯中； ② 用一根玻璃棒沿同一方向轻轻搅拌，边搅拌边将高载铂催化剂（Pt 载量 60wt%）缓缓加入溶液中； ③ 继续搅拌直至目视均匀
9	浆料搅拌 2	① 将初步均匀混合的烧杯，放在高速剪切乳化搅拌机下，调整搅拌头（已提前清洁烘干）下端位于液面下约 50%深度处； ② 以启动 2s、停止 5s 的点动方式，搅拌 5 min，使催化剂与溶液充分混合均匀，不得有透光不均或分层现象
10	超声波喷涂（氧侧）	① 将配制好的催化剂浆料装入注射器中，并安装到超声波喷涂机上； ② 按预定程序逐片喷涂，直至全部完成
11	干燥 2	放置数分钟自然晾干

三、小功率风冷型质子交换膜燃料电池制作的原材料与设备

燃料电池的材料准备

（一）原材料

在燃料电池制作之前准备好所需要的原材料，主要包括质子交换膜基质、催化剂，或者直接用制作好的膜电极、碳纸等，如图 1-1-19～图 1-1-26 所示。

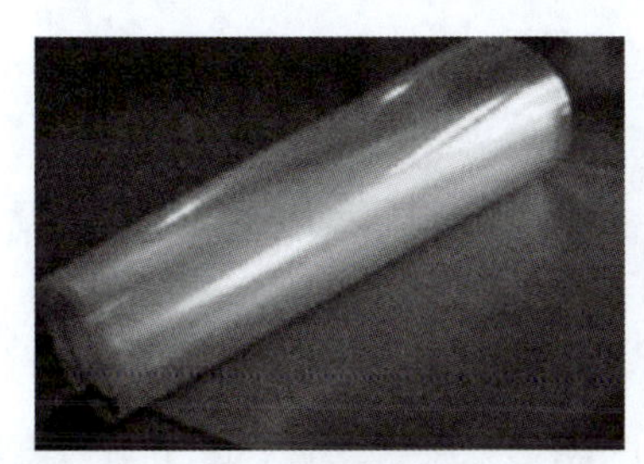
(a) 未涂催化剂

(b) 已涂催化剂

图 1-1-19 质子交换膜材料

图 1-1-20 膜电极组件实物

(a) 实物

(b) 微观形貌

图 1-1-21 碳纸实物

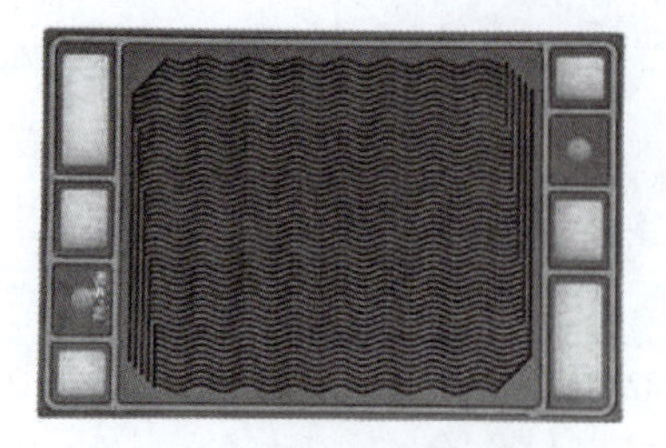
图 1-1-22　石墨双极板

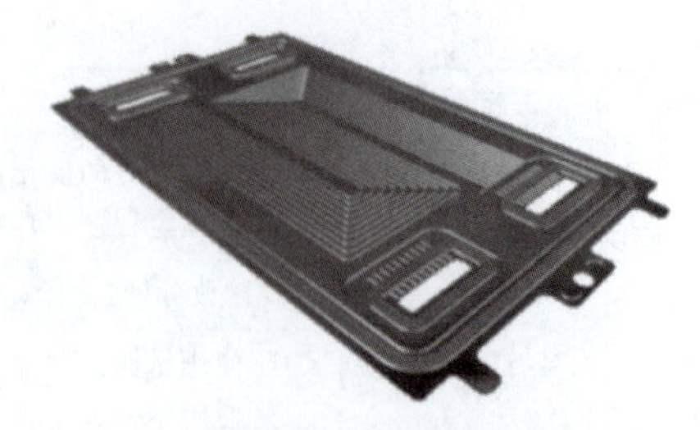
图 1-1-23　金属双极板

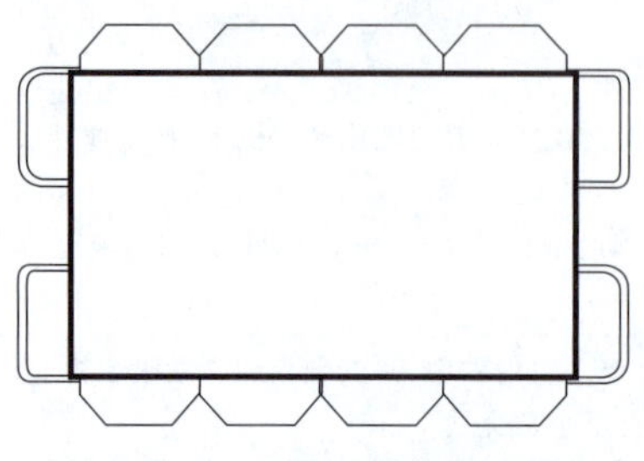
图 1-1-24　燃料电池密封圈

图 1-1-25　燃料电池氢气石墨板

图 1-1-26　空气板

（二）设备工具

制作燃料电池所需的设备和工具包括超声波喷涂机（图 1-1-27）、点胶机（图 1-1-28）、燃料电池装堆机（图 1-1-29、图 1-1-30）、燃料电池检漏仪（图 1-1-31）、燃料电池活化测试仪（图 1-1-32）。

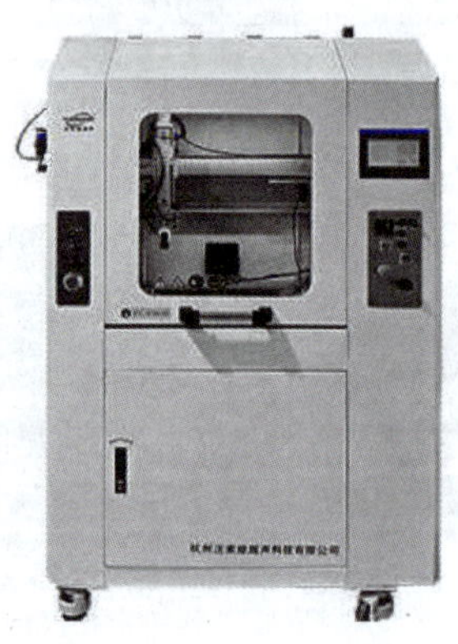
图 1-1-27　超声波喷涂机

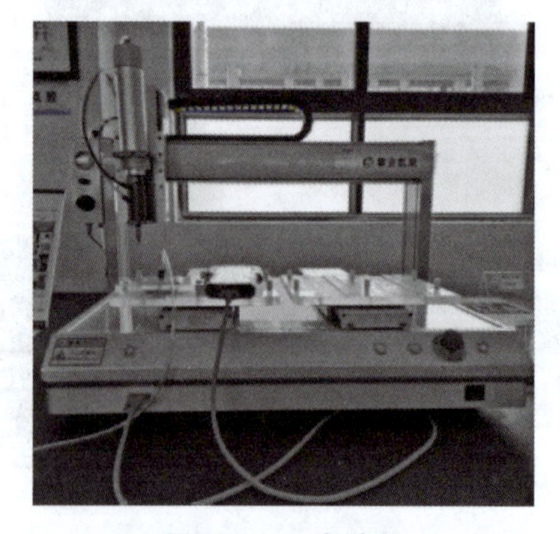
图 1-1-28　点胶机

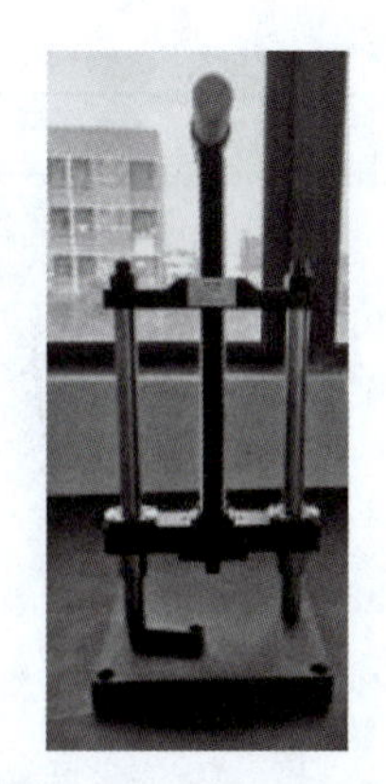

图 1-1-29 燃料电池手动装堆机

图 1-1-30 燃料电池半自动装堆机

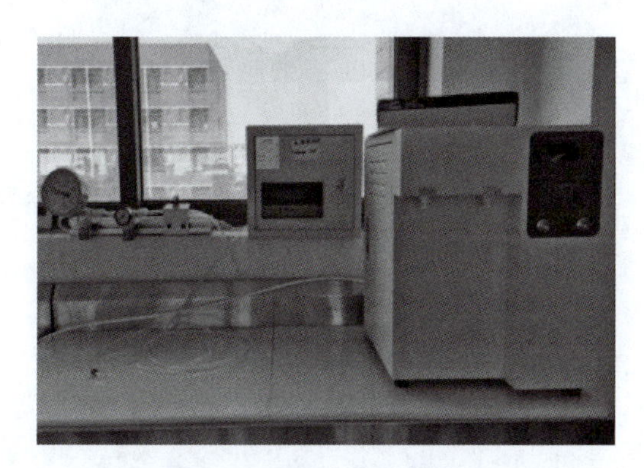

图 1-1-31 燃料电池检漏仪

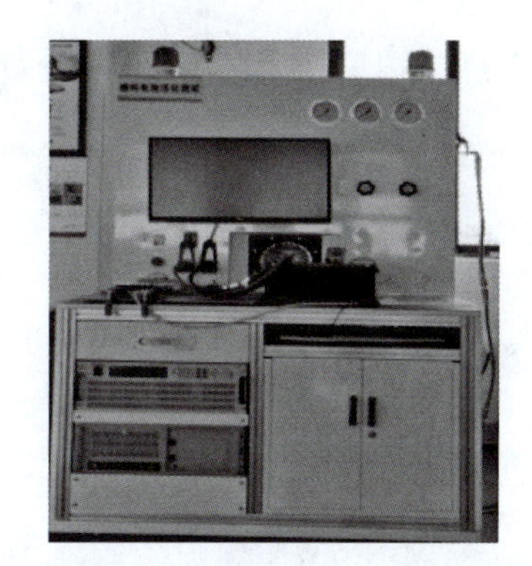

图 1-1-32 燃料电池活化测试仪

（三）200W 风冷型燃料电池原材料清单（表 1-1-9）

表 1-1-9 200W 风冷型燃料电池原材料及部件清单

序号	原材料名称	规格	数量	简图
1	端板		2 块	
2	双极板	60mm×74mm	29 块	
3	碳布	碳纤维布	氢碳布、氧碳布各 30 块	
4	质子交换膜		30 块	

续表

序号	原材料名称	规格	数量	简图
5	热缩管		4根	
6	M4十字圆头螺栓	M4×45	8个	
7	M4圆头螺母	M4	4个	
8	PU管	$\Phi 6$	2段	
9	M4标准螺母	M4	8个	
10	M5尼龙螺母	M5	2个	
11	M4十字沉头螺钉	M4×10	8个	
12	M4法兰螺母	M4	8个	
13	M4十字组合螺母	M4×10	10个	
14	O形圆垫	8×1.5mm	9个	
15	铜鼻子接头	4-6系列，接4平方线，螺丝孔内径6mm左右	2个	
16	绝缘衬套			

续表

序号	原材料名称	规格	数量	简图
17	电磁阀	T103U-FM，DC12V，0.7W	1个	
18	过线保护套	塑料材质	2个	
19	堵盖	1个过线保护套，1个堵盖；或者两个过线保护套	1个	
20	Φ4平垫	内径4.2mm 外径9.0mm	8个	
21	Φ4弹垫	内径4.2mm	8个	
22	插头	K型热电偶小插头	1个	
23	气口接头M5-4	螺纹直径4.84mm，插管4mm	1个	
24	气口接头M5-6	螺纹直径4.84mm，插管6mm	1个	
25	边板	黑色电木板材	2块	
26	尼龙垫片	内径8mm 外径12mm	1个	
27	风扇	PFC0612DE DC 12V，1.68A	2个	
28	正负极导电片	镀铜镀金	正、负极各1块	

续表

序号	原材料名称	规格	数量	简图
29	风扇板		1块	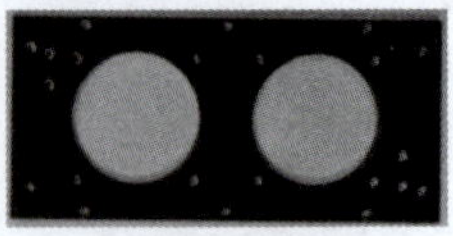
30	风扇防护网罩		2个	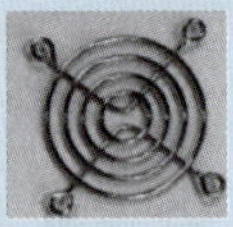
31	温度传感器		1根	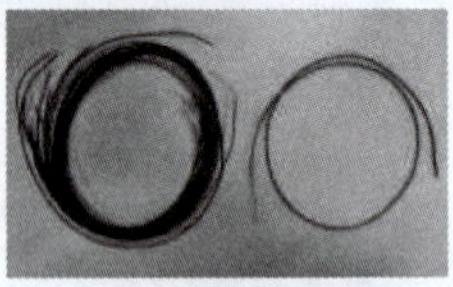
32	氢气石墨板	60mm×74mm	1块	
33	空气板	60mm×74mm	1块	
34	丝杠		4根	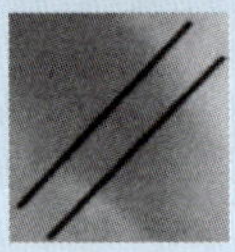

【任务评价】

完成学生工作手册中相应的任务评价单“1-1-2”。

任务二 风冷型质子交换膜燃料电池单电池生产

【任务目标】

1. 能独立检查和使用喷涂设备、裁切设备、点胶设备；
2. 能独立完成小功率质子交换膜燃料电池单电池的制作；
3. 能独立完成催化剂喷涂工艺；
4. 能独立完成原材料的裁切；
5. 能独立完成点胶工艺。

【任务单】

任务单

一、回答问题

1. 小功率质子交换膜燃料电池单电池包含哪些部件？
2. 小功率质子交换膜燃料电池单电池的制作工艺过程包括哪些工序？
3. 哪些原材料需要裁切？
4. 点胶的作用是什么？

二、依次完成6个子任务

序号	子任务	是否完成
1	领取原材料	是□ 否□
2	准备膜电极	是□ 否□
3	裁切原材料	是□ 否□
4	完成贴片点胶固化	是□ 否□
5	修边	是□ 否□
6	结果总结与分析	是□ 否□

【任务实施】

1. 领取原材料

根据设计方案和材料清单，领取制作单电池的原材料，并记录和确认。

2. 准备膜电极

领取质子交换膜的原材料，采用喷涂工艺，涂覆催化剂。

3. 裁切原材料

按照设计方案，将原材料依次裁切成需要的尺寸、形状。

4. 完成贴片点胶固化

按照设计方案，将裁切好的原材料贴片、点胶、固化。

5. 修边

将固化后的电池单元修边。

6. 结果总结与分析

总结小功率质子交换膜燃料电池单电池制作过程，撰写工艺流程文档、PPT，分小组汇报。

完成学生工作手册中相应的记录单“1-2-1”。

【安全生产】

（1）电脑：撰写任务方案。

（2）网络：线上调研搜索工具。

（3）笔、表格：记录工具。

（4）原材料。

（5）设备工具。

（6）安全生产素养。

❶ 遵守设备用电安全规范，人人讲安全，个个会应急；

❷ 提高工艺过程精确度，精益求精，反复琢磨。

【任务资讯】

★本节重点，目的是在实际应用时，能够制作小功率燃料电池单电池，为优化工艺做准备。

一、单电池制备操作流程

燃料电池单电池的结构如图 1-2-1 所示。质子交换膜的左右两侧分别涂覆阳极催化剂、阴极催化剂。根据具体工艺需要可以自行涂覆，也可以采购涂覆好催化剂的质子交换膜材料。

单电池制备操作流程是从制备好各种原材料（如涂了催化剂的质子交换膜、碳纸、密封圈、双极板等），到各个班组根据设计方案领取原材料，再到制作燃料电池单元的过程。图 1-2-2 给出了燃料电池单元生产的工艺流程。每个工序过程中如发现不合格品，挑出并标识处理。

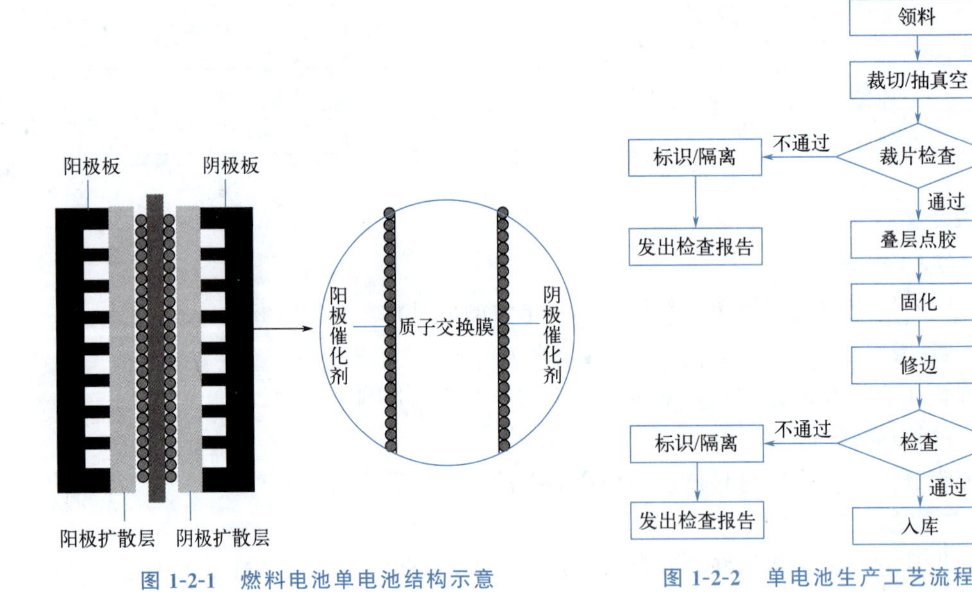

图 1-2-1 燃料电池单电池结构示意

图 1-2-2 单电池生产工艺流程

（一）准备工作

❶ 使用防具：无尘服、无尘帽、手套、指套，如图 1-2-3～图 1-2-6 所示。

❷ 使用工具：毛刷、刀片、无尘布等，如图 1-2-7～图 1-2-9 所示。

图 1-2-3 无尘服

图 1-2-4 无尘帽

图 1-2-5 手套

图 1-2-6 指套

图 1-2-7 毛刷

图 1-2-8 刀片

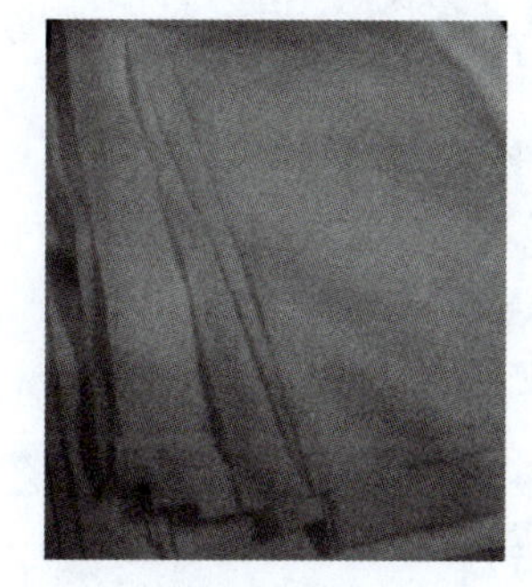
图 1-2-9 无尘布

❸ 使用设备：裁切机、四轴点胶机。

（二）单电池制作工艺步骤

1. 领料

按照材料清单，领取质子交换膜、碳布、双极板等。

2. 裁切

将原材料按照设计要求裁切成所需的尺寸。

❶ 核准双极板的尺寸，区分空气流道、氢气流道。

❷ 氢碳布切成的尺寸：长度等于双极板氢气流道的长度，宽度不超过密封槽位置，并稍窄一些。

❸ 质子交换膜切成的尺寸：长度与氢碳布等长，宽度与双极板等宽。

❹ 氧碳布切成的尺寸：长度与空气流道等长，宽度以刚好能盖住全部空气流道即可。

3. 叠层点胶

❶ 将双极板氢气流道面向上放入点胶机平台治具的凹槽卡位处，轻轻摇晃使其充分滑入并定位，定位良好的双极板在定位槽中晃动极小，如晃动大说明双极板与治具不匹配。

❷ 在双极板上面叠放氢碳布，光滑面（上浆面）向上，让粗糙面与双极板流道接触，小心摆放在正中间，不要遮挡密封胶槽任何部分。

❸ 第一次点胶，硅胶线条沿双极板氢气侧大圈密封胶道，不要将胶过多涂到碳布的面上。

❹ 在上面叠放质子交换膜，尽量摆放在正中（目视居中即可）。

❺ 继续叠放氧碳布，注意氧碳布长边与双极板短边平行，光滑面（上浆面）向下，尽量排放正中（目视居中即可）。

❻ 第二次点胶，注意需更改路径文件。

❼ 放置离型膜。盖上离型膜，注意将离型膜粗糙面与胶接触，不要按压以免胶不均匀塌陷，然后轻轻盖上盖玻片，轻轻按压使胶均匀布满胶槽。

❽ 用钢尺轻轻撬起电池，两个手指拿住电池中间使未固化胶受力均匀以免厚薄不均，从点胶机上小心拿下，放在一个平台上准备固化。

4. 固化

从点胶机上拿下，放在玻璃板中间，上面叠放玻璃板，压上重物（25～30kg 为宜）压实定型，保证受力均匀和平整，固化 8h；

若放置多个/多层燃料电池单元，放满一层后盖上一块大玻璃，继续放置下一层，总层数以 10 层以内为宜。

5. 修边

取出固化好的单电池，用刀片修剪多余的胶，保证边缘平整。

6. 检查

合格则燃料电池单元制作完成，不合格则返工。

（三）200W 单电池制作工艺过程

1. 领料

按照制作 200W 燃料电池单元的材料清单，领取质子交换膜、碳布、双极板等。

2. 裁切

❶ 核准双极板的尺寸，区分空气流道、氢气流道。此处采用 74mm×60mm 高密度石墨双极板（图 1-2-10）；200W 电堆需要 30 片单电池叠加，其中普通双极板 29 片，氢气双极板 1 片（空气面氢气主流道为圆孔，便于用密封圈与集流板贴合实现氢气密封）。

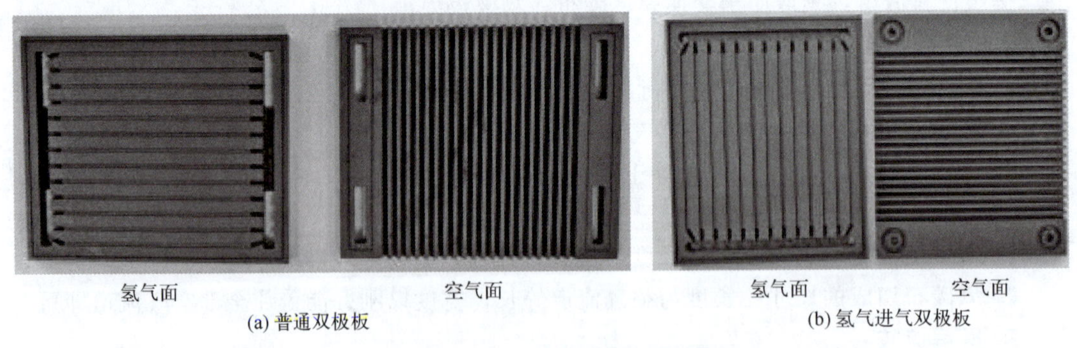

氢气面　空气面

(a) 普通双极板

氢气面　空气面

(b) 氢气进气双极板

图 1-2-10　74mm×60mm 高密度石墨双极板

用高密度石墨经 CNC 加工得到的双极板，左侧为氢气面，右侧为空气面，两面均采用镜像对称设计。在单电池叠加成电堆时，多片双极板两端的通孔分别共同组成了氢气进气和排气主流道，进排气方位由电堆设计方案决定。进气主流道中的氢气在流经每一片双极板时，逐渐分流进入子流道参与电极反应，多余氢气最终到达排气侧主流道。空气则通过贯穿极板的子流道直接进出，不设单独的空气主流道。

❷ 氢碳布（图 1-2-11）切成的尺寸：长度等于双极板氢气流道的长度，宽度不超过密封槽位置并稍窄一些，参考尺寸 60.2mm×56mm。

图 1-2-11 氢碳布

图 1-2-12 质子交换膜

❸ 质子交换膜（图 1-2-12）切成的尺寸：长度与氢碳布等长，宽度与双极板等宽，参考尺寸 60.2mm×60.2mm。

❹ 氧碳布（图 1-2-13）切成的尺寸：长度与空气流道等长，宽度以刚好能盖住全部空气流道即可，参考尺寸 53mm×60.2mm。

图 1-2-13 氧碳布

3. 叠层点胶

❶ 将双极板氢气流道面向上放入点胶机平台治具的凹槽卡位处，轻轻摇晃使双极板充分滑入并定位于槽中，如图 1-2-14 所示。定位良好的双极板在定位槽中晃动极小，如晃动大说明双极板与治具不匹配。

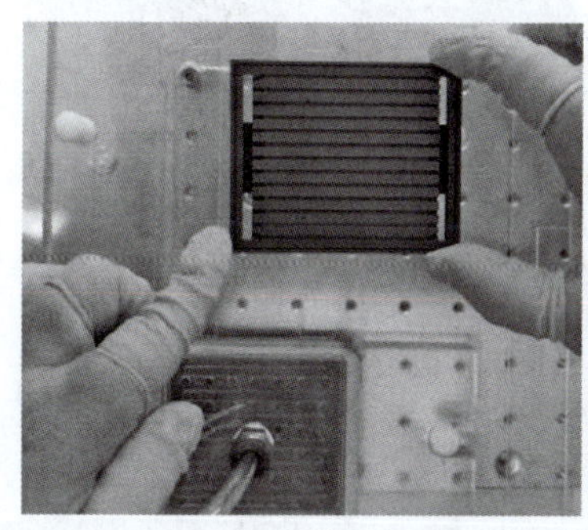

图 1-2-14 放置双极板

❷ 在双极板上面叠放氢碳布（图 1-2-15），氢碳布长边与双极板长边平行，光滑面（上浆面）向上，让粗糙面与双极板流道接触，小心摆放在正中间，不要遮挡密封胶槽任何部分。

❸ 第一次点胶（图 1-2-16），使硅胶线条沿双极板氢气侧大圈密封胶道，不要将胶过多地涂到碳布的面上。涂胶必须均匀连贯无气泡，确保密封效果。

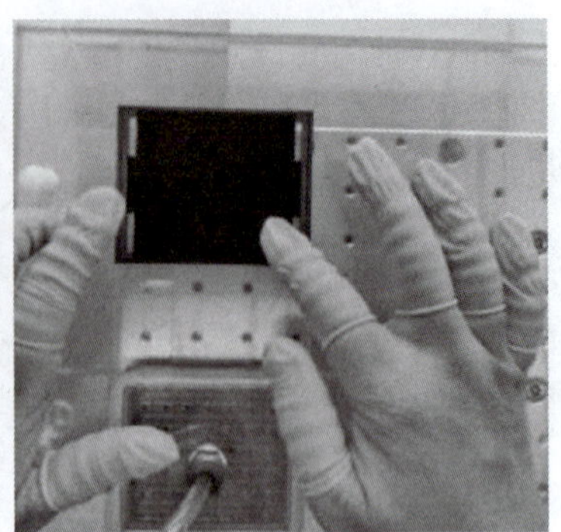

图 1-2-15 放置氢碳布

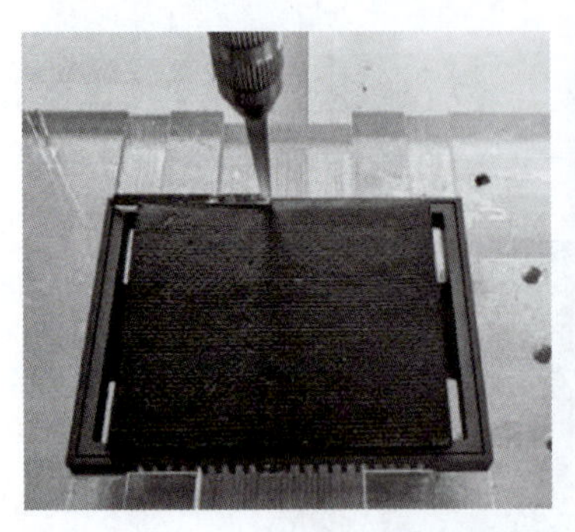

图 1-2-16 第一次点胶

❹ 用真空吸盘吸起质子交换膜（氧气面接触吸盘）[图 1-2-17(a)]。慢慢移动使质子膜位于吸盘正中（目视居中即可）[图 1-2-17(b)]。保持吸附状态，将吸盘翻转，借助定位销将吸盘轻轻扣在电池上，不用按压让其自然下落。破除真空，提起吸盘，质子交换膜即可准确组装到电池上，如图 1-2-18 所示。

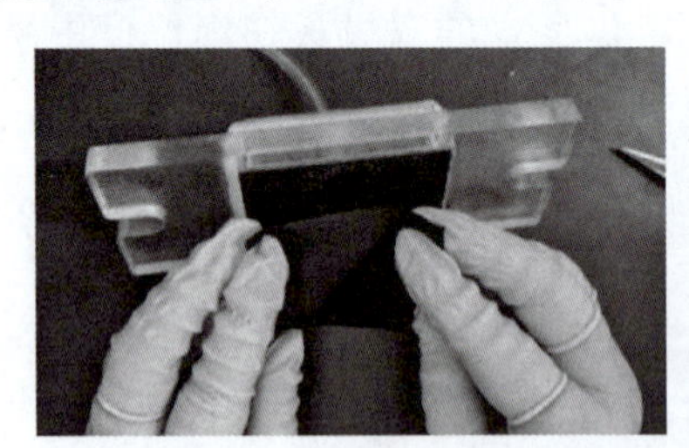
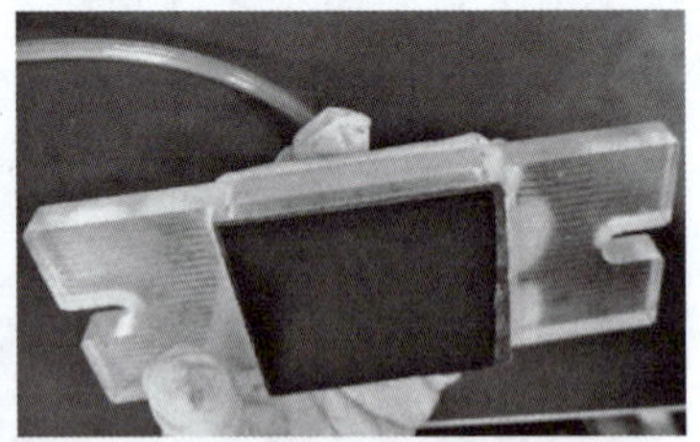

图 1-2-17 真空吸盘吸起质子交换膜

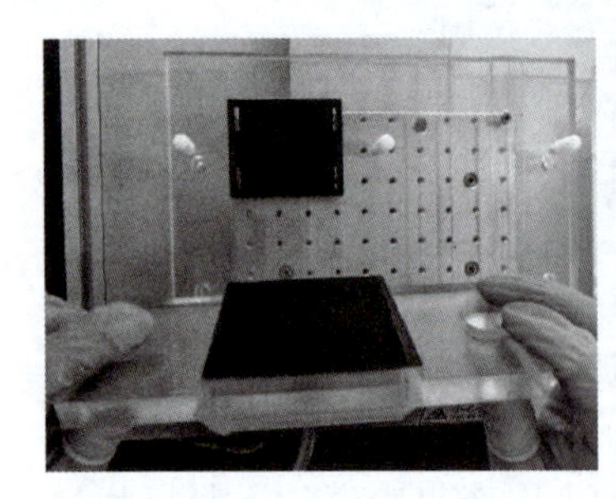
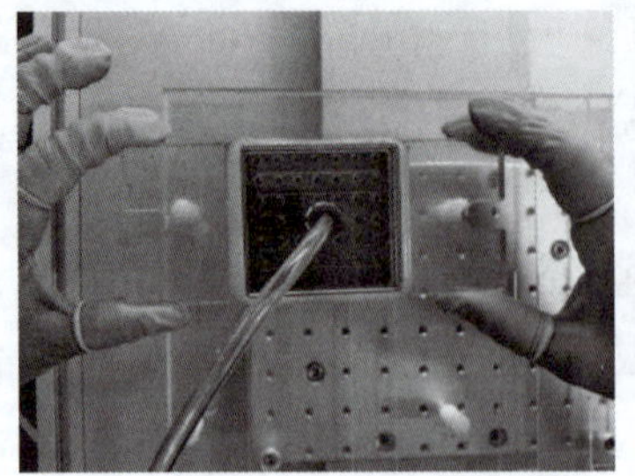
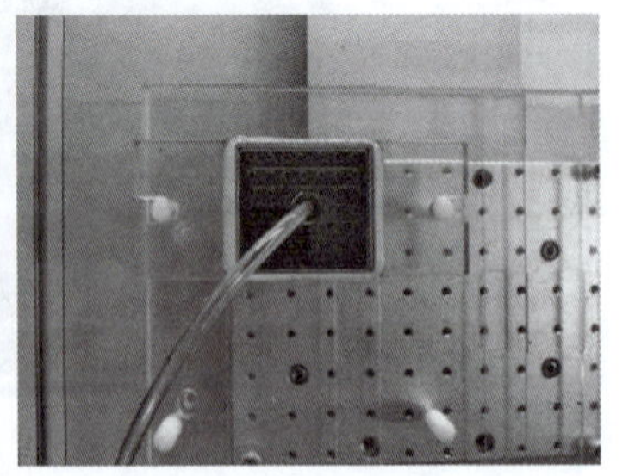

图 1-2-18 质子交换膜组装到电池上

❺ 继续叠放氧碳布（图 1-2-19），注意氧碳布长边与双极板短边平行，光滑面（上浆面）向下，尽量摆放于正中（目视居中即可）。

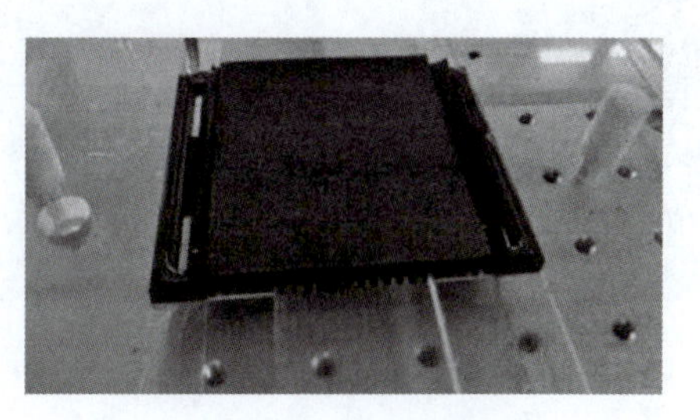

图 1-2-19 叠放氧碳布

❻ 第二次点胶（图 1-2-20），注意需更改路径文件，沿双极板两侧氢气流道形成密封环，重叠部分涂在质子交换膜上方，不可堵塞氢气或空气子流道入口。

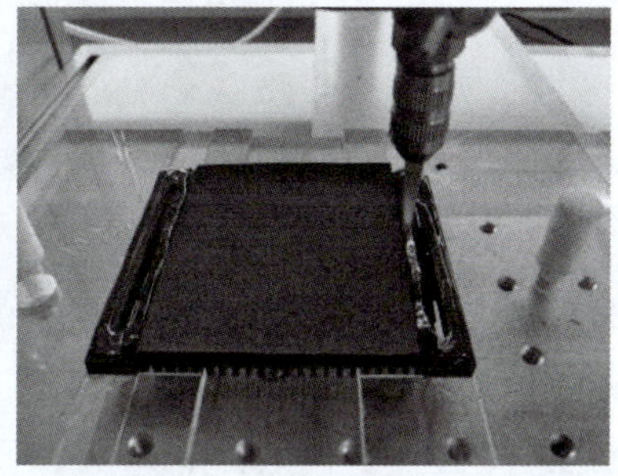

图 1-2-20 第二次点胶

❼ 盖上离型膜（图 1-2-21），注意将离型膜磨砂面与胶接触，不要按压，以免胶不均匀塌陷。

图 1-2-21 盖离型膜

❽ 盖上盖玻片（图 1-2-22），轻轻按压，使胶均匀布满胶槽。用钢尺轻轻撬起电池，两个手指拿住电池中间，使未固化胶受力均匀以免厚薄不均。从点胶机上将其小心拿下，放在一块置于坚固水平平台的大玻璃上准备固化。

4. 固化

放满一层（约 10 片单电池，如数量较少也可，需均匀分布）后盖上一块大玻璃，继续放下一层，总层数以 10 层以内为宜。最后最上层玻璃中央压上重物（25～30kg 为宜），压实定型，保证受力均匀和平整，固化 8h，如图 1-2-23 所示。

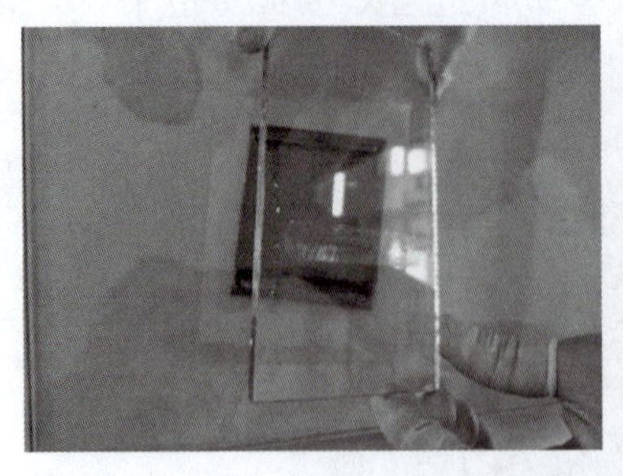
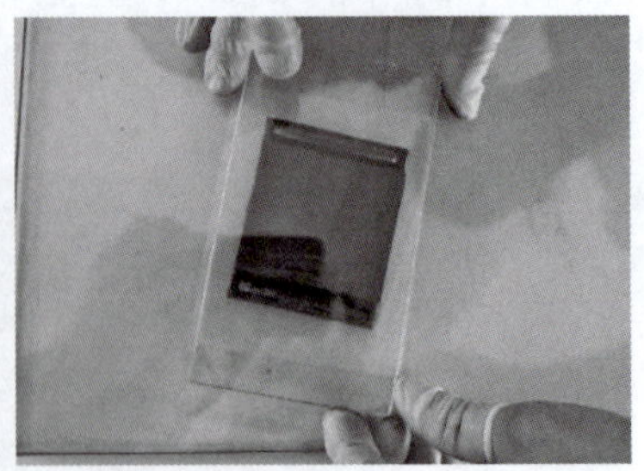

图 1-2-22　盖上盖玻片

图 1-2-23　固化

5. 修边

取出固化好的单电池，用刀片修剪多余的胶，保证边缘平整，如图 1-2-24 所示。

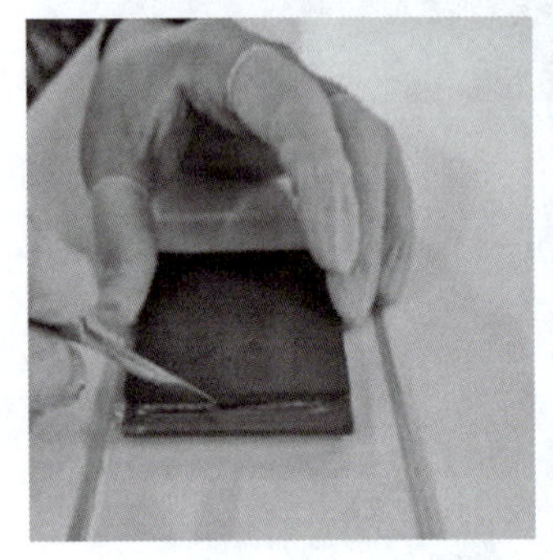
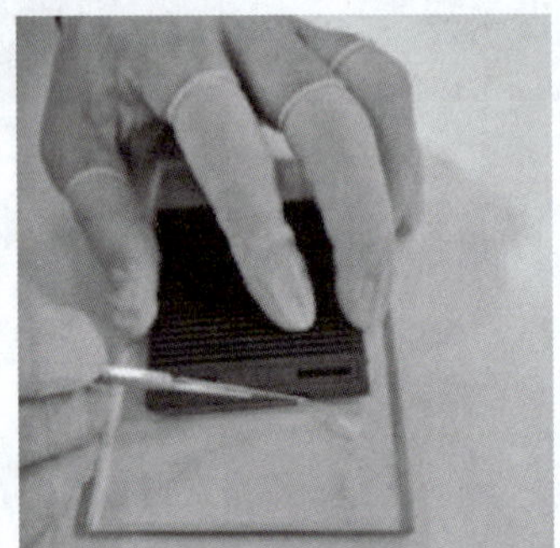

图 1-2-24　修边

6. 检查

检查合格（图 1-2-25）则燃料电池单元制作完成，不合格（图 1-2-26）则返工。

图 1-2-25　成品燃料电池单元（合格）

(a) PEM未放正　　(b) 氧碳布不平整

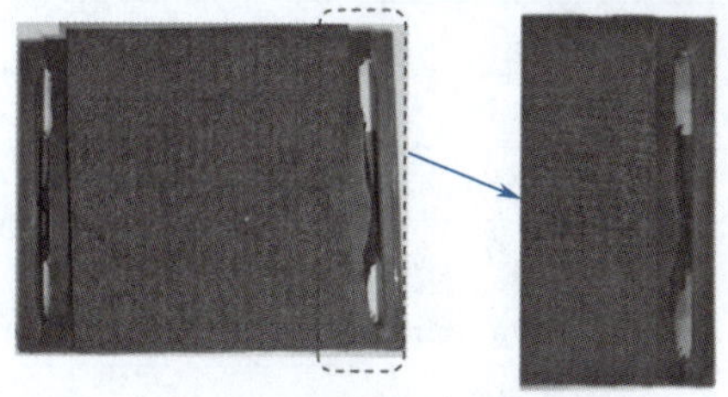

(c) 胶不饱满（氢气可能泄漏）

图 1-2-26　不合格品

二、超声波喷涂催化剂操作流程

（一）超声波精密喷涂仪

1. 设备简介

超声波精密喷涂仪应用于各类低黏材料的精细涂覆，利用步进电机进行精准供液，材料利用率高，适用于高等院校及有关科学研究机构的材料研发与小批量生产。

以 JP200 型喷涂仪（图 1-2-27）为例，其采用桌面式设计，整合了精密运动控制模块、超声喷雾模块、注射泵、真空加热平台等部件，运动轨迹由智能主板控制。

最大喷涂区域可达 210mm×210mm，同时配备了可进行精细加工的真空加热吸附平台，平台温度的可控范围为常温到 150℃。图 1-2-28 为超声喷涂制备的燃料电池 CCM 实物。

图 1-2-27　超声波精密喷涂仪

图 1-2-28　超声喷涂制备的燃料电池 CCM

2. 设备结构

超声波精密喷涂仪的运转机构采用框架结构，可在 X/Y/Z 三个方向上运动，被喷涂的产品被吸附在真空加热平台上。配好的浆料被定量送到喷头处，在喷嘴处经过超声振荡雾化后分散成细小颗粒，并在高速气流的作用下被均匀喷涂在产品表面。

喷涂仪主要由喷涂轨迹控制模块、超声喷雾模块、进料（注射泵）模块、真空加热模块、真空泵等组成。各模块的具体参数详见表 1-2-1。

表 1-2-1 设备模块参数表

模块名称	项目	值	备注
喷涂轨迹控制	运动轴	3 轴	X,Y,Z
	喷涂最大面积	210mm×210mm	有效面积
	喷涂尺寸精度	<0.1mm	
	运动最大速度	9m/min	可实时调整
	控制软件	SLT-CCM	支持 Solidworks、CAD 通用格式
超声喷雾系统	超声控制器最大功率	15W	
	喷雾流量	0.2～5mL/min	
	喷涂直径	15～30mm	具体与喷嘴高度、进料速度有关
	最大液体黏度	50cps	
	悬浮颗粒大小	<20μm	
	悬浮液固体含量	<30%	
	喷嘴材质	钛合金	耐腐蚀、可拆卸/替换
	导流气压(电子压力显示器)	0.01～0.1MPa 最大不能超过 0.2MPa	根据浆料流量和黏度自行调节
	环境温度/℃	−20～100	
	喷嘴高度调节	5～20mm	
进料系统(注射泵)	管路内径	1mm	最大程度地节约浆料
	管路材质	聚四氟乙烯管	高透明,方便观察浆料
	接头材质	316L 不锈钢	耐腐蚀
	流量设定范围	0.01～5mL/min	
	流量设定精度	≤±1.5%	
	最大喷涂量(每次)	50mL	0～50mL 可调
真空加热吸台	加热控温范围	室温～150℃	有温度保护,防止过度升温
	真空吸盘材质	铝合金	
	真空吸盘尺寸	265mm×265mm	
	水平调节功能	有	可手动调节
真空泵	供电电源	220V,50Hz	需外接电源
	额定功率	160W	
	抽气速度	20L/min	
	极限压力	≥0.08MPa	相当于 200mbar
	噪声	<50dB	

3. 设备进料系统（注射泵）操作

进料系统推荐选择规格 50mL 的标准注射器（内径 28mm）使用。同时用户也可根据自己配制催化剂浆料的总量来选择合适的注射器。

（1）更换注射器规格　如需更换注射器规格，请参照如下步骤操作。

❶ 摁住注射泵顶部滑块，同时提起弹片，将注射器放置好（图 1-2-29）。

图 1-2-29　安装注射器

图 1-2-30　注射泵控制操作界面

❷ 通过“CHANGE”按键，将界面调到“注射器”，选择正确的注射器容量（10mL/20mL/30mL/50mL），设置完成。

（2）注射泵控制操作　注射泵的操作按照界面指示（图 1-2-30）操作即可。

❶ 按键说明（表 1-2-2）。

表 1-2-2　按键说明

按键	功能	按键	功能
CHANGE	切换界面		手动推进和后退注射器进度
	返回上一级或取消选择		确认或切换功能
	控制注射泵启动和暂停		用于灌注量、注射器、流量等的参数设置

❷ 显示器面板说明（表 1-2-3）。

表 1-2-3　显示器面板说明

按键	功能	按键	功能
	（1）“灌注量”：目标喷涂总量（不可修改）； （2）“进度”：目前喷涂完成的进度； （3）“速度”：喷涂速度		（1）“注射器”：选用注射器的型号； （2）“模式”：有灌注和抽取两种模式； （3）“上电运行”：通电/停止； （4）“流量校准”：用于校正注射泵流量
	（1）“灌注量”：设置目标喷涂总量； （2）“流量”：一定时间内喷涂的量（流量设置 0.4～85mL/min，单位：mL/min、mL/h、μm/min）； （3）“时间”：根据灌注量和流量计算得出的喷涂需要的时间		（1）“外控”：电信号为脉冲，可以通过喷涂仪上的“液泵启停”控制； （2）“通信”（图中为“通讯”）：与外界设备连接

❸ 参数设置。点击“CHANGE”按键，界面切换到【注射器】界面，根据所用注射器型号选择注射器参数，【模式】选择灌注，【上电运行】选择停止，【灌注量】【流量】根据喷涂目标设置，【外控】选择脉冲，【通信】关闭。

4. G码设备软件使用

(1) 软件说明　XN-CCM软件用于生成控制喷头运动的G码(.Gcode格式)，建议导入.stl格式的文件(可用Soildworks、CAD等软件生成)。

(2) 软件安装

❶ 打开“SLT15.04”文件夹，将文件夹中的cura1创建桌面快捷方式，见图1-2-31。

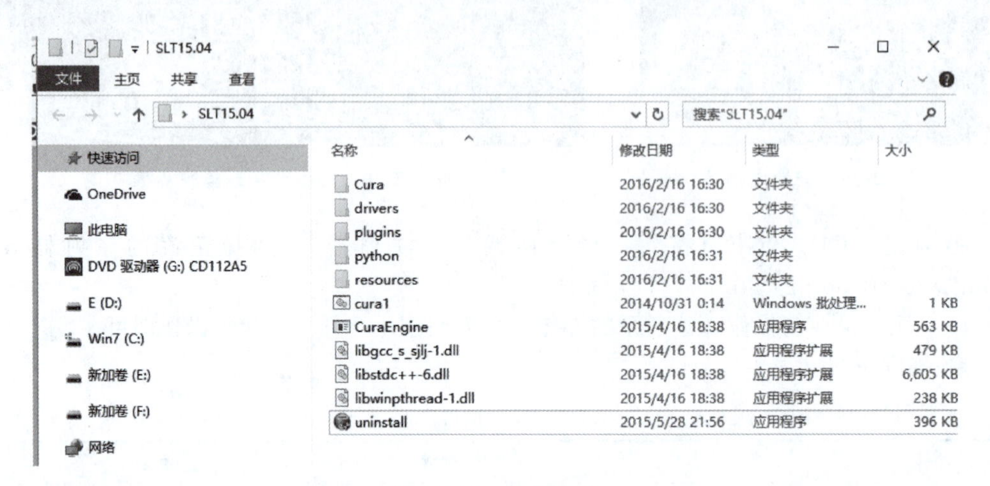

图1-2-31　软件安装

❷ 修改桌面快捷方式的图标，右击图标选择属性(图1-2-32)，单击更改图标出现如图1-2-33所示的界面，单击浏览，找到SD卡中的snulaite _ 15.04/resources中的 S.ico 图标，单击确定。

图1-2-32　属性界面

图1-2-33　更改图标界面

(3) 软件设定参数

❶ 设置喷涂厚度，以确定喷涂遍数；

❷ 设定喷涂速度（本软件有预估喷涂时间的功能）；

❸ 其他参数建议不要随意修改。

（4）生成 G 码

❶ 修改参数的同时，即可生成 G 码，如果图形复杂，则需要等待片刻；

❷ 保存到 SD 卡即可。

5. 设备常见故障与处理

（1）常见故障现象及处理方法（表 1-2-4）

表 1-2-4 设备常见故障现象及处理方法

序号	现象	
1	无法开机	•检查电源线电源是否正常连接 •检查电源插板是否通电 •检查是否正确连接输出正负极 •检查控制器后部的保险管是否烧坏
2	开机后喷头不雾化	•如没有任何液体流出，检查供液系统 •如没有任何液体流出，供液系统正常，检查喷头是否有管道堵塞 •如有液体流出，喷头有积液且抖动，确认液体黏度过大而不能雾化 •如有液体流出，确认液体能雾化，检查喷头是否有积液且抖动 •如有液体流出，抖动积液后仍不能雾化，检查供液系统流量是否过大
3	开机后喷头雾化质量不佳	•刚开始就出现不连续雾化，应检验供液量是否过小(一般大于 0.1mL/min) •开始能正常雾化，但连续工作时间达 30min 以上后，出现非连续雾化，应检查喷头温度 •如喷头静止状态工作正常，随机械手移动时出现抖动，应检查输液管是否过长或没有固定 •如喷头启动压缩气体后，雾化场不稳定，应检查气压的稳定性或压力大小(不能过大，正常在 0.01～0.05MPa)
4	雾化气场质量判断	•雾化气场不能观察，可用小手电或激光笔检查 •理想状态的雾化气场为均匀无抖动的圆锥形气场

（2）注意事项

❶ 本机采用主动散热设计，压缩空气是直接冷却机芯后再做导气用的。因此，喷头的进、出气口绝对不能进液体，更不能泡水。如果不小心导致液体进入，须通气吹干后再使用。

❷ 喷涂完毕，须立即使用无水乙醇或纯净水注入导液管并流经喷头，以防堵塞，并备下次使用。如发现堵塞，请打开进液口卡套接头，使用“疏通细针”进行疏通。

❸ 喷头不能长时间处于高功率工作状态，会导致喷头温度过高。如手摸喷头表面烫手或超过 50℃，应立即停止工作。待喷头冷却后，再启动，并调为较低挡位，降低输入功率，或加大压缩空气的进气量，快速散热。

❹ 若喷头雾化口发生液珠堆积，会造成雾化中止。在关闭超声波电源的情况下关闭供液装置，用软净布或纸巾将液珠擦净，然后重新开启即可。一般情况下，喷头的输出功率不可设置得过低或供液流量过大，否则会造成喷头表面大液滴不能雾化的现象。

❺ 请将控制系统放置于干燥通风处，机器后部距离遮挡物大于 30mm，以便散热。出现工作异常时请与售后工作人员联系。切勿随便开盖，以免造成危险。

❻ 控制系统机箱的电源保护地线必须保证良好接地，以免发生意外触电。

（3）常见故障与处理（表 1-2-5）

表 1-2-5 常见故障与处理

问题	原因	处理方法
回原点不正常	• 传感器位置不正确，检测不到信号 • 传感器线头脱落 • 整流板保险丝被烧断 • 驱动器烧毁 • 参数设置中的点-点运行速度太小	• 调整位置使其能感应到信号 • 重新接上 • 联系厂商，更换保险丝 • 联系厂商，更换驱动器 • 重新设定
不出料	• 喷嘴堵塞 • 程序中喷涂时间设定不正确	• 更换新喷嘴 • 重新设定喷涂时间
电机不转	• 程序设定不正确 • 电机线脱落 • 电机空开被关闭 • 电机发烫严重	• 修改程序 • 重新接线 • 打开电机空气开关 • 关闭电源，联系厂商
位置偏移	• 对位不准确 • 程序设定不正确	• 重新对位 • 修改程序
电火花放电	• 喷头距离加热板距离太小 • 周围有导体靠近喷头	• 上下调整喷头到合适距离 • 喷头工作时，人员或导体请勿接近喷头
其他	• 不明原因，无法正常工作	• 联系厂商

6. 设备维护保养

❶ 严禁往机器的缝隙间乱塞东西；

❷ 设备使用后，务必清理机器，确保设备整洁；

❸ 每个月定时给直线导轨加润滑油或锂基润滑脂；

❹ 喷嘴每次用完后及时清洗和保养，预防浆料堵塞等现象；

❺ 每次使用之后，确认喷头已回到设备原点位置，防止下次开机时的误操作；

❻ 设备长时间停用时应当拔下电源，有益于机器寿命的延长与节能。

（二）催化剂喷涂工艺

1. 喷涂前的准备工作

❶ 将喷涂仪喷头处固定在移动架上（图 1-2-34），接好气管 1、进料管 2 和高频线 3、红外线定位激光 4。

❷ 按图 1-2-35 接好气管路，1 外接气管（空气/氧气），2 接真空泵。不能错连或者漏连。

图 1-2-34 固定喷涂仪的喷头

1—气管；2—进料管；3—高频线；4—红外线定位激光

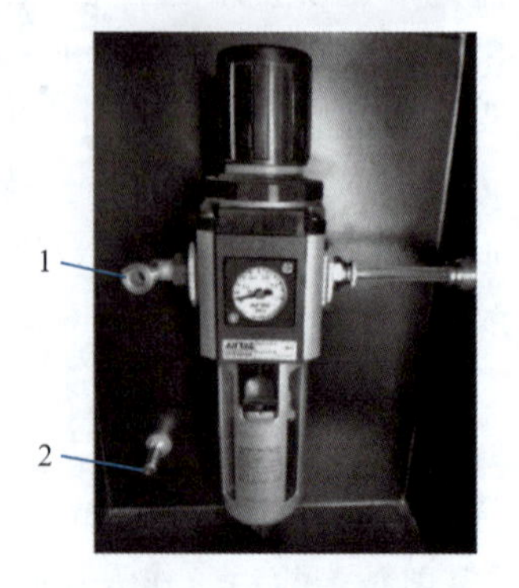

图 1-2-35 接好气管路

1—气管；2—真空泵

❸ 软件操作：

a. 生成G码，拷入SD卡；

b. 将装有G码的SD卡插入SD卡槽中；轻按一下，SD卡会卡在槽中；

c. 将设置好的喷涂参数拷入U盘，将U盘插入USB槽中（图1-2-36）。

图1-2-36　SD卡槽和USB槽

❹ 喷涂仪开机调试步骤如下：

a. 连接电源线，依次打开电源开关（图1-2-37）。

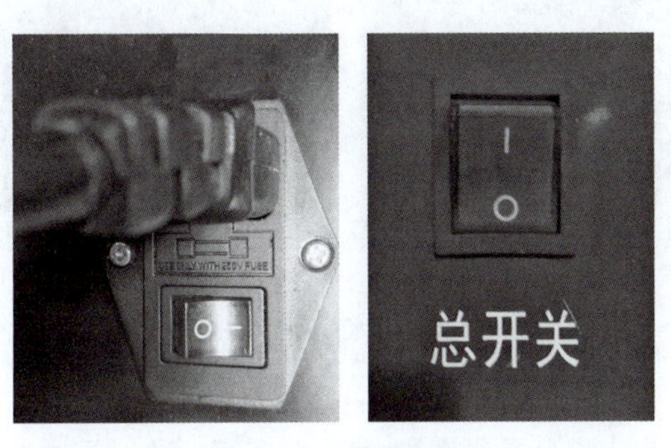

图1-2-37　电源开关

b. 准备好浆料、安装进料系统并完成注射泵参数设置。

c. 打开“液泵启停”“雾化启停”（图1-2-38），利用“导气调压”和“雾化强度”调试喷雾效果。

d. 同时可根据喷雾效果进一步调节喷头与平台之间的距离。

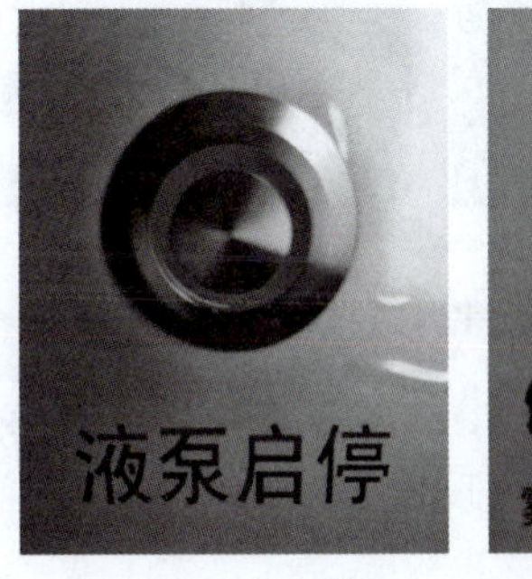

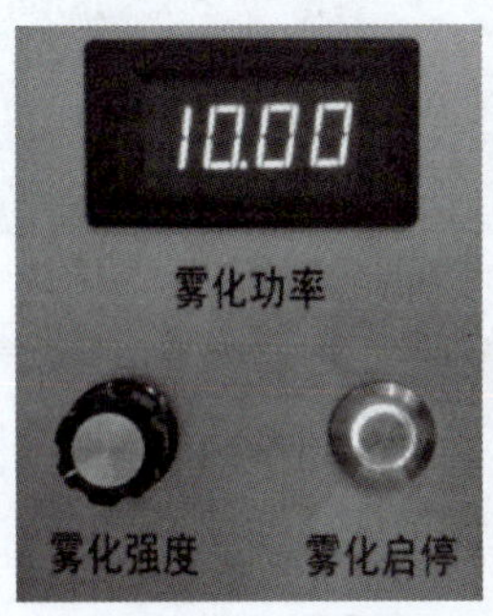

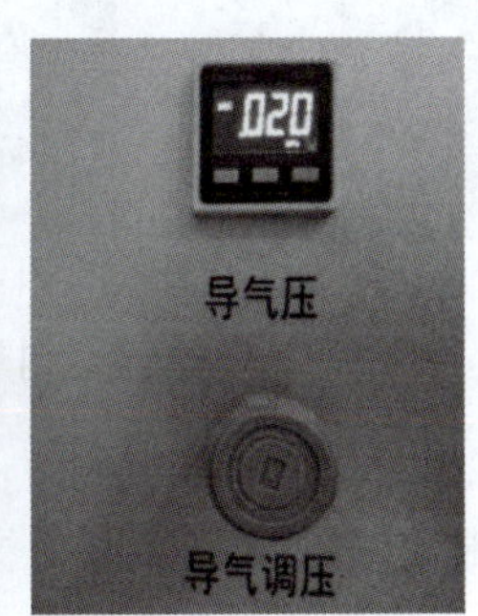

图1-2-38　液泵启停和雾化启停按键

e. 真空吸附平台调平。点击“设置”[图1-2-39(a)]，进入下一界面[图1-2-39(b)]，点击“调平”，进入下一界面[图1-2-39(c)]，点击“→”，根据提示进行平台调节。

f. 红外线激光调节：首先将加热平台高度下降，点击“移动回零”[图1-2-40(a)]，进入下一界面，选择“10mm”点击“+Z”若干次（$Z \leqslant 150$mm）[图1-2-40(b)]。调节红外线激光与两坐标轴垂直即可[喷头在原点时，红外线激光的坐标应该为（75mm，75mm）]。

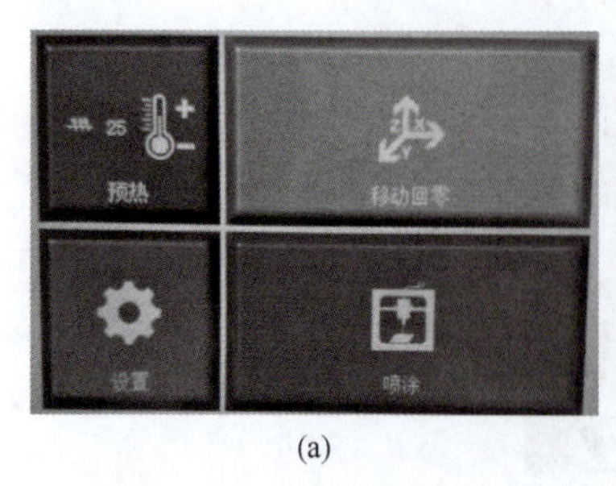

(a)

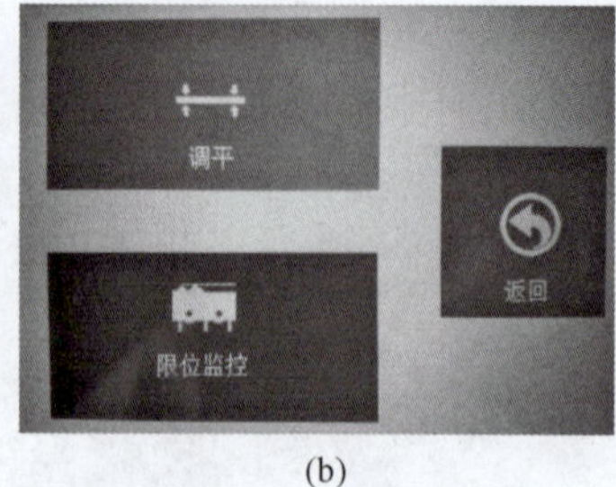

(b)

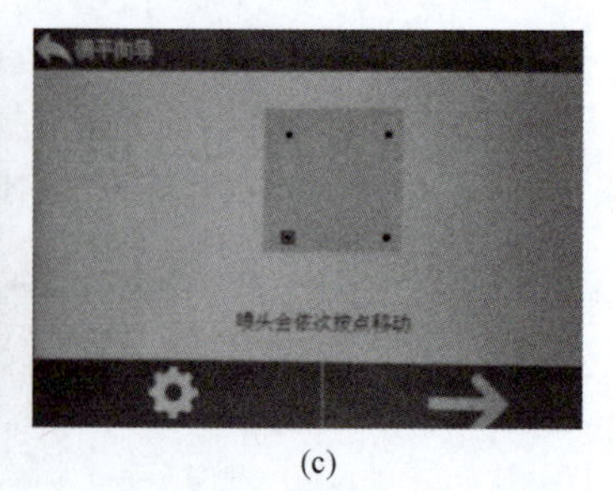
(c)

图 1-2-39　真空吸附平台调平

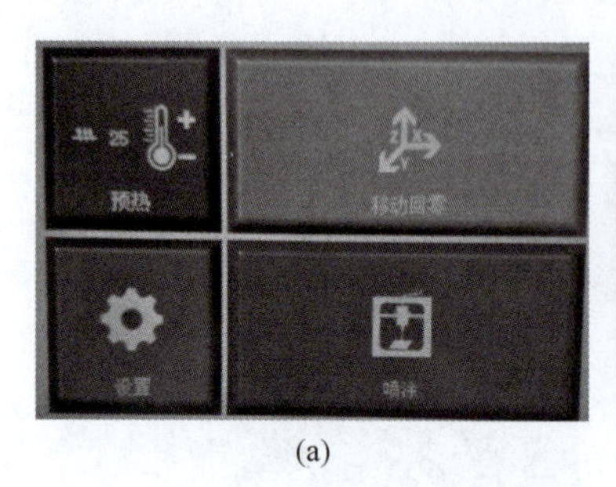

(a)

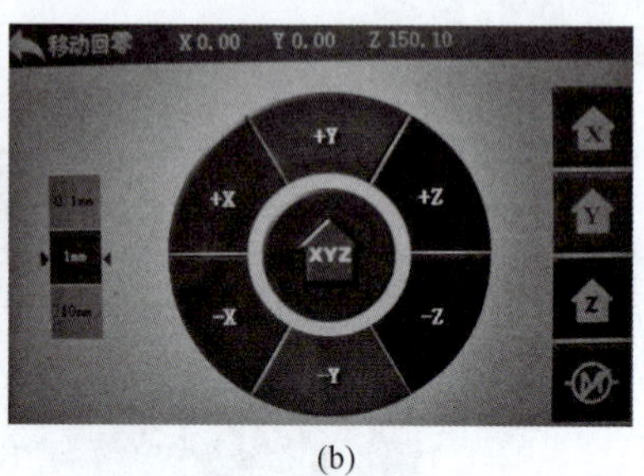

(b)

图 1-2-40　红外线激光调节

❺ 预加热真空吸附平台。操作步骤如下：在主界面点击“预热”［图 1-2-41(a)］，进入下一界面［图 1-2-41(b)］，点击屏幕右边横线上数字“80”，进入下一个界面［图 1-2-41(c)］，进行温度设置（建议 80～90℃），设置完温度后点击“√”，在图 1-2-41(b) 中将加热平台按钮拨到右边，平台开始加热，旁边是温度曲线。

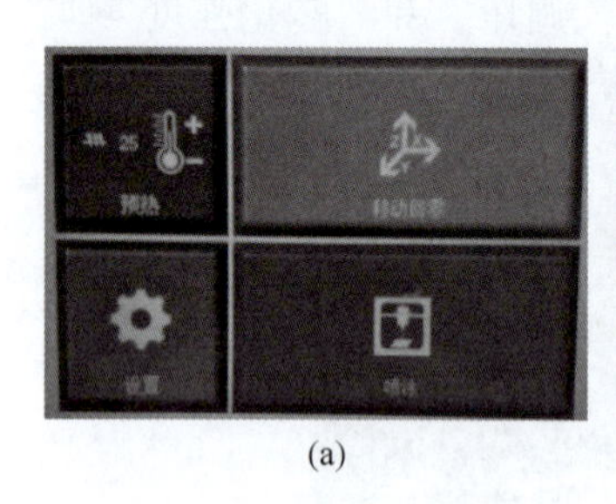

(a)

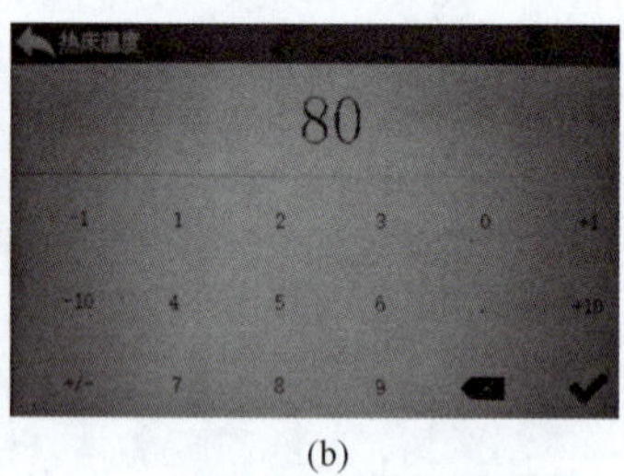

(b)

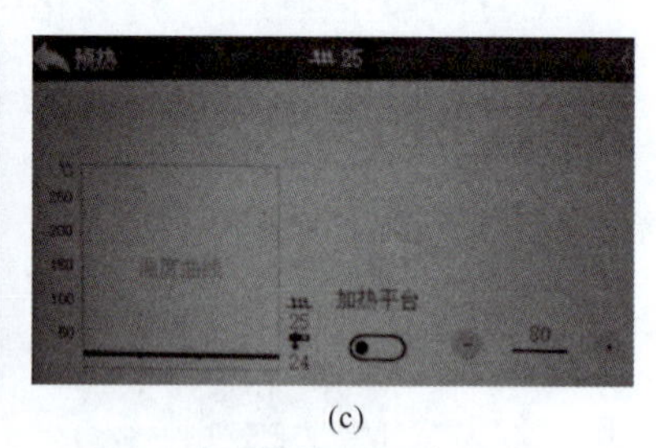

(c)

图 1-2-41　预加热真空吸附平台

❻ 样品摆放。摆放样品前须保证加热平台温度已上升到设定值。摆放好样品后，开启真空泵。根据使用需求，利用“真空调压”调节真空度大小（图 1-2-42）。

图 1-2-42　真空度调节

2. 喷涂操作

❶ 装浆料，设置注射泵参数，放基底，启动真空泵。

❷ 加热平台达到预设温度后，打开“导气调压”和“雾化启停”，点击“喷涂”，选择相应的喷涂路径，即开始运动（图 1-2-43）。

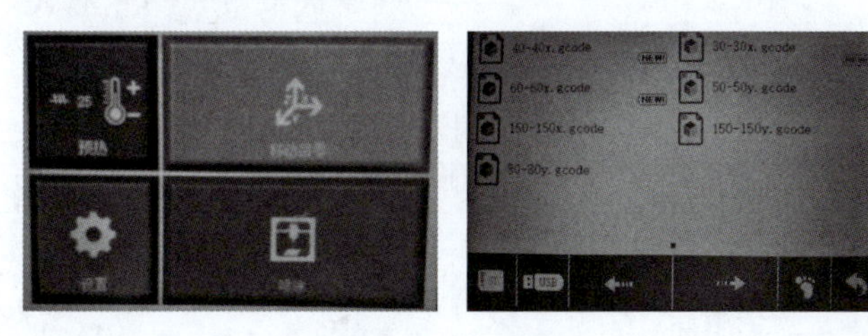

图 1-2-43 喷涂

❸ 待喷头围绕样品走一圈后，立即打开“液泵启停”，开始喷涂。

❹ 喷涂完成或中止操作。关闭“液泵启停”“雾化启停”“导气调节”和真空泵。

❺ 喷涂后清洗管道。当喷涂结束后，将注射器取下，然后将浆料挤到烧杯中，用注射器吸取清水将浆料管道清洗干净。

注：喷涂结束后，必须要清洗管道，否则容易造成堵塞，影响以后使用。

3. 关机操作

❶ 关闭注射泵和喷雾开关。

❷ 关闭总电源开关。

三、裁切机操作流程

（一）裁切机

裁切机用于将原材料例如质子交换膜、碳布等根据设计图纸的尺寸，裁切成所需的尺寸。为了使裁切的材料的尺寸精度达到要求，可采用精度较高的裁切机。

以裁切机 JC260 为例（图 1-2-44），包含裁切机主体、电脑、真空泵。裁切台包括控制台、裁切台面、刀具和笔。原材料放入裁切平台后，裁切平台底部通过真空泵吸真空，将原材料吸附在台面上，避免裁切过程中产生皱褶。将绘制好的设计图按照一定的格式导入电脑，通过电脑控制裁切台，笔可以用来画预先核对尺寸的标记，刀具根据设置的轨迹自动移动，切割原材料。

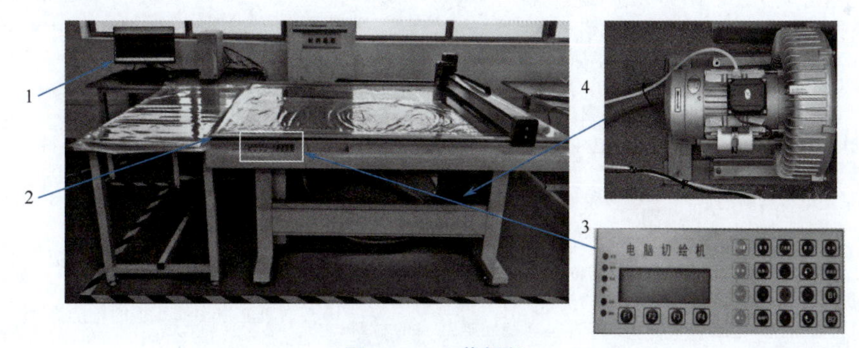

图 1-2-44 裁切机

1—电脑；2—裁切台；3—控制台；4—真空泵

裁切机 JC260 的参数如表 1-2-6 所示。

表 1-2-6 裁切机的参数

参数名称	参数数值	参数名称	参数数值
机型	JC260	片类型	超钢刀片
CPU	32-bit CPU	工具/笔类型	压痕/压纹工具,水性或油性圆珠笔
结构	平板裁切机	使用的切割介质	胶片、白卡纸、牛皮纸、塑料板等
驱动系统	全部数字伺服/步进驱动	接口	RS-232C 或并口
最大切割范围	由机型确定	缓冲器容量	8MB
可装载介质宽度	0.1～1mm	固定命令设置	GP-GL 和 HP-GL(从控制面板选择)
最高切割速度	60cm/s	LCD 显示	8×2 行
机械精度	0.001mm	额定电压	220～240V AC
程序精度	HP-GL:0.025mm/0.01mm	功率	≤500W
重复精度	≤0.1mm	操作环境	−20～50C°,35%～75% RH
距离精度	≤0.2%	外围尺寸	1.65m×1.29m×1.01m(以 A0 机型为例)
垂直精度	≤0.4mm	质量(不含架)	大约 260kg
工具最大号	4 兼容刀		

(二) 裁切工艺

❶ 防护用具:无尘服、无尘帽、手套。

❷ 使用工具:钢尺、塑料铲。

❸ 主要步骤:按照表 1-2-7 所示的裁切作业指导书进行操作。

表 1-2-7 裁切作业指导书

作业标准书 文件编号:WI-PD-TY-***/0					
工程名	材料裁切	作业名	材料切割作业指导书	部门	生产部-生产车间
防护用具	无尘服、无尘帽、手套	使用工具	钢尺、塑料铲	设备名	裁切机
No	主要步骤			注意事项	
1	根据生产计划的要求领取材料,然后测量好材料尺寸,计算好取边料最小的裁切规格(图 1-2-45)			一定计算好裁切的规格,从而减少浪费,特别注意,用手接触材料时一定要戴手套	
2	清理干净电脑切割机机台表面,清除机台障碍物(图 1-2-46)			必须清理干净机台表面,避免卡刀等故障	
3	打开电脑切割机设备电源,待设备初始化启动后,设备 X/Y 轴自动复位到原位(图 1-2-47)			(1)确认电源是否接触好,设备在初始化启动时,不要断电或按其他键。 (2)切记手不能放在机台或机头上	
4	打开电脑,在桌面上找到对应的软件,双击打开,跳转“是 否”,单击“是”,单击“打开文件”→单击“矩形”,画出相应的矩形图→按键盘“退出”键→选中所画矩形图→单击“选择”→“变换”→根据所需裁切的产品规格在“宽”“高”栏内输入对应尺寸→单击“确定”→单击“排列”在“行数”“列数”栏输入对应的切割数量→单击“确定”→单击“共边处理”。(如需改变起点位置选择→单击“变换”→在“X”“Y”输入对应数值,其他步骤不变)(图 1-2-48～图 1-2-51)			确认 X/Y 轴的起点、规格、尺寸、数量	
5	把电脑切割机调为手动状态,把“F1 笔”改为“F3 刀”,然后把所需材料平整地铺好在对应位置,盖上塑料膜在材料上面。(如果是电极材料的话,由于电极正面是铺有一层塑料软膜的,所以在裁切过程中无须多加一层塑料膜)(图 1-2-52、图 1-2-53)			确认材料的方向、位置、材料是否铺平,确认塑料膜比材料宽上 30～40mm,且四边到位,吸附平整。(如果是电极材料则要确保电极的正负没有搞混)	
6	在电脑上单击“切割”发送信号,待发送完毕后,按下“暂停”键,机器开始切割,切割时用绿色的塑料铲压住转角的位置,防止材料被切割刀卷起带走。(如需多次切割同样规格的材料,按下“暂停”键,再按一下“重复”键继续切割)(图 1-2-54)			确认切割路径是否正确,确认切出来的材料是否符合规格、切口是否平整,使用绿色塑料铲压转角位,不知道机器的行走轨迹时,千万别压转角位,切记安全第一。(切割好的电极材料整理时,叠放的电极不可将正负极方向弄混)	
异常发生时的处理	报告途径:作业者→主管	年 月 日		保存期限	3 年

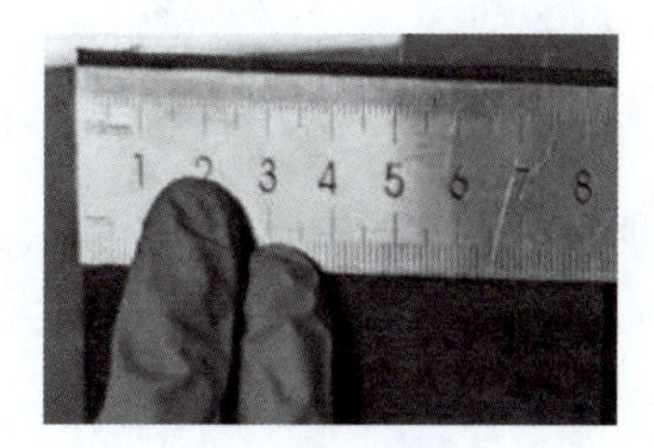

图 1-2-45 测量

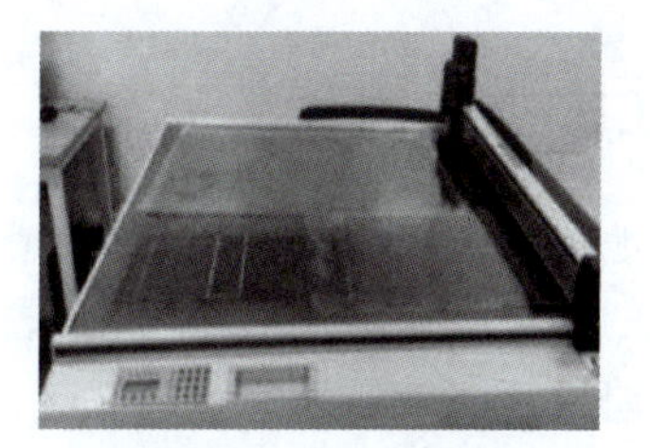

图 1-2-46 机台表面

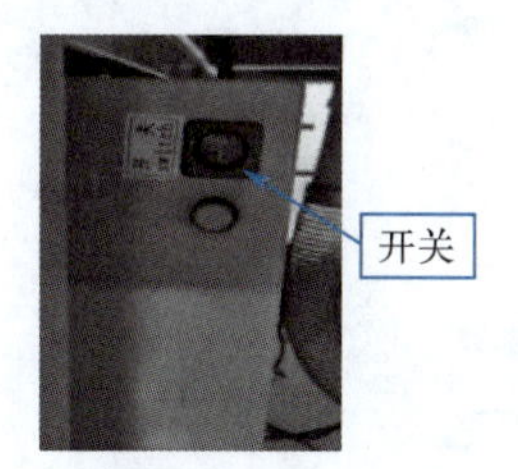

图 1-2-47 开关

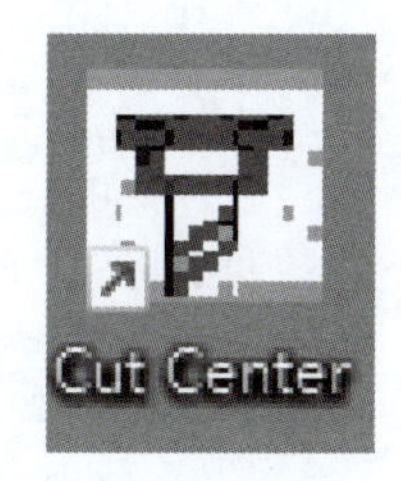

图 1-2-48 软件图标

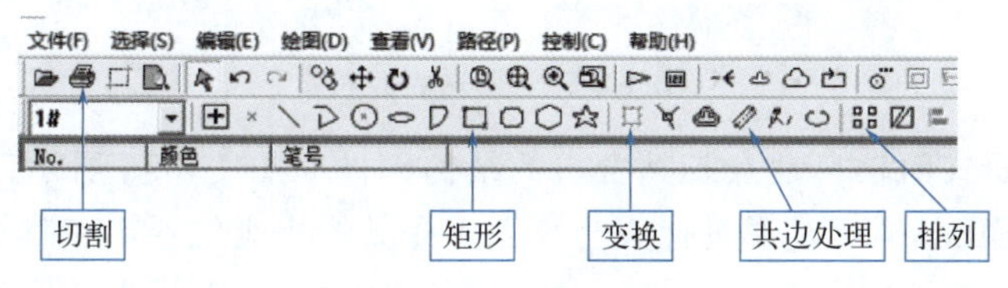

图 1-2-49 软件界面

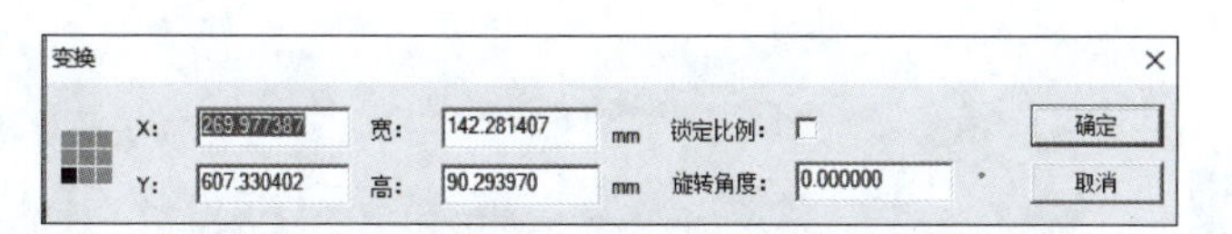

图 1-2-50 变换参数设置

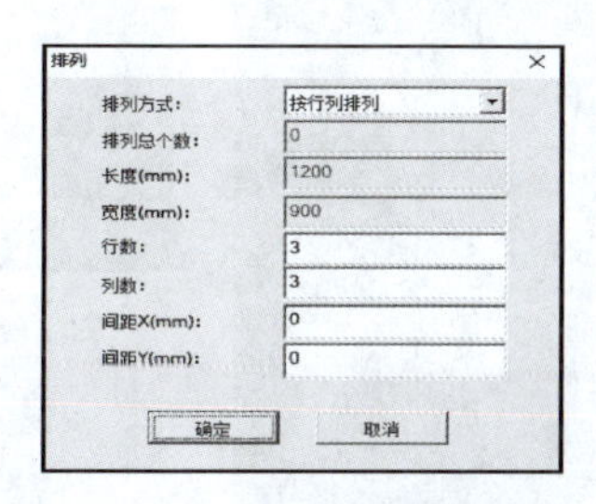

图 1-2-51 排列参数设置

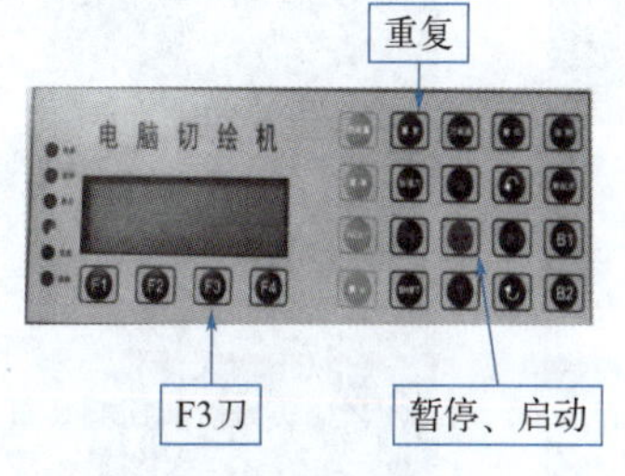

图 1-2-52 控制台界面

图 1-2-53 铺塑料膜

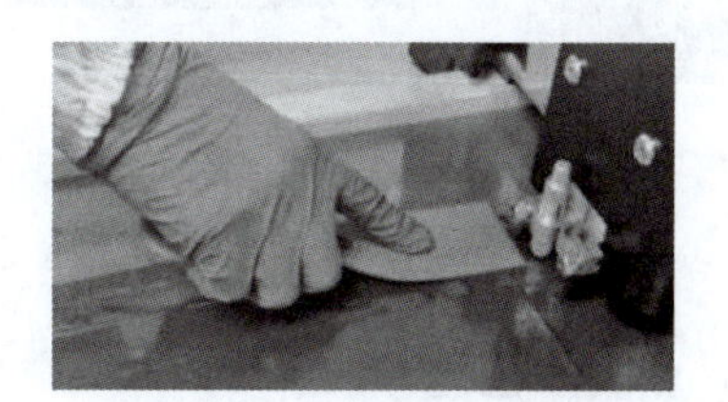

图 1-2-54 绿铲压住转角

四、点胶工艺

燃料电池单元的双极板、质子交换膜、气体扩散层等叠层后通常使用自动点胶机点胶来实现密封的效果。以JDJ005型桌面式四轴自动点胶粘合机为例（图1-2-55），通过控制器设置点胶路径，多维运动的针筒就会按照设计轨迹点胶。

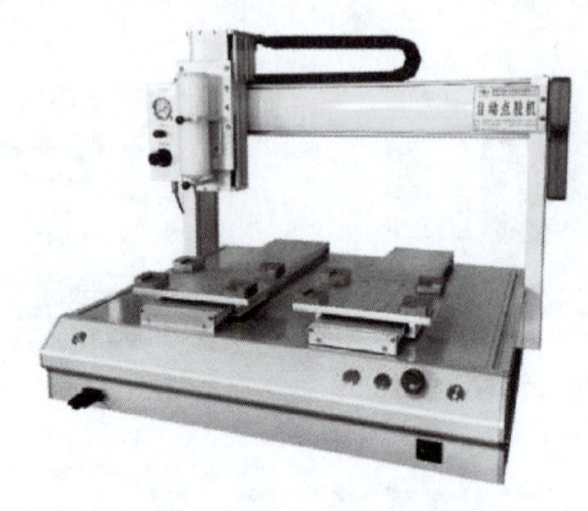

图 1-2-55 四轴点胶机

JDJ005型桌面式四轴自动点胶粘合机的结构部件如图1-2-56所示。样品放入相应规格的治具，胶放置在胶桶里，通过针头将胶点入样品的相应位置，点胶路径通过手持控制器设置和控制，气体用于吸盘，通过吸盘将薄膜样品叠层，保证平整度。

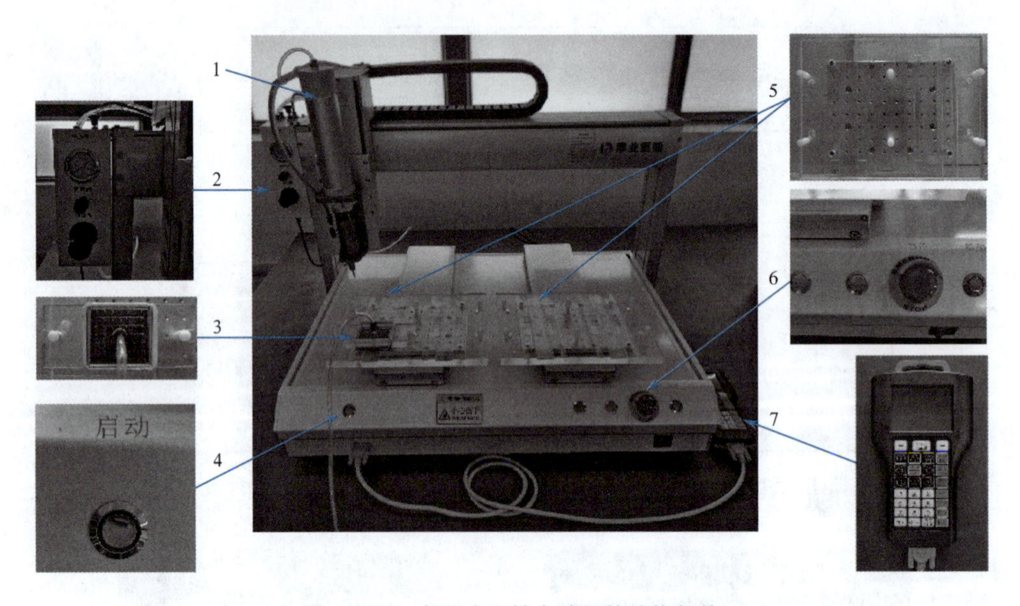

图 1-2-56 桌面式四轴点胶机的结构部件

1—胶桶；2—压力控制；3—吸盘；4—启动；5—治具；6—控制面板；7—手持控制器

（一）点胶工艺流程

点胶工艺的设备操作准备工作如表1-2-8所示。表中示例所用双极板为石墨双极板。

表 1-2-8 点胶工艺设备操作准备作业指导书

<table>
<tr><td colspan="6">作业标准书
文件编号:WI-PD-TY-×××/0</td></tr>
<tr><td>工程名</td><td>单电池贴片点胶作业设备准备</td><td>作业名</td><td>单电池点胶作业设备准备作业指导书</td><td>部门</td><td>生产部-生产车间</td></tr>
<tr><td>防护用具</td><td>无尘服、无尘帽、手套</td><td>使用工具</td><td>毛刷、刀片、无尘布等</td><td>设备名</td><td>6331 四轴胶机</td></tr>
<tr><td>No</td><td colspan="2">主要步骤</td><td>要点</td><td colspan="2">要点理由</td></tr>
<tr><td>1</td><td colspan="2">根据要涂胶的产品规格尺寸,找到对应产品的治具工装,核对治具的规格(图 1-2-57)</td><td>确认治具和产品规格一致</td><td colspan="2">防止产品放不上治具,或走位</td></tr>
<tr><td>2</td><td colspan="2">重点:拿捏接触以下物品,请戴手套,否则会影响产品的整体性能。
拿到对应规格的石墨板,检查表面是否干净及有断裂的现象。
拿到对应规格的氢碳布(厚)、氧碳布(薄)、膜电极(极薄、易皱),检查表面是否干净、形状有没有偏、有没有起皱等现象。
注意区分:各种尺寸是不一样的</td><td>石墨板各表面是否有断裂,各表面是否有杂物。
氢碳布、氧碳布、膜电极形状不对,会涂不上胶,影响气密性等</td><td colspan="2">石墨板表面不可有断裂,不可有杂物</td></tr>
<tr><td>3</td><td colspan="2">打开电源插座、设备电源和气源的开关(图 1-2-56)</td><td>确认电源插头是否有插好,气源压力是否达到 0.5MPa</td><td colspan="2">防止电源插头未连接好及气源压力不够等</td></tr>
<tr><td>4</td><td colspan="2">待设备初始化启动后,设备的 $X/Y/Z$ 三轴会自动复位到原位</td><td>注意设备初始化启动时,不要断电或者按其他按键</td><td colspan="2">防止设备损坏及内存失电导致设备参数丢失或混乱</td></tr>
<tr><td>5</td><td colspan="2">检查胶筒里面是否有足量的流体胶。
需清理干净胶筒针头里面已经固化的稠胶、粒状胶、胶块(图 1-2-58)。
然后手动排胶,注意要用废的离心膜接住流体胶,直至流体胶没有气泡、没有粒状、没有卡顿、没有断开</td><td>确认胶筒是否有足量的流体胶满足生产。
针头内的固化硬胶必须要清理干净。
生产前手动排胶,排出气泡,包裹粒状胶体等</td><td colspan="2">避免生产过程中胶不足,及时添加胶。
防止气压过大不出胶,涨爆塑料针头损坏产品。
防止生产过程中有断胶、气泡、半固体胶等影响气密性和整体表面平滑</td></tr>
<tr><td>6</td><td colspan="2">根据要涂胶的产品规格,找到对应的程序文件,如果有两三种不同涂胶轨迹,要注意涂胶轨迹先后顺序,对好程序文件的涂胶路径后才能开始作业(图 1-2-59)</td><td>确认程序文件名和涂胶轨迹必须一致。
特别要注意一个产品有几种涂胶路径的情况</td><td colspan="2">避免涂胶路径不对,或者涂胶工序错误,造成前工序无法操作,形成废品</td></tr>
<tr><td>异常发生时的处理</td><td colspan="2">报告途径:作业者→主管</td><td>年　月　日</td><td>保存期限</td><td>3 年</td></tr>
</table>

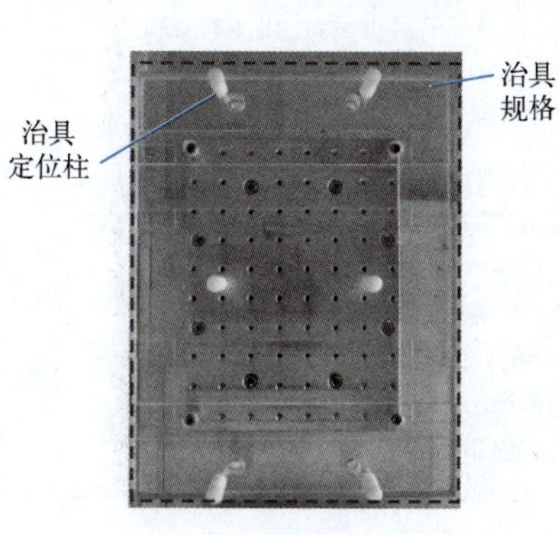

图 1-2-57 核对治具规格

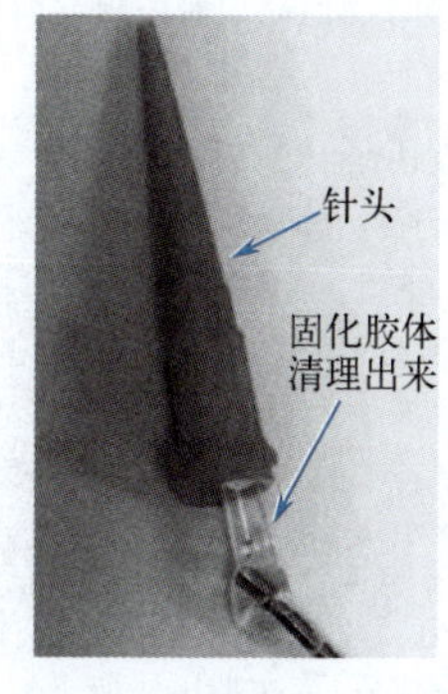

图 1-2-58 清理胶筒针头的胶块

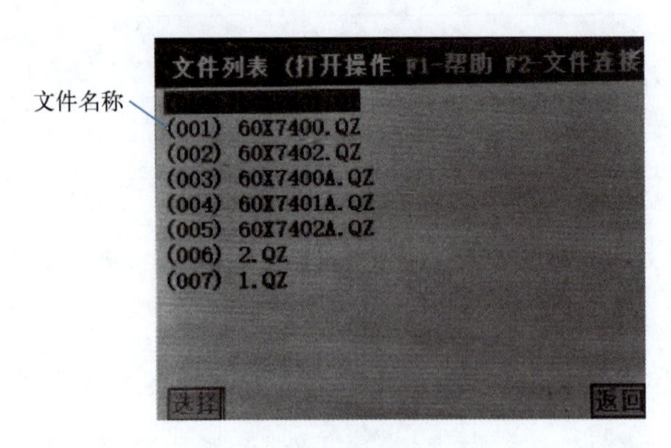

图 1-2-59　涂胶路径文件

点胶作业准备工作完成，后面可以开始点胶工艺。点胶工艺如表 1-2-9 所示。

表 1-2-9　点胶工艺作业指导书

作业标准书					
文件编号：WI-PD-TY-×××/0					
工程名	单电池贴片点胶作业	作业名	单电池点胶作业指导书	部门	生产部-生产车间
防护用具	无尘服、无尘帽、手套	使用工具	毛刷、刀片、无尘布等	设备名	6331 四轴胶机

No	主要步骤	要点	要点理由
1	确认物料，包括石墨板（有胶槽）、氢碳布（厚）、氧碳布（薄）、质子交换膜（极薄、易皱）、各材料的粘贴面，各材料的粘贴层位	石墨板最底层，接着放氢碳布，涂外围大圈胶，然后放质子交换膜，最上层放氧碳布，然后涂两头胶。 注意粘贴面，石墨板（有胶槽）、氢碳布（催化层黑色面向上）、质子交换膜（放了薄膜的面向上）、氧碳布（催化层灰白面向上）	避免放错层位； 避免放错粘贴面； 放错了，产品就失效没有用了
2	把对应规格的石墨板带胶槽（图 1-2-60）面向上，放在治具正中位置	确认石墨板完全放入凹槽内，并且不能移动	固定样品；避免产品移位导致涂错位置或损坏产品
3	把对应规格的氢碳布（厚、黑色面向上），有催化层的面向上，放在石墨板的居中位置，氢碳布放好后（图 1-2-61），用对应规格的压块把氢碳布压稳	确认氢碳布催化层面向上，放在石墨板的居中位置，用压块压稳	防止反方向、错位、走位，导致产品不良
4	再次确认治具上的石墨板及氢碳布都放好后，拿起手持控制器，找到屏幕左下方的“菜单”，按下下方“-”键进入，找到“1 打开文件”，找到对应的涂胶轨迹文件，把光标移到该文件处，按屏幕左下方的“选择”，按下下方“-”键进入，“提示，是否下载程序”，按下左下方“-”键进入，回到屏幕主界面，再点击手持控制器的“启动”键（图 1-2-62、图 1-2-63、图 1-2-64）	找到合适的点胶文件，启动后会自动根据文件的涂胶路径进行涂胶，但要留意涂胶过程中有没有路径偏移/断胶，流体胶有没有不正常，如断胶/气泡等，如有，则要及时按手持控制器的“暂停”键，进行相应的处理	确保涂胶时，涂胶路径准确，没有断胶，胶槽涂胶足量，胶路中没有气泡或硬粒等杂物
5	涂胶完成后，依次把压块取下放到设备旁		

续表

No	主要步骤	要点	要点理由
以下为第二道涂胶步骤			
6	完成第一道涂胶路径后，准备把对应的质子交换膜放在已涂第一道胶的石墨板和氢碳布上，将质子交换膜上的软离型膜拿走，用对应规格尺寸的吸盘，前、后、左、右对好质子交换膜的四边，轻轻压在质子交换膜上，调整好四边边角位置后，然后踩下吸盘的脚踏开关，吸起质子交换膜，把吸盘的两个卡口对准治具上的两根定位柱轻轻地放入治具内，先不要放下，估计能完全把氢碳布四周覆盖，再放下吸盘，然后松开吸盘的脚踏开关，把吸盘轻轻移离定位柱(图 1-2-65)	放电极到吸盘上时，一定要注意不能把电极的正负方向放反。放电极到吸盘上时，一定要放在吸盘面的居中位置，以吸盘的四个边为基准，不能放斜。吸盘吸住电极时，记得把离型膜拿走	质子交换膜放反会导致单电池性能严重衰减，放斜则导致单电池的性能不能发挥到最佳状态。 离型膜没有拿走会导致单电池无性能
7	摆放好质子交换膜后，再把氧碳布放到质子交换膜上，摆放在正中央，注意正反面，用对应尺寸的压块压好、压稳	氧碳布不在正中央，两头涂胶就会偏，造成一头有胶，一头缺胶。如果不压压块可能会被针头的流体胶带着移动，造成偏移	缺胶会导致粘不牢而漏气，影响气密性
8	再次确认治具上的氧碳布放好后，拿起手持控制器，找到屏幕左下方的“菜单”，按下下方“-”键进入，找到“1 打开文件”，找到对应的涂胶轨迹文件，把光标移到该文件处，按屏幕左下方的“选择”，按下下方“-”键进入，“提示，是否下载程序”，按下左下方“-”键进入，回到屏幕主界面，再找到手持控制器的“启动”键并点击	找到合适的点胶文件，启动后会自动根据文件的涂胶路径进行涂胶，但要留意涂胶过程中有没有路径偏移、断胶，流体胶有没有不正常，如断胶、气泡等，如有，则要及时按手持控制器的“暂停”键，进行相应的处理	确保涂胶时，涂胶路径准确，没有断胶，胶槽涂胶足量，胶路上没有气泡或硬粒等杂物
9	点胶后，将钢尺伸入台具槽中把石墨板水平托起，取出平放在大玻璃底板上(图 1-2-66)； 用离型膜有磨砂的一面向下盖住已堆叠碳布材料和质子交换膜并已涂胶的单电池成品(图 1-2-67、图 1-2-68)； 再用另一块较小的玻璃平压在离型膜的上面，用手轻轻按压小玻璃，使涂胶均匀地分布粘附在涂胶路径各处	用钢尺取出石墨板时，手指按压在氧碳布的正中央位置，手不要碰到胶； 注意扶稳单电池，防止其掉出； 注意离型膜要用有磨砂面的一面盖住胶； 要用水平的力同时按压小玻璃	手碰到胶会把胶带走造成胶移位、胶不够或者不平，导致密封不好； 离型膜反方向粘贴后会撕不下来，强行撕会使其损坏； 如果用不是水平的力按压小玻璃，会造成石墨板上的胶不平，导致密封性不好
10	大玻璃放满后，再拿另一块大玻璃依次循环放置，然后再把大玻璃一层一层地叠放整齐，一般放十层就够了，最后用重物/装水的水桶压着(图 1-2-69)	注意各块小玻璃均匀放在大玻璃上，使叠堆压平时，各涂胶路径处于水平	涂胶路径四边水平，防止装电堆时漏气
11	平压一夜，次日涂胶硬化后，取出单电池，小心撕掉离型膜，放在适当的位置(图 1-2-69)	大力急促撕离型膜，已固化的涂胶会被带出来，或撕裂	涂胶路径被撕掉和撕裂会造成单电池漏气
12	把撕掉离型膜的单电池的四周及通气孔里多余的、外溢的胶体，用刀贴着石墨板的边缘垂直割掉(图 1-2-69)	四周的外溢固化的胶体会影响整理装堆；通气孔内溢出固化的胶体会影响电堆气体的流通	要注意不要割到石墨板及涂胶，避免割烂导致漏气； 避免小块碎胶残留到流道内，堵住流道
13	切割修整好后，点好数量，通知质检、仓管进行验收、入库存放	合格的产品要转移至生产区域外	避免混淆产品生产数量和保存责任
异常发生时的处理	报告途径：作业者→主管	年　月　日	保存期限　3年

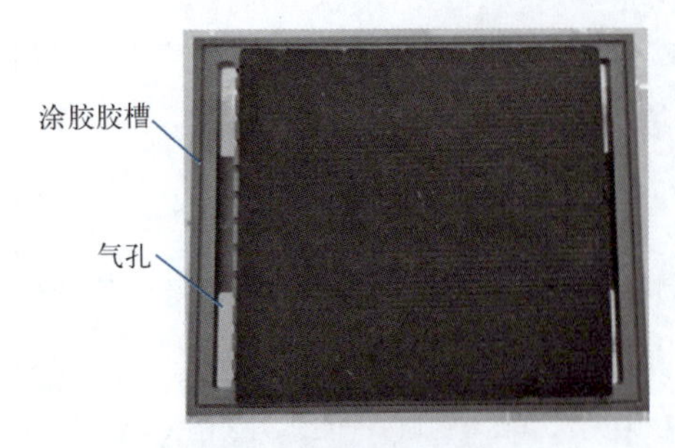

图 1-2-60　石墨板带胶槽面向上

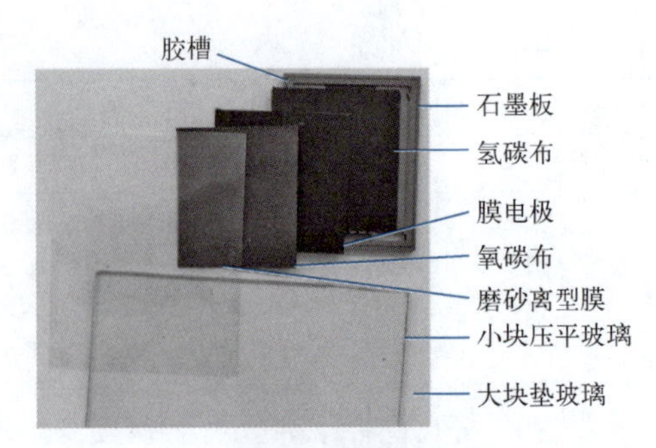

图 1-2-61　样品叠层顺序

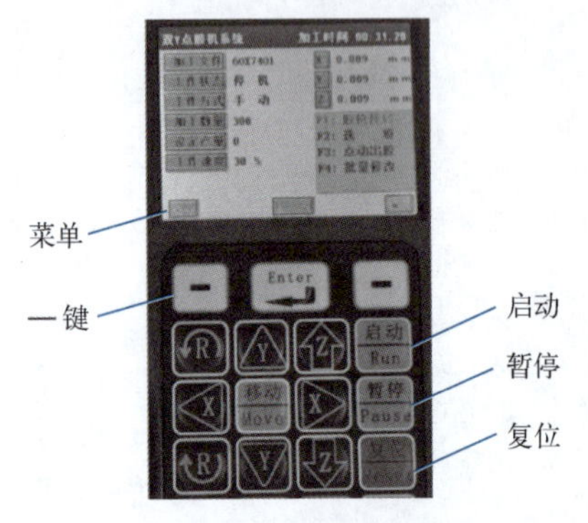

图 1-2-62　手持控制器菜单

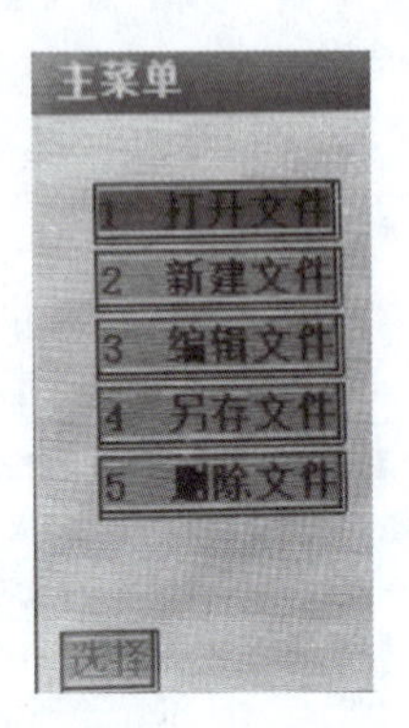

图 1-2-63　文件菜单

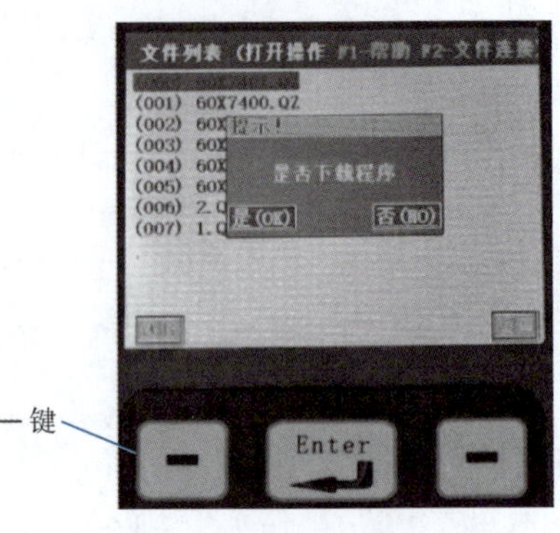

图 1-2-64　文件下载菜单

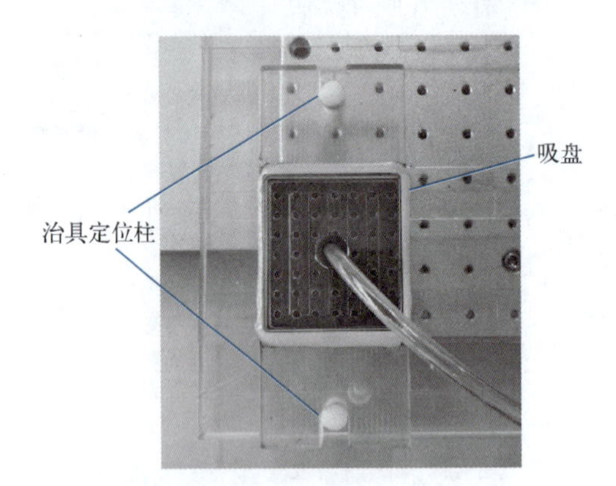

图 1-2-65　吸盘放入治具

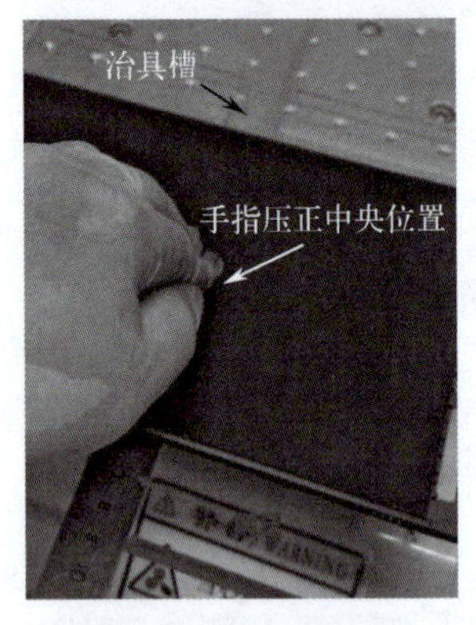

图 1-2-66　钢尺挑起样品

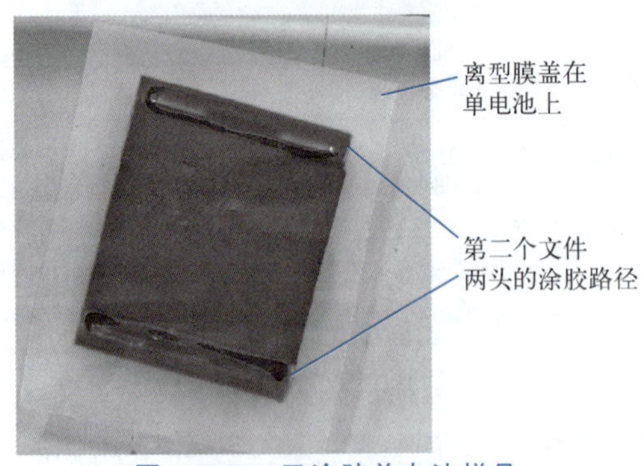

图 1-2-67　已涂胶单电池样品

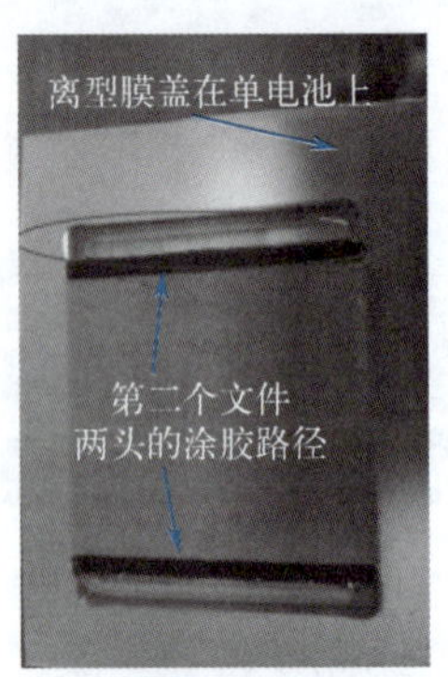

图 1-2-68　离型膜盖在单电池上

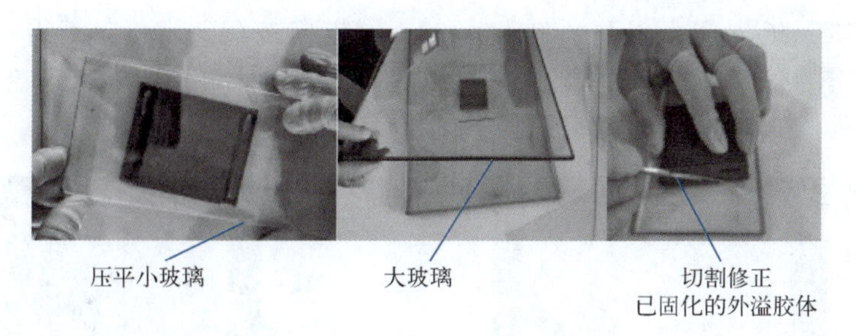

图 1-2-69 压平、修边操作

（二）自动点胶粘合机操作规范

微课扫一扫
风冷燃料电池的单电池固化

❶ 防护用具：无尘服、无尘帽、手套。

❷ 使用工具：毛刷、钢尺等。

❸ 操作步骤如下。

a. 熟悉手柄按钮、机身按钮。手柄按钮如图 1-2-70 所示，机身按钮如图 1-2-71 所示。

急停开关：紧急停止按下后，设备立即停止，旋转后弹起并复位。

气源开关：气阀向上拔起关闭，向下压打开，换胶时向上拔起。

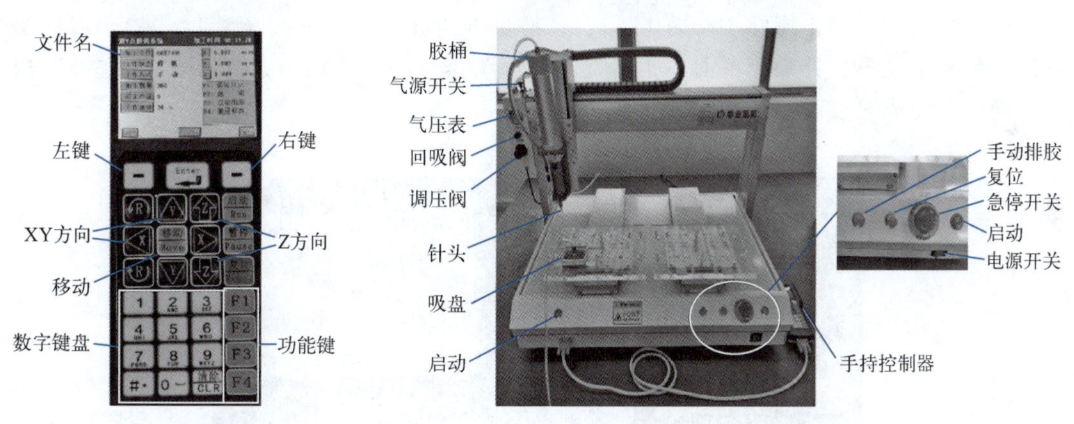

图 1-2-70 手柄按钮注释

图 1-2-71 机身按钮注释

b. 插上电源、打开气源、设备开关。

c. 清洁机台、更换针头（图 1-2-72）。

图 1-2-72 更换针头

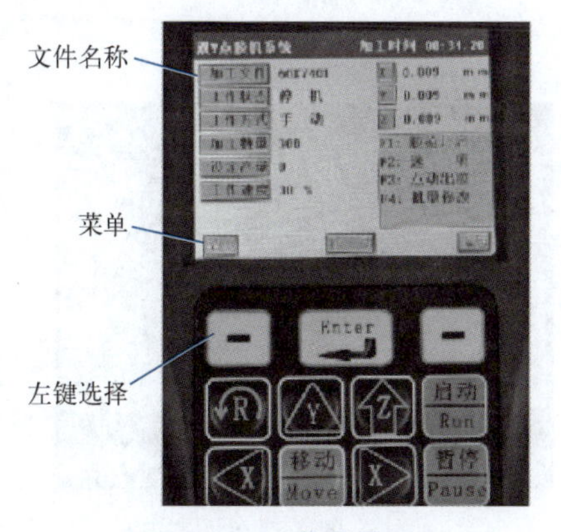

图 1-2-73 菜单界面

d. 按“左键”进入“菜单”（图 1-2-73），“方向按键”选择“打开文件”，然后按“左键”进入（图 1-2-74）；“上下键”选择需要生产的文件，按“左键”选择，出现“是否下载”对话框，按“左键”选择“是”（图 1-2-75）。

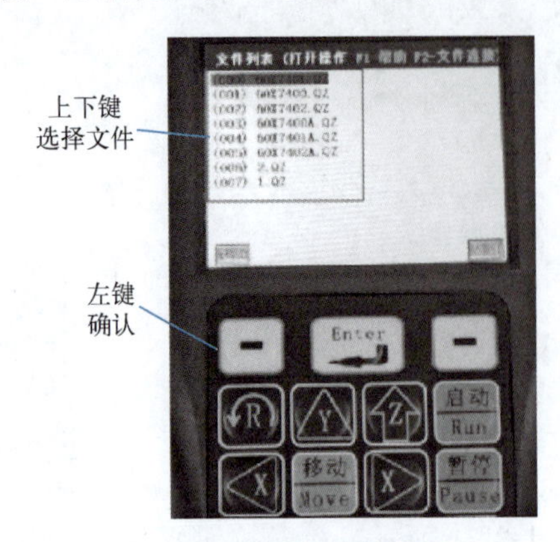

图 1-2-74　选择文件界面

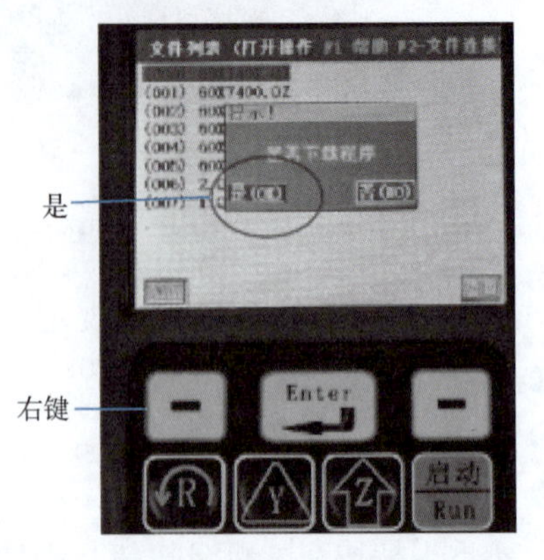

图 1-2-75　是否下载对话框界面

e. 按“移动”键进行 MARK 点对准（图 1-2-76），出现“Z 轴是否下降”对话框，按“右键”选“否”，防止撞针头（图 1-2-77）；按“方向键”进行对点（图 1-2-78），以针头对准红色十字准星，针头离平面一张离型膜高度为准（图 1-2-79）；对齐后按“左键”选择“确认”完成对点。

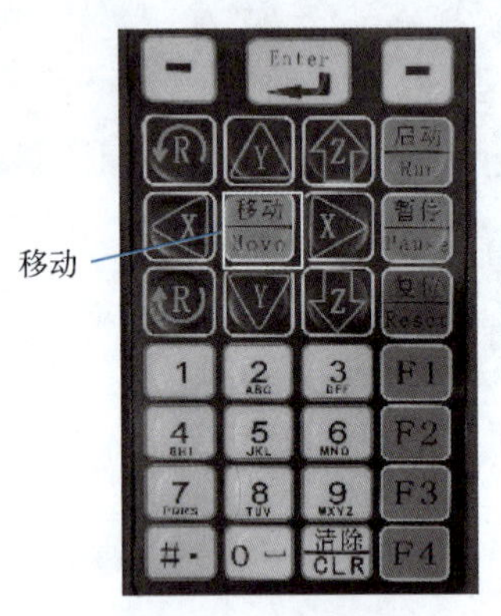

图 1-2-76　移动键

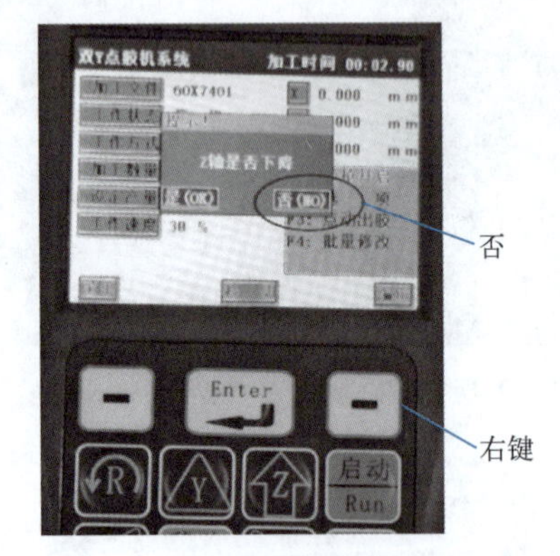

图 1-2-77　“Z 轴是否下降”对话框界面

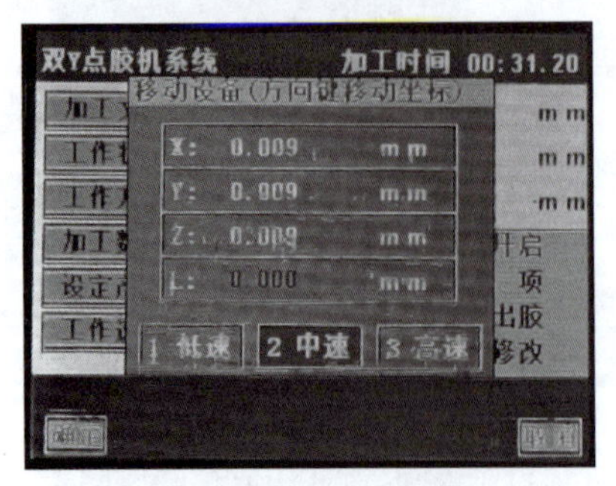

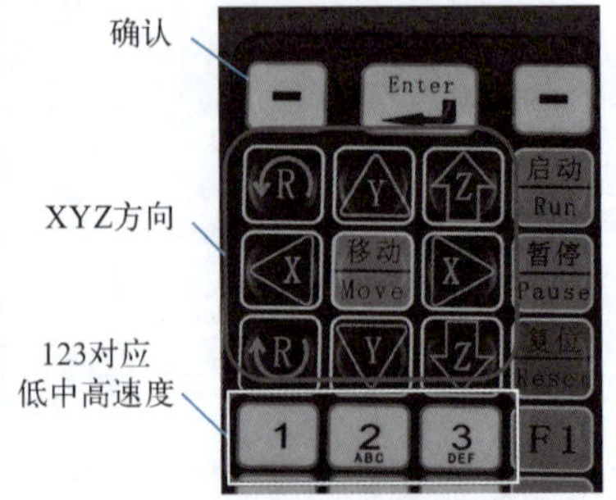

图 1-2-78　“方向键”对点界面与操作按键

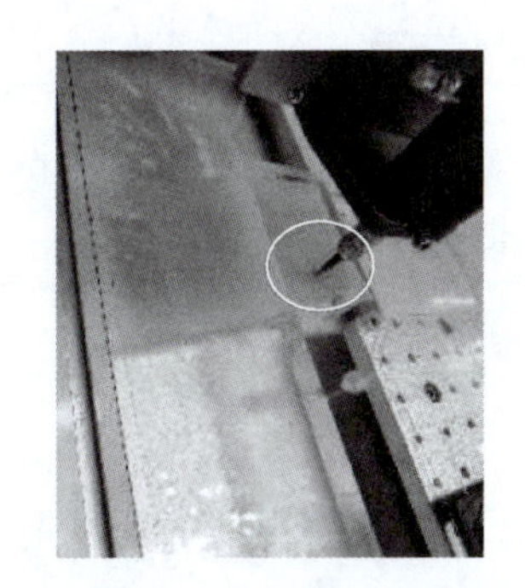
图 1-2-79 针头离平面距离

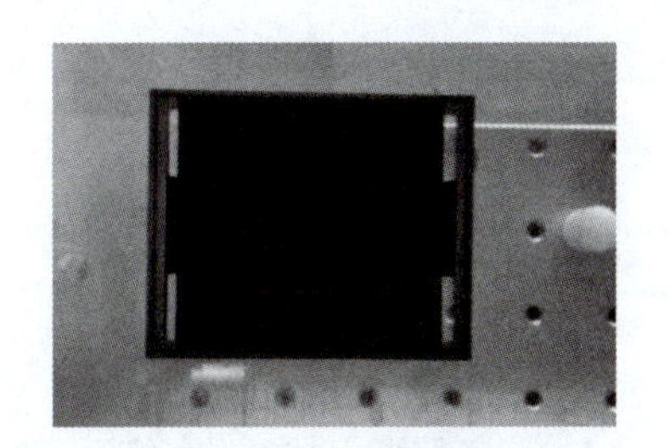
图 1-2-80 放入样品准备点胶

f. 观察“加工文件”栏，看其是否为需要的文件，不对则重新选择，无误则开始放置材料；将平整石墨板放入工装的凹槽中，对齐密封槽放置氢碳布（图 1-2-80），放下压条，点击手柄或者机身“启动键”，进行轨迹点胶。

g. 将电极的正极（薄膜面）朝向吸盘，慢慢抽离薄膜，将电极平整地放在吸盘上（图 1-2-81），然后脚踩脚踏板（图 1-2-82），双手拿稳吸盘，对准定位销平稳放下电极（图 1-2-83），松开脚踏板。

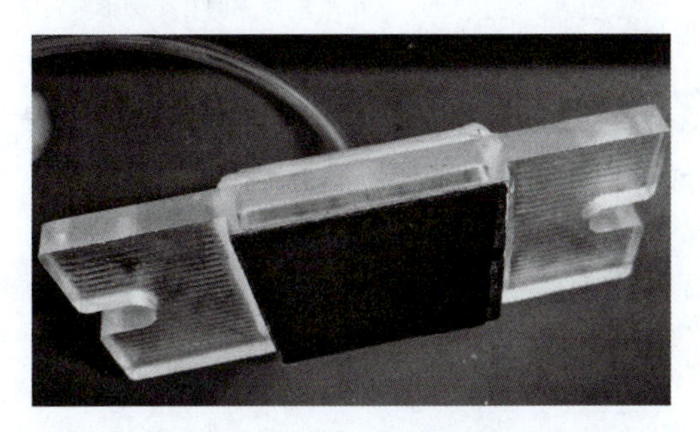
图 1-2-81 放平薄膜到吸盘上

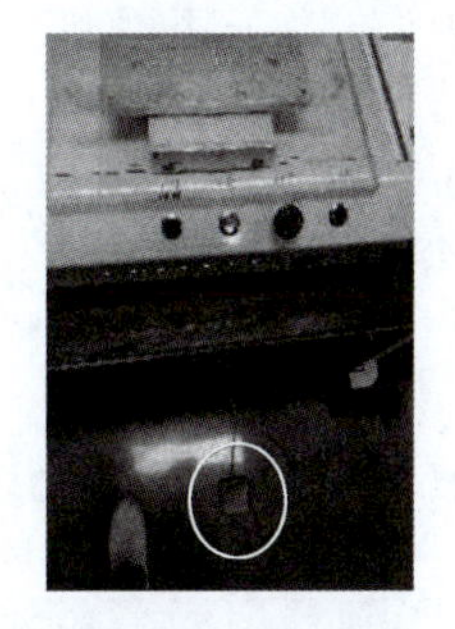
图 1-2-82 脚踏板

h. 拿小钢尺将点胶完成的单电池（半成品单电池）取出来（图 1-2-84）。

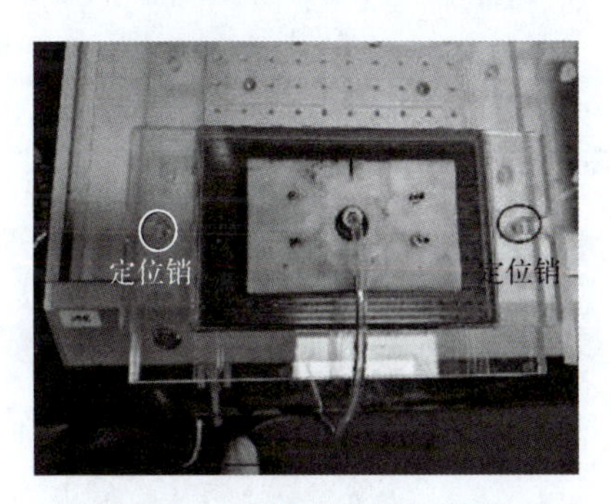

图 1-2-83 用吸盘转移薄膜

图 1-2-84 取出半成品

五、修边工序

在燃料电池单元通过点胶固化之后，需要将多余的胶修剪去除，即为修边。修边工序的作业指导书如表 1-2-10 所示。

表 1-2-10 单电池修边作业指导书

<table>
<tr><td colspan="6">作业标准书
文件编号：WI-PD-TY-×××/0</td></tr>
<tr><td>工程名</td><td>单电池修边</td><td>作业名</td><td>单电池修边作业指导书</td><td>部门</td><td>生产部-生产车间</td></tr>
<tr><td>防护用具</td><td>无尘服、无尘帽、手套</td><td>使用工具</td><td>剪刀、切割刀、毛刷、游标卡尺等</td><td>设备名</td><td></td></tr>
</table>

No	主要步骤	注意事项
1	把做好的单电池收拾好，然后用黑色的收纳箱装好，拿到专门的切胶玻璃台上进行切胶（图 1-2-85）	要留意做好的单电池上的胶是否已经干透，接触单电池时一定要戴好手套，不可用手直接接触单电池
2	拿出单电池，轻轻撕下单电池上的离型膜，检查单电池的点胶质量（图 1-2-86）	当单电池的胶量不足，碳布、电极贴片有偏移等不良时，要分拣出来，做好标识
3	将单电池的碳布面朝下，石墨板朝上，一只手按住石墨板，另一手拿起切割刀紧靠着石墨板四个边缘垂直切下（图 1-2-87）	切割胶时，切割刀一定要紧靠石墨板垂直切下，否则切出来的单电池就会不够平整
4	切单电池两头洞孔周边的胶时，同样地，将单电池碳布面朝下，石墨板朝上，一只手按住石墨板，一只手拿起切割刀紧靠着石墨板两头洞孔较直的一边垂直切下，另一边的石墨板洞孔也以同样的方式切胶（图 1-2-88）	单电池两头洞孔半圆部分可先不切胶
5	把单电池碳布面翻过来，石墨板朝下，拿起切割刀将单电池两头的洞孔半圆部分及尚未切断胶的边缘，沿着石墨板边缘切下（图 1-2-89）	单电池的碳布面朝上时，手握切割刀时一定要注意刀尖不能扎到单电池，否则可能会导致单电池漏气
6	如切 256.1mm×80mm 规格的单电池时，因石墨板两头的洞孔有连接，且碳布面凹下去一部分，切割刀切胶时不易切断、切平整，可用小剪刀将该部分的胶剪出来（图 1-2-90）	单电池切胶一定要切剪平整，硅胶与石墨板的凹凸不平都有可能导致单电池的漏气，从而产生不良品
7	用小毛刷将已切好胶的单电池清扫干净，然后用游标卡尺测量已清理干净的单电池厚度（图 1-2-91）	不同规格的单电池的厚度是不一样的（可参考产品规格表）
8	单电池切完胶后点好数量，用透明密封袋封装好，放进黑色的收纳箱，做好“待检漏”的标识（图 1-2-92）	切好胶的单电池一定要做好标识，再送过去“检漏”

<table>
<tr><td>异常发生时的处理</td><td>报告途径：作业者→主管</td><td>年 月 日</td><td></td><td>保存期限</td><td>3 年</td></tr>
</table>

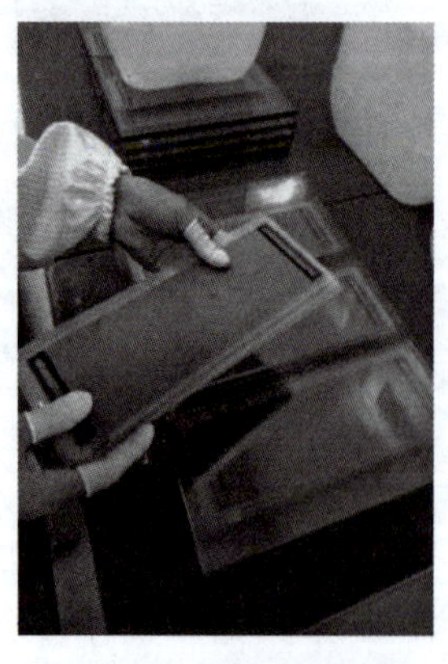

图 1-2-85 做好的单电池

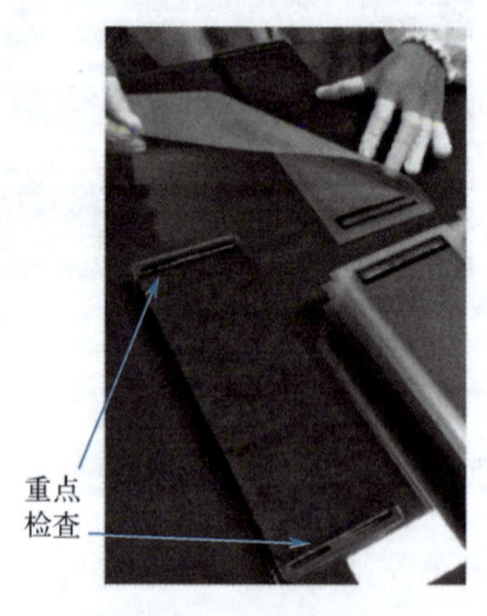

图 1-2-86 检查单电池

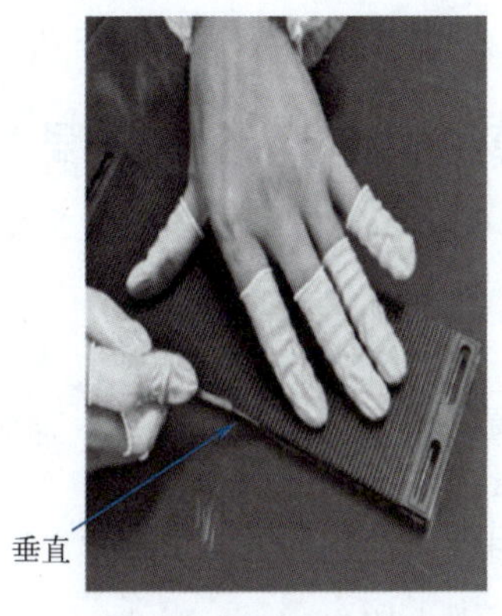

图 1-2-87 刀与石墨板边缘垂直

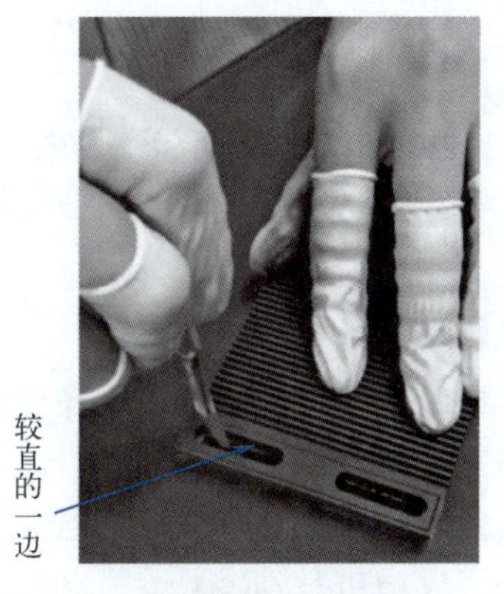

图 1-2-88 石墨板孔洞较直的一边

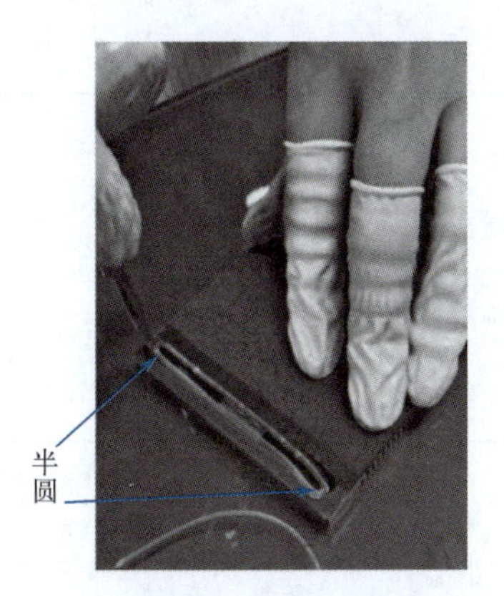

图 1-2-89 石墨板半圆边

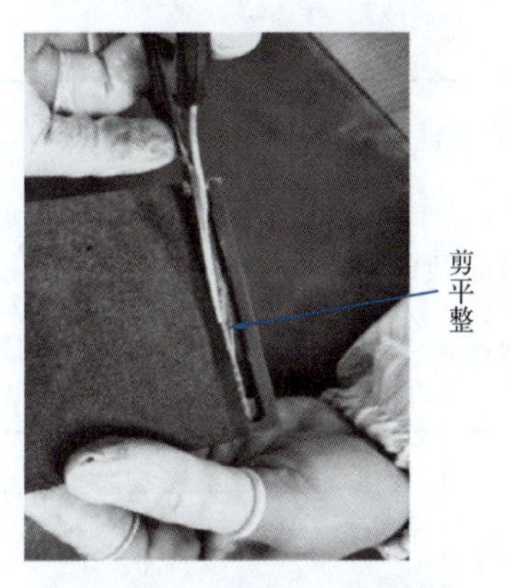

图 1-2-90 小剪刀剪多余的胶

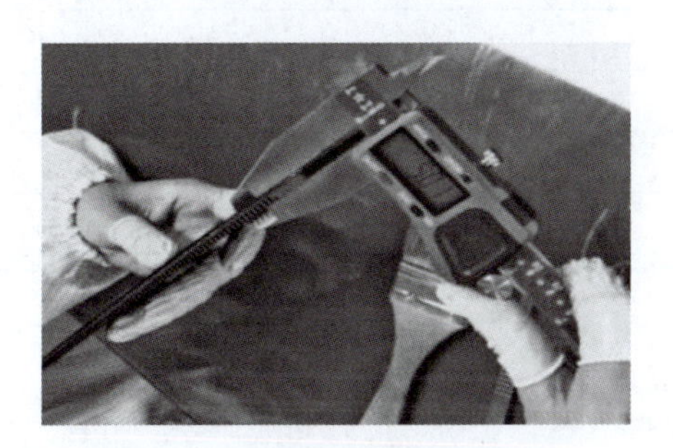

图 1-2-91 游标卡尺夹紧单电池

图 1-2-92 做好标识

【任务评价】

完成学生工作手册中相应的任务评价表“1-2-2”。

任务三　风冷型质子交换膜燃料电池系统装调

【任务目标】

1. 能够按照设备操作规程独立操作使用装配设备、气密性测试仪器、活化测试仪；
2. 能够完成小功率风冷型燃料电池装堆工艺过程；
3. 能够完成小功率风冷型燃料电池堆气密性测试；
4. 能够完成小功率风冷型燃料电池堆的螺栓紧固工序；
5. 能够撰写工位作业指导书。

【任务单】

任务单

一、回答问题

1. 小功率风冷型质子交换膜燃料电池堆的结构部件及叠层顺序是什么样的？
2. 燃料电池半自动压堆机的操作流程是怎样的？
3. 小功率质子交换膜燃料电池堆的气密性测试包括哪些方面？
4. 小功率质子交换膜燃料电池堆的紧固采用什么方法？

二、依次完成7个子任务

序号	子任务	是否完成
1	领取原料和部件	是□　否□
2	燃料电池装堆	是□　否□
3	燃料电池堆半成品检漏	是□　否□
4	燃料电池堆半成品活化	是□　否□
5	燃料电池堆紧固	是□　否□
6	燃料电池堆检查测试	是□　否□
7	结果总结与分析	是□　否□

【任务实施】

1. 领取原料和部件

根据设计方案，领取或清点制作小功率质子交换膜燃料电池堆的组装部件、电池单元等。

2. 燃料电池装堆

根据设计方案，将燃料电池单元、双极板、端板等组装压堆。

3. 燃料电池堆半成品检漏

对燃料电池堆半成品进行气密性测试，包括空气介质气密性测试、浸水气密性测试。

4. 燃料电池堆半成品活化

燃料电池堆在组装完成后需要活化处理，将燃料电池堆半成品在活化测试台上活化。

5. 燃料电池堆紧固

采用紧固螺栓将燃料电池堆按照要求进行紧固处理，完成燃料电池堆的制作。

6. 燃料电池堆检查测试

对制作完成的小功率质子交换膜燃料电池堆进行外观检查和性能测试，入库备用。

7. 结果总结与分析

分小组整理任务单、任务过程及结果，撰写小功率质子交换膜燃料电池堆装堆工艺过程文档。

完成学生工作手册中相应的记录单“1-3-1”。

【安全生产】

（1）实物产品：小功率质子交换膜燃料电池单元。

（2）工具：压堆机。

（3）电脑：撰写工艺文档。

（4）网络：线上调研搜索工具。

（5）笔、表格：记录工具。

（6）安全生产素养。

❶ 物勤工名：做好产品标识，过程可追溯；

❷ 优化工艺：技艺精湛，品质优良。

【任务资讯】

★本节重点，目的是在实际应用时，能够独立完成小功率燃料电池电堆的装配，为优化工艺奠定基础。

一、小型燃料电池系统装配工艺流程

小型风冷型燃料电池系统装配工艺流程如图 1-3-1 所示。

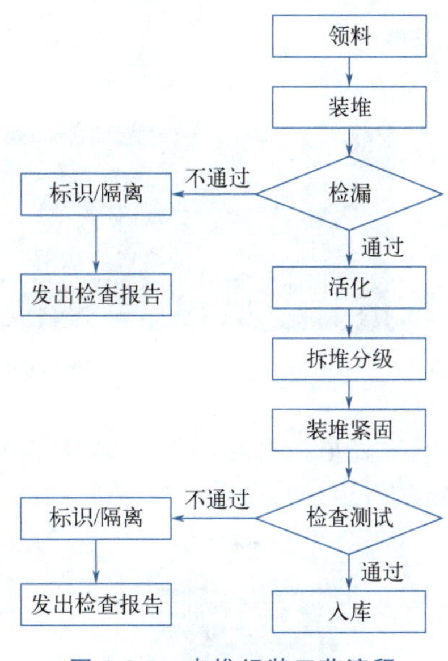

图 1-3-1 电堆组装工艺流程

风冷燃料电池堆装配的材料准备及领取

（一）装堆准备工作

❶ 使用防具：手套（图 1-3-2）。

❷ 使用工具：剪刀（图 1-3-3）、扳手（图 1-3-4）、游标卡尺（图 1-3-5）等。

❸ 记录表：装堆记录表。

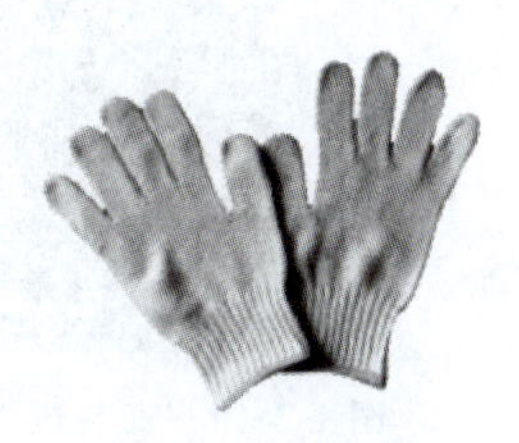

图 1-3-2 手套

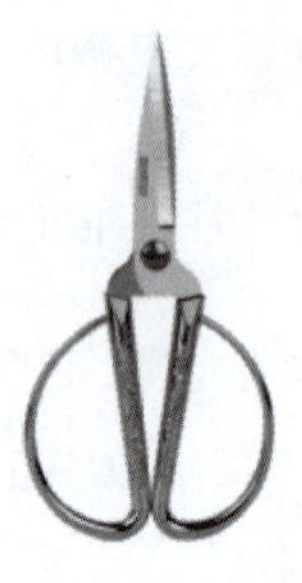

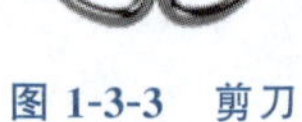

图 1-3-3 剪刀

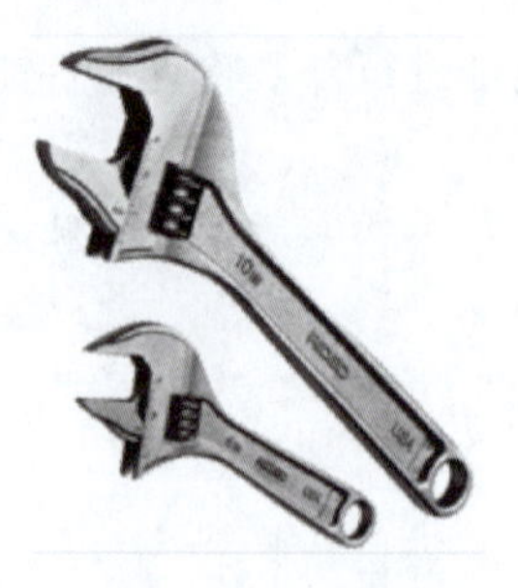

图 1-3-4 扳手

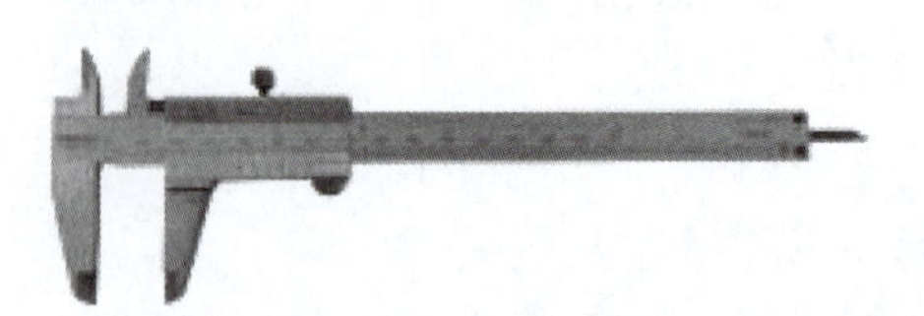

图 1-3-5 游标卡尺

（二）200W 燃料电池系统组装工艺流程

200W 燃料电池组装工艺流程包括电堆组装、配件组装等。燃料电池组装作业中的具体要点和要点理由参考表 1-3-1 的组装作业指导书。

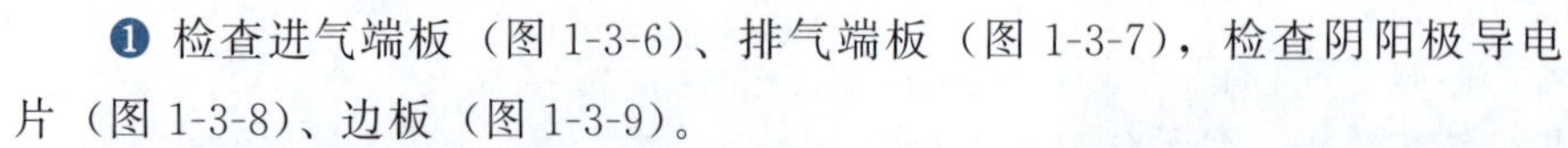

❶ 检查进气端板（图 1-3-6）、排气端板（图 1-3-7），检查阴阳极导电片（图 1-3-8）、边板（图 1-3-9）。

图 1-3-6 进气端板（正反面）

图 1-3-7 排气端板（正反面）

图 1-3-8 阴阳极导电片

图 1-3-9 边板

❷ 将过线保护套（图 1-3-10）、尼龙螺母（图 1-3-11）、绝缘衬套（图 1-3-12）和 O 形圈（图 1-3-13）装在排气端板上，备用。

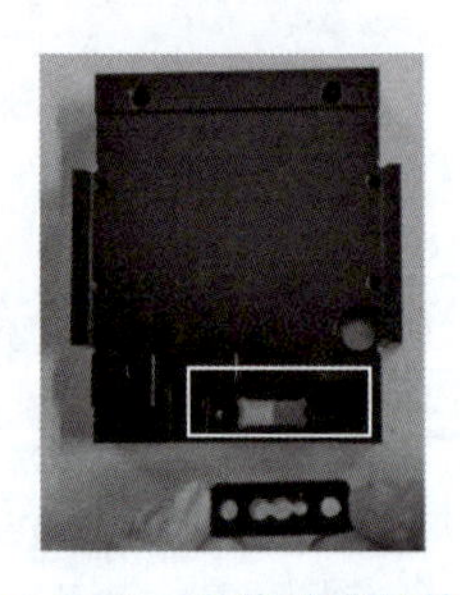

图 1-3-10 安装过线保护套

图 1-3-11 安装尼龙螺母

图 1-3-12 安装绝缘衬套

图 1-3-13 安装 O 形圈

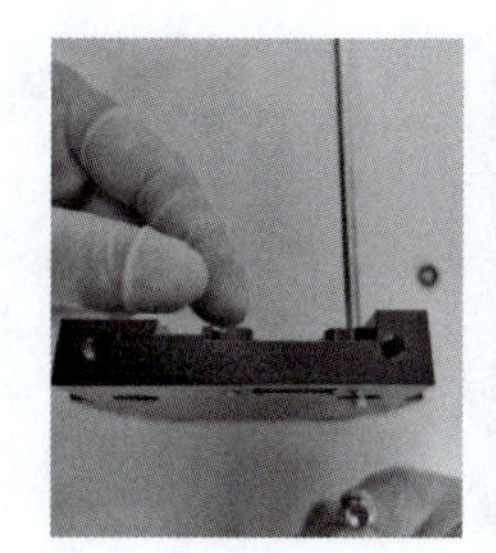

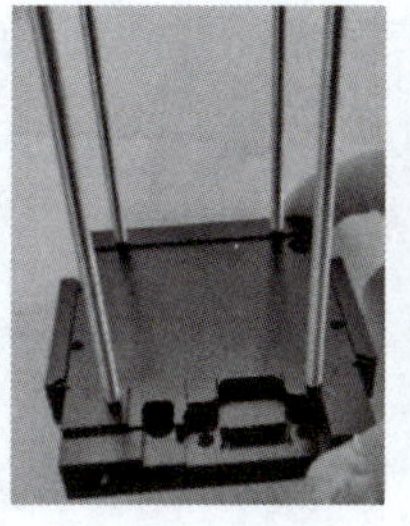

图 1-3-14 安装固定丝杠

❸ 将丝杠安装在进气端板上（图 1-3-14）。将 4 根丝杠依次安装在进气端板上，在进气端板另一侧安装螺母进行固定。

❹ 在丝杠上套上热缩管，并用热风进行热收缩（图 1-3-15）。

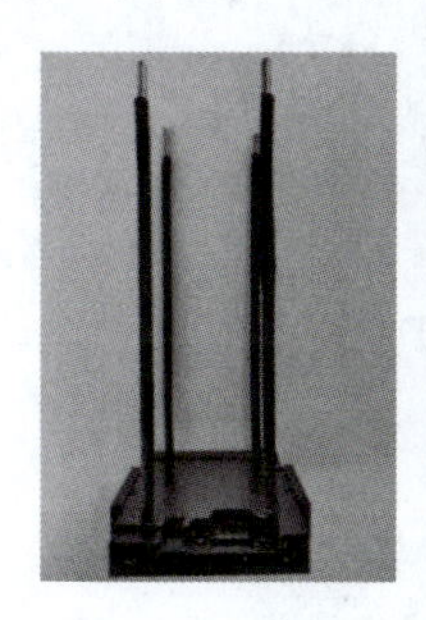

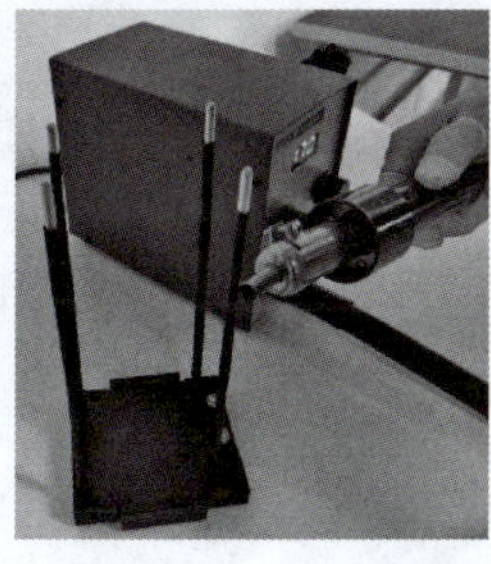

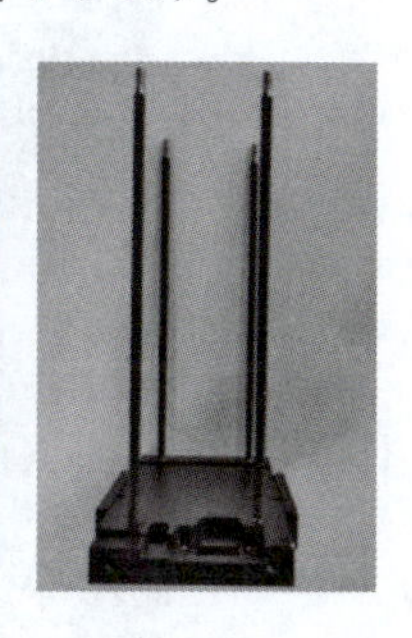

图 1-3-15 套热缩管

❺ 在进气端板相应位置安装堵盖（用十字组合螺栓）、尼龙螺母（图 1-3-16）。

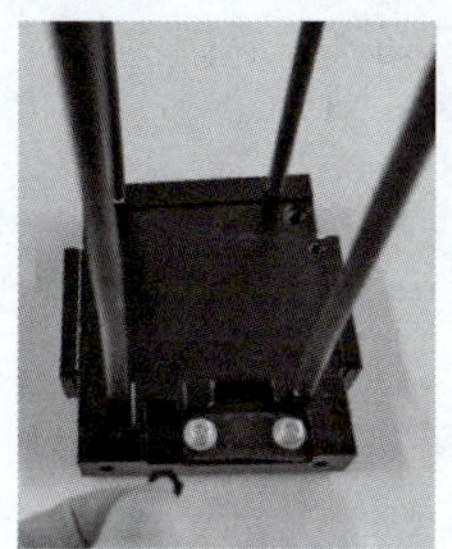

图 1-3-16 安装堵盖和尼龙螺母

❻ 放阴极导电片，注意导电面朝向双极板，绝缘面朝向端板（图 1-3-17）。

图 1-3-17 放置阴极导电片

❼ 区分空气板、氢气板、普通电极板，确认安装顺序（图 1-3-18）。

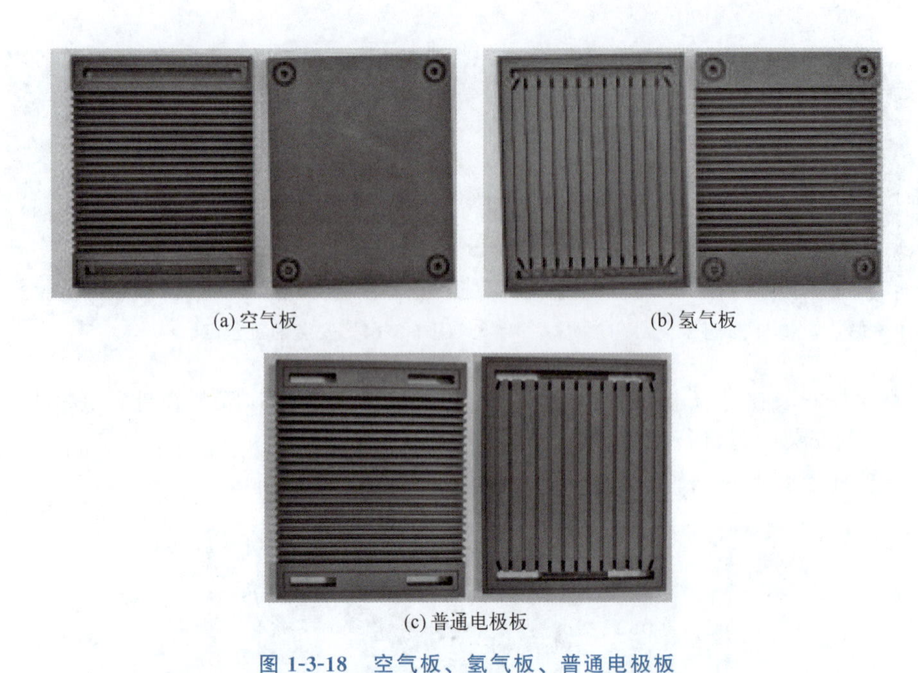
(a) 空气板　(b) 氢气板　(c) 普通电极板

图 1-3-18　空气板、氢气板、普通电极板

❽ 在空气板上组装 O 形圈（图 1-3-19）。

图 1-3-19　在空气板上安装 O 形圈

❾ 将电池单元按照顺序叠层（图 1-3-20）。

图 1-3-20　电池单元叠层

❿ 在氢气板上组装 O 形圈（图 1-3-21）。

⓫ 完成单电池的叠层，从下到上，1 片空气板，29 片普通板单电池，1 片氢气板单电池，共 30 片单电池叠加（图 1-3-22）。

⓬ 在步骤❷备用的排气端板上，放置阳极导电片（绝缘面朝向端板），并一起盖在步骤 11 的单电池串上，并放置尼龙垫片（图 1-3-23）。

图 1-3-21 组装 O 形圈

图 1-3-22 单电池叠层

图 1-3-23 在单电池上放置阳极导电片和排气端板等

⑬ 排气端安装出气口接头和 PU 管（图 1-3-24）。

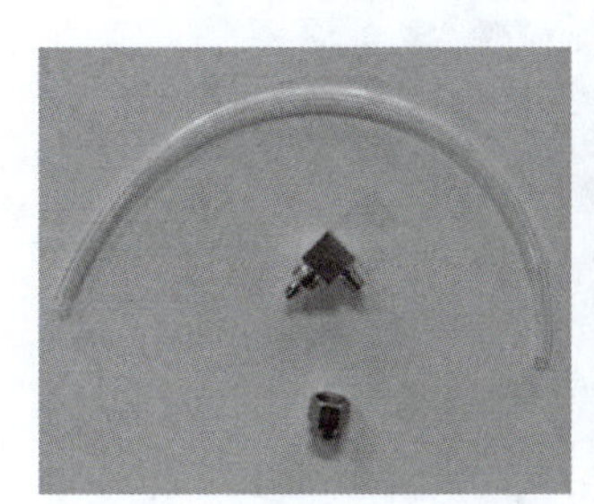

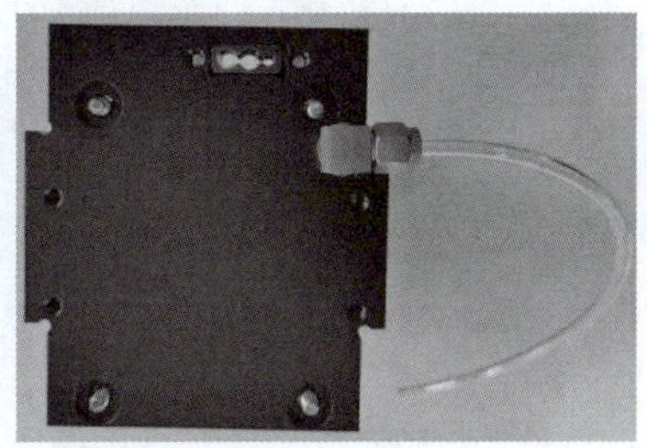

图 1-3-24 安装出气口气路

⑭ 压堆（图 1-3-25）。采用半自动压堆机将电池单元进行压堆处理，工艺参数参见表 1-3-1。

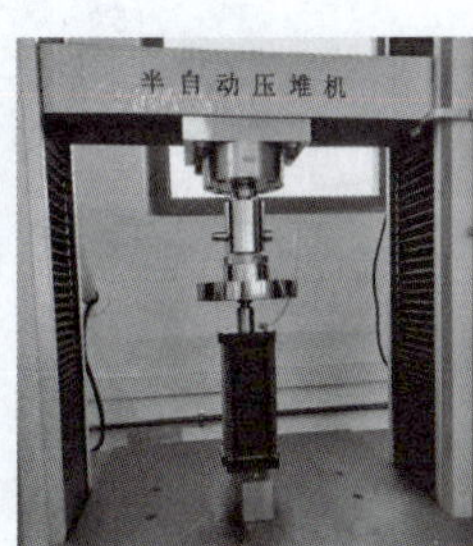

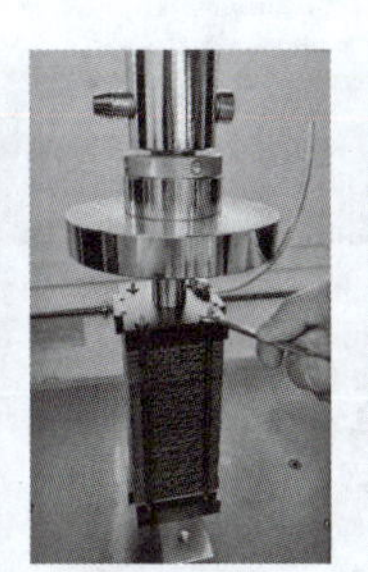

图 1-3-25 压堆

⑮ 气密性测试（图 1-3-26）。

⑯ 组装风扇，备用（图 1-3-27）。

⑰ 组装连接线，导线连接阳、阴极导电片（图 1-3-28）。

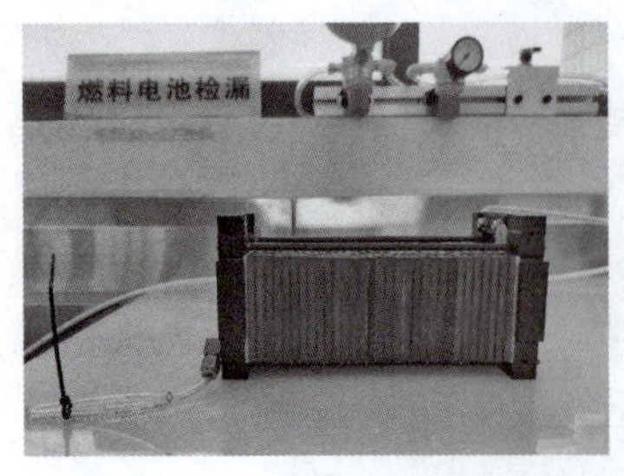

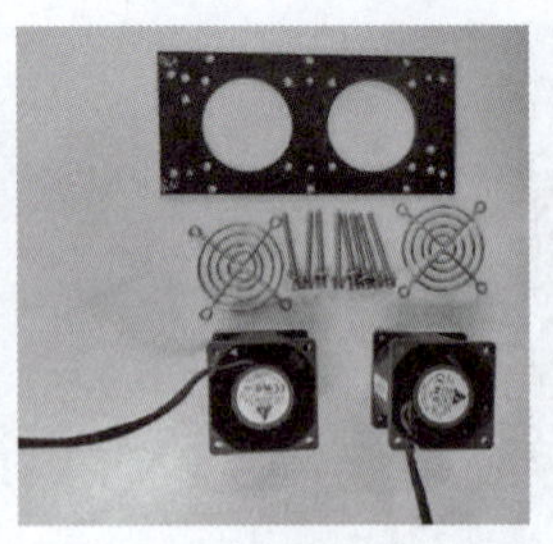

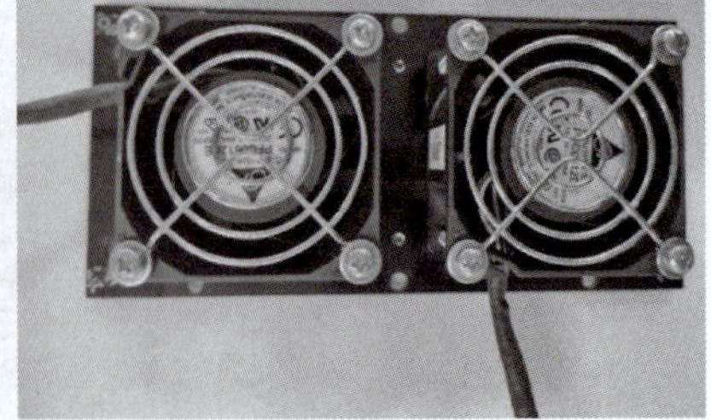

图 1-3-26 气密性测试

图 1-3-27 组装风扇

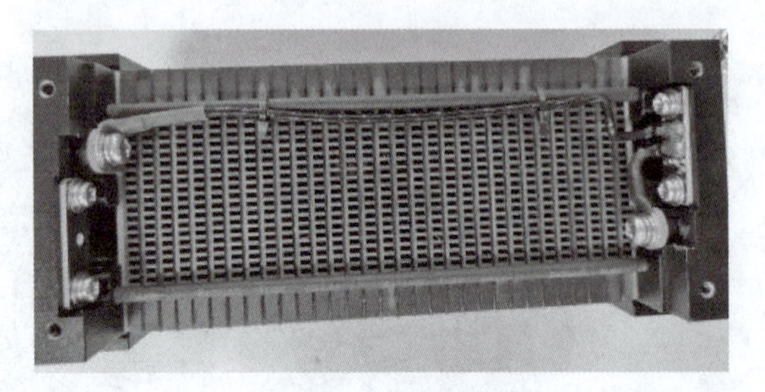

图 1-3-28 连接线组装

⑱ 安装温度传感器（图 1-3-29）。

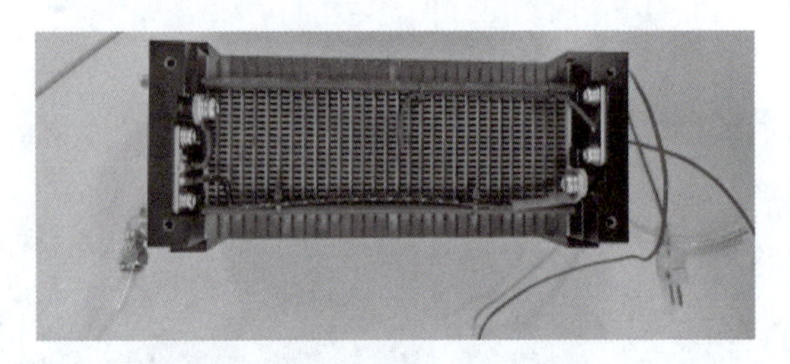

图 1-3-29 温度传感器安装

⑲ 安装边板（图 1-3-30）。

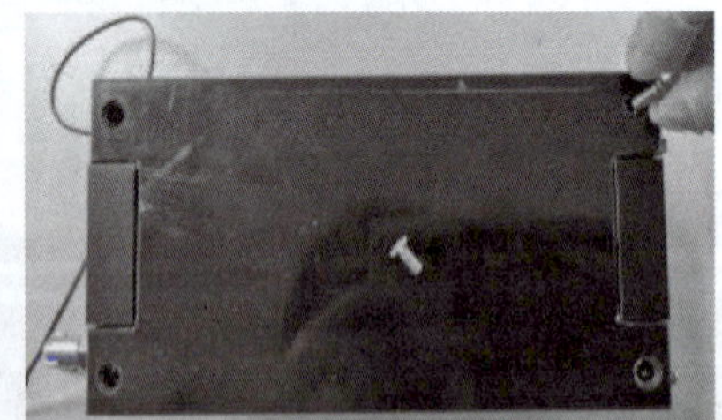

图 1-3-30 安装边板

⑳ 用10颗组合螺栓将步骤⑯组装的风扇安装固定（图1-3-31），完成200W燃料电池的组装（图1-3-32）。

图1-3-31 安装风扇

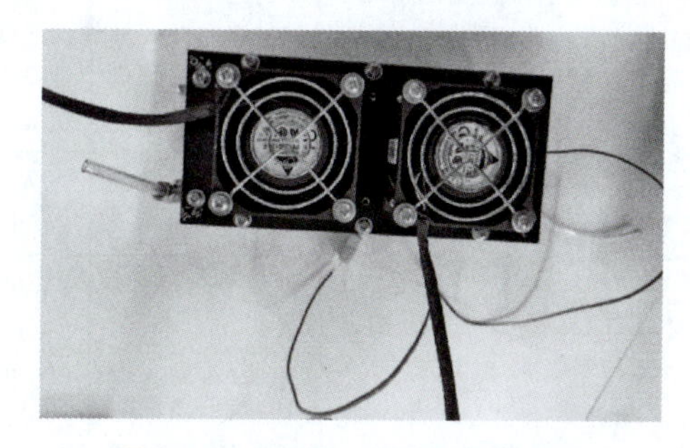

图1-3-32 200W风冷型燃料电池

表1-3-1 燃料电池组装作业指导书（普通石墨板200W燃料电池）

作业标准书					
文件编号：WI-PD-TY-×××/0					
工程名	燃料电池组装	作业名	组装作业指导书	部门	生产部-生产车间
防护用具	手套	使用工具	剪刀、扳手、游标卡尺等	设备名	

No	主要步骤	要点	要点理由
1	检查进、排气端板是否破损及整洁；阳极、阴极导电片是否平整，电极板是否有破损	请勿直接接触各配件，穿戴手套作业	受污染或破损的会导致性能异常
2	先将绝缘衬套和尼龙螺母装在排气端板上，并将丝杠与进气板装配好，套上热缩管使用热风进行热收缩。 然后在排气板上装配8mm×1.5mm的O形圈和负极导电片	按装配图找到相应的配件	丝杠装配热缩管能起到绝缘保护的作用
3	组装正极导电片和排气端板，并加装8mm×1.5mm的O形圈在端板上	穿戴手套作业	数量不对以及装配顺序错误会导致无法装配以及性能异常
4	按装配要求，清点电极板数量并确认空气板、氢气电极板、普通电极板的数量和顺序（空气板、氢气电极板组装O形圈）	穿戴手套作业	加装O形圈能起到密封作用
5	按装配技术参数，把单电池放到装有正极导电片的进气端板上，并用边板把单电池四边按压平整，盖上装有负极导电片的排气端板。将装好的电堆平稳放置于压力机中心，然后要慢速下降，压到裸堆数值在(153.35±0.1)mm时，把标准螺母平垫、弹垫放到丝杠上并慢慢拧紧到标准数值	电极板须整齐叠放，对齐两端的卡位，否则容易造成挤压变形导致报废。因电极板材料性质特殊，进行微调时应小心力度，动作轻，切勿使用蛮力。拧紧时应注意力度控制，切勿过急过猛。需注意两端的变化，使用游标卡尺测量四个面的内角，使其尺寸保持一致	因电极板材料性质特殊，极易破损，故需谨慎操作
6	在端板两侧接上进、出气口接头，排气端板前装尼龙螺母（气口接头需要缠上生料带保持密封性），并装上PU管，排气接口上的PU管需用扎带扎紧再进行气密性测试	接上进出气口，并将气压调至0.05MPa，留意泄漏量数值	标准气压是0.05～0.06MPa

续表

No	主要步骤	要点	要点理由
7	根据要求将温度传感器插入从左至右第16块电极板，且位置居中，深度为10mm。 安装两端插头底板固定正、负极电线，并焊接好	温度传感器位置偏左或右，插入的深浅度会直接影响电堆温度检测。注意用扎带固定好温度传感器，正、负极电极的焊锡不要粘在一起	温度传感器的深度决定了对电堆检测的准确度。焊锡粘到一起会造成短路
8	组装两边的边板和风扇板，并按风扇的方向安装	安装风扇时应注意风扇的方向，否则会影响电堆的性能	风扇的风向决定了电堆的散热量和性能
9	安装过程中注意EOS200PC01装配技术参数。 石墨板：74mm×60mm×4.0mm EMA； 电极：0.905mm	EOS200PC01电池堆参数如下。 空气板4.0mm、导电片2+2=4(mm)； 氢气电极板：(4.0+0.905)=4.905(mm)； 氢气加深板(4.0+0.905)=4.905(mm)； 普通电极板：(4.0+0.905)×28=137.34(mm)； 电池堆尺寸：4.905+4.905+4.0+2+2−1−1+137.34=(153.15±0.1)mm	
异常发生时的处理	报告途径：作业者→主管	年　月　日	保存期限　3年

风冷燃料电池堆紧固工序

二、半自动压堆机操作规范

❶ 插上电源（图1-3-33），打开设备开关（图1-3-34），清洁机器台（图1-3-35）。

图1-3-33　电源

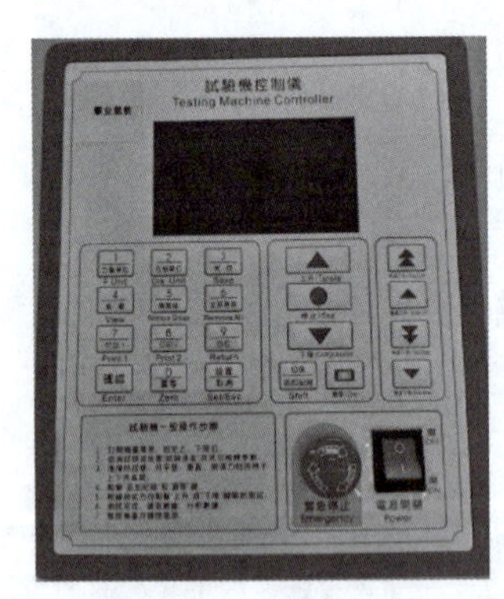

图1-3-34　设备开关

图1-3-35　清洁台面

❷ 安装XT5000工装（只有装5kW电堆时才需要这一步骤）（图1-3-36）。位置以压板为参考进行调整。

❸ 将摆放好的单电池平稳放入机台（根据要组装的电堆大小决定下方是否加垫板）（图1-3-37），在电堆工装上方放入垫板，然后将压板快速往下压（注意观察压板与电堆上方垫板的距离）（图1-3-38）。

❹ 当压板距离电堆较近时（注意观察垫板或压板是否在电堆中间，如果不在，需调整至中间位置）（图1-3-39），则需将压板缓慢下压（最终将电堆下压多少距离及需用载荷参考对应电堆装配图）（图1-3-40）。

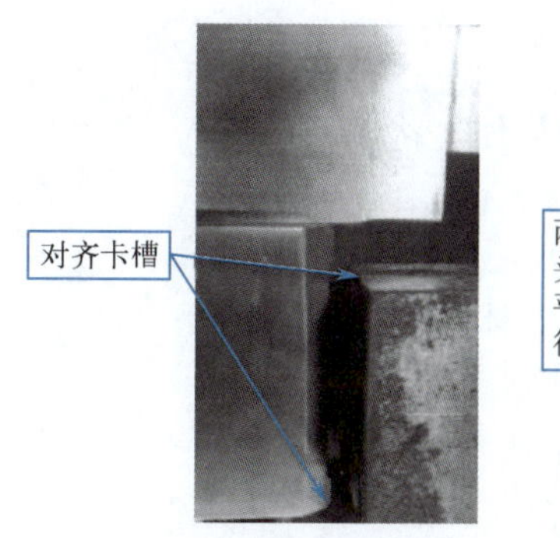

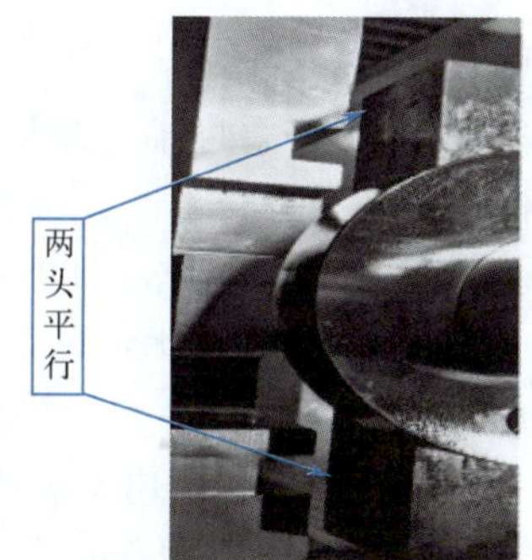

图 1-3-36 安装工装

图 1-3-37 单电池放入机台

图 1-3-38 控制压板下移

图 1-3-39 压板靠近电堆

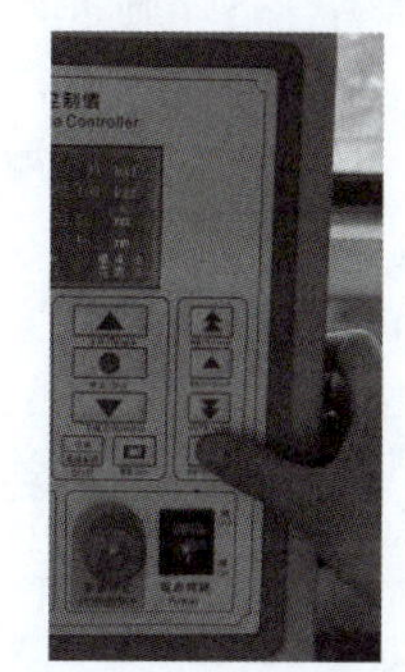

图 1-3-40 控制压板缓慢下移

❺ 将电堆下压至与电堆装配图参数相近时，将螺母带入丝杠（图 1-3-41），然后使用带表卡尺测量电堆高度，拧紧螺母将电堆的高度微调至标准参数。注意在锁紧螺母的过程中要将每一个螺母平行往下锁紧，不可单锁一个螺母至标准参数。（只锁一个螺母可能导致电极板移位甚至损坏。）

❻ 待电堆的装配完成后，抬起压板时先缓慢上抬，待压板离开电堆时方可快速上抬压板，然后便可将电堆取出（图 1-3-42）。

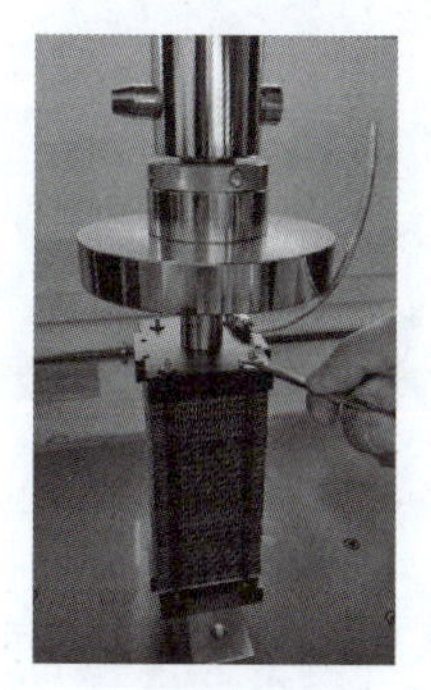

图 1-3-41 将螺母带入丝杠

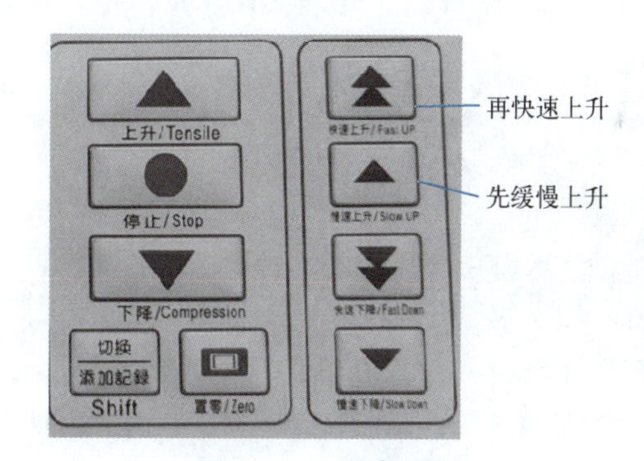

图 1-3-42 抬起压板

三、燃料电池电堆气密性测试

风冷燃料电池堆气密性测试工序

组装好的燃料电池堆，必须首先经过气密性测试，确保不漏气之后才能通入氢气，避免因为泄漏导致的危险以及氢气燃料的浪费。此处介绍小功率风冷堆的测试方法。

（一）小功率风冷堆气密性测试

❶ 给电堆装上氢气的进气和排气接头，并将排气侧堵住，从进气端通入一定压力的气体（通常是空气或氮气）来检测密封性是否合格。

❷ 保持进气端在工作压力下，采用气体流量法、浸水法测试，两种方法配合使用。

a. 首先采用气体流量法，使用精密气体流量计获得气体流量的定量数据（即泄漏速率），依据读值大小判定电堆是否漏气、合格。

合格则进入下一道工序。不合格可以进一步采用浸水法判断泄漏位置。

b. 采用浸水法测试，将电堆整体浸入水中，观察是否有气泡产生、气泡产生的数量，判断是否有泄漏、气体泄漏位置。

c. 产品合格，则进入下一步工序；浸水法测试的产品需要取出晾干或吹干表面，再进入下一步工序。

d. 产品不合格，则根据泄漏位置返修。

气体流量法和浸水法测试方法的特点如表 1-3-2 所示。

表 1-3-2 两种气密性测试方法比较

测试方法	特点
气体流量法	可以快速且定量地得到泄漏量，合格的产品无须晾干直接进入下一道工序
浸水法	① 能准确地知道泄漏位置； ② 用气体流量法测试出的不合格产品，仍需要使用浸水法找到泄漏位置

（二）气体流量法

燃料电池气体流量法气密性测试采用空气压缩机将空气通过管道，接入压力表、气体流量计、燃料电池等，通过燃料电池在工作压力下内部的气压数据，判断燃料电池是否存在泄漏，是否合格。

图 1-3-43 为气体流量法气密性测试的仪器装置。图 1-3-44 为气体流量法气密性测试仪器的结构示意图。表 1-3-3 为气体流量法测试的操作步骤。

图 1-3-43 气体流量法气密性测试仪器

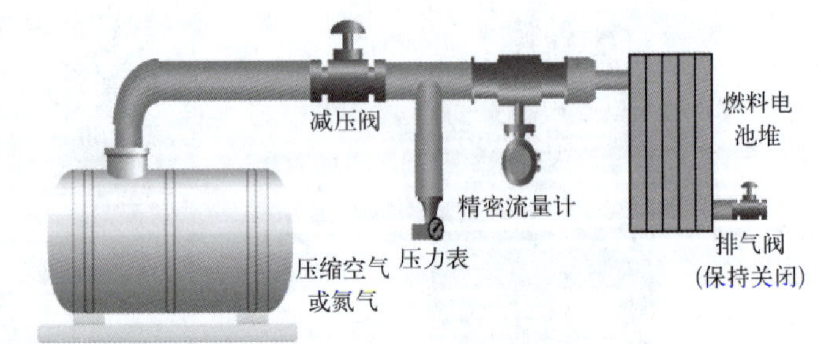

图 1-3-44 气体流量法气密性测试仪器结构示意图

表 1-3-3 气体流量法测试的操作步骤

工序名称	动作顺序	操作参数/判定标准
安装进排气管	① 分别在端板的进气接口中放入硅胶或聚四氟乙烯密封圈，将接口旋入拧紧； ② 在接头上装上一小节软胶气管； ③ 将排气端的气管对折捆住，并在口部塞入密封塞（图 1-3-45）	安装接头时，先徒手拧紧，再用扳手旋半圈至一圈即可，不可使用蛮力，否则既可能破坏密封圈，也可能损坏螺纹

续表

工序名称	动作顺序	操作参数/判定标准
调节气压	① 关闭测试仪的阀门； ② 将气体气压调节到 60kPa； ③ 将流量计挡位设置在 mL/min 或 μL/s(图 1-3-46)	测试压力取电堆工作压力的 1.1～1.2 倍，按实际情况设定，本例工作压力为 50kPa，因此测试压力为 60kPa
开始测试	① 将电堆连接到测试仪的气体接口上； ② 缓缓打开阀门，让气体可充分流过； ③ 待流量计读值稳定后，记录下读数(图 1-3-47)	阀门开度及方式依据具体使用的阀门具体确定，打开时能让气体相对无阻碍地流过即可
结果判定	① 判定气密性测试结论； ② 如不合格，直接转入浸水气密性测试，否则结束测试	读值小于或等于 3mL/min 为合格*，大于则不合格
结束测试	① 关闭测试仪气体输出阀门(图 1-3-48)； ② 拆下电堆和测试仪之间的气体连接管道； ③ 拆除电堆出口的封堵措施	无

注：* 合格标准可依产品目标使用环境调整，主要考虑密闭空间的氢气累积问题。

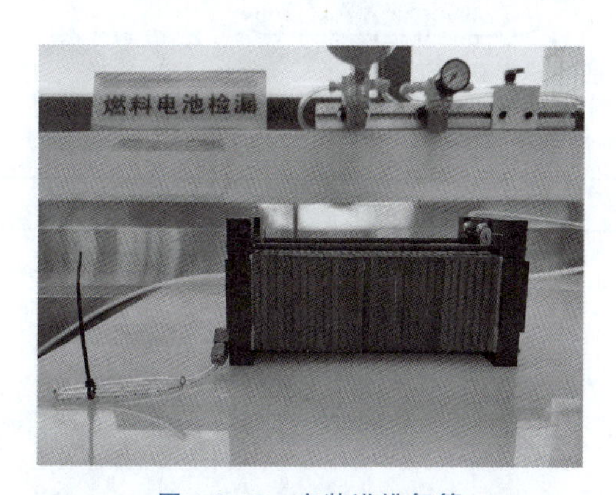

图 1-3-45 安装进排气管

图 1-3-46 调节气压表的气压

图 1-3-47 记录测试仪器读数

图 1-3-48 关闭气体输出阀门

（三）浸水气密性测试

燃料电池浸水气密性测试是将通入气体的燃料电池浸入去离子水中，观察水中是否有气泡。根据是否有气泡，判断燃料电池是否有泄漏；根据气泡产生的位置，判断燃料电池的泄漏点，便于快速返工维修。

图 1-3-49 为燃料电池浸水气密性测试的仪器装置。图 1-3-50 为燃料电池浸水气密性测试装置的结构图。表 1-3-4 为浸水气密性测试的步骤。

图 1-3-49 浸水气密性测试仪器

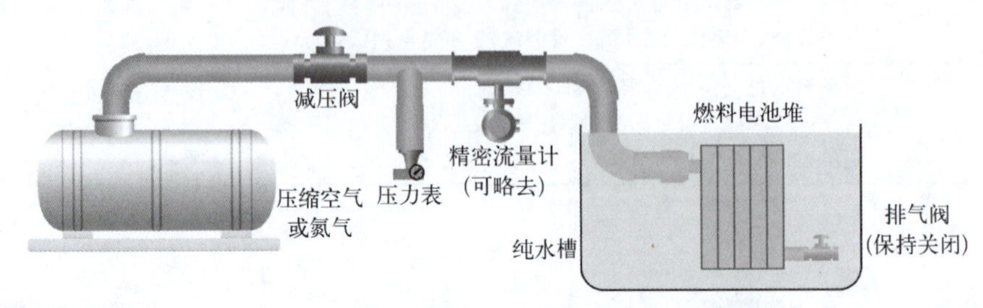

图 1-3-50 浸水气密性测试的装置结构示意图

表 1-3-4 浸水气密性测试的步骤

工序名称	动作顺序	操作参数/判定标准
安装进排气管	① 分别在端板的进气接口中放入硅胶或聚四氟乙烯密封圈，将接口旋入拧紧； ② 在接头上装上一小节软胶气管； ③ 将排气端的气管对折捆住，并在口部塞入密封塞(图 1-3-51)	安装接头时，先徒手拧紧，再用扳手旋半圈至一圈即可，不可使用蛮力，否则既可能破坏密封圈，也可能损坏螺纹
准备水槽	① 准备一个足够尺寸的容器作为水槽，需能容纳整个电堆及进排气管(图 1-3-52)； ② 注入足够量的去离子水，使电堆及进排气管能被完全淹没	水槽用水应当使用去离子水，以免有泄漏时，如果操作不慎，检测用水可能进入电堆内部，自来水中常见的钠离子(Na^+)等阳离子杂质会对质子交换膜造成不可逆的伤害
调节气压	① 关闭测试仪的阀门； ② 将气体气压调节到 60kPa(图 1-3-53)	测试压力取电堆工作压力的 1.1～1.2 倍，按实际情况设定，本例工作压力为 50kPa，因此测试压力为 60kPa
开始测试	① 将电堆连接到测试仪的气体接口上； ② 缓缓打开阀门，让气体可充分流过； ③ 将电堆及进排气管上所有可见接头均浸入测试用水槽中(图 1-3-54)； ④ 轻轻向各个方向分别摇晃几下，使表面吸附的气泡脱离，然后静置，确保电堆和可见接头均在水面之下； ⑤ 等待大约 10s，待水面稳定后，观察是否有气泡产生。例如图 1-3-55 为有气泡现象	阀门开度及方式依据具体使用的阀门确定，打开时能让气体相对无阻碍地流过即可
结果判定	① 判定气密性测试结论； ② 如不合格，标记泄漏位置并进行针对性返修	未见气泡或仅 1 处以不短于 3s 间隔性产生缓漏气泡为合格*
结束测试	① 关闭测试仪气体输出阀门； ② 拆下电堆和测试仪之间的气体连接管道； ③ 拆除电堆出口的封堵措施； ④ 晾干或吹干电堆表面(图 1-3-56)后，根据测试合格情况转入活化测试或返修工序	

注：* 合格标准可依产品目标使用环境调整，主要考虑密闭空间的氢气累积问题。

图 1-3-51　安装进排气管

图 1-3-52　去离子水槽

图 1-3-53　调节气体气压

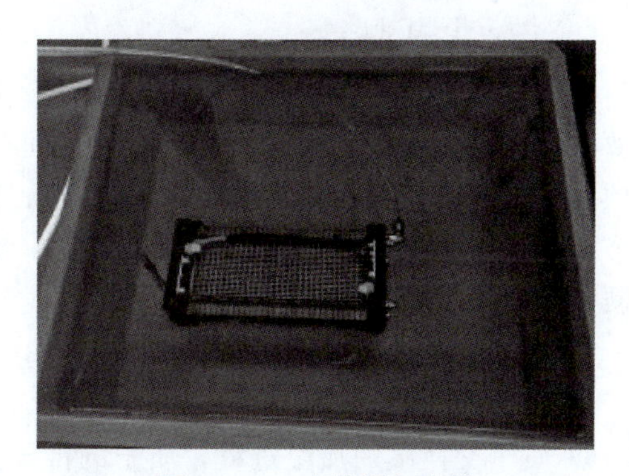

图 1-3-54　电堆浸入水槽

图 1-3-55　有气泡现象

图 1-3-56　晾干燃料电池

（四）气压衰减法

气体流量法需要精度较高的质量流量计，这种流量计通常较昂贵。另外还有一种常用的测试方法是气压衰减法，测试原理是通过测量电池内部压力变化来判断电池的密封性能。在检测时，仪器会在电池的腔体内充入一定体积、干燥洁净且无杂质的气体，然后经过平衡保压一段时间后关闭进气阀门，并开始检测内部的气压变化。如果压力在一定时间内下降超过设定标准数值，则认为被测产品的气密性不合格；反之在测试标准内气密性合格。图 1 3-57 为气压衰减法测试原理。

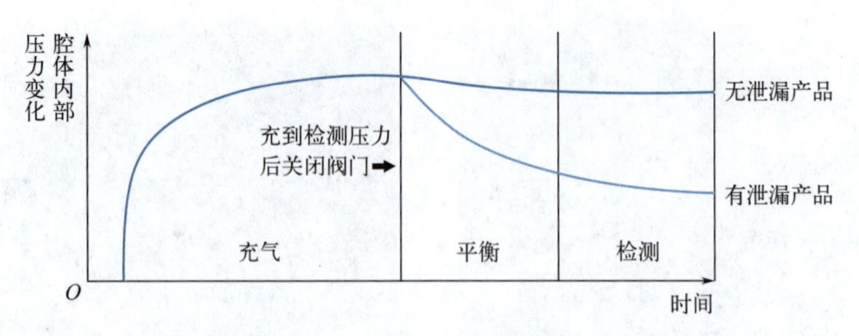

图 1-3-57 气压衰减法气密性测试原理

四、燃料电池电堆活化测试

（一）活化测试路径

燃料电池电堆在组装完成后需要进行活化，才能达到最佳性能状态。传统的活化方式主要有恒流活化和变流强制活化，活化时间在几个小时以上，同时氢气消耗量较大，这种方式基本能够满足实验室场景需求。但随着燃料电池产品向批量化制造方向发展，传统活化方式已经不能满足生产成本和节拍的要求，采用可靠的低损伤的快速活化工艺迫在眉睫。

1. 活化原理和类型

活化通常被认为包括以下一些过程：

❶ 质子交换膜的加湿过程，质子的传导能力与膜中的含水量成正比；

❷ 物质（包含电子、质子、气体、水）传输通道的建立过程；

❸ 电极结构的优化过程；

❹ 提高催化层（主要是阴极 Pt）的活性和利用率过程。

图 1-3-58 给出了 MEA 微观结构和传质通道，有助于了解活化过程。

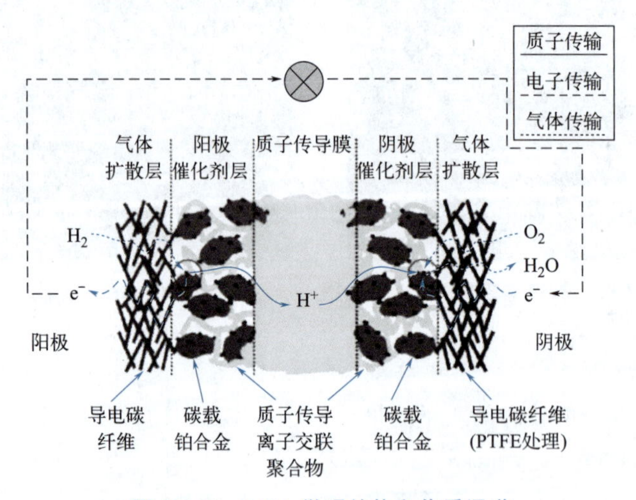

图 1-3-58 MEA 微观结构和传质通道

活化按照产品状态过程分为预活化、在线活化（放电活化）和恢复活化。不同活化方式的特点如表 1-3-5 所示，活化方式可细分为不同的处理方式，如图 1-3-59 所示。

表 1-3-5 活化类型

类型	特点
预活化	PEMFC 未放电，可以减少 PEMFC 从完成组装到实际投入使用的时间，活化效果一般
在线活化（放电活化）	放电活化过程中产生的水使得 MEA 逐渐润湿，同时提高催化剂的活性位点和降低电堆的整体内阻，提高 PEMFC 的整体性能和稳定性，活化效果最好
恢复活化	放置较长一段时间后，采用恢复活化可在一定程度上恢复 PEMFC 的性能

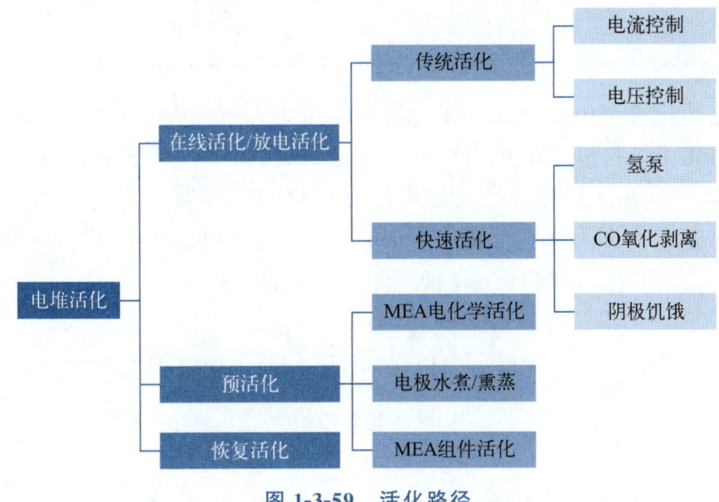

图 1-3-59 活化路径

2. 不同类型活化方式

（1）预活化　PEMFC 未放电，主要通过提前使膜润湿或去除催化剂表面氧化物和杂质来实现，在一定程度上减少了气体、测试台等资源的消耗，可以减少 PEMFC 从完成组装到实际投入使用的时间，活化效果一般。实际操作例如水蒸或煮 MEA、PEMFC 注水或浸泡润湿、氢气吹扫等。

（2）放电活化（在线活化 \ 初次活化）　PEMFC 初次放电，原位活化过程中产生的水使得 MEA 逐渐润湿，同时提高催化剂的活性位点和降低电堆的整体内阻，提高 PEMFC 的整体性能和稳定性，活化效果最好。实际操作主要有恒流放电活化、变流放电活化（采用比较广泛）、氢泵活化（通过将氢气从膜的一侧转移到另一侧来提高燃料电池性能）。

❶ 传统在线活化。包括电流控制方式和电压控制方式。

电流控制方式分为恒流自然活化、恒流强制活化和变流强制活化方式。变流强制活化方式后电堆的性能最优，同时活化时间更短，是应用比较广泛的传统活化方式。有实验表明，采用循环恒压活化方式比电流控制方式更有利于 PEMFC 性能的提升，因为电流控制方式更容易使得 MEA 中的纳米 Pt 颗粒团聚，降低了催化剂层的电化学反应面积（ECSA）。表 1-3-6 为 USFCC 推荐单电池活化步骤。

电池电极短路是一种特殊的恒压控制活化方式，可作为预活化或者独立活化方式使用，其过程是短接电堆的正负极使电堆端电压一直保持为 0V，然后通入一定工况条件的水和气，气体流量在高低两个状态交替切换，过程中确保某一单片电压反极时间小于安全设定值。实验表明，此活化方式时间可以降低为传统活化方式时间的 1/10，同时大大减少氢气的消耗。

表 1-3-6 USFCC 推荐单电池活化步骤

测试条件	步序时间/min	累计时间/h	备注
初始启动	预热至 80℃		
循环步骤 1 ◇ 0.6V	60	1	执行 1 次
循环步骤 2 ◇ 0.7V ◇ 0.5V	20 20	7	执行 9 次
循环步骤 2 ◇ 10A	720	19	

在以上放电活化过程中，增加气体的温度和压力，可以大幅度提高 PEMFC 的活化效果，因为此种活化工艺打开了催化剂层的“死区”，提高了催化剂的利用率。

❷ 氢泵活化。氢泵活化方式是通过将氢气从膜的一侧转移到另一侧来提高燃料电池性能的一种活化方式。析氢反应过程如图 1-3-60 所示。电极上 H_2 析出的反应如下。

$$燃料电池阳极：H_2 = 2H^+ + 2e^-$$

$$燃料电池阴极：2H^+ + 2e^- = H_2$$

$$总反应式：H_2(阳极) = H_2(阴极)$$

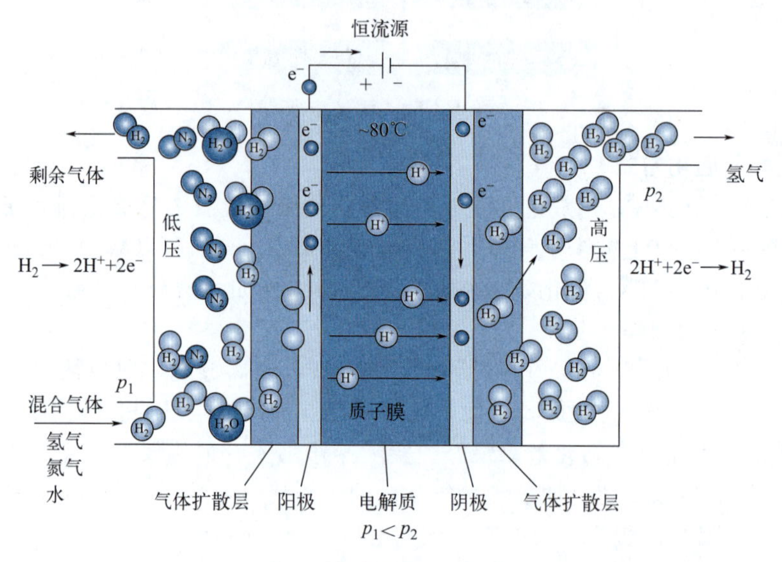

图 1-3-60 析氢反应示意图

此种活化原理降低了氧化还原的过电位，在此过程中，H_2 的析出改变了催化剂层的孔隙率和迂曲度，增加了催化剂层反应物-催化剂-电解质界面位点的数量。

一种氢泵活化方式的步骤如下：阴极侧的空气用氮气代替，而阳极侧用纯氢气。使用外部电源产生电流密度约为 $200mA/cm^2$ 的电流，氢气在阳极被氧化，质子通过膜传输到阴极，在阴极被还原。结果如图 1-3-61 所示，析氢活化后电堆性能得到了显著提升，其中低电流密度区域中燃料电池的性能主要由电极动力学控制，这与反应物-催化剂-电解质三相界面位点的总数直接相关。

另外，巴拉德（Ballard）一项测试表明，把干燥未加热的氢气通过电池组的阳极和阴极 5min 后，电池的平均电压立即增加了 20～32mV。另一项测试表明，短暂暴露于加热和湿润环境下的氢气（80℃，100%RH，持续 5min）可使电池组几乎达到标称工作电压（正常电压的 95%以内）。

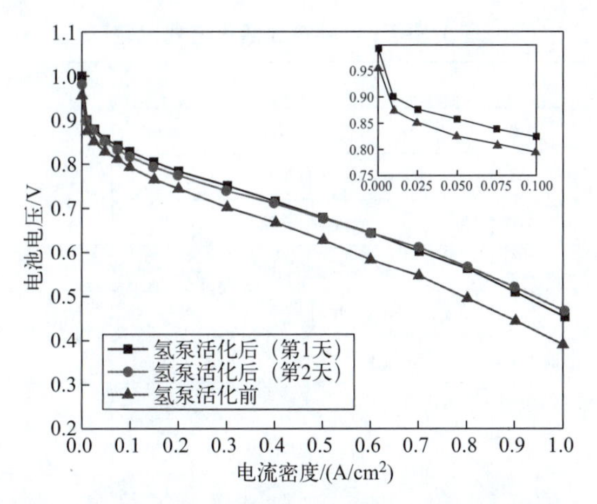

图 1-3-61 多次阴极析氢过程后燃料电池性能对比

❸ 阴极饥饿方式。阴极饥饿活化方法是利用在缺少氧化剂的情况下短暂的拉载过程可以提高电堆性能来实现的。因为在缺少氧化剂的情况下对燃料电池拉载会在阴极处产生还原条件，影响阴极性能的氧化物质被还原。具体实现过程是：在缺气状态下通过负载进行拉载将电压降至 0V 附近，然后恢复空气供应，电池电压随之恢复。该方法可用于在初始制造后进行电堆的快速活化，还可以用于恢复性活化。

❹ CO 氧化剥离方式。一氧化碳（CO）会强烈吸附在催化剂上，严重污染 PEM 燃料电池，但也可利用此现象活化 PEM 燃料电池。图 1-3-62 比较了常规活化和 CO 氧化剥离条件下的性能。可以看出，在每个 CO 氧化剥离过程之后电池性能都获得提高，通过三个 CO 吸附/ CO_2 解吸附的循环活化比传统的活化方式获得的性能高约 29%。

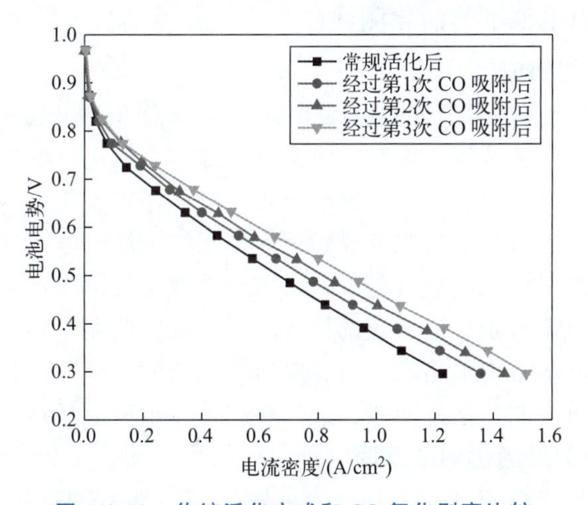

图 1-3-62 传统活化方式和 CO 氧化剥离比较

(3) 恢复活化　针对 PEMFC 放置较长一段时间或电池放电后的部分可逆性能衰减，可采用恢复活化方法在一定程度上恢复 PEMFC 的性能，此修复过程类似于活化过程。实际操作比如 PEMFC 润湿，恒变电流运行，氢泵效应等。例如，将阴极暴露于氢气中可以用于在长期存储之后使燃料电池恢复活力。

表 1-3-7 比较了在线活化技术的活化时间，可以看出，采用快速活化方式可以很大程度地降低活化时间。

表 1-3-7 各种在线活化方式比较

活化方式	实例	活化时间①/h
电流控制	恒流 1A·cm^{-2}	3～25
	电流递增/减	
	电流序列	
电压控制	恒压循环	6～8
	恒压序列	3～4
	电流和电压控制方式结合	USFCC:19
	短路	0.5
提高温度	75/95/90℃	＜2
氢泵	施加 200mA·cm^{-2}	0.5
CO 氧化剥离	0.5%CO	＞3(在 4h 传统活化后)
空气饥饿	47 节电堆	＞5min

① 活化时间来源于文献，由于采用验证对象不同无法直接对比，只作为活化效率的对比参考。

总体来说，PEMFC 的预处理活化、初次活化和恢复性活化三种活化工艺并不是孤立的，而是相互统一的。这意味着在实践过程中，根据需求，可以有选择性地采取合适的活化工艺或组合性的活化工艺，从而提高 PEMFC 的性能。

在大多数情况下，不合适的工况条件（例如温度、相对湿度、电势和负载周期）会严重影响 MEA 的微结构，进而严重影响 MEA 的长期性能和耐用性，活化方式需要经过长期的实证实验和应用来验证。

（二）风冷型燃料电池堆的活化测试台

1. 活化测试台结构组成

风冷型燃料电池堆活化测试台的基本结构包括电源总开关、氢气源及其管路装置、电子负载、燃料电池固定连接装置、电脑主机及显示屏、电压巡检仪等（图 1-3-63）。

氢气源及其管路装置包括氢气浓度警示装置、氢气调压按钮、压力表等，如图 1-3-64 所示。氢气浓度警示装置包括氢气浓度显示屏、警示灯。燃料电池通过夹具固定在测试台面上，氢气管路接入燃料电池的氢气进气口，燃料电池正负电极接入台面的连接口，燃料电池的温度传感器、风扇分别接入相应的接线端子，进行监测。燃料电池单元通过探针与线路连接，以便测试其运行中输出的电流、电压等数值的变换。燃料电池活化通过显示屏上的活化测试软件进行控制，活化曲线、测试数据在显示屏上显示。

2. 风冷型燃料电池堆活化测试原理

风冷型燃料电池堆活化测试原理如图 1-3-65 所示。氢气通过燃料电池堆的氢气进气口，进入燃料电池堆，通过氢气排气口、排气电磁阀排出。燃料电池堆的风扇通过接线端子，接入风扇控制器，风扇的风速等参数可调。燃料电池堆的温度传感器接入控制器，可监测燃料电池运行中的温度。电路中接入电子负载，负载电流、电压、功率等参数可调。燃料电池堆的电池单元接入单电池电压巡检仪，监测每个电池单元的运行参数。

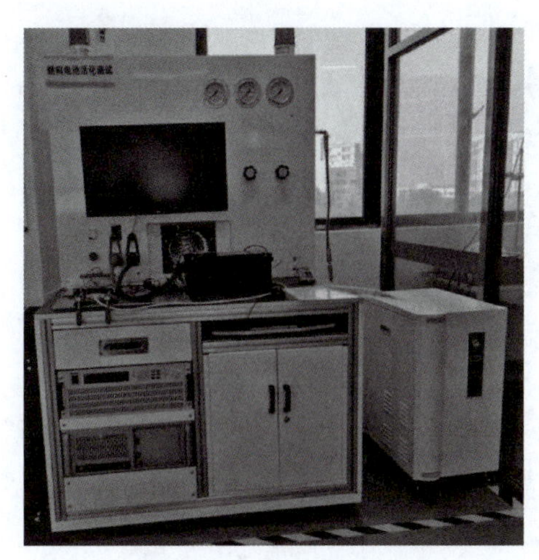

图 1-3-63 活化测试台

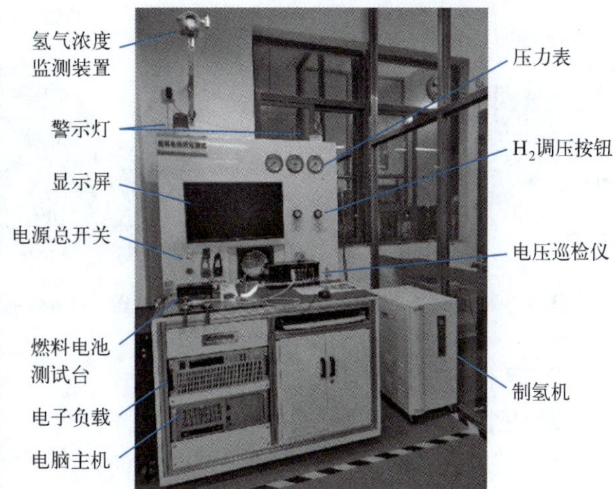

图 1-3-64 活化测试台结构部件

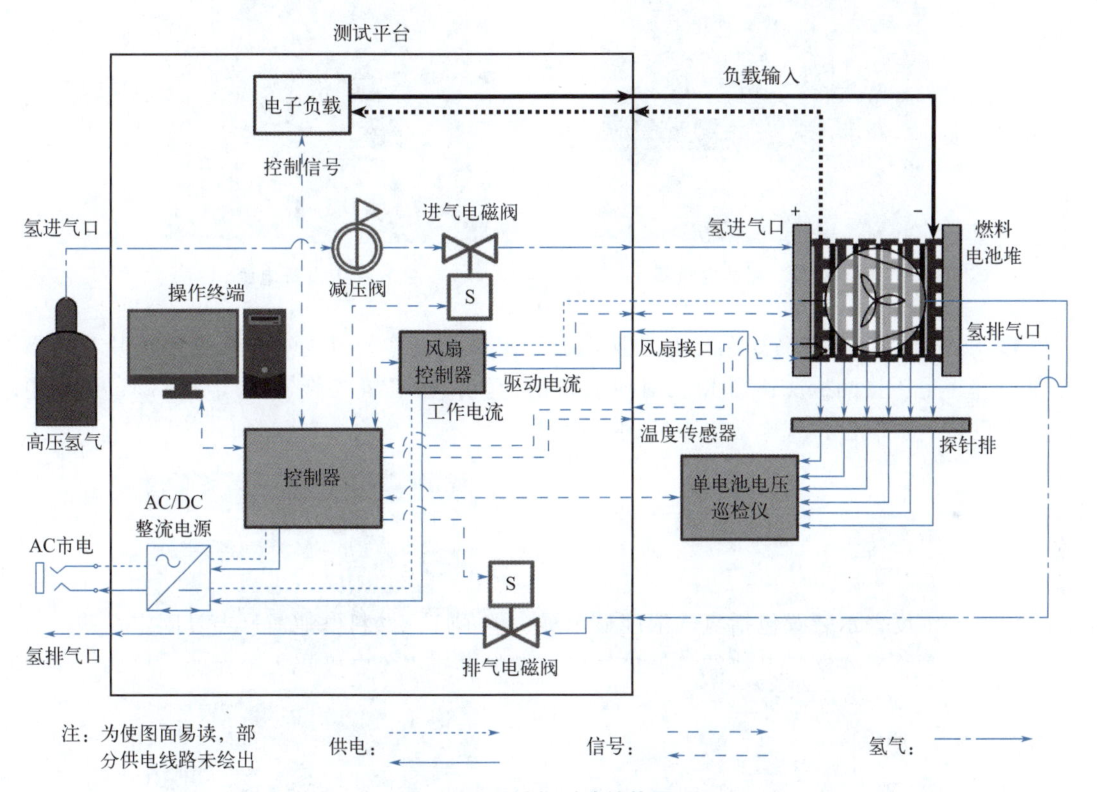

图 1-3-65 活化测试结构原理

（三）活化测试工艺

1. 活化测试准备

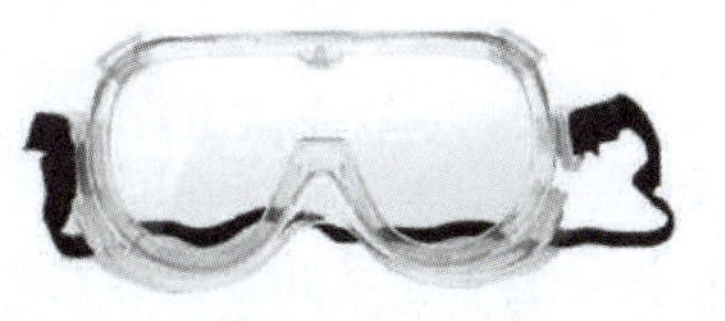

图 1-3-66 护目镜

❶ 使用防具：护目镜（图 1-3-66）、静电手环（图 1-3-67）、劳保鞋（图 1-3-68）。

❷ 使用工具：万用表（图 1-3-69）。

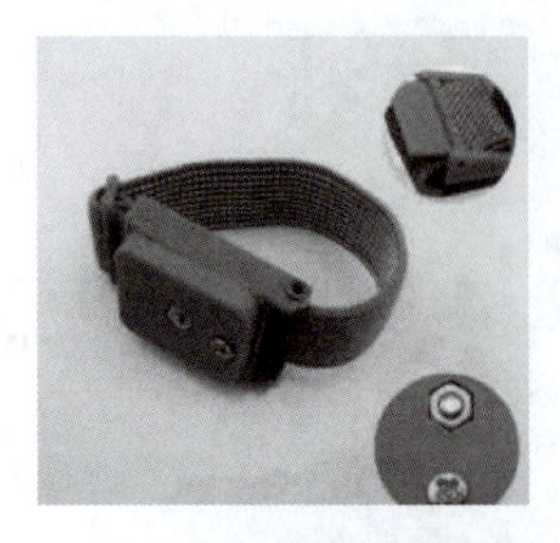

图 1-3-67 静电手环

图 1-3-68 劳保鞋

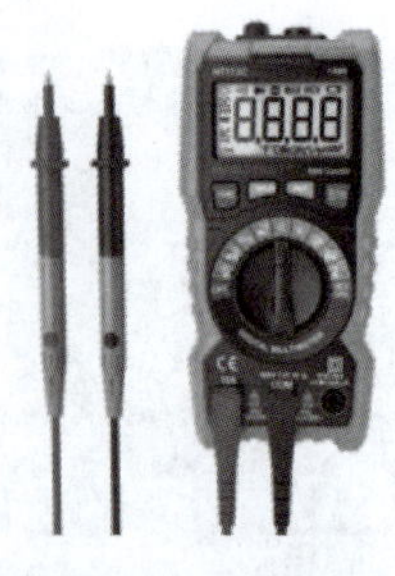

图 1-3-69 万用表

2. 活化测试操作步骤

❶ 开机前操作。打开氢气气源，打开测试台气阀（图 1-3-70），检查各处气管是否漏气，接上设备电源（图 1-3-71），佩戴好防静电手环。无异常则打开测试台电源及负载电源（图 1-3-72）。

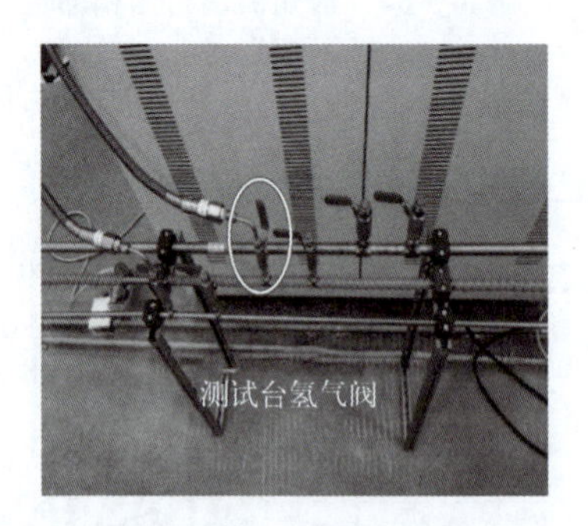

图 1-3-70 测试台气阀

图 1-3-71 设备电源

❷ 放置产品。将产品如图 1-3-73 所示放到夹具中夹稳，以左边和后面的撞块为位置基准，并将电压检测探头准确顶在对应的单电池上；接好氢气管、排气电磁阀、风扇电源、温度线、负载。排气电磁阀要略向下倾斜。

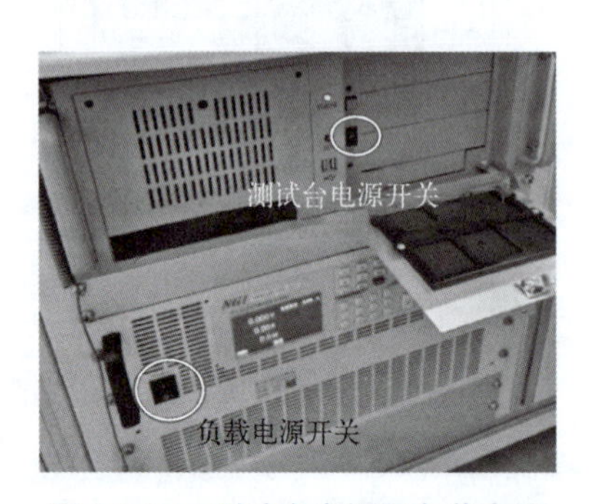

图 1-3-72 测试台电源及负载电源

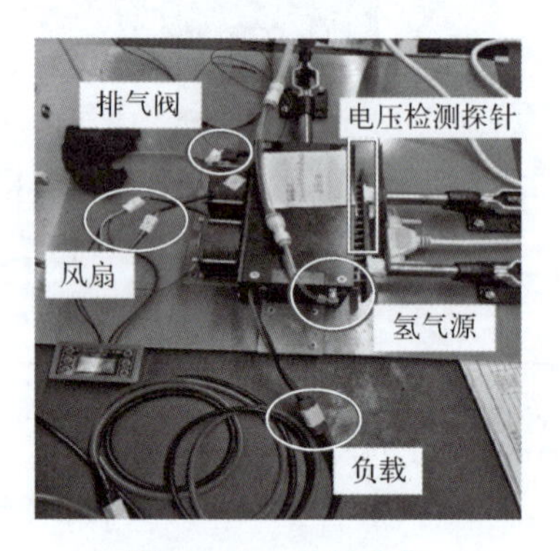

图 1-3-73 放置产品

❸ 测试：在电脑上打开“测试台”软件（图 1-3-74），在软件中单击“⇨”（图 1-3-75），在对话框里选择本产品对应的文件（图 1-3-76、图 1-3-77）；然后先单击“开始采集”，再单击“开始测试”；并在各转接头处喷适量检漏剂检验是否有漏气，如有漏气，则需重新裁切气管或者更换转接头直至无漏气现象。按下“ON/OFF”键开启负

载，按下“ENTER”键，“电流设定”开始闪烁，此时可按数字键盘设置所需电流（图1-3-78）；依次设置要求的梯度电流，分别使用万用表直流电压挡测量电堆总电压，其中最高梯度电流保持30min并记录电压和堆温的最大值和最小值，其他梯度电流记录瞬时电压值和堆温值（图1-3-79）。

图 1-3-74 测试台软件

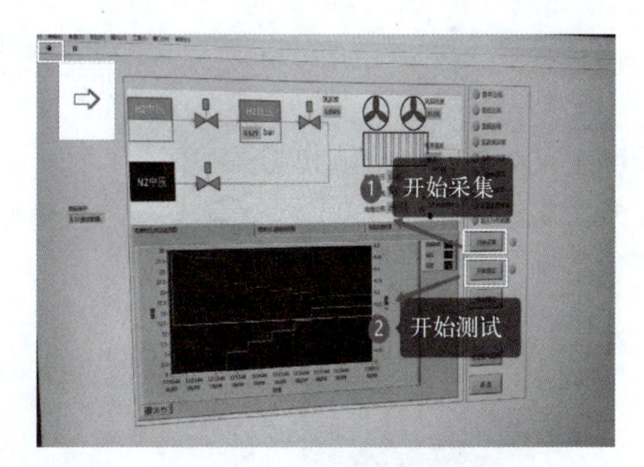

图 1-3-75 开始测试界面

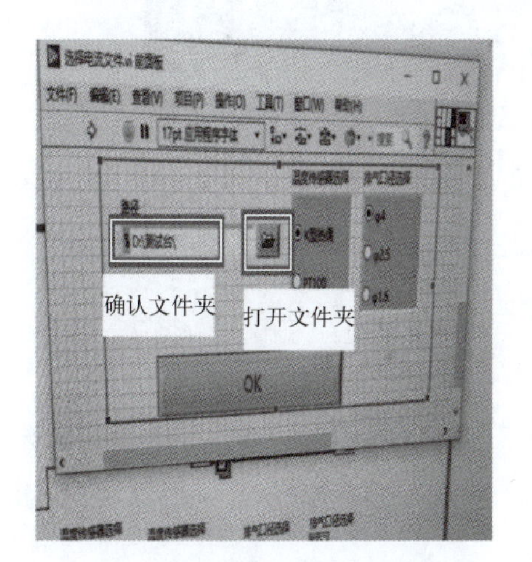

图 1-3-76 打开文件夹界面

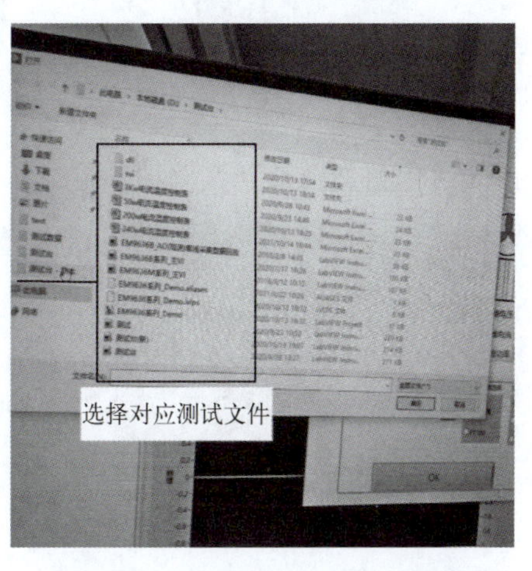

图 1-3-77 选择对应测试文件界面

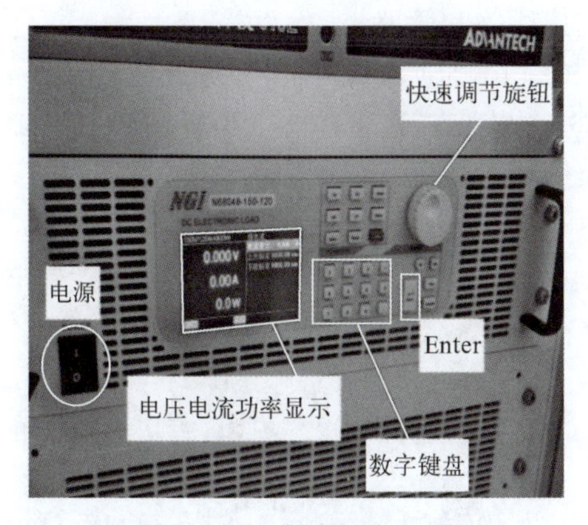

图 1-3-78 数字键盘位置

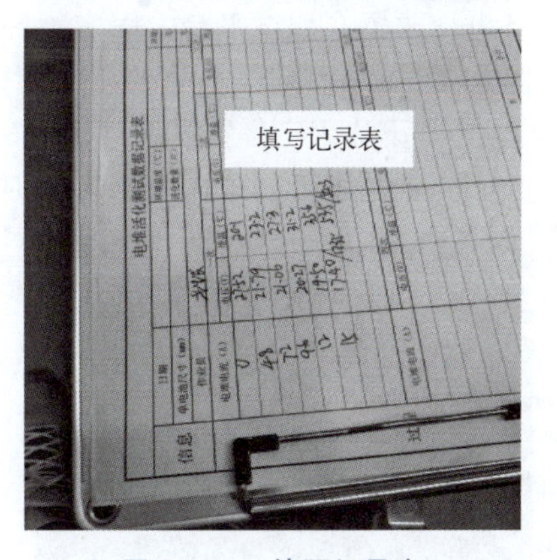

图 1-3-79 填写记录表

❹ 完成。测试结束后，若可正常保持 15A 电流 30min，则根据电压检测仪示数和底色，在各个单电池上分别插入对应颜色的扎带作为标记（图 1-3-80）；若 3 次测试均不可以正常保持，则将有问题的单电池用红色扎带标记。关闭氢气输入，按负载的“ENTER”键后，将电流调至 0.1A 进行放电，在电压降为 0 之后，方可拆除电堆上的气管和电线。

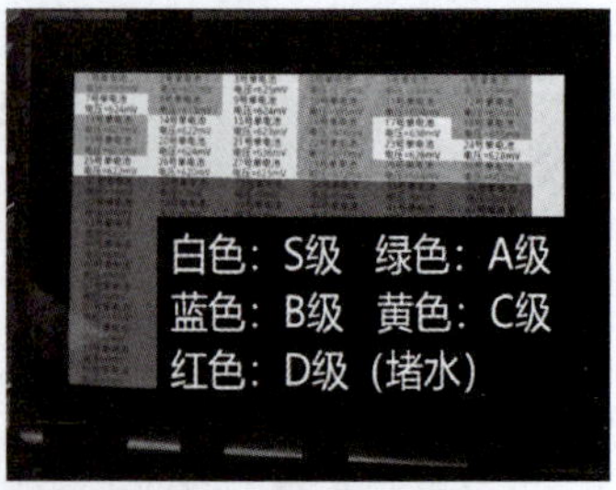

图 1-3-80 电压检测仪数据和底色

（四）200W 燃料电池活化测试示例

❶ 开启制氢机水循环泵，待水流平稳（电解槽被水充分润湿）后，开启制氢开关（图 1-3-81、图 1-3-82）。

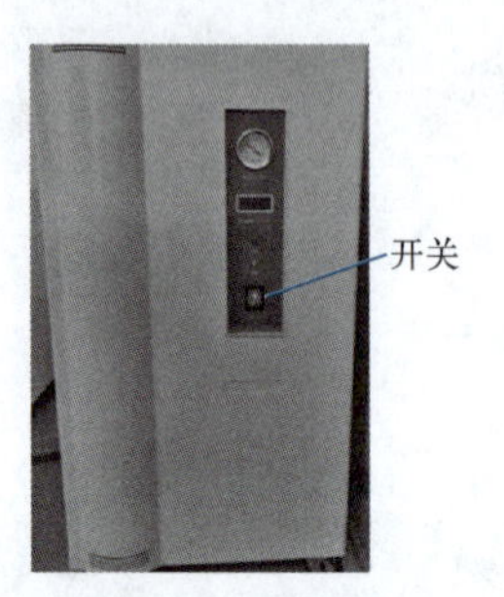

图 1-3-81 制氢机开关

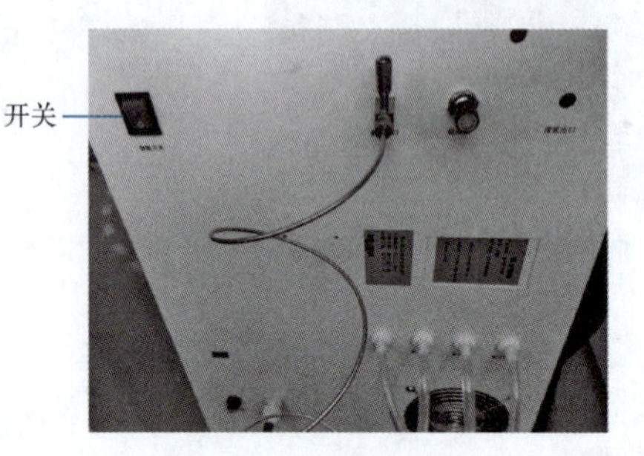

图 1-3-82 制氢开关

❷ 打开活化测试台总开关（图 1-3-83），然后打开计算机和电子负载（图 1-3-84）。

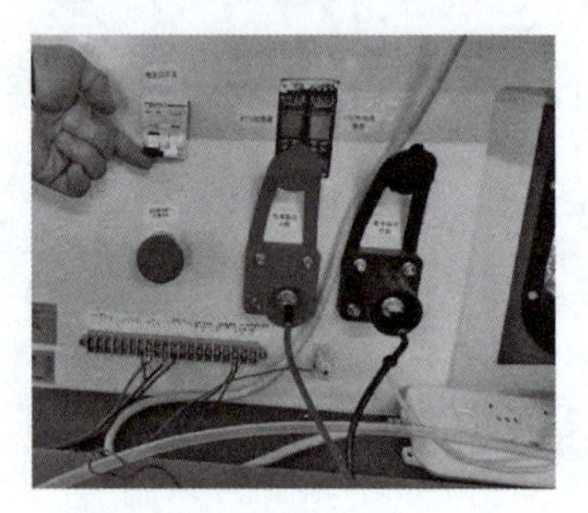

图 1-3-83 活化测试台总开关

图 1-3-84 电子负载开关和计算机开关

❸ 将电堆放置在测试平台上固定，并连接线路和管路。

a. 将电堆放置在测试平台上的相应位置（图 1-3-85），并固定。左边位置固定，上面位置固定，右边和下边固定位置可调（图 1-3-86）。电堆右侧通过一个顶杆固定（图 1-3-87），下边通过电堆探针固定（图 1-3-88），同时接入电池单元。

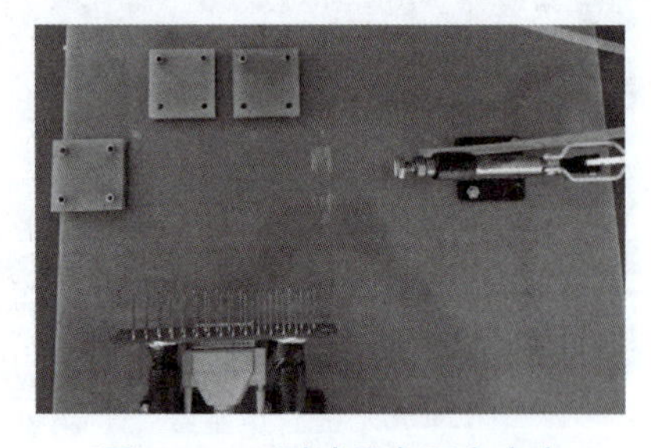

图 1-3-85 测试平台固定底座

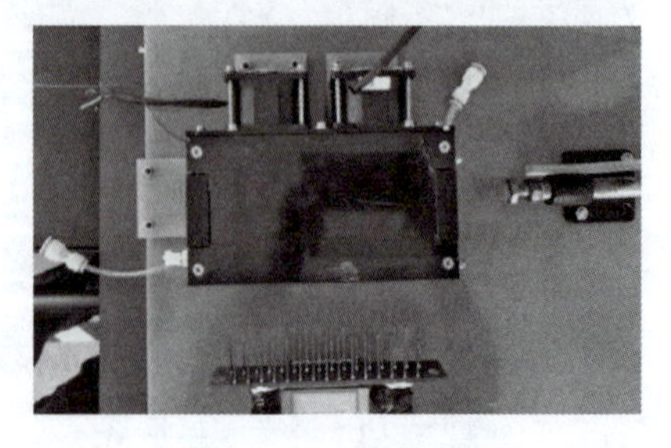

图 1-3-86 电堆放置

图 1-3-87 电堆右侧固定

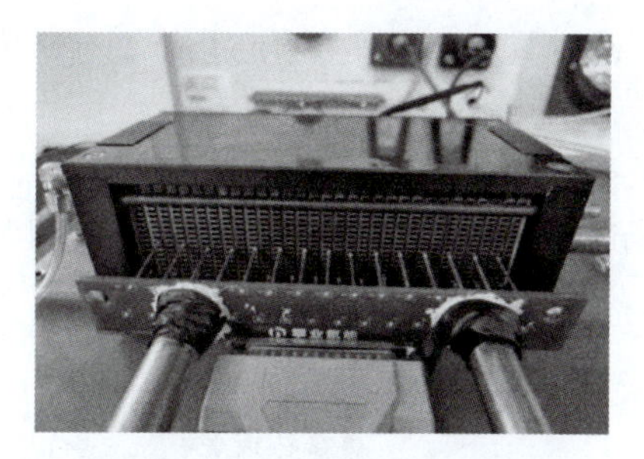

图 1-3-88 电堆探针处固定

b. 测试台上有氢气供应口、氢气回收口（图 1-3-89）。将电堆的氢气进气口连接到测试台的氢气供应口（图 1-3-90），排气口接到测试台氢气回收口（图 1-3-91），连接牢固避免漏气，有条件可使用检漏液测试接口的气密性。

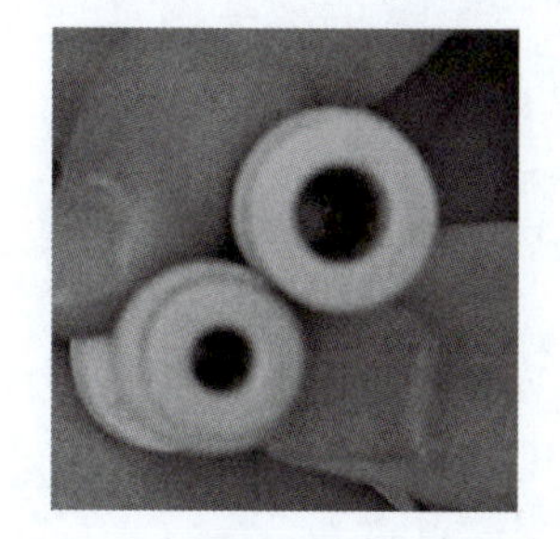

图 1-3-89 氢气供应口、回收口

图 1-3-90 电堆进气口连接

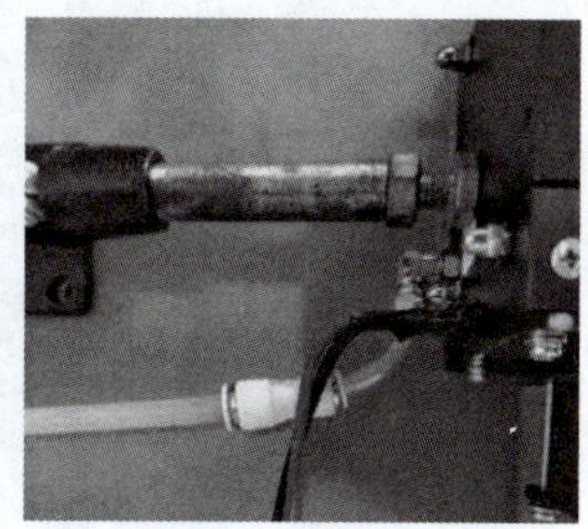

图 1-3-91 电堆排气口连接

c. 将电堆的温度传感器连接到测试台相应的端口（图 1-3-92）。

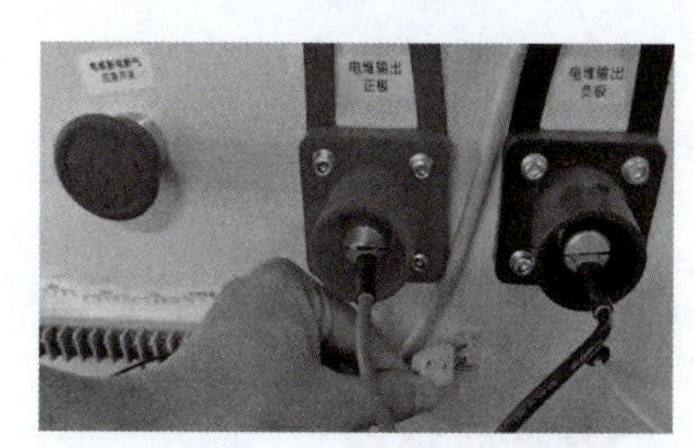

图 1-3-92 连接温度传感器

图 1-3-93 连接电堆输出端到测试台的负载输入端

d. 将电堆的输出端与测试台的负载输入端连接（图 1-3-93）。

e. 将风冷堆风扇的电源线与测试台上的测速调速线连接，接线方式如图 1-3-94 所示，红色连红色，黑色连黑色，调速线连蓝色。

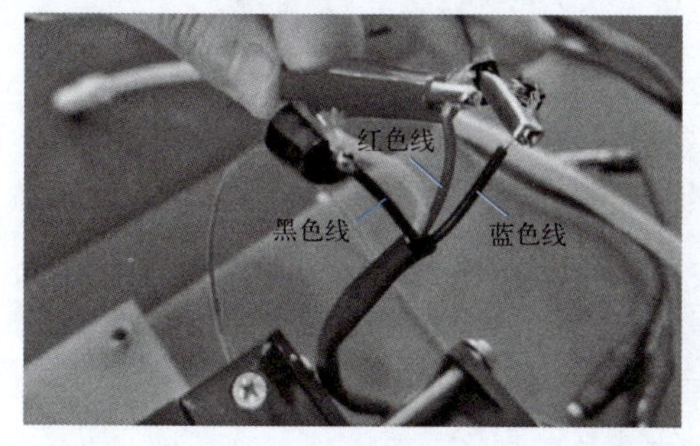

图 1-3-94 风扇电源线与测速调速线连接

图 1-3-95 氢气压力阀

❹ 调节氢气压力阀，使进气压力稳定在 50kPa（图 1-3-95），可根据测试要求另行设定。

❺ 打开测试程序，设定“额定功率”为 200W，“额定电压”为 18V，“活性面积”为 29.68cm^2（5.6cm×5.3cm），“活化时间”为 30min，“活化次数”为 1 次。其他程序可以默认，也可根据需求调整（图 1-3-96）。

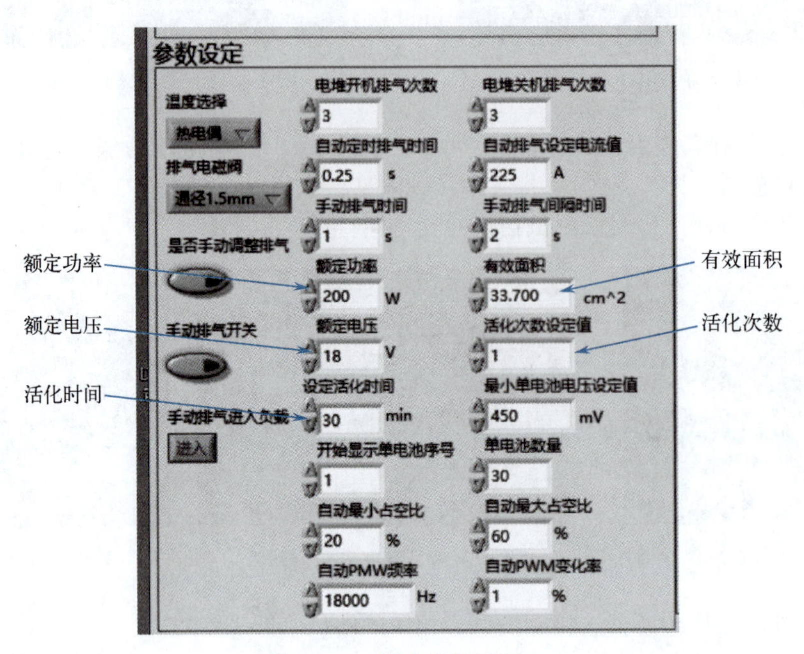

图 1-3-96 程序参数设定 1

❻ 选择电堆使用的温度传感器类型，风扇和排气模式为自动（图 1-3-97）。

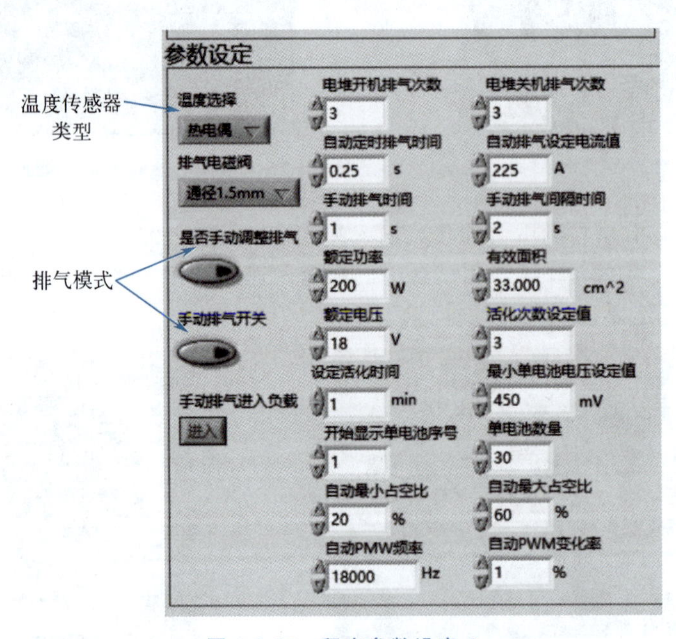

图 1-3-97 程序参数设定 2

❼ 再次检查所有连接无误，单击“开始活化”（图 1-3-98）。

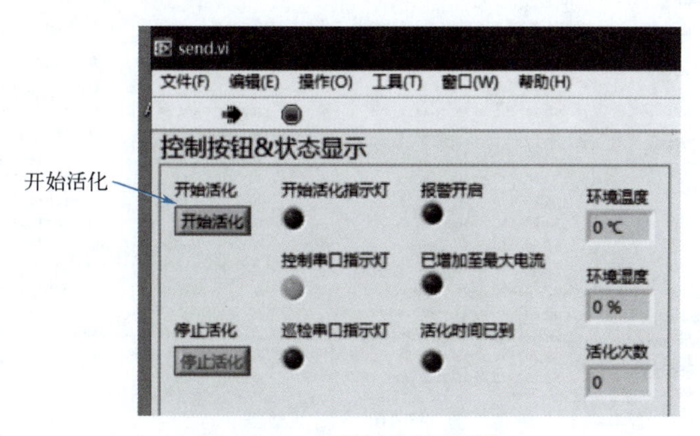

图 1-3-98 开始活化控制按钮

❽ 程序会自动阶梯式地增大电流，最终达到预设的最大电流，并一直稳定在该电流值运行到预设的“活化时间”结束（图 1-3-99）。

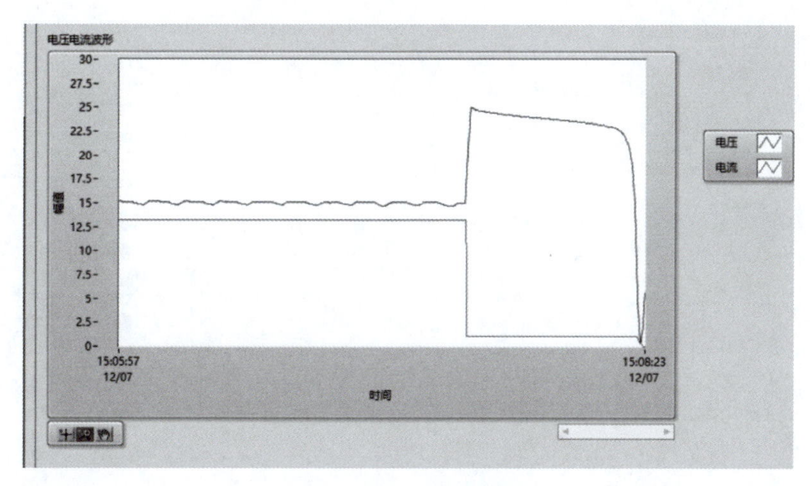

图 1-3-99 测试结果

a. 如果发生故障，如氢气供给不足、部分单电池输出电压过低、电堆温度过高等情况时，为了安全，测试台会自动结束测试。可人工排障或做出调整，重新开始活化测试。

b. 一切正常情况下，活化时间达到预定时长，系统将会关闭氢气进气阀，然后控制负载继续接受电堆输出，直到电堆输出电压降低到接近 0V，电堆中的氢气此时基本耗尽，才能拆下电堆。否则残留的氢气可能在拆除电堆时因电路接触不良打火发生爆燃。

❾ 测试程序用颜色标识每片单电池的品质，电压越高品质越好，如无“不合格”的单电池，则电堆合格。

a. 在工厂实际生产时，通常还要将不同品质级别的单电池做出标记，拆开后将相同等级的单电池重新压在一起组成电堆，以提高内部一致性。

b. 如需进一步分析，可将测试台保存的过程测试数据导出（图 1-3-100），进行进一步分析。

图 1-3-100 测试数据

【任务评价】

完成学生工作手册中相应的任务评价表“1-3-2”。

任务四 风冷型质子交换膜燃料电池系统应用

【任务目标】

1. 能够将小型风冷型氢燃料电池接入应用系统；
2. 能够掌握小型风冷型氢燃料电池系统的氢气压力调节方法；
3. 能够简单维护小型风冷型氢燃料电池系统；
4. 能够看懂并绘制小型风冷型氢燃料电池系统图纸；
5. 撰写燃料电池接入应用系统作业指导书。

【任务单】

任务单

一、回答问题

1. 小型风冷型燃料电池如何接入应用产品的系统并工作？
2. 小型风冷型燃料电池如何接入系统的氢气？
3. 小型风冷型燃料电池系统工作使用的氢气压力、浓度一般是多少合适？
4. 小型风冷型燃料电池工作时，如何为其提供空气？

二、依次完成5个子任务

序号	子任务	是否完成
1	绘制小型风冷型燃料电池堆接入系统结构图	是□ 否□
2	小型风冷型燃料电池堆系统用氢气准备	是□ 否□
3	绘制小型风冷型燃料电池堆系统工作过程示意图	是□ 否□
4	提出小型风冷型燃料电池堆工艺优化措施	是□ 否□
5	结果总结与分析	是□ 否□

【任务实施】

1. 绘制小型风冷型燃料电池堆接入系统结构图

将制作好的燃料电池堆接入应用产品的系统中，绘制系统结构图。

2. 小型风冷型燃料电池堆系统用氢气准备

准备燃料电池堆接入系统所用氢气的氢气瓶，确定氢气浓度、压力、流量等运行参数。

3. 绘制小型风冷型燃料电池堆系统工作过程示意图

分析燃料电池堆接入系统的工作过程及结构部件组成，绘制系统工作过程示意图。

4. 提出小型风冷型燃料电池堆工艺优化措施

根据燃料电池堆产品在系统应用过程中的效果，总结燃料电池堆及系统的工艺制作流程，提出工艺优化措施。

5. 结果总结与分析

分小组整理任务单、任务过程及结果，整理成PPT，汇报分享。

完成学生工作手册中相应的记录单“1-4-1”。

【安全生产】

1. 实物产品：燃料电池堆。
2. 工具：螺钉旋具等。
3. 电脑：撰写工艺文档。
4. 网络：线上调研搜索工具。
5. 笔、表格：记录工具。
6. 安全生产素养。

（1）注意用气安全，提高产品可靠性；

（2）遵守氢能行业技术标准和规范。

【任务资讯】

一、氢能自行车的燃料电池应用

★本节重点，目的是测试制作的燃料电池产品能否满足实际应用需求，具有系统思维。

（一）氢能助力自行车系统技术指标

氢能助力自行车是小功率氢燃料电池的典型应用产品之一（图 1-4-1）。以此为例，分析小功率氢燃料电池系统的结构和参数等。

氢能助力自行车由助力车控制系统、燃料电池模块组成，整机系统构成如图 1-4-2 所示。助力车骑行过程中燃料电池有两种状态：锂电池电量≥70%，燃料电池不启动；锂电池电量<70%，燃料电池启动。

图 1-4-1 氢能助力自行车

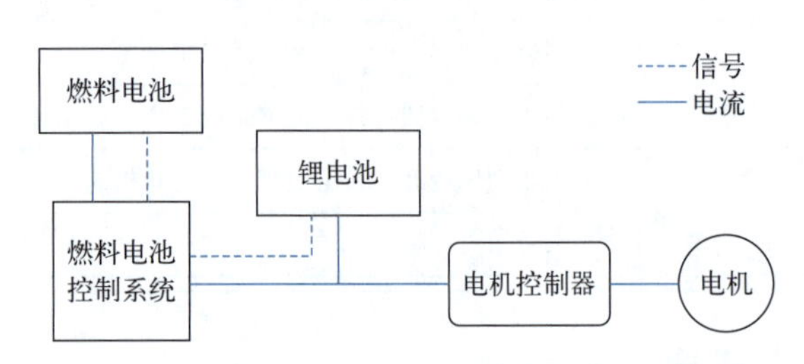

图 1-4-2 氢能助力自行车燃料电池系统示意图

氢能助力自行车燃料电池系统的主要参数如表 1-4-1 所示。

表 1-4-1 氢能助力自行车燃料电池系统的主要参数

燃料电池动力系统		
电气性能	额定功率	200W
	输出电压	24V
工作环境	环境温度	0～+35℃
	环境湿度	10%～95%RH

（二）氢能助力自行车燃料电池系统工作过程

氢能助力自行车燃料电池系统的工作过程如图 1-4-3 所示。氢能助力车控制系统如图 1-4-4 所示。表 1-4-2 给出了氢能电助力两轮车系统部件的功能及工作路径描述。

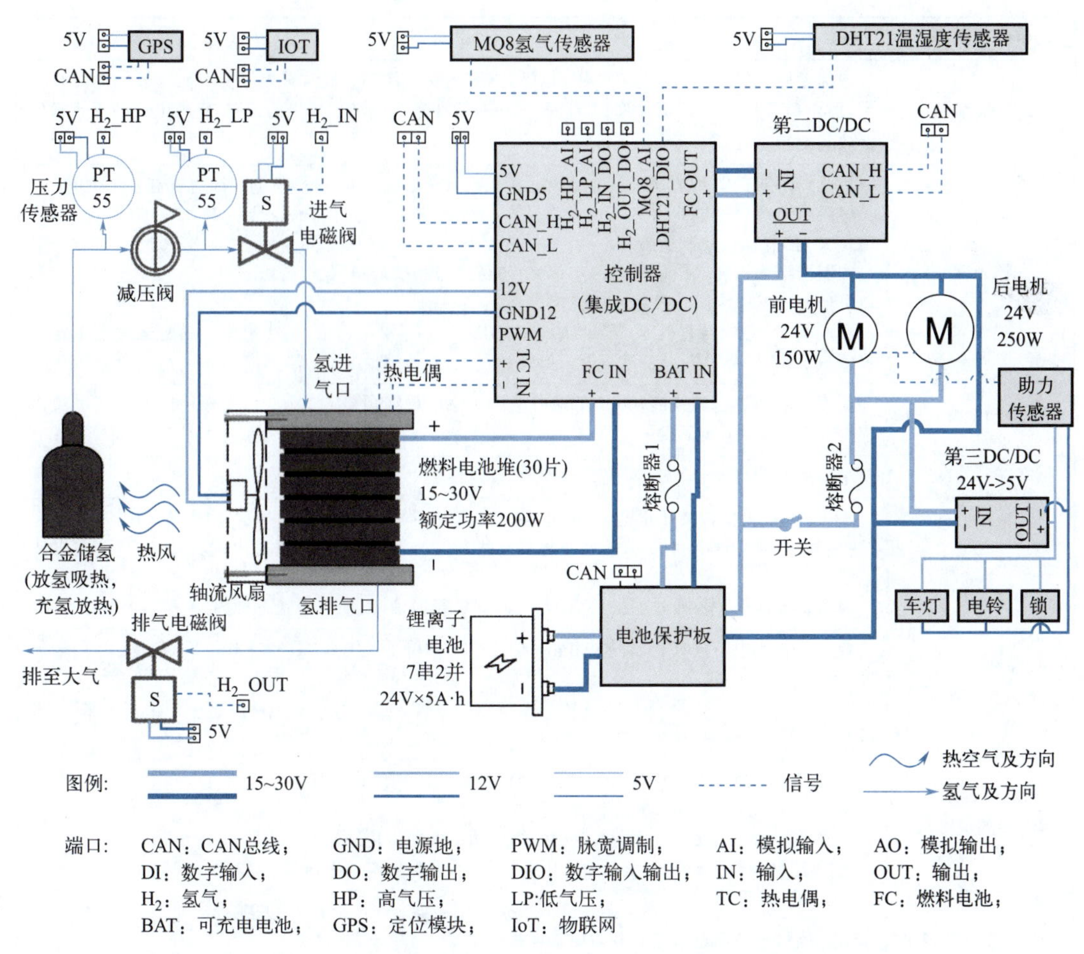

图 1-4-3 氢能助力自行车燃料电池系统的工作过程

图 1-4-4 氢能助力车控制系统

表 1-4-2 氢能电助力两轮车系统部件及工作路径描述

组件或流程	说明
合金储氢瓶	内部存储氢气，充氢压力在 3MPa 以下，具有高安全优势。通常采用室温平衡压较低的材料种类，例如 25℃时约 0.2MPa 的 $LaNi_5$ 系列。布置在正对电堆出风口的位置，吸收电堆的废热来保证放氢的稳定性
控制器	集成 5V 和 12V 两个降压型 DC/DC，由 BAT IN 端口取电，对燃料电池周边所有系统供电； 燃料电池产生的电能由 FC IN 端口进入控制器，不经任何操作，直接由 FC OUT 输入到第二 DC/DC，控制器仅控制通断； 控制器可输入和输出模拟与数字信号，与传感器和执行器(如电磁阀)进行通信，其中数字信号口可输出 PWM 波用于控制风扇转速； 通过 CAN 总线与蓄电池、第二 DC/DC、GPS、IoT 等模块通信，控制整个燃料电池发电系统的启停与工作，并与云端平台进行通信实现远程监控
第二 DC/DC	从 IN 端口取电，转换后从 OUT 端口输出。输出最高规格 50V/15A，实际输出的电压电流由控制器经 CAN 总线下发
第三 DC/DC	小功率 DC/DC，为车铃、车灯、车锁等车身附件供电
锂离子电池	7 串 2 并动力型锂离子电池，充满电压 29.4V，标称额定电压 24V，标称容量 5A·h。电池经保护板和熔断器直连电动机，未再经过稳压电路，电机控制器集成在电机中，电机能自行调整电压电流。 锂离子电池保护板通过 CAN 总线与控制器进行通信，上报自身状态参数
氢气传输路径	合金储氢瓶中的氢气(0.3～3MPa)，经过减压阀降为约 50kPa，经进气电磁阀进入燃料电池堆，再由排气电磁阀排出。 减压阀是手动控制的，可完全关闭或调节电堆进气压力。减压阀两端各有一个压力传感器，进排气各由一个电磁阀控制。通过减压前压力可监控合金氢瓶中的氢气剩余
电能传送路径(电池剩余电量高时)	此时燃料电池堆不工作，锂离子电池经保护板同时从两路进行输出： ① 对控制器进行供电，由熔断器进行过流保护； ② 对车辆驱动电机进行供电，电机的输出功率由助力传感器控制； ③ 电池剩余电量由锂离子电池电压进行判定，典型值电池电压高于 27V
电能传送路径(电池剩余电量低时)	燃料电池堆启动，产生的电能由 FC IN 进入控制器，再直接由 FC OUT 流入第二 DC/DC，经稳压/稳流后，与锂离子电池并联对驱动电机供电： ① 功率需求大时，燃料电池和锂离子电池同时输出； ② 功率需求小时，燃料电池单独驱动，剩余电能对电池充电； ③ 电池剩余电量由锂离子电池电压判定，典型值电压低于 25V
信号传输路径	传感器类：自身发出数字信号或模拟信号，直接传入控制器相应端口； 控制类：控制器输出模拟信号或数字信号，传入执行器相应端口； CAN 总线：内部各模块之间通过 CAN 总线通信； 位置信息：GPS 模块通过卫星获取当前设备定位，用 CAN 总线传入控制器； 远程监控：IoT 模块与远程监控平台进行通信，上传数据并接收指令，再通过 CAN 总线与控制器通信
燃料电池开机	① 开启风扇并维持慢速运行； ② 关闭排气阀，开启进气阀并保持 t_1 时长； ③ 关闭进气阀，开启排气阀并保持 t_2 时长； ④ 重复②～③步直到燃料电池开路电压升高到 V_0 后，关闭排气阀，打开进气阀； ⑤ 逐步提升负载。 注：典型参数 $t_1=3s$，$t_2=1s$，$V_0=27V$(单电池 0.9V×30 片叠加)
燃料电池运行中温度控制	① 电堆温度较低时，保持风扇在低转速运行或间歇性运行，提供空气供给的同时减少散热，让电堆升温； ② 温度逼近控制线时，增加风扇转速或增加启动频次，控制电堆温度平稳，风冷堆一般控制出口风温在 50℃左右； 注：采用 PID 策略可获得更高温控精度并降低风扇噪声

续表

组件或流程	说明
燃料电池运行中的气体控制	① 进气阀常开； ② 每隔一段时长 t_3，短暂将排气阀打开 t_4 时长，排出氢气中少量杂质和生成的水，避免水累积影响阳极反应。 注：典型时长 $t_3=10s$，$t_4=0.3s$，可采用固定值，也可与输出功率相关，用公式算出，负载越高，排气越频繁
燃料电池关机	① 先关闭进气阀与排气阀，再逐渐降低负载到 0； ② 保持风扇中速运转 t_5 时长，吹干残余水分。 典型时长：$t_5=30s$
安全控制	① 如果电堆温度异常上升并逼近或超过安全限，紧急关闭负载和氢进排气阀，保证安全； ② 控制器通过 MQ8 氢气浓度传感器监测气体浓度，超过控制限时，关闭燃料电池堆和氢进排气阀，保证安全； ③ 控制器通过温湿度传感器监控动力箱内环境温度，温度过高或异常升高时，紧急关闭负载和氢进排气阀，保证安全； ④ 整车速度高于 3km/h（车辆正在稳定前进）且小于 25km/h（法定限速），骑行人有踩踏动作（有动力需求），制动器未工作三个条件同时满足时，助力传感器自动计算功率需求并提供电助力，任一条件不满足时，助力将中止

氢能助力自行车务必储藏在密封干燥处保存，且氢气罐在储存时不得储存高压气体。燃料电池储存环境中不能有有机气体、异味气体等存在，相关污染物目录如表 1-4-3 所示。

表 1-4-3 空气污染物对燃料电池的影响

有害物质	存在有害物质的物质或装置	危险级别
化石燃料燃烧副产品		
氮氧化物，二氧化硫	室内燃气热水器、壁炉、燃木炉和内部燃烧发动机运作。吸烟和烧香同样会产生这些化合物	危险级别——高 1×10^{-6} 氮氧化物 10×10^{-6} 二氧化硫
卤代有机物		
二氯化钾，四氯化碳	多用途吸尘器、干洗机和脱漆剂中含有	危险级别——高 会吸附于催化剂，且不可恢复
甲基溴	一般存在于熏制工业用干燥食品和产品，及室内密闭空间内的地毯、家具和衣物	危险级别——高 会吸附于催化剂，且不可恢复
芳香化合物		
甲苯，二甲苯	燃料、油漆、汽油、涂料、杀虫剂、黏合剂、防腐剂	危险级别——低 会影响催化剂，但是正常运行时经氧化过程可以消除
脂肪烃类物质		
甲烷，丙烷，辛烷和煤油	化石燃料，如汽油、柴油、天然气、丙烷、煤油等。商业产品，如松脂、家具亮光剂、家用吸尘器和推进剂	危险级别——低 除非发生燃烧并产生氮氧化物和二氧化硫
酯	香水、万能吸尘器、杀虫剂、化妆品、食品调味剂等	危险级别——低 会影响催化剂，但是正常运行时经氧化过程可以消除
甲醇（木精）	脱漆剂、刮水溶液、流体复读器、远程控制玩具飞机和汽车的燃料、防冻剂、干气、气雾等	危险级别——低 会影响催化剂，但是正常运行时经氧化过程可以消除

续表

有害物质	存在有害物质的物质或装置	危险级别
硫化物		
硫醇	化妆品、洗发剂、乳胶漆、杀虫剂	危险级别——低 催化剂可逆
卤化物		
氯气，溴或碘的气体分解物	家用漂白剂、游泳池消毒剂	危险级别——低 催化剂可逆

二、燃料电池系统氢气浓度控制

（一）车用燃料电池氢气技术指标

根据国家标准 GB/T 37244—2018《质子交换膜燃料电池汽车用燃料 氢气》的规定，燃料氢气的技术指标要求如表 1-4-4 所示。

表 1-4-4 技术指标

项目名称	指标
氢气纯度(摩尔分数)	99.97%
非氢气体总量	300μmol/mol
单类杂质的最大浓度	
水(H_2O)	5μmol/mol
总烃(按甲烷计)	2μmol/mol
氧(O_2)	5μmol/mol
氦(He)	300μmol/mol
总氮(N_2)和氩(Ar)	100μmol/mol
二氧化碳(CO_2)	2μmol/mol
一氧化碳(CO)	0.2μmol/mol
总硫(按 H_2S 计)	0.004μmol/mol
甲醛(HCHO)	0.01μmol/mol
甲酸(HCOOH)	0.2μmol/mol
氨(NH_3)	0.1μmol/mol
总卤化合物(按卤离子计)	0.05μmol/mol
最大颗粒物浓度	1mg/kg
当甲烷浓度超过 2μmol/mol 时，甲烷、氮气和氩气的总浓度不准超过 100mol/mol	

氢气的纯度用差减法按照以下公式计算求得：

$$\Psi=100-(\Psi_1+\Psi_2+\Psi_3+\Psi_4+\Psi_5+\Psi_6+\Psi_7+\Psi_8+\Psi_9+\Psi_{10}+\Psi_{11}+\Psi_{12})\times10^{-4}$$

式中 Ψ——氢纯度（体积分数），10^{-2}；

Ψ_1——水的含量（体积分数），10^{-6}；

Ψ_2——总烃的含量（体积分数），10^{-6}；

Ψ_3——氧的含量（体积分数），10^{-6}；

Ψ_4——氦的含量（体积分数），10^{-6}；

Ψ_5——总氮和氩的含量（体积分数），10^{-6}；

Ψ_6——二氧化碳的含量（体积分数），10^{-6}；

Ψ_7——一氧化碳的含量（体积分数），10^{-6}；

Ψ_8——总硫的含量（体积分数），10^{-6}；

Ψ_9——甲醛的含量（体积分数），10^{-6}；

Ψ_{10}——甲酸的含量（体积分数），10^{-6}；

Ψ_{11}——氨的含量（体积分数），10^{-6}；

Ψ_{12}——总卤化物的含量（体积分数），10^{-6}。

各类成分含量的测定要求如表 1-4-5 所示。

表 1-4-5 氢气中各类成分含量的测量方法

成分名称	测量方法	标准
水		GB/T 5832.2—2016
总烃	气相色谱法	GB/T 8984—2008
氧	电化学法	GB/T 6285—2016
氦	两根填充柱法	GB/T 27894.3—2023
总氮和氩	氦离子化气相色谱法	GB/T 3634.2—2011
二氧化碳	气相色谱法	GB/T 8984—2008
一氧化碳	气相色谱法	GB/T 8984—2008
甲醛	分光光度法	GB/T 16129—1995
氨	离子选择电极法	GB/T 14669—1993
颗粒物	重量法	GB/T 15432—1995
总硫	气相色谱和硫化学发光法	ASTM D7652
甲醛	红外傅里叶变换(FTIR)光谱法	ASTM D7653
总卤化物	气相色谱/质谱法	ASTM D7892-15

（二）车用燃料电池氢气浓度标准

不仅燃料电池对进入电堆的氢气品质提出了高标准，而且燃料电池车辆的氢气排放浓度也必须符合高要求。在国家标准《燃料电池电动汽车 安全要求》GB/T 24549—2020 中（表 1-4-6），提出了正常操作，包括启动和停机时，任意 3s 内平均氢气体积浓度不超过 4%，瞬时氢气排放浓度不超过 8%的强制性要求。电堆的性能维持需要间歇排气以保证阳极氢气分压或浓度维持在较高水平，又需要标定燃料电池系统排气策略以保证氢气排放符合法规。

表 1-4-6　国家标准《燃料电池电动汽车安全要求》中氢气浓度典型内容

序号	氢气相关内容	
4.2.3 加氢及加氢口要求	燃料加注时	车辆应不能通过其自身的驱动系统移动
4.2.6 燃料排出要求	正常操作时	任意 3s 内平均氢气体积浓度不超过 4%，瞬时氢气排放浓度不超过 8%
4.2.4 燃料管路氢气泄漏及检测	检测时	① 使用泄漏检测液目测检查，3min 内不应出现气泡； ② 使用气体检测仪检测时，应尽可能接近测量部位，氢气泄漏速率应满足不高于 0.005mg/s

（三）固态储氢瓶

固态储氢瓶是一种利用物理吸附原理储存氢气的设备（图 1-4-5）。物理吸附是通过活性炭、碳纳米管、碳纳米纤维碳基材料对氢气进行物理性质的吸附，以及用金属有机框架物（MOFs）、共价有机骨架（COFs）这种具有微孔网格的材料来捕捉储存氢气（图 1-4-6），将氢气储存于材料表面。当需要释放氢气时，通过加热或减压等方式使氢气脱附出来。

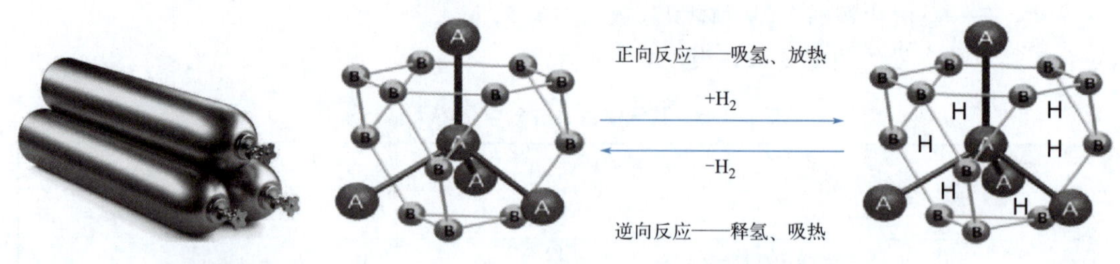

图 1-4-5　固态储氢瓶　　　图 1-4-6　固态储氢物理吸附原理

固态储氢瓶安全性好，但其储存和脱附过程需要消耗大量能量，导致成本较高。固态储氢可以作为长期的储存方式，减轻安全压力；还可以实现工业副产氢净化—储运一体化。

以镁基储氢材料为例，其质量储氢密度为 4～7.6wt%，可以在常温常压下进行氢气的存储和运输。与高压气态储氢方式相比，固态储氢具有高储氢密度和高安全性的优势，这也降低了对附属设备的要求。图 1-4-7 为典型的固态储氢罐，主要包括固态储氢材料、壳体、气体管道及过滤器、鳍片、金属泡沫、加热管等强化传热介质，预置空余空间等。

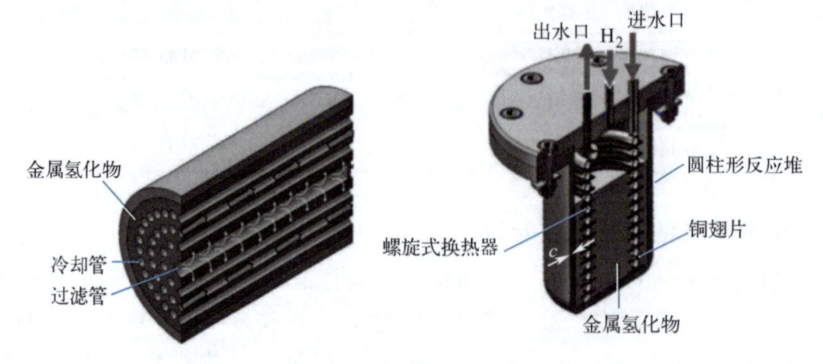

图 1-4-7　常见固态储氢罐

【任务评价】

完成学生工作手册中相应的任务评价表“1-4-2”。

项目二

大功率水冷型质子交换膜燃料电池制作

项目情境

2013 年，中国提出建设“新丝绸之路经济带”和“21 世纪海上丝绸之路”的合作倡议，到 2023 年，中国与 150 多个国家、30 多个国际组织签署了 230 多份共建“一带一路”合作文件。随着中国氢能产业发展，氢燃料电池系统及氢能汽车出口订单显著增加。现公司接到一批匈牙利的水冷型质子交换膜燃料电池系统的订单，系统需要定制开发。作为技术部承接此项目的负责人，怎样完成这个工作呢？

燃料电池动力系统开发有限公司

采购订单

订单编号 PO202310140001　订单日期 2023-10-21　采购类型 批量采购
供货单位编号 2023001　供货单位 新能源系氢科技有限公司　采购员 ***
供方联系人 ***　供方电话 0757-12348888　供方地址 实训楼燃料电池室

物料编码	物料名称	物料描述	采购数量	采购单位	单价 (人民币万元)	总价 (人民币万元)	备注
31212200	P200型液冷燃料电池堆	外部尺寸 683mmx552mmx266mm 额定功率 200 kW; 电压范围 225~450V; 电流范围 0~800A; 冷启动温度-30℃; 电堆质量 (120±2) kg	100	台	50.0000	5000.0000	整体组装发货，全部接头散发件，我司自行安装
以下空白		以下空白	以下空白		以下空白		

送货地址 实训楼动力系统室原材料仓　送货方式 供应商自主决定　需求日期 2023-12-21

供应商确认（签字盖章）

×××氢科技有限公司 合同专用章

1. 供应商收到订单后在一个工作日内确认回传我司，确保 100%交货能力；
2. 供应商所提供的物料必须符合我司质量要求或不低于样品质量；
3. 发货到我司的运输相关费用一律由供应商承担；
4. 供应商需严格按订单交付，延期供货造成的损失将由供应商承担。如订单外送货，一律退回，由供应商自行取回；
5. 供应商来货时，必须在送货单上写清我司订单号，物料编码及数量。

制单 ***　审核人 ***　批准 ***　审核日期 2023-10-14

项目目标

能力目标	知识目标	素质目标
会拆解液冷型燃料电池堆	掌握液冷型质子交换膜燃料电池堆的结构和部件作用	能够与团队合作完成工作任务
能根据负载需求简单计算燃料电池电堆的容量	掌握液冷型质子交换膜燃料电池堆的生产工艺流程	能够清晰地传达专业知识和研究成果
能组装液冷型燃料电池堆	掌握大功率质子交换膜燃料电池的性能评估指标，如功率密度、能量转化效率和寿命等	具有问题解决思维和分析能力
能够测试评估大功率质子交换膜燃料电池的主要性能参数	了解大功率质子交换膜燃料电池的应用系统	具有工艺文档编辑能力

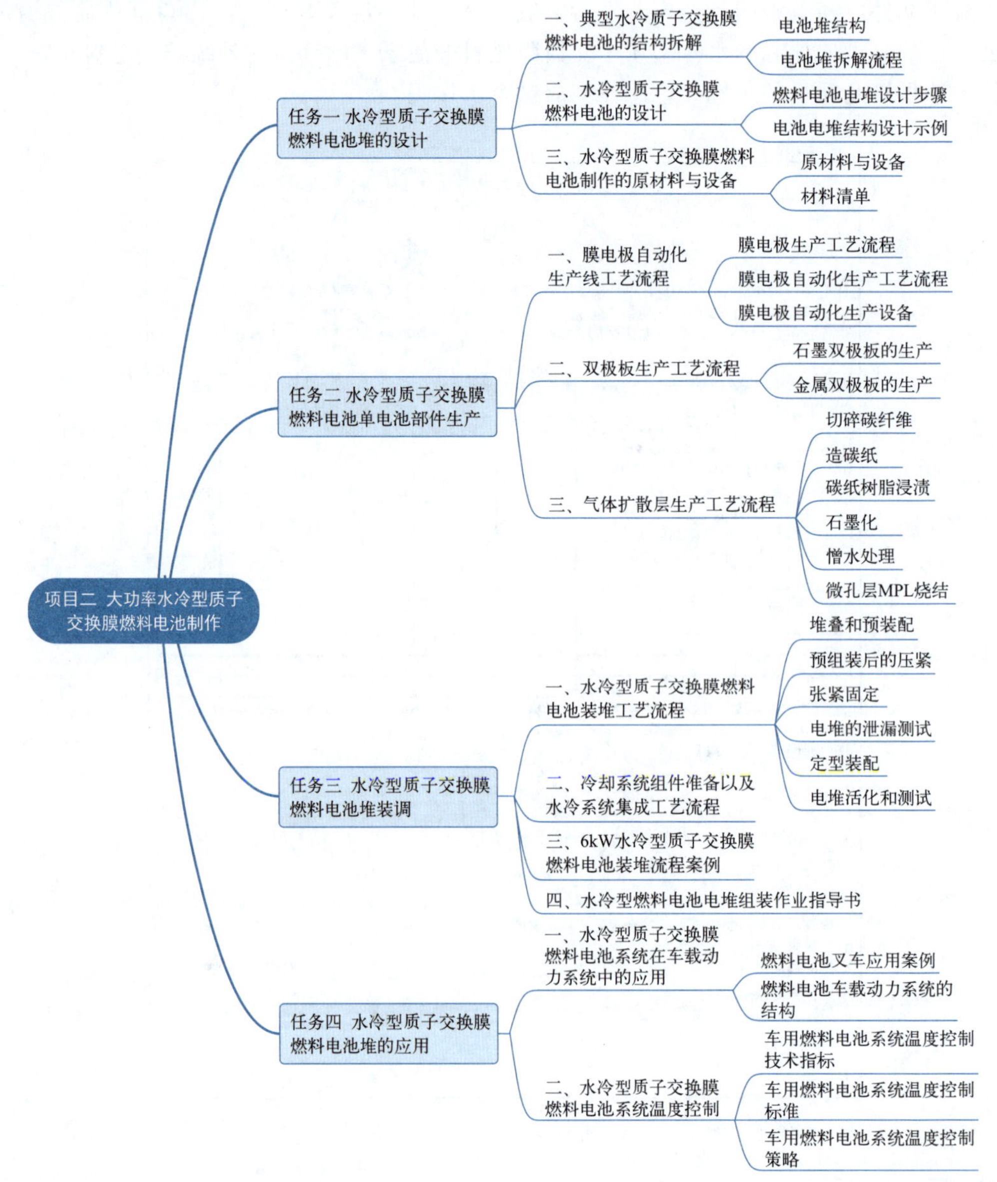

氢能与能源安全

能源安全是各国国家安全的优先领域，抓住能源就抓住了国家发展和安全战略的“牛鼻子”。随着经济发展和能源结构的多元化，能源安全由原来的特指石油安全，扩展到天然气、电力等其他能源种类的安全。氢能安全是能源安全的重要一环。

任务一　水冷型质子交换膜燃料电池堆的设计

【任务目标】

1. 能够按照规范拆解水冷型质子交换膜燃料电池堆；
2. 能够根据负载需求设计水冷型质子交换膜燃料电池堆的容量和结构；
3. 能够根据设计要求准备原材料和部件选型。

【任务单】

任务单

一、回答问题

1. 水冷型质子交换膜燃料电池有哪些应用场景？给出1～2个典型案例。
2. 水冷型质子交换膜燃料电池与风冷型质子交换膜燃料电池相比，有哪些异同点？
3. 要满足用户的负载工作需求，如何设计水冷型质子交换膜燃料电池？
4. 在水冷型质子交换膜燃料电池的设计中，安全性、环保性和经济性如何考虑？

二、依次完成6个子任务

序号	子任务	是否完成
1	认识水冷型质子交换膜燃料电池	是□　否□
2	设计水冷型质子交换膜燃料电池的容量和结构	是□　否□
3	双极板的仿真设计	是□　否□
4	水冷型质子交换膜燃料电池堆的其他部件设计选型	是□　否□
5	水冷型质子交换膜燃料电池堆的核心部件材料选择	是□　否□
6	结果观察与分析、总结和报告	是□　否□

【任务实施】

1. 认识水冷型质子交换膜燃料电池

❶ 根据收集的实验室、合作企业的燃料电池产品，拆解1～2个水冷型质子交换膜燃料电池产品，画出该燃料电池堆的结构，比较水冷型燃料电池堆与风冷型燃料电池堆结构的异同点。

❷ 列出1个拆解的水冷型质子交换膜燃料电池产品的性能参数。

❸ 列出1个拆解的水冷型质子交换膜燃料电池产品的部件名称、数量、规格、功能。

2. 设计水冷型质子交换膜燃料电池的容量和结构

❶ 设计一款6kW的水冷型质子交换膜燃料电池，确定其主要性能参数。

❷ 设计核算水冷型质子交换膜燃料电池的结构和部件参数。

a. 选择加湿器，确定加湿器的型号、尺寸参数。

b. 选择水泵，确定水泵的型号、尺寸参数、性能参数。

❸ 确定双极板冷却水主流道区域尺寸、空气主流道区域尺寸、氢气主流道区域尺寸。

❹ 确定电堆的结构、尺寸。

3. 双极板的仿真设计

设计合适的空气、氢气和冷却水流场（图 2-1-1），使用 ANSYS、Pro-E、Solidworks 等软件中的任意一款，进行初步的流场模拟，确保气液流场基本均匀。

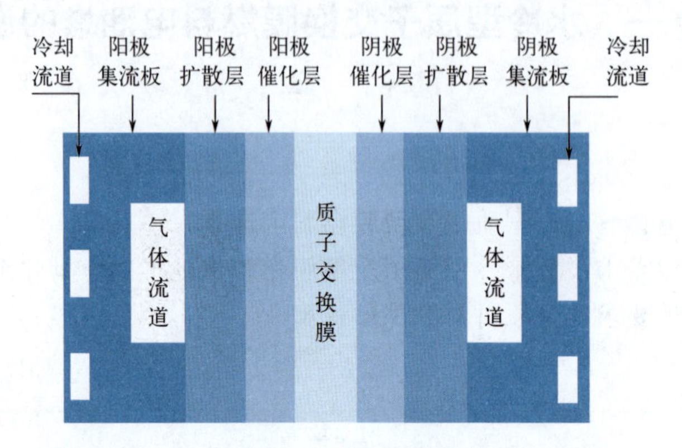

图 2-1-1 水冷型燃料电池单电池结构示意图

4. 水冷型质子交换膜燃料电池堆的其他部件设计选型

设计选择水冷型质子交换膜燃料电池堆的其他部件，如端板、钢带、螺栓、减压阀等。

5. 水冷型质子交换膜燃料电池堆的核心部件材料选择

6. 结果观察与分析、总结和报告

分小组整理任务单、任务过程及结果，整理 PPT，汇报分享。

完成学生工作手册中相应的记录单“2-1-1”。

【安全生产】

（1）实物产品：水冷型质子交换膜燃料电池/模型。

（2）工具：螺钉旋具、拆解夹具、手电钻。

（3）电脑：撰写任务报告，使用 ANSYS、Pro-E、Solidworks 等软件仿真。

（4）网络：利用线上调研搜索工具，查阅相关领域的参考文献和研究论文。

（5）笔、表格：记录工具。

（6）安全生产素养。

❶ 规范操作，做好安全防护；

❷ 精益求精，独具匠心。

【任务资讯】

★本节重点，目的是快速了解熟悉常规水冷型燃料电池产品的实际应用结构和部件。

一、典型水冷型质子交换膜燃料电池堆的结构拆解

（一）典型水冷型质子交换膜燃料电池堆结构

质子交换膜燃料电池系统包括阴极供空气系统、阳极供氢系统、热管理系统和加湿系

统等。阴极供空气系统主要提供阴极必需的空气流量，包括空压机、冷却器、背压阀、气液分离器和连接管道等部件。图 2-1-2 给出了典型质子交换膜燃料电池系统的结构示意图。

水冷质子交换膜热管理系统主要包括散热器（包含风扇）、循环水泵、节温器、去离子冷却水和监测控制器等设备，通过系统的协调控制确保燃料电池工作在稳态和动态变载下温度的稳定性。热管理系统的控制目标是控制循环水泵和散热器风扇，循环水泵控制电堆出入口的温差，散热风扇控制电堆入口温度，并将控制目标调节到理想的目标值。电堆系统热量的散发途径主要有热传递和热辐射。具体方式如下：

❶ 循环冷却液带出的热量；

❷ 反应气体带出的热量；

❸ 燃料电池与周围环境热辐射带出的热量。

循环水泵带动冷却水循环，冷却水经过散热器，由散热器风机与外界环境空气进行热交换。

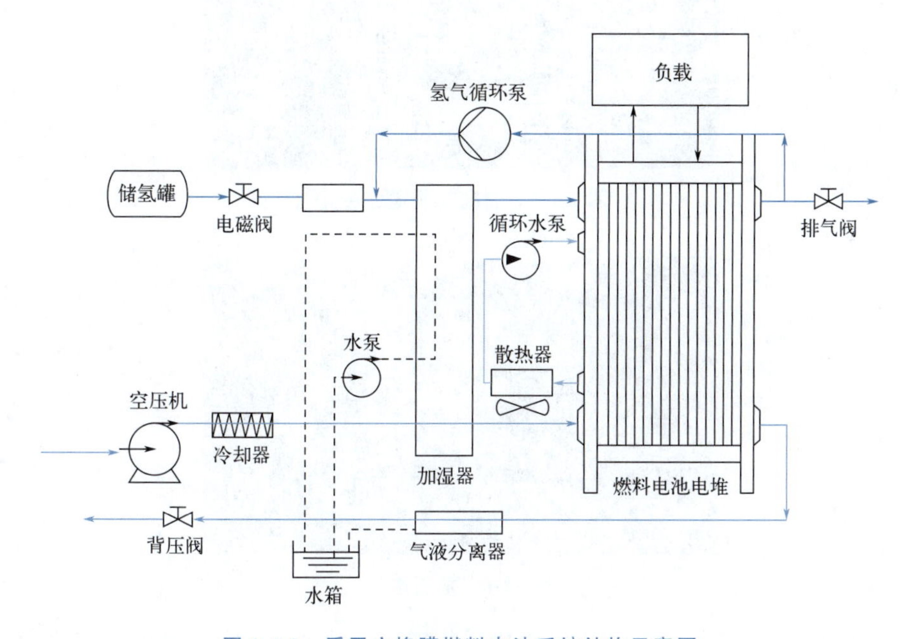

图 2-1-2 质子交换膜燃料电池系统结构示意图

（二）扎带式 6kW 水冷型燃料电池堆拆解流程

以扎带式 6kW 水冷型燃料电池堆为例（图 2-1-3），采用和企业生产过程中相同的专用工具，拆解水冷型燃料电池堆的成品产品，分析其结构与部件。

❶ 准备工具：压堆机 1 台、专用模具一套、内六角螺钉旋具 1 把、手电钻 1 把（可选）。将专用模具装在压堆机上（图 2-1-4）。

❷ 安装辅助定位夹具（图 2-1-5），在钢带解开后，避免物料倾覆，起到临时固定作用。

❸ 放置电堆（图 2-1-6）。

图 2-1-3 6kW 水冷型质子交换膜燃料电池堆实物

 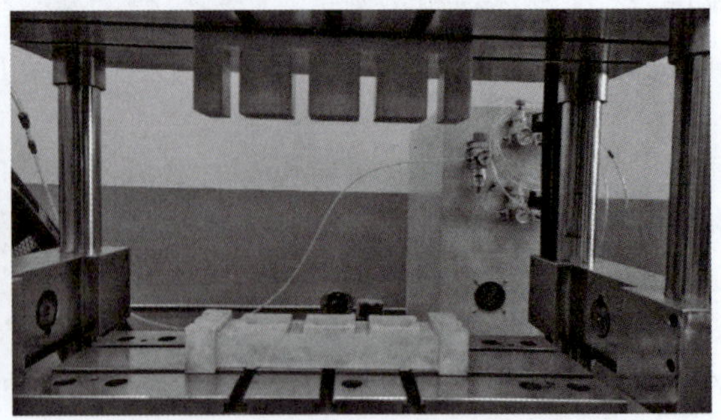

图 2-1-4 夹具放入压堆机上

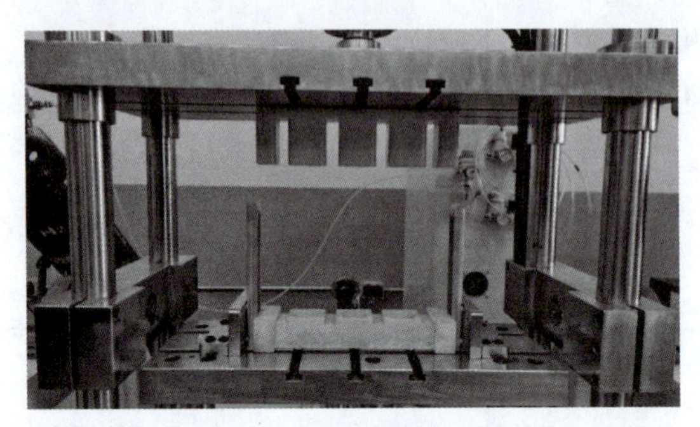

图 2-1-5 安装辅助定位夹具

图 2-1-6 放置电堆

❹ 启动压堆机，缓慢下降，让压力达到额定压力的 20%左右（S36 型装堆额定压力为 20000N）（图 2-1-7）。

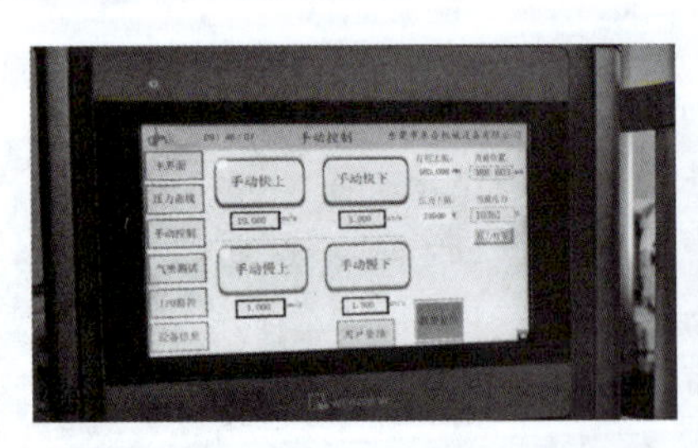 

图 2-1-7 启动压堆机缓慢下降至一定压力值

❺ 松开钢带连接螺栓，取下钢带（图 2-1-8）。

❻ 先取下绝缘片，再抬起压堆机（图 2-1-9）。

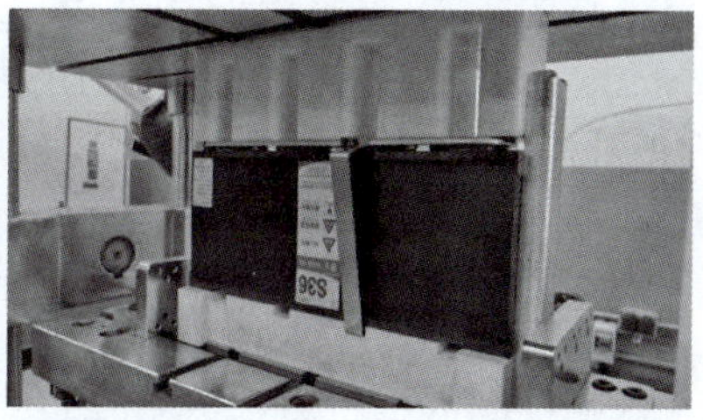

图 2-1-8　取下螺栓与钢带

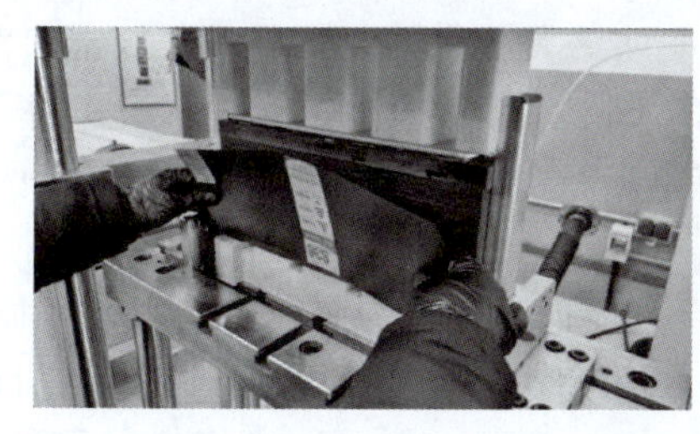

图 2-1-9　取下绝缘片

❼ 依次取下压板、碟簧，再取下电堆端板和各单电池（图 2-1-10），拆解完成。

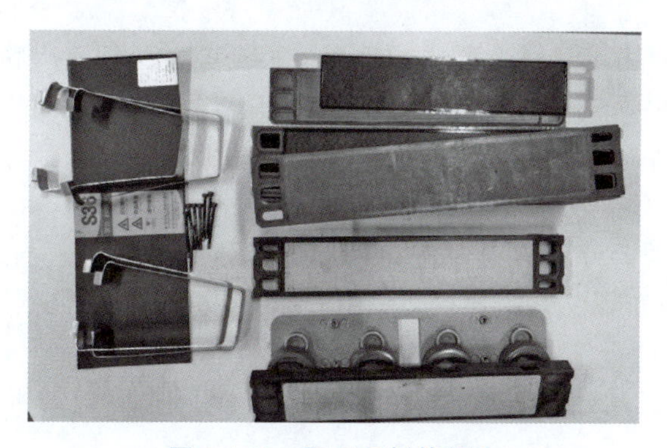

图 2-1-10　取下压板等部件

二、水冷型质子交换膜燃料电池的设计

> 本节难点，实际应用时，能够根据客户需求设计相应的水冷型燃料电池产品。

（一）燃料电池电堆设计步骤

1. 负载需求分析

分析配置使用燃料电池电堆的负载或应用产品的电压和电流需求、负载在不同工作模式下的平均和峰值功率需求，以及整个运行周期内的总能量需求、负载的工作模式（如连续运行、间歇运行等），以及可能遇到的极端条件（如温度、湿度变化）。

2. 确定电堆功率和蓄电池功率容量

通常燃料电池车辆或燃料电池应用产品会配备蓄电池用来进行峰谷调节和电能缓冲，分析燃料电池电堆与蓄电池的互补使用状态，确定所需要的燃料电池电堆的功率、蓄电池的功率及容量。

3. 确定电堆电压

确定电堆电压之前应先进行直流/直流（DC/DC）变换器选型，因为开发一款新的

DC/DC需要很高的成本，通常是选定一款市售DC/DC，再设计与之匹配的电堆。优先选择Buck降压DC/DC和Boost升压DC/DC模块，通常成本低一些。其中降压型模块电能变换效率高于升压型模块，有助于提高燃料电池系统的综合效率，但降压型模块因为输出电压需要更高，更多的电堆叠加数可能带来额外的材料成本，需要综合考虑。也可以选择升降压型DC/DC，优点是应用灵活，可以匹配很广的燃料电池堆电压范围，特别适合通过改变燃料电池堆叠加数实现的不同功率版本系列之间共用同款变换器的情况，可有效降低缺货或呆料等库存管理风险，但变换器本身单机成本稍高一些。

燃料电池工作状态点选择依据极化曲线确定。大功率液冷型质子交换膜燃料电池通常选择燃料电池单电池输出电压0.6V时功率为电堆最大功率、0.65V时为额定功率、0.7V时为最优工作功率（效率高）。随着工作电压的下降，燃料电池的发电转化效率下降，不利于降低燃料成本，但输出功率提升有助于节省燃料电池的初始生产成本，因此工作点需要根据综合成本评估选定。

燃料电池单电池开路电压最高约1V，最大功率时电压为0.6V。单电池叠加数不应使开路电压超出DC/DC最大输入电压，也不应使最大功率输出时电堆电压低于DC/DC最小输入电压，否则可能导致DC/DC无法正常工作。据此可以确定适用该DC/DC的燃料电池堆叠加数范围。

4. 确定电流

燃料电池堆中，单电池通过串联方式组合。根据电学原理，串联电路单电池的工作电流即是电堆的电流，根据最大功率点电流密度确定燃料电池活性面积上限。在可选择的范围内，选择适合的最大工作电流，从而决定单电池的活性面积。

5. 确定电堆尺寸

电堆尺寸的设计需要综合考量，例如目标安装位置的限制、与现有的加湿器和DC/DC的尺寸匹配、管道布置、紧固螺栓或钢带布置等因素都需要参与评估，一些大致的参考原则如下：

❶ 根据加湿器尺寸决定双极板进排气口间距，该间距应稍大于加湿器长度，以利于管道布置。

❷ 根据加湿器接口截面积选定双极板空气主流道截面积，两者尽可能接近，以使空气流动平稳，避免通道变窄导致流阻增大，或通道变宽导致供气不足。

❸ 根据水泵接口截面积选定双极板冷却水主流道截面积，两者尽可能接近，以使冷却水平稳流动，避免通道变窄导致流阻增大，或通道变宽导致湍流。

❹ 根据预定双极板面积、预定双极板长度估算预定宽度，先将冷却水主流道和空气主流道进行排布，在剩余空间上选择合适尺寸排布氢气口，氢气口对燃料电池性能影响较小，可在相对宽的范围内确定尺寸。流道周边要留下充足宽度的密封胶槽，如无法排布，则需适当减少电堆长度，并适当增加宽度，以保证布局良好。此外，还需要确认电堆宽度不小于碟簧直径，保证后续装堆顺利。

常见配件选型如下。

鼓风机：供气压力20kPa，加湿器接口32mm/25mm；

水泵（接口外径25mm，内径20mm），水压不能太大，最高不超过200kPa，以100kPa左右为宜；

供氢压力50～60kPa由减压阀决定；

碟簧选型（尺寸、布置位置、间距）。

6. 双极板设计

❶ 综合各种因素选择双极板材料和生产工艺，确定双极板厚度。

❷ 分流道截面积＝主流道截面积/最大叠加数，让空气、氢气、冷却水能相对均匀地进入每一片单电池。

❸ 设计合适的空气、氢气和冷却水流场，并使用 Ansys、Pro-E、Solidworks 等软件，进行初步的流场模拟，确保气液流场基本均匀。

❹ 设计定位孔、密封胶槽等辅助结构。

❺ 扩展设计出进气侧双极板、进气远端双极板、普通双极板三种规格双极板。

7. 端板设计

依据双极板设计匹配相应的进气侧端板和非进气端板，根据厚度和刚度进行应力分析，确保装堆压力能均匀地分布在整个双极板上。

8. 紧固方式设计

常见的紧固方式有螺杆式、绑带式、拉杆式和壳体一体化结构四种。根据具体需求选择相应的紧固方式。

（1）螺杆式　螺杆式采用一对端板相对安装和沿着边缘安装的一组螺栓，单电池堆叠布置在端板之间，如图 2-1-11 所示，依靠螺栓提供预紧力，通过端板均匀传导到单电池平面上。

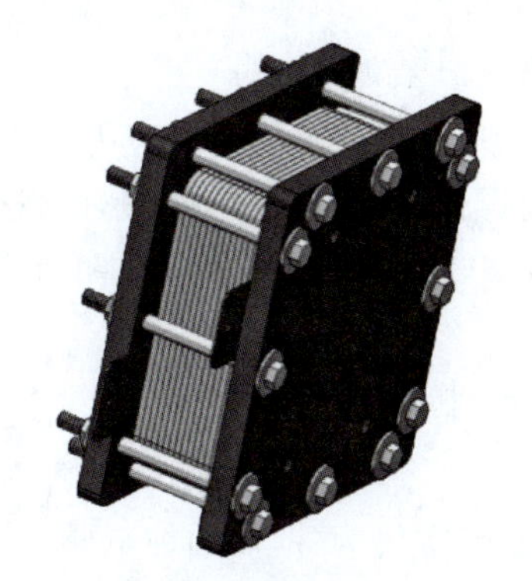

图 2-1-11　螺杆式燃料电池堆外部结构

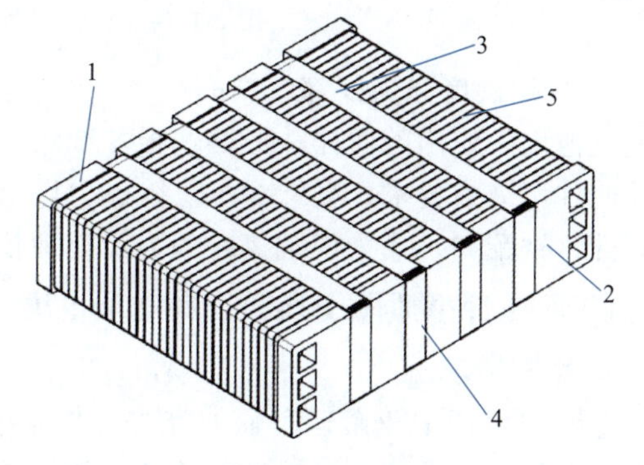

图 2-1-12　绑带式燃料电池堆外部结构

1，2—端板；3，4—绑带；5—燃料电池单电池

（2）绑带式　图 2-1-12 是绑带式燃料电池堆外部结构图，绑带提供电堆所需的预紧力，经由端板均匀分散到整个单电池平面上。绑带一般选用 316 不锈钢材质或特种高分子聚合物制成，根据双极板厚度、膜电极厚度、端板厚度、电堆宽度、碟簧和辅助压堆板尺寸，设计合适长度的绑带。绑带宽度和厚度依据能长期保持特定预紧力不松弛、不老化以及装堆时的操作便利性来选择。绑带两端的结合位置，钢带可以采用焊接或预留接头螺栓紧固，聚合物带可采用预留接头或其他锁止机构实现。

（3）拉杆式　图 2-1-13 是拉杆式燃料电池堆的结构图，拉杆一般是截面为矩形的扁钢条，通过拉杆两端预留的 T 形头钩住端板预留的安装座从而提供压装力。

（4）壳体一体化　图 2-1-14 是壳体一体化封装技术，该结构放弃了螺杆或拉杆等承力结构，直接使用定尺寸的壳体来完成压堆力的提供。

9. 螺栓选择

❶ 长度稍长有助于增加钢带共用叠加数范围。

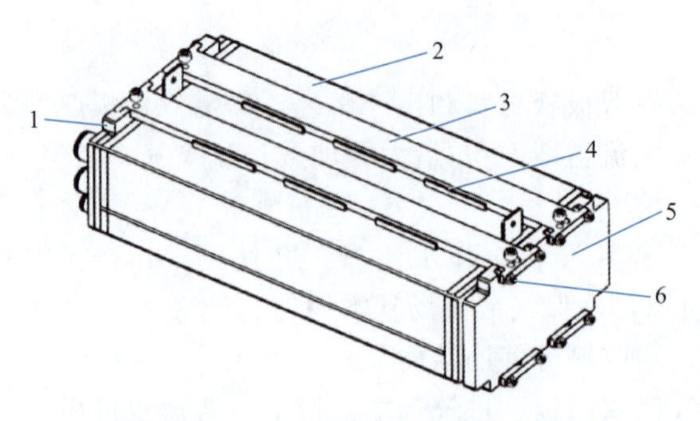

图 2-1-13 拉杆式燃料电池堆外部结构

1,5—端板；2—燃料电池单电池；3—拉杆；4—绝缘与限位垫片；6—安装螺钉

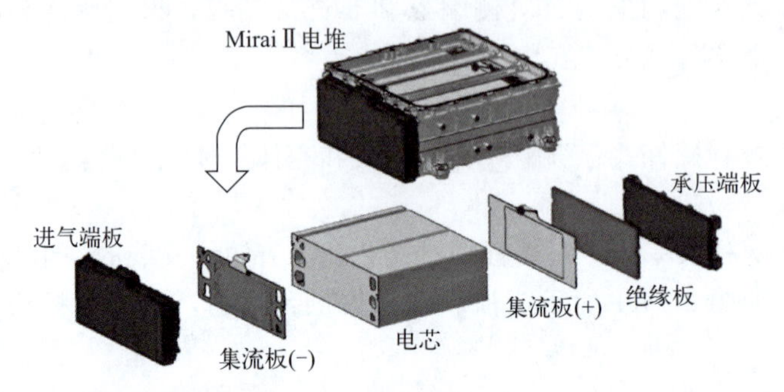

图 2-1-14 一体化封装燃料电池堆结构

❷ 选用硬度和强度都较高的螺栓，以免拧紧过程中滑牙，或使用后抗应力能力不足。燃料电池堆中使用的螺栓一般要选择 8.8 级以上高强度螺栓，经过计算确保螺栓载荷低于螺栓的许用应力要求，且针对抗氢脆能力做出专门优化，如采用 35CrMoA 等抗氢脆性能较好的钢铁配方，或采用抗氢脆的表面处理技术。

（二）水冷型质子交换膜燃料电池电堆结构设计示例

1. 用户需求

某专门生产工业搬运车辆的客户计划基于一台额定起重量为 3.5t 的纯电驱动叉车开发燃料电池动力系统，以提升其持续工作续航并减少补能时间，提升工作效率。

图 2-1-15 为燃料电池电动叉车的系统工作原理框图。该类型叉车有 3 个电机，额定功率分别为 14kW、13kW 和 8kW，所有电机的额定电压均为 80V。客户经过对其在最大载荷时持续工作过程进行监视测量，已经计算出整车平均功耗为 7kW，瞬时最大功耗为 16kW。增加燃料电池系统后，客户会调整配重，确保新旧两个动力系统的车辆总重及重心不变，无须考虑功率需求变化。

2. 系统设计

（1）确定电堆和电池功率

❶ 确定燃料电池堆设计功率。由于叉车平均功耗为 7kW，一般选择额定输出 8～10kW 的燃料电池堆，扣除燃料电池附属设备耗电及 DC/DC 损失，能够提供 7～9kW 净输出。本次选择 10kW 作为电堆额定功率，稳定运行在稍低于额定功率的输出状态有利于优化燃料的转化效率，日常使用更具经济性。

❷ 确定蓄电池容量。图 2-1-16 是燃料电池叉车的电能供应工况图，作为相互独立又配合工作的电能供给，燃料电池电堆与锂离子电池并联。在蓄电池剩余电量高时［图 2-1-16(a)］，蓄电池单独承担电能供应，蓄电池持续放电能力不小于 16kW；在剩余电量低且

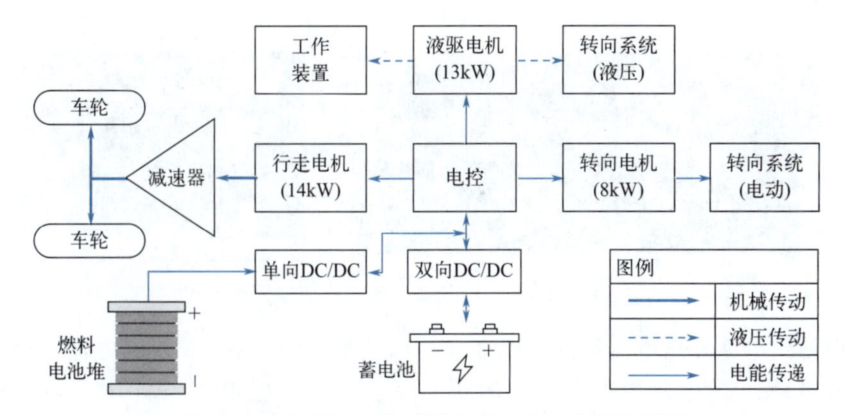

图 2-1-15 燃料电池电动叉车的系统工作原理框图

负载低时［图 2-1-16(b)］，燃料电池发电承担负载，剩余电量充入电池；在剩余电量低且负载高时［图 2-1-16(c)］，燃料电池全部供给负载，不足部分由电池补充；在剩余电量低且无负载时［图 2-1-16(d)］，燃料电池发电全部充入电池，电池的持续充电功率应不小于 10kW。在当前技术条件下，锂离子电池按 1C 放电倍率充放电可不进行蓄电池冷却设计，以降低系统复杂度并减少充放电损失，也有利于获得更长的电池寿命。因此锂离子电池参数可选择 80V/20A・h，充满电情况下以 16kW 放电到剩余电量为 0，能持续放电 1h。

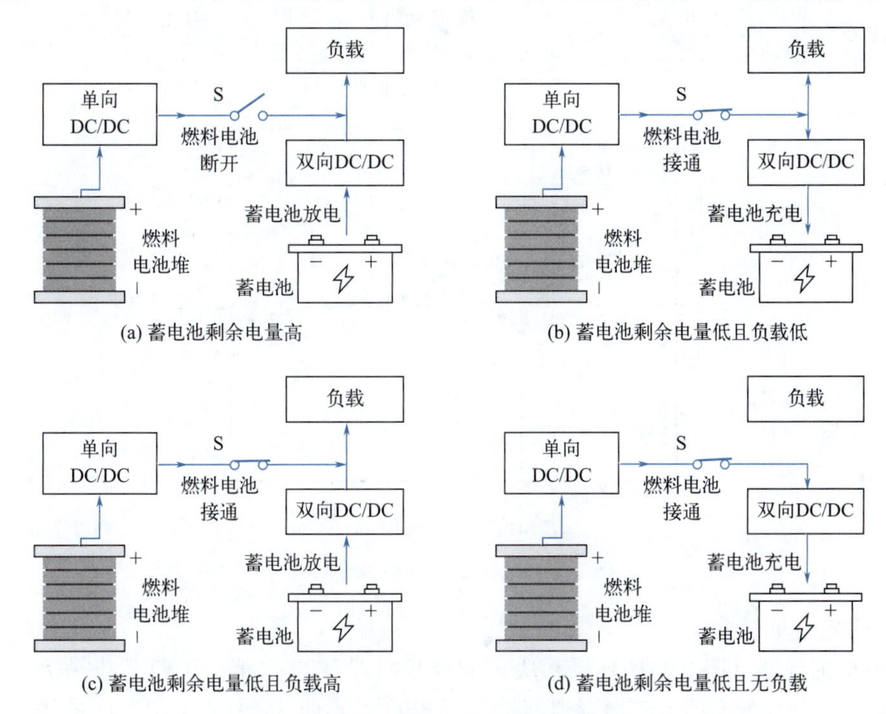

图 2-1-16 燃料电池电动叉车电能供应工况

（2）确定电堆电压 首先需要进行 DC/DC 选型，优先选择降压型（Buck）或升压型（Boost）DC/DC 模块，成本低。升降压 DC/DC 成本稍高，但较灵活。开发一款新的 DC/DC 需要很高的成本，通常是选定一款市售 DC/DC，再设计与之匹配的电堆。公司已导入某型 DC/DC，鉴于时间和采购成本，要求直接使用（图 2-1-17）。该型输入电压为 20～110V，最大输入电流为 220A，输出电压 20～110V 可调，最大输出电流为 180A。

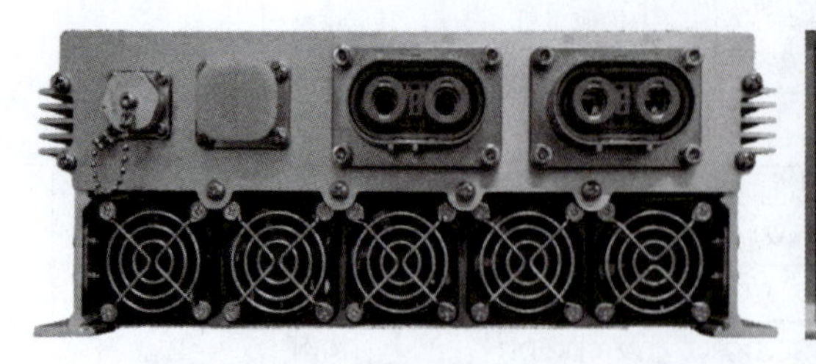

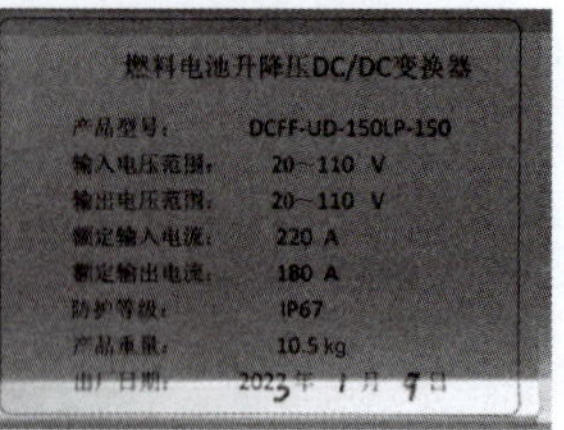

图 2-1-17　DC/DC 直流电压变换器

燃料电池单电池开路电压最高为 1.23V，因此最多可支持 90 片单电池；最大功率时电压为 0.6V，则电堆叠加数不应少于 34 片。综合考虑，电堆 40～90 片叠加，输入电压均能匹配 DC/DC 工作条件；为了减少升压损失，燃料电池的输出电压应尽量接近 80V，因此选择 90 片叠加。

(3) 确定电流　燃料电池工作状态点选择依据极化曲线确定（图 2-1-18）。选择燃料电池单电池输出电压 0.6V 时功率为电堆最大功率、0.65V 时为额定功率、0.7V 时为最优工作功率（效率高）。单电池电流被 DC/DC 限制在 220A 内，因此可选单电池活性面积范围为 137.5～314.3cm^2。根据额定功率为 10kW，叠加数为 90 层，所需的燃料电池活性面积为：

$$\text{活性面积}=\frac{\text{额定电流}}{\text{额定电流密度}}=\frac{\dfrac{\text{额定功率}}{\text{单电池额定电压}\times\text{叠加层数}}}{\text{额定电流密度}}=\frac{\dfrac{10000}{0.65\times 90}}{1.1}\approx 155.4\text{cm}^2$$

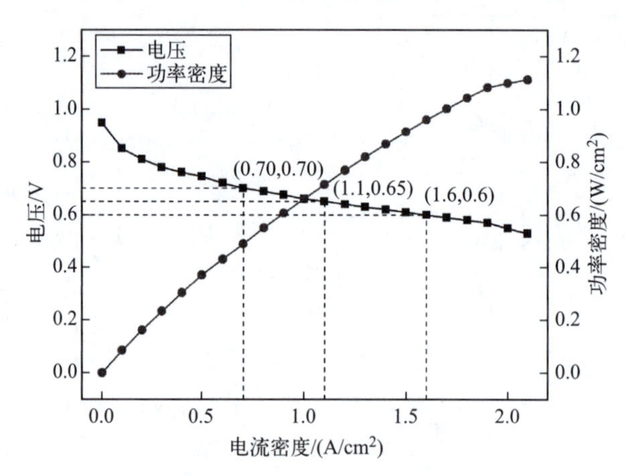

图 2-1-18　膜电极测试极化曲线

(4) 确定电堆尺寸

❶ 根据加湿器（图 2-1-19）尺寸决定双极板进排气口间距，该间距应稍大于加湿器长度，以利于管道布置；由于增湿器新空气进出口中心距为 230mm，电堆进排气口中心距定为 330mm，活性区域长度为 300mm。

❷ 由活性面积和活性区长度，定出活性区域宽度为 52mm，双极板宽度为 60mm。

❸ 根据水泵（图 2-1-20）接口截面积选定双极板冷却水主流道截面积，两者数值应当接近，以使冷却水平稳流动，避免通道变窄导致流阻过于增大，或通道变宽导致湍流；水泵接口内径为 20mm（截面积为 314mm^2），因此双极板冷却水流道设计为 20mm×16mm 矩形（320mm^2）。

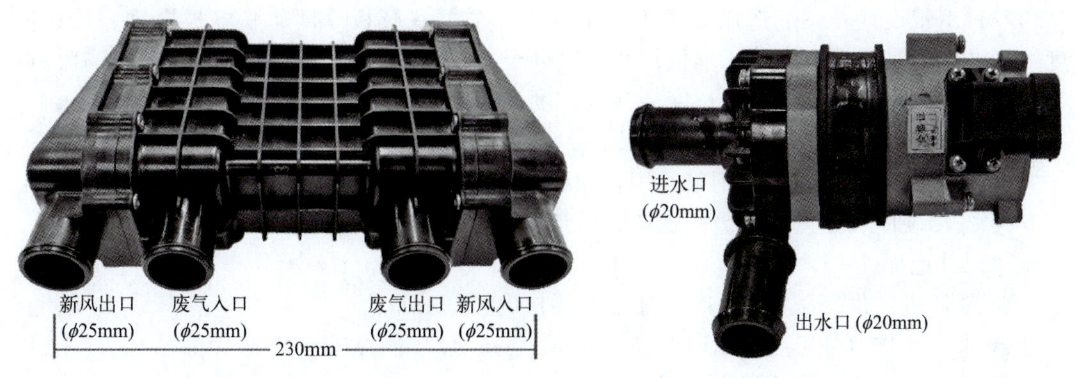

图 2-1-19 空气增湿器

图 2-1-20 水泵（额定压力为 100kPa）

❹ 根据加湿器接口截面积选定双极板空气主流道截面积，两者数值应当接近，以使空气流动平稳，避免通道变窄导致流阻过于增大，或通道变宽导致供气不足；增湿器接口内径 25mm，但为与冷却水共用接头，双极板空气流道也设计为 20mm×16mm 矩形。

❺ 根据预定双极板面积、预定双极板长度估算预定宽度，先将冷却水主流道和空气主流道进行排布，在剩余空间上选择合适尺寸排布氢气口，氢气口对燃料电池性能影响较小，可在相对宽的范围内确定尺寸。流道周边要留下充足宽度的密封胶槽，如无法排布，则需适当减少电堆长度，并适当增加宽度，以保证布局良好。此外，还需要确认电堆宽度不小于碟簧直径，保证后续装堆顺利。

综上，双极板冷却水主流道尺寸定为 20mm×16mm，空气主流道尺寸定为 20mm×16mm，氢气主流道尺寸定为 20mm×8mm。双极板关键尺寸如图 2-1-21 所示。

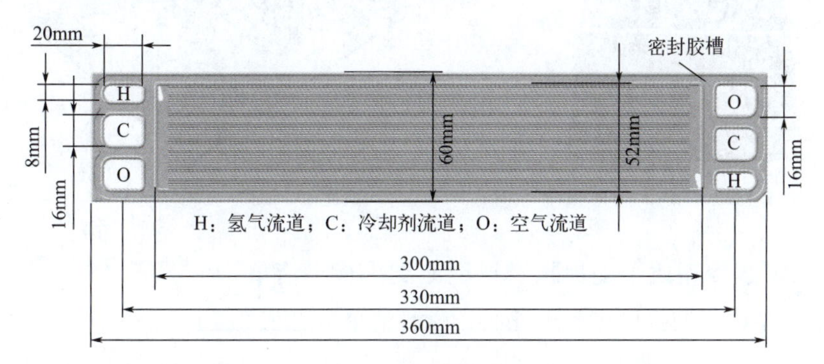

图 2-1-21 双极板关键尺寸

（5）双极板设计

❶ 综合各种因素选择双极板材料和生产工艺，确定双极板厚度。

❷ 分流道截面积=主流道截面积/最大叠加数，让空气、氢气、冷却水能相对均匀地进入每一片单电池。

❸ 设计合适的空气、氢气和冷却水流场，并选择使用 ANSYS、Pro-E、Solidworks 等软件，进行初步的流场模拟，确保气液流场基本均匀。

❹ 设计定位孔、密封胶槽等辅助结构。

❺ 扩展设计出进气侧双极板、进气远端双极板、普通双极板三种规格双极板。

（6）端板设计　依据双极板设计匹配相应的进气侧端板和非进气端板，根据厚度和刚度进行应力分析，确保装堆压力能均匀地分布在整个双极板上。

（7）钢带设计　一般选用 316 不锈钢材质，根据双极板厚度、膜电极厚度、端板厚度、电堆宽度、碟簧和辅助压堆板尺寸，设计合适长度的钢带。一般叠加数相差 5 片内可共用钢带，超出需要重新设计长度。钢带宽度和厚度依据操作便利性选择。

（8）螺栓选择

❶ 长度稍长有助于增加钢带共用叠加数范围。

❷ 选用硬度和强度都较高的螺栓，以免拧紧过程中滑牙，或使用后抗应力能力不足。

（9）其他配件

❶ 鼓风机：供气压力 20kPa，加湿器接口内径 25mm。

❷ 水泵：接口外径 25mm，内径 20mm，额定压力 100kPa（扬程 10m）。

❸ 减压阀：决定供氢压力，50～60kPa。

❹ 碟簧：每根钢带布置一片，提供张力，防止电堆捆绑力衰减。

三、水冷型质子交换膜燃料电池制作的原材料与设备

（一）原材料与设备

在燃料电池制作之前，根据设计需要，准备好所需要的原材料，主要包括质子交换膜基质、催化剂，或者直接用制作好的膜电极（图 2-1-22）、双极板（图 2-1-23）、端板等。

参观企业或生产性实训基地的水冷型质子交换膜燃料电池生产线，了解相关设备的功能和使用方法。

图 2-1-22　MEA 膜电极

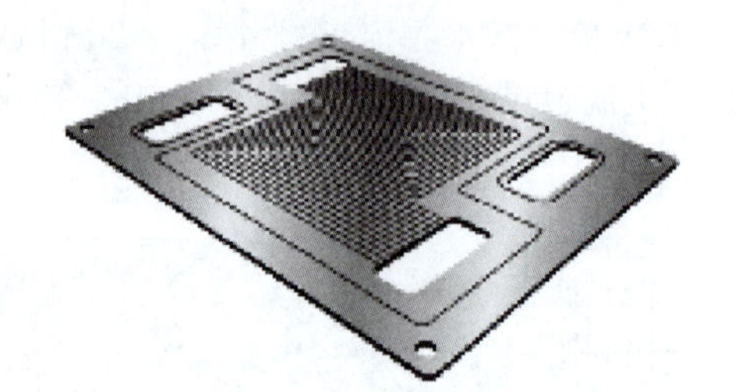

图 2-1-23　金属双极板

（二）6kW 水冷型质子交换膜燃料电池制作材料清单

6kW 水冷型质子交换膜燃料电池制作材料清单参考表 2-1-1。

表 2-1-1　6kW 水冷型质子交换膜燃料电池制作材料清单

序号	原材料名称	规格	数量	简图
1	螺钉	M4，8.8 级	8	
2	钢带	304，20×0.5mm 接头螺纹 M4×2	4	

续表

序号	原材料名称	规格	数量	简图
3	压堆片	铝合金，防腐镀层，厚 5mm	1	
4	绝缘片	阻燃绝缘塑料，厚 0.5mm	2	
5	流道远端单极板	石墨，S36	1	
6	端板（已安装集电板）	工程塑料	1	
7	膜电极	碳纸，PEM，边框，铂碳催化剂	90	
8	双极板	石墨，环氧树脂，硅胶，不干胶	89	
9	进气口单极板	石墨	1	
10	进气口端板（已安装集电板）	工程塑料	1	
11	集电板	黄铜，0.8mm，防腐导电合金镀层	2	
12	碟簧	B56，镀镍，PV	4	

【任务评价】

完成学生工作手册中相应的任务评价表“2-1-2”。

任务二　水冷型质子交换膜燃料电池单电池部件生产

【任务目标】

1. 能识读水冷型质子交换膜燃料电池单电池部件生产线的工艺文件和工艺图；

2. 能按照岗位作业指导书，安全操作相关设备，完成水冷型质子交换膜燃料电池单电池制作；

3. 能独立制作水冷型质子交换膜燃料电池单电池的工艺流程文件。

【任务单】

任务单

一、回答问题

1. 水冷型质子交换膜燃料电池单电池的制造设备有哪些？
2. 水冷型质子交换膜燃料电池单电池生产过程中，有哪些关键材料选择和加工工艺需要考虑？
3. 为了提高水冷型质子交换膜燃料电池单电池的生产效率，在生产过程中可以采取哪些自动化技术和优化措施？
4. 在水冷型质子交换膜燃料电池单电池的生产过程中，如何确保燃料电池单电池的正确装配？

二、依次完成7个子任务

序号	子任务	是否完成
1	认识水冷型质子交换膜燃料电池核心部件的制造流程	是□　否□
2	认识膜电极自动化生产线工艺流程并制作膜电极	是□　否□
3	认识双极板生产工艺流程并制作双极板	是□　否□
4	认识气体扩散层生产工艺流程并制作气体扩散层	是□　否□
5	单电池检测	是□　否□
6	单电池的质量控制	是□　否□
7	结果观察与分析、总结和报告	是□　否□

【任务实施】

1. 认识水冷型质子交换膜燃料电池核心部件的制造流程

水冷型质子交换膜燃料电池多为功率较大的燃料电池，也多采用全自动或半自动化生产线。在装堆之前主要涉及的核心部件包括膜电极、双极板、气体扩散层。

去企业参观水冷型质子交换膜燃料电池不同部件的自动化生产线，分析单个部件制作过程。如果条件允许，参与水冷型质子交换膜燃料电池单个部件的制造，了解单个部件的制造流程。

2. 认识膜电极自动化生产线工艺流程并制作膜电极

参与膜电极（图2-2-1）自动化生产线运行过程，深入了解流程中的关键环节和技术要点。

3. 认识双极板生产工艺流程并制作双极板

参观双极板（图2-2-2）生产工厂，观察整个生产线的运转过程，深入了解各个环节的关键点和技术要领。

图 2-2-1 膜电极实物

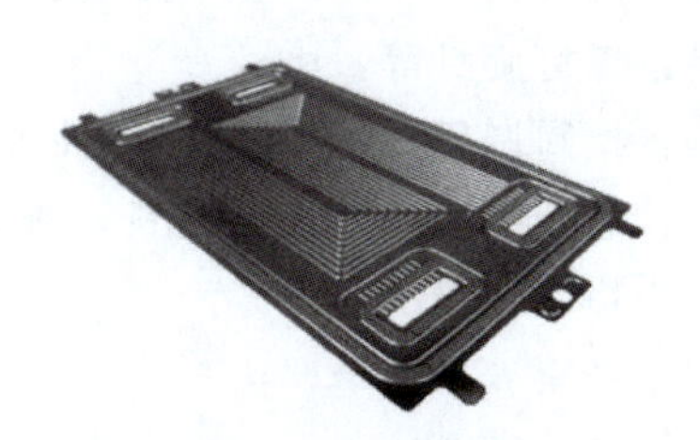

图 2-2-2 双极板实物

4. 认识气体扩散层生产工艺流程并制作气体扩散层

参观实际的气体扩散层（图 2-2-3）生产工厂，观察整个生产线的运转过程，深入了解各个环节的关键点和技术要领。

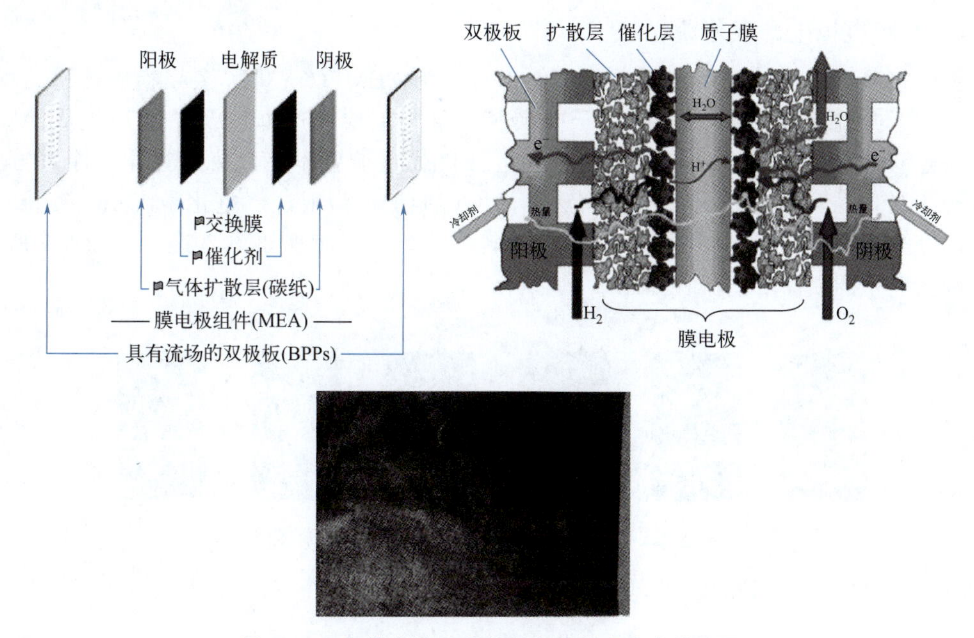

图 2-2-3 气体扩散层在燃料电池单电池中的位置

5. 单电池检测

学习单电池性能测试所需的设备和仪器，如电压源、电流源、电阻负载、数据采集系统和电化学工作站等。进行性能测试并记录数据、分析和解读测试数据，提出改进性能的方法。

6. 单电池的质量控制

参与单电池生产实践，体验实际操作和管理流程。了解每个环节的要点和关键参数，掌握操作技巧和质量控制的方法。

7. 结果观察与分析、总结和报告

分小组整理任务单、任务过程及结果，整理 PPT，汇报分享。

完成学生工作手册中相应的记录单“2-2-1”。

【安全生产】

（1）实物产品：大功率水冷型质子交换膜燃料电池及模型。

（2）工具：螺钉旋具等。

（3）电脑：撰写调研报告、CAD 软件等。

（4）网络：利用线上调研搜索工具，查阅相关领域的参考文献和研究论文。

（5）笔、表格：记录工具。

（6）安全生产素养。

❶ 遵守企业生产规范；

❷ 精于工，匠于心，品于行。

【任务资讯】

一、膜电极自动化生产线工艺流程

★本节重点，目的是掌握膜电极产业化工艺流程，与企业实践配合，为从事工艺技术岗位做准备。

（一）膜电极生产工艺流程

膜电极是质子交换膜燃料电池的核心部件，为 PEMFC 提供了多相物质传递的微通道和电化学反应场所。膜电极由质子交换膜、催化剂层、边框以及扩散层组成。膜电极制备过程中的核心步骤是将催化剂活性组分负载到承载体上，按照具体的涂覆方式，可以分为转印法、刷涂法、超声喷涂法、丝网印刷法、溅射法、电化学沉积法等。

此处介绍大型企业生产过程中常用的热转印法，工艺流程如图 2-2-4、图 2-2-5 所示。膜电极生产中的喷涂工艺流程如图 2-2-6 所示。

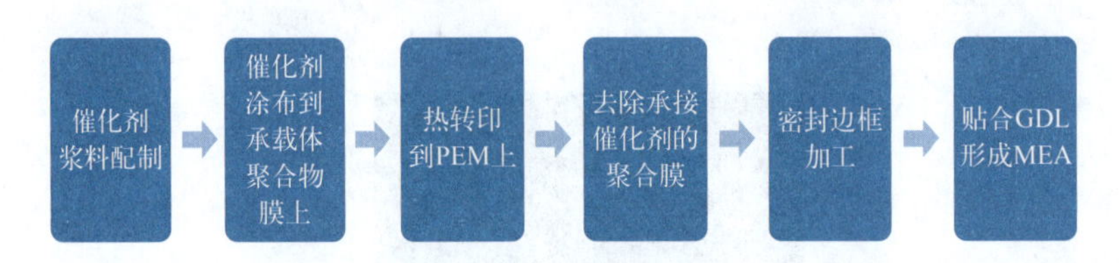

图 2-2-4　热转印法制备膜电极生产工艺流程

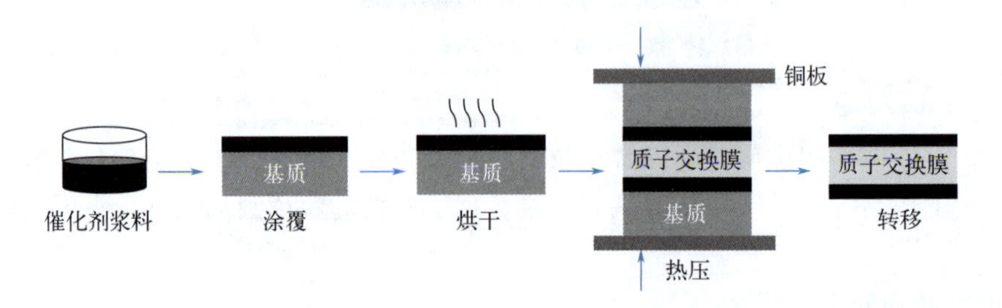

图 2-2-5　热转印法制备 MEA 流程示意

典型五合一膜电极组件包括 1 层质子交换膜、2 层涂层、2 层边框，安装工艺流程如图 2-2-7 所示，典型七合一膜电极组件包括 1 层质子交换膜、2 层涂层、2 层边框、2 层 GDL，安装工艺流程如图 2-2-8 所示。

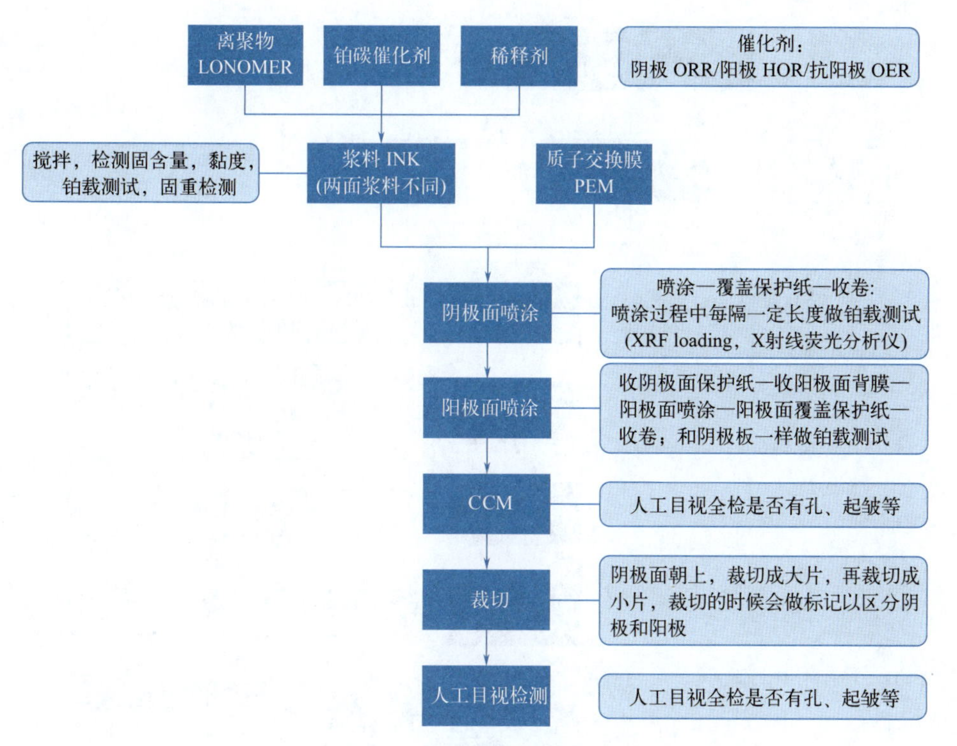

图 2-2-6 喷涂工艺流程

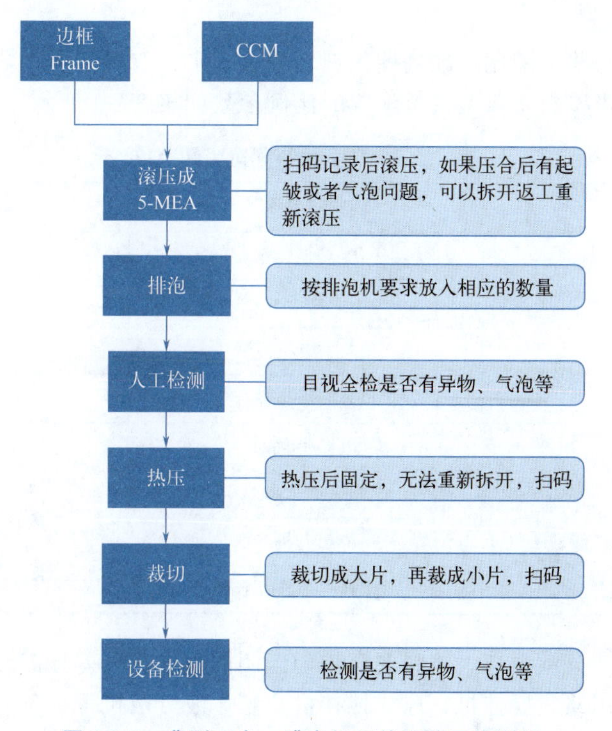

图 2-2-7 典型五合一膜电极组件安装工艺流程

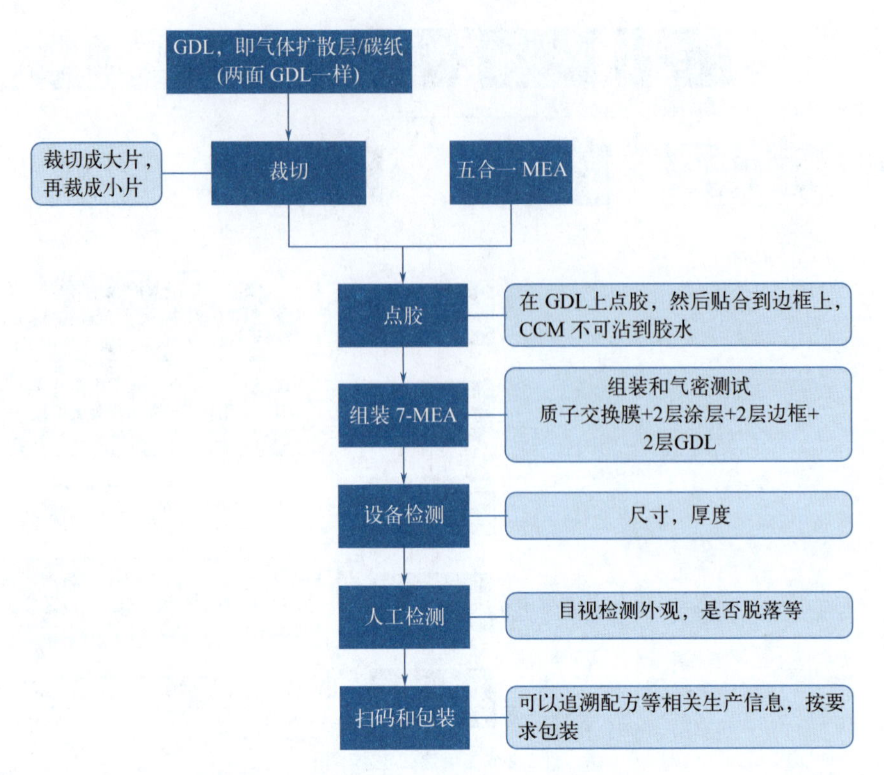

图 2-2-8 典型七合一膜电极组件安装工艺流程

1. 催化剂浆料配制

（1）物料准备与浆料配比　准备催化剂、去离子水、有机溶剂、黏合剂等原料，分别配置阳极浆料、阴极浆料，典型浆料配置的比例参数如表 2-2-1 所示。

表 2-2-1 典型浆料配置比例参数

浆料名称	物料名称	参数数值(重量比)
阳极浆料	Pt-C 催化剂	15%
	去离子水	40%
	甲醇类有机溶剂	40%
	聚离体溶液作黏合剂	5%
阴极浆料	Pt-C 催化剂	20%
	去离子水	35%
	甲醇类有机溶剂	35%
	聚离体溶液作黏合剂	10%

（2）浆料分散　分散搅拌，浆料混合均匀。阴阳极的成分差异需要分别配制加工。

浆料分散可以用桨式搅拌机、球式搅拌机、超声波分散机等设备（图 2-2-9）。典型配制过程参数如表 2-2-2 所示。品质特征及影响因素如表 2-2-3 所示。

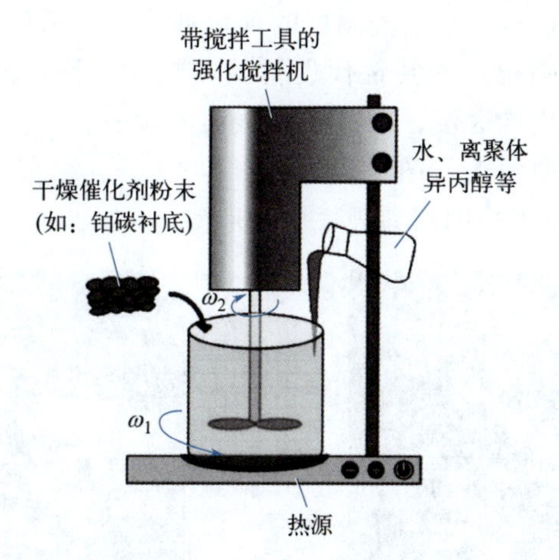

图 2-2-9　浆料分散示意图

表 2-2-2　典型配置过程参数

序号	参数名称	参数数值
1	阴极铂载量	$0.4mg/cm^2$
2	阳极铂载量	$0.1mg/cm^2$
3	环境控制	万级洁净车间
4	分散搅拌时间	＞1h
5	建议搅拌温度	25℃
6	建议搅拌转速	600～4000r/min

表 2-2-3　品质特征及影响因素

分类	参数名称	分类	参数名称
品质特征	① 多孔性 ② 黏度 ③ 铂分布的均匀性	影响因素	① 搅拌分散时间 ② 温度 ③ 环境

2. 催化剂浆料的涂布和干燥

将阴阳极催化剂浆料分别涂布到载体（一种离型膜，通常使用聚四氟乙烯膜）上并固化。催化剂浆料的涂布和干燥流程如图 2-2-10 所示。

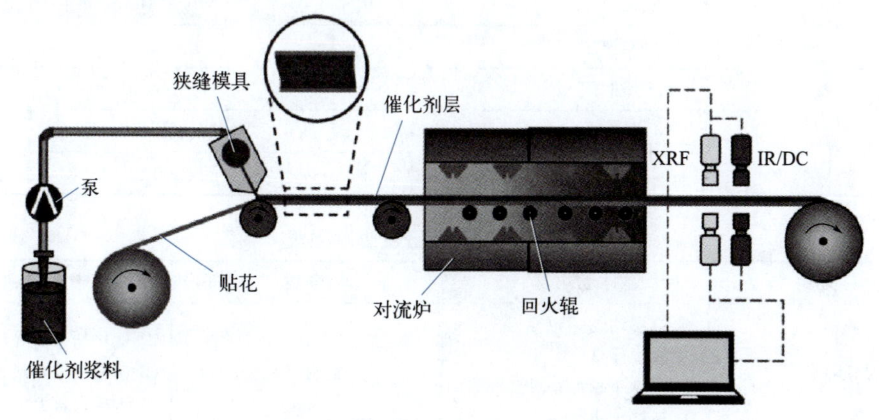

图 2-2-10　催化剂浆料的涂布和干燥流程示意图

（1）材料准备　检查材料，包括配制好的催化剂浆料、离型膜。

（2）设备准备　浆料喷枪，或其替代设备如转辊式丝网印刷设备、静电喷涂印刷设备、刮刀涂布设备等，加热传送带、IR/DC 在线监测设备。

（3）将浆料涂布在离型膜上（图 2-2-11～图 2-2-13）　涂布的典型过程参数和要求如表 2-2-4 所示。品质特征及影响因素如表 2-2-5 所示。

图 2-2-11　反面涂布

图 2-2-12　正面涂布

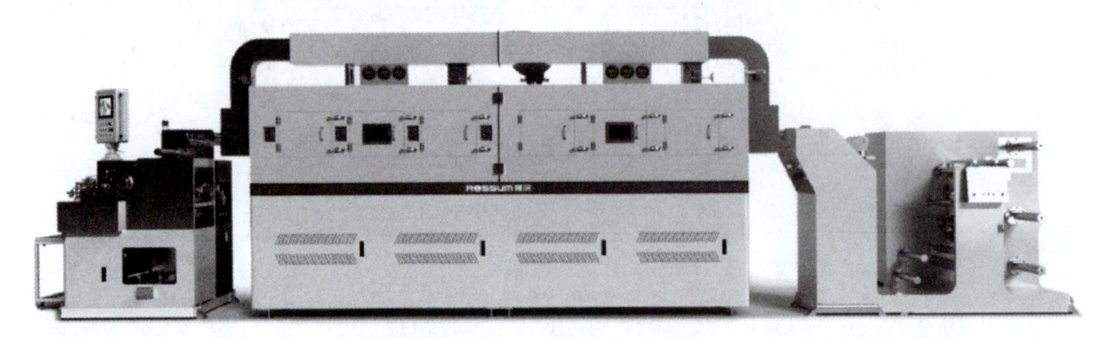

图 2-2-13　质子交换膜涂布设备

表 2-2-4　典型过程参数要求

序号	参数名称	参数数值
1	阳极膜厚	3～15μm
2	阴极膜厚	10～30μm
3	供料速度	0.1～1m/min
4	干燥时间	约 4min
5	干燥温度	加热气流 30～70℃
		加热辊设定 120～160℃

表 2-2-5　品质特征及影响因素

分类	参数名称	分类	参数名称
品质特征	① 涂层均匀一致性 ② 涂层厚度 ③ 涂层干燥度 ④ 粒径大小	影响因素	① 催化剂浆料黏度 ② 使用的工具或设备 ③ 干燥设备温度

3. 将固化的催化剂层热转印到 PEM 上

将固化的催化剂层从离型膜上热转印至 PEM 上，具体的催化剂热转印流程如图 2-2-14 所示。

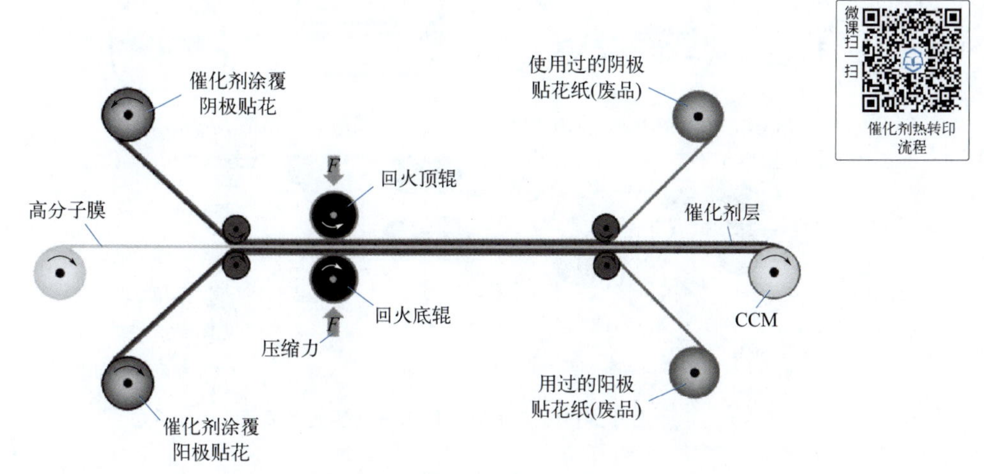

图 2-2-14 催化剂热转印流程示意图

（1）材料准备　加工好的分别附着在聚合物（膜）表面的阴阳极催化剂、质子交换膜卷料（PEM）。

（2）设备准备　传送带、热压辊、去除废料聚合物膜的转辊（一种定制设备）。

（3）开展热转印工艺过程　典型过程参数和要求如表 2-2-6 所示。品质特征、影响因素如表 2-2-7 所示。

表 2-2-6 典型热转印过程参数

序号	参数名称	参数数值
1	线性拉力	150～250N/cm
2	热压辊温度	100～170℃

表 2-2-7 品质特征及影响因素

分类	参数名称
品质特征	① 聚合物膜无残留 ② 聚合物膜层对催化剂层没有损坏 ③ 催化剂层在 PEM 上的良好附着
影响因素	① 承接催化剂层的聚合物膜的品质(离型效果，催化层能不能正常剥离) ② 供料速度和辊子压力以及温度的组合(决定催化层和 PEM 的接着效果) ③ 压力持续时间

4. 密封边框的加工

密封边框加工流程如图 2-2-15 所示。

（1）材料准备　上一道工序加工好的两面涂有阴阳催化剂的卷料、涂布有接着层的密封边框卷料（材料为 PI、PET、PEN 等），如图 2-2-16～图 2-2-18 所示。

（2）设备准备　传送带、转向辊、定制的模切辊、层压辊、真空模切辊（可以是一种定制设备）。

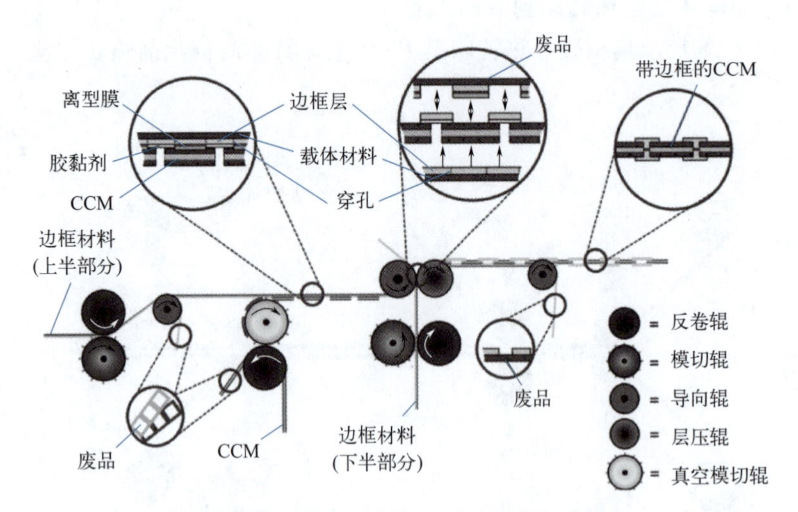

图 2-2-15 密封边框加工方式流程示意图

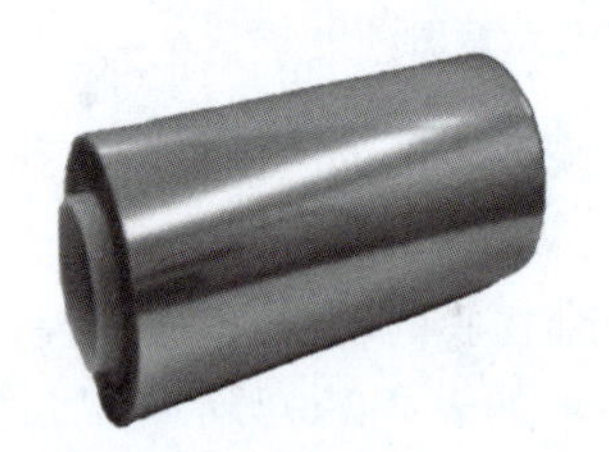

图 2-2-16 PEN 基材边框膜

图 2-2-17 PI 基材边框膜

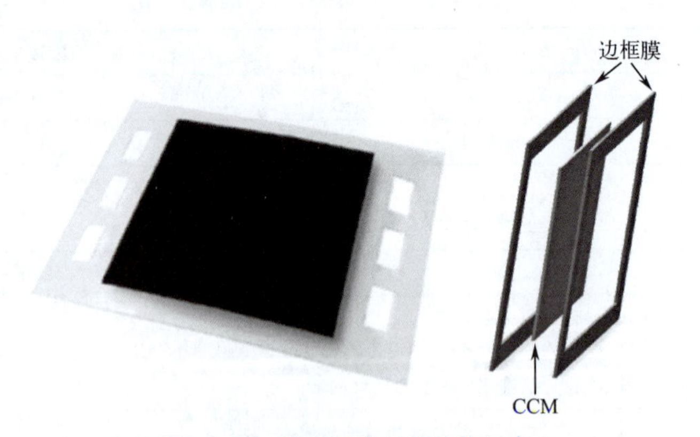

图 2-2-18 膜电极密封件结构示意

（3）密封边框加工工艺过程 典型过程参数和要求如表 2-2-8 所示。品质特征及影响因素如表 2-2-9 所示。

表 2-2-8 典型密封边框的加工过程参数

序号	参数名称	参数数值
1	供料速度	最高可达 30 m/min
2	切孔	根据产品几何形状定制的辊模

表 2-2-9 品质特征及影响因素

分类	参数名称
品质特征	① 密封边框的精准定位 ② MEA 表面无污染 ③ 密封边框与 CCM 的连接强度
影响因素	① 各辊轴的同向、同轴平行对齐等(多层料不能跑偏) ② 边框和 CCM 之间的位置公差

5. 贴合 GDL 形成 MEA

最终贴合工艺流程如图 2-2-19 所示。

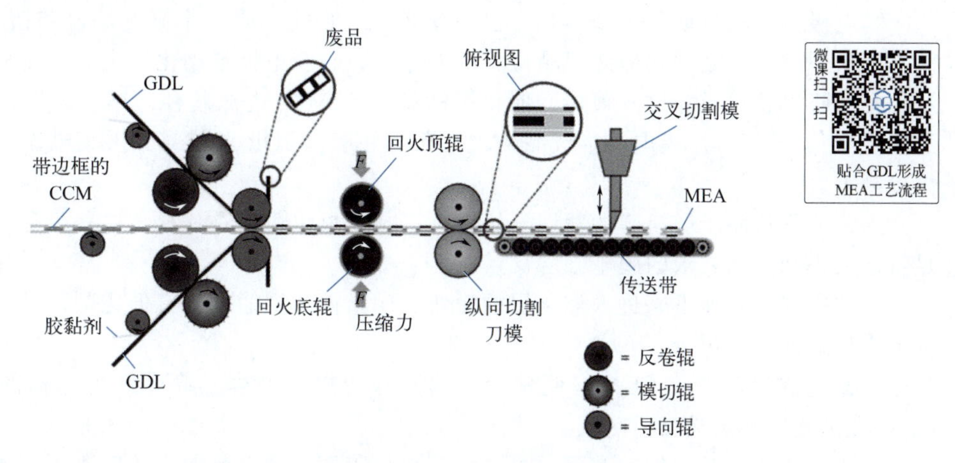

图 2-2-19 最终贴合工艺流程示意图

(1) 材料准备　GDL、带边框的 CCM、热压胶黏剂。

(2) 设备准备　传送辊（带）、导向辊、胶黏剂涂布设备、热压辊、刀模辊、纵向切割刀模、交叉切割模。(其他不连续的贴合生产设备、胶黏剂涂布设备。)

(3) 加工流程

❶ CCM 在两侧连接到 GDL，然后分离，形成带保护膜层的 MEA。

❷ 将胶黏剂涂抹在 GDL 上，根据需要的几何形状对 GDL 进行冲切孔。

❸ 将冲切好孔位的 GDL 定位在 MEA 密封边框的顶部和底部。

❹ 经过热压进行连接。

❺ 根据产品工艺设计进行纵横向切割。

❻ 由于材料的特性，该加工过程位置精度不是很好管控，需要特别注意公差管理。

(4) 热压合过程参数控制　典型热压合过程参数如表 2-2-10 所示，品质特征及影响因素如表 2-2-11 所示。

表 2-2-10 典型热压合过程参数

序号	参数名称	参数数值
1	热压温度	100～160℃
2	接触压力	$1.000 \sim 10.000 kgf/cm^2$

表 2-2-11 品质特征及影响因素

分类	参数名称
品质特征	① GDL 的位置精度 ② 连接强度 ③ 切割几何形状的精确度
影响因素	① 整个加工系统的轴向一致性 ② 径向角度和偏移量的管控 ③ 供料速度 ④ 热压温度和压力，以及时间的组合管理 ⑤ 主动压力持续时间

（二）膜电极自动化生产工艺流程

膜电极典型的自动化生产工艺流程如图 2-2-20 所示，是一个高度综合和精密的制程，涵盖了从原材料的处理到最终产品检验的多个步骤。膜电极自动化生产工艺流程主要包括质子交换膜（卷材或片材）裁切、催化层涂布、CCM 与边框贴合、热压（压敏胶边框跳过此步骤）、裁切五层膜电极半成品的水气孔及外形、GDL 点胶与五层膜电极贴合、气密性检测等。

工艺流程从质子交换膜的裁切开始，可以是卷材也可以是片材，这一步是为了形成满足特定大小和形状要求的膜基础层。

裁切完成后，接下来进入催化层的涂布工序，催化层通常含有催化剂，是实现燃料电池催化反应的关键组分。

涂布完成后，进入 CCM（催化涂层膜）和边框的贴合工序，这里边框的作用是为 CCM 提供支撑并定义反应区域。

对于采用压敏胶边框的情况，可以绕过热压工序，主要是因为压敏胶不需要通过加热来促进粘合。但在其他情况下，热压是必要的，热压能够通过高温和压力来加强 CCM 与边框之间的结合。

热压完成后，紧接着是对五层膜电极半成品进行进一步的裁剪，这包括为水蒸气排放开设孔洞以及裁剪出最终产品的外形。然后，GDL（气体扩散层）被点胶并与五层膜电极贴合得到七层膜电极。

最后，在生产线上将对组装完成的膜电极进行气密性测试，确保产品在实际运行中具有良好的封闭性能，防止气体泄漏，以确保燃料电池的效率和安全。

所有这些步骤均采用自动化设备和精确的控制系统来确保产品的一致性和可靠性。

通过整个自动化的生产流程，不仅生产效率得到极大提升，产品质量也因为每一步骤的精准控制而得到保证，满足了现代燃料电池行业对于高性能膜电极产品的需求。

（三）膜电极自动化生产设备

膜电极自动化生产工艺涉及的自动化设备包括精密裁切机、涂布机、五合一贴合机、伺服热压机、七合一贴合机、气密检测机等。

1. 精密裁切机

精密裁切机（图 2-2-21）主要功能是能够按导入的 CAD 图形路径进行切割，既可全切又可半切，可切割任意形状，产品换型简单，可切割边框膜、质子膜、CCM、5-MEA 等不同膜电极材料。设备的关键性能参数包括来料尺寸、切割路径、切割精度、切割速度等。精密裁切机作业流程见表 2-2-12。

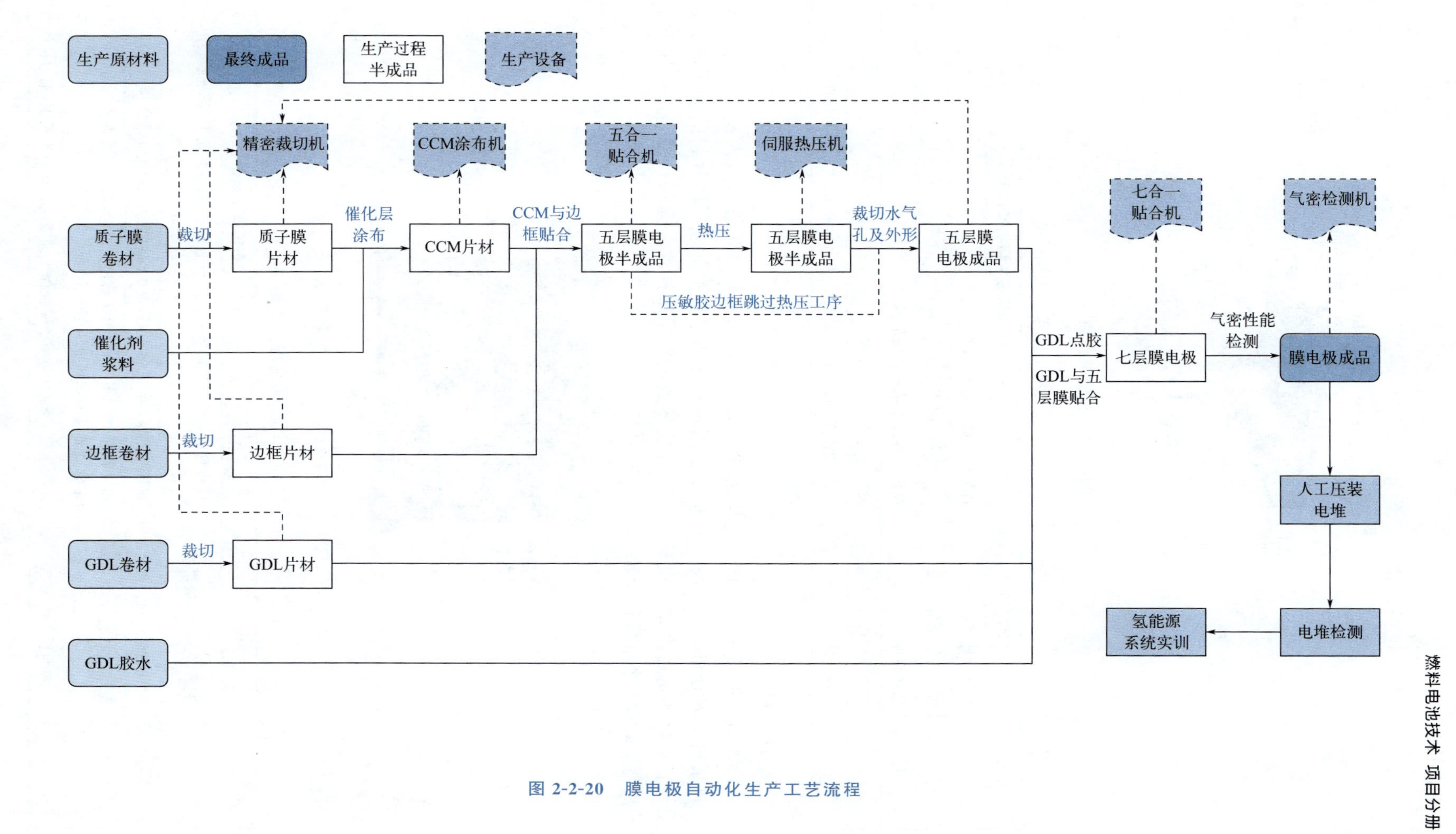

图 2-2-20 膜电极自动化生产工艺流程

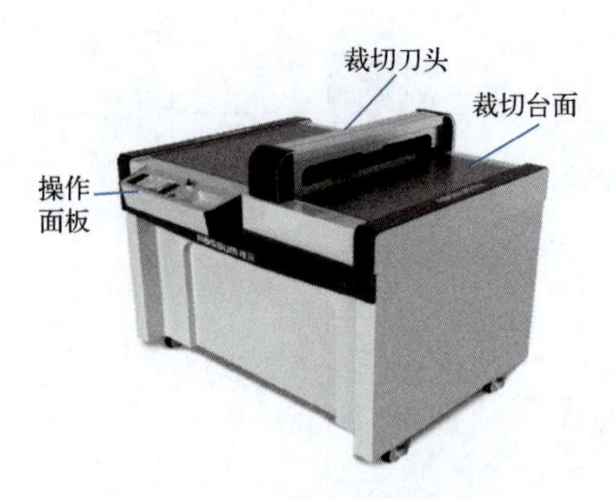

图 2-2-21 精密裁切机设备

表 2-2-12 精密裁切机作业流程

序号	操作内容	精密裁切机操作步骤
1	放置待切产品	将待切产品放置于切割台面上
2	开启真空吸附	开启真空吸附并将待切产品铺平
3	选择程序	在操作界面上选择相应的程序
4	自动完成切割	设备自动进行切割操作
5	下料处理	完成切割后,将切割好的产品从设备中取出,进行下料处理

2. 涂布机

涂布机（图 2-2-22）是通过精密注射泵将催化剂浆料经过管道送入模头，通过模头腔体将浆料均匀分布，然后将浆料挤压至固定在涂布平台上的质子膜片材的表面，从而实现质子膜片材的定量涂布。设备的关键性能参数包括涂层样式、涂层尺寸、涂层厚度、涂布速度等。CCM 涂布机作业流程见表 2-2-13。

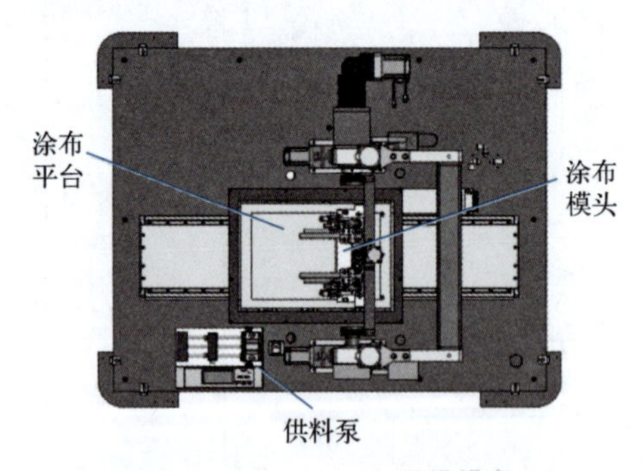

图 2-2-22 CCM 涂布机设备

表 2-2-13 CCM 涂布机作业流程

序号	操作内容	CCM 涂布机操作步骤
1	片料质子膜平铺吸附	将片料的质子膜平铺吸附在涂布平板上,离型膜朝下,质子膜朝上,通过标线对位
2	注射泵供料	将催化剂浆料注入注射泵,点动注射泵填满模头并清理模唇余料
3	A 面涂布和烘干	启动程序,模头定位,注射泵给模头供料,涂布平板在直线电机的驱动下自动完成 A 面涂布和烘干
4	翻面质子膜	A 面涂层干燥后,将质子膜翻面平铺吸附在涂布平板上,通过标线对位

续表

序号	操作内容	CCM涂布机操作步骤
5	剥离离型膜	人工剥离质子膜来料时的离型膜
6	B面涂布和烘干	启动程序,模头定位,注射泵给模头供料,涂布台面在直线电机的驱动下自动完成B面涂布和烘干
7	取下CCM成品	人工从涂布平台上取下CCM成品

3. 五合一贴合机

五合一贴合机（图2-2-23）采用真空排泡工艺，将已经裁切成片材的CCM和边框膜贴合成五层膜电极。阴阳极边框膜由人工上料，通过销钉定位；CCM由人工上料，通过视觉系统定位。采用真空贴合的工艺方案，适用于压敏胶边框和热熔胶边框生产。设备的关键性能参数包括视野范围、定位精度、腔体真空度、贴合压力、贴合温度等。五合一贴合机作业流程见表2-2-14。

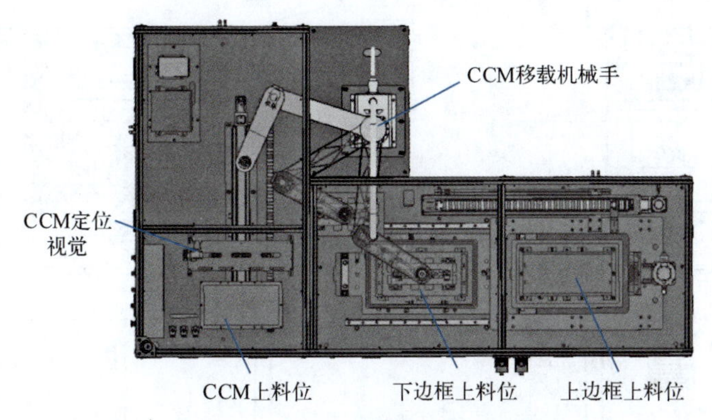

图2-2-23 五合一贴合机设备示意图

表2-2-14 五合一贴合机作业流程

序号	操作内容	五合一贴合机操作步骤
1	铺平边框膜并剥离离型膜	将两个边框膜铺平吸附在边框膜的吸板上,并剥离边框膜的离型膜
2	CCM上料	将CCM铺平吸附在CCM上料载盘上
3	拍照检测CCM位置	启动设备,CCM上料载盘移动到拍照位,视觉系统拍照检测CCM的实际位置,将位置偏差反馈给CCM移载机器人
4	取CCM并贴合	CCM上料载盘移动到CCM取料位,CCM移载机器人补偿位置偏差后,从载盘上吸取CCM,然后放置并吸附到下边框上
5	上腔体操作	上腔体翻转并平移到下腔体上方
6	下腔体操作	下腔体顶升与上腔体闭合
7	完成贴合	抽真空,完成贴合
8	打开腔体	破真空,腔体打开,上腔体复位
9	取出成品	人工取出成品

4. 伺服热压机

伺服热压机（图2-2-24）是采用伺服电缸作为动力的精密压合设备。该设备能在生产过程中对压力和位移进行精确的控制，能随时控制压力/停止位置/驱动速度/停止时间，能够在压合作业中实现压力与位移的全过程闭环控制；采用友好人机界面的大尺寸触摸屏，直观易操作；装有安全光幕，在压合过程中如有手伸入压合区域，压头将自动返回，保证操作安全。设备的关键性能参数包括压力范围、压力分辨率、压力精度、开口高度、最大行程、位移分辨率、定位精度、压合速度、空载速度、保压时间、可设定最小保压时间、温度范围、温度控制精度、温度均匀性、升温时间等。伺服热压机作业流程见表 2-2-15。

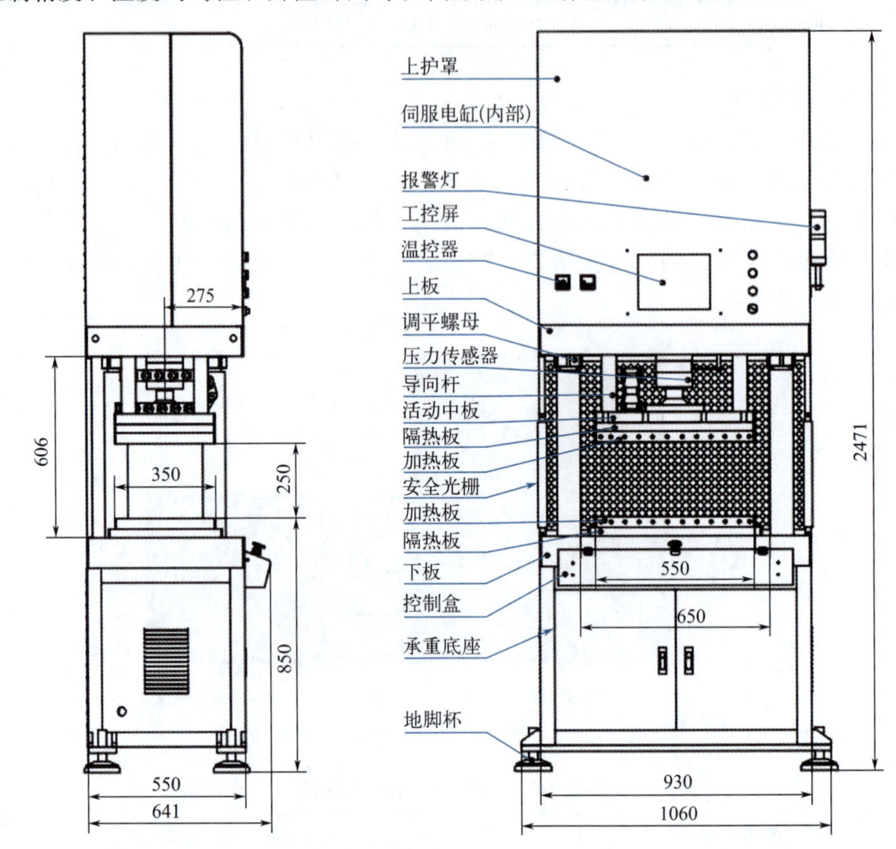

图 2-2-24 伺服热压机设备示意图

表 2-2-15 伺服热压机作业流程

序号	操作内容	五合一贴合机操作步骤
1	准备预贴合的五层膜	人工将预贴合后的五层膜用聚四氟乙烯隔离好，放到压机下治具板上
2	启动设备	启动设备
3	压合工作	压机自动按设定压力、设定温度、设定时间完成压合工作
4	取下成品	人工取下五层膜成品
5	冷压保压	将热压后的五层膜放到冷压治具里进行保压冷却，以防止五层膜卷曲变形

5. 七合一贴合单机

七合一贴合单机（图 2-2-25）将已经裁切好尺寸的 GDL 和已经裁切好水气孔的 5-MEA 进行贴合，设备内集成了 GDL 点胶、GDL 与 5-MEA 贴合及保压功能。设备各工位全部采用机械方式定位，运行稳定可靠，后期维护成本低。设备的关键性能参数包括点胶工艺、胶水类型、胶桶容量、热熔温度、胶线位置偏差、胶线宽度（压合后）、胶线宽度偏差、胶线厚度、贴合压力等。七合一贴合单机作业流程见表 2-2-16。

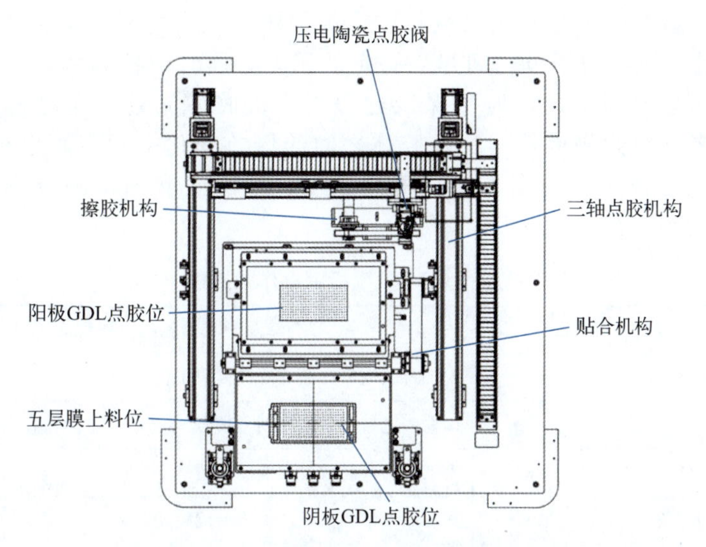

图 2-2-25 七合一贴合单机设备示意图

表 2-2-16 七合一贴合单机作业流程

序号	操作内容	七合一贴合单机操作步骤
1	放置阴极 GDL 和阳极 GDL	人工将阴极 GDL、阳极 GDL 放置到点胶工位的吸板上
2	装填粘接胶水	人工将粘接胶水装入点胶机构的胶筒内
3	阴极 GDL 点胶	设备自动完成阴极 GDL 点胶
4	阳极 GDL 点胶	设备自动完成阳极 GDL 点胶
5	放置 5-MEA	人工将 5-MEA 放置到 5-MEA 上料吸板上
6	5-MEA 与 GDL 贴合	设备自动完成 5-MEA 与 GDL 的贴合及保压
7	取下七合一成品	人工取下七合一成品

6. 气密检测机

气密检测机（图 2-2-26）适用于对膜电极成品进行气密性检测和阻抗检测。

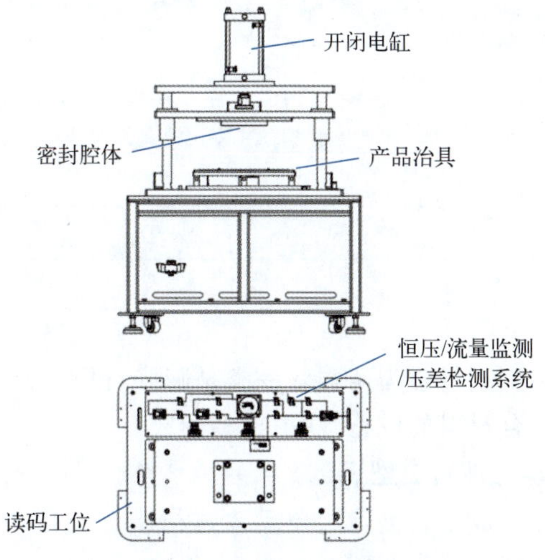

图 2-2-26 气密检测机设备示意图

气密检测的基本原理是通过治具将膜电极的阴极侧密封成一个腔体，阳极侧与大气相通，设备在MEA阴阳极之间建立一定的压差，同时阴极腔体与标准腔体建立同等正压，保压一段时间，通过监测保压过程中阴极腔体流量的变化来判定膜电极的气密效果，或者通过阴极腔体与标准腔体之间的压差变化来判定膜电极的气密效果。设备的关键性能参数包括检测方式、检测精度、检测底噪和检测分辨率等。气密检测机作业流程如表2-2-17所示。

表2-2-17 气密检测机作业流程

序号	操作内容	气密检测机操作步骤
1	放置膜电极产品	人工将膜电极产品放置到读码工位
2	读码	读取膜电极产品的序列号信息
3	放置产品到检测工位	人工再将产品放置到检测工位
4	选择检测模式	选择压差法或流量法作为检测模式
5	启动设备	启动设备，设备自动完成检测并出具检测结果
6	人工下料	人工将成品从设备中取出

★本节重点，目的是掌握双极板产业化工艺流程，与企业实践配合，为从事工艺技术岗位做准备。

二、双极板生产工艺流程

双极板作为燃料电池的核心部件，在燃料电池中，具有重要作用。双极板的作用如表2-2-18所示。双极板通常由两个半片组成，典型结构功能如图2-2-27所示。

表2-2-18 双极板的作用

序号	作用
1	支撑MEA
2	分隔各单电池
3	分隔阴极、阳极反应气体，防止其相互混合
4	提供电气连接
5	输送反应气体并使之均匀分配
6	传导反应热量
7	去除水等副产物
8	承受组装预紧力

（一）石墨双极板的生产

石墨双极板的生产加工主要分为两类：一类是膨胀石墨复合材料的板材成型工艺，另一类是石墨粉末和树脂混合材料的成型/注射成型工艺。

1. 膨胀石墨复合材料的板材成型工艺

膨胀石墨板经过研光、成型、去除边角后渗透树脂、硫化（又称固化）、粘合、密封硫化工艺，最后形成双极板产品，如图2-2-28所示。

❶ 膨胀石墨板材力学性能较差且孔隙率高，储存和运输过程中会发生不同程度变形，

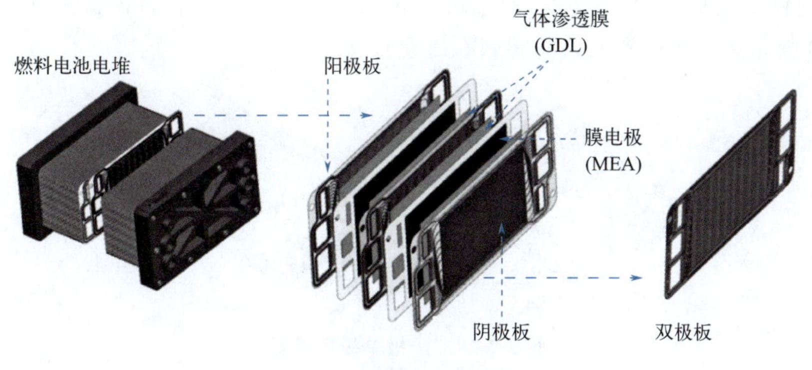

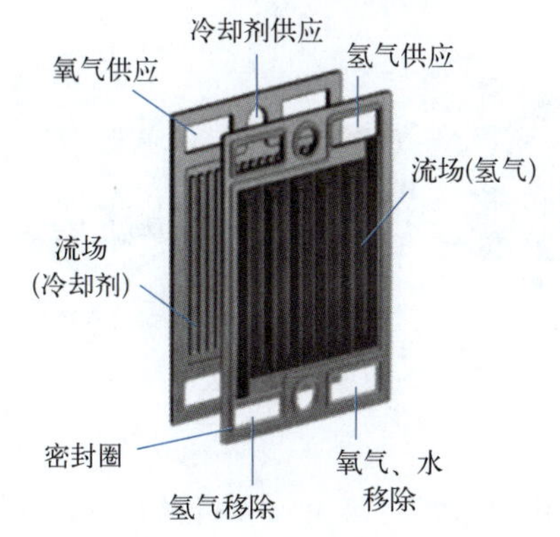

图 2-2-27 双极板的构成

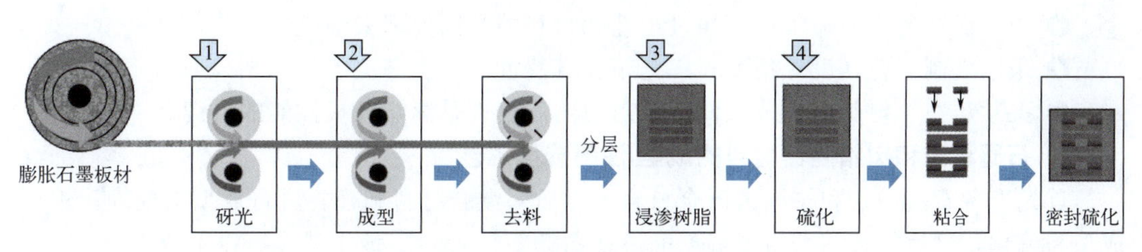

图 2-2-28 第一类石墨双极板生产流程

经过研光工序将板材压平，保证后续压制尺寸精确及密度均匀。

❷ 成型工序使用带有表面结构的模具，使用上百吨压力压合并保压，使膨胀石墨板表面产生单极板的各结构特征；阴阳极单极板需要分开生产，阳极单极板一侧为氢气流道，另一侧为水流道；阴极双极板一侧为空气流道，另一侧为水流道。

❸ 压制完成的半成品需要切除边角料，该工序也可合并到成型中一次完成，但模具复杂度会上升。需进行光学检查，确保双极板表面结构完好无瑕疵。此时的半成品孔隙率依然很高且力学性能很差，无法直接使用，需要进行渗胶操作。

❹ 将半成品单极板浸在液态环氧树脂中放入真空腔并抽除空气，保持真空 30min 以上，让孔隙中的空气充分逸出，然后向腔内通入空气并加压，使胶在外部大气压的作用下充分渗入石墨颗粒之间。取出后洗去表面的胶液，使表面恢复导电状态，但内部的孔隙已经被胶液充满。

❺ 将已渗胶的石墨单极板加热烘烤，使内部胶液固化形成树脂网络。该树脂网络使得板材力学性能大幅提升，也保证了优良的气密性，且不会影响板材本身的导电和导热性能。

❻ 将阴极单极板（图 2-2-29）和阳极单极板（图 2-2-30）各自的冷却水流道相对粘合，让粘合胶固化，即得到完整的膨胀石墨双极板。

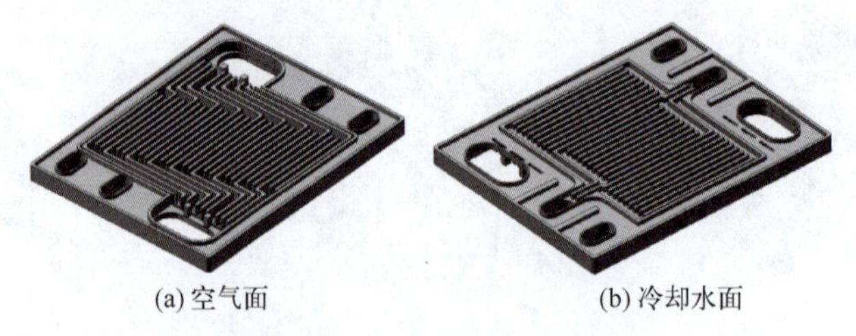

(a) 空气面　　(b) 冷却水面

图 2-2-29　阴极单极板模型

(a) 氢气面　　(b) 冷却水面

图 2-2-30　阳极单极板模型

该工艺具有以下特点：

❶ 能很好地满足极板外形、表面几何轮廓和机械尺寸的要求。

❷ 膨胀石墨材料的连续性导致导电性和热传导性高。

❸ 满足需要的表面疏水性要通过工艺和材料的共同处理来解决。

❹ 采用轧制工艺，设计精度和工艺精度有待进一步提高。

❺ 夹紧压力、树脂配比及表面接触阻力的后处理是影响极板性能的关键。

2. 石墨粉末和树脂混合材料的成型/注射成型工艺

首先准备石墨粉末和树脂的混合材料，然后对混合材料和模具进行成型前处理；进行成型和硫化，最后粘合和密封形成产品，如图 2-2-31 所示。该工艺具有以下特点：

❶ 能很好地满足极板外形、表面几何轮廓和机械尺寸的要求。

❷ 由于混合粒子会阻断石墨材料的连续性，高电流下的电导率需要进一步提高。

❸ 满足需要的表面疏水性要通过工艺和材料的共同处理来解决。

❹ 树脂的比例和选择性、硫化时间及表面接触电阻的后处理是影响极板性能的关键。

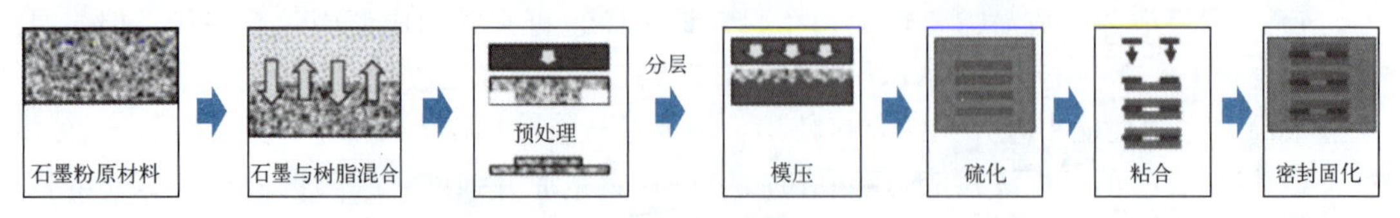

图 2-2-31　第二类石墨双极板生产流程

（二）金属双极板的生产

金属双极板的生产工艺流程如图 2-2-32 所示。先把不锈钢板原材料表面处理（镀层），然后加工，使得双极板流场结构成型，然后分离切割，通过激光焊接，然后进行气密性测试，加工密封垫片，获得成品。

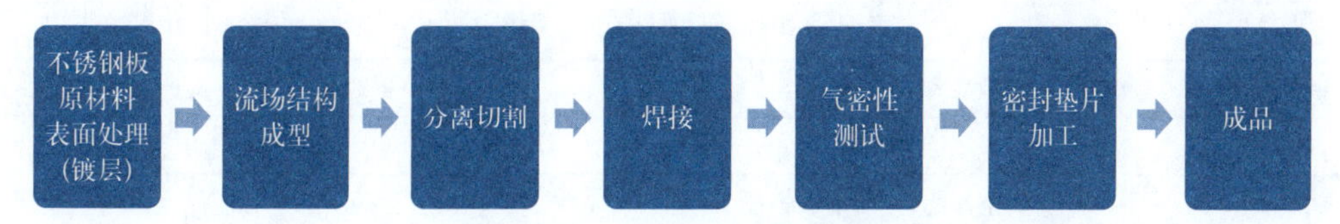

图 2-2-32 金属双极板工艺流程

1. 金属板镀层

（1）材料准备　不锈钢板原材料（根据自行设计决定厚度）、镀层靶材（这里是指 PVD 工艺靶材）。

带材（图 2-2-33）的选择一般有两种，一种是预先做过涂层处理的带材，另一种是未经涂层处理的带材。金属双极板在生产过程中使用未经涂层处理的不锈钢带材居多。以 Interplex 公司的双极板制造为例，使用的带材为 SU316L 不锈钢，厚度为 0.075～0.1mm。

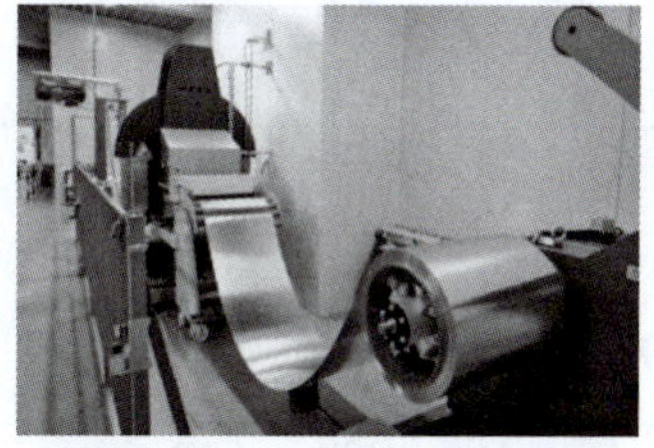

图 2-2-33 带材生产示例

（2）PVD 镀层设备准备　传送带、板材清洁设备、真空镀（PVD）设备、X 射线在线检测设备。

说明： 镀层可选替代材料包括氮化钛、氮化铬、非晶形碳等；工艺也可以用化学镀(CVD)、渗氮处理、电镀等方式替代。

（3）PVD 加工流程（图 2-2-34）

❶ 先对原材料板材两面进行清洁并检查品质。

❷ 将清洁好的板材送入 PVD 设备炉腔内（真空或者惰性气体工作环境）。

❸ 采用例如金、钛、铝等靶材，用炉腔内等离子体形成的离子对其进行轰击。等离子体本身温度很高，又经过电场加速，靶材表面的原子迅速气化形成金属蒸气并在炉腔中扩散。基底（此处为原材料）所在位置温度较低，金属蒸气就在表面凝结形成镀层。

❹ 用 X 射线检查镀层的膜厚。

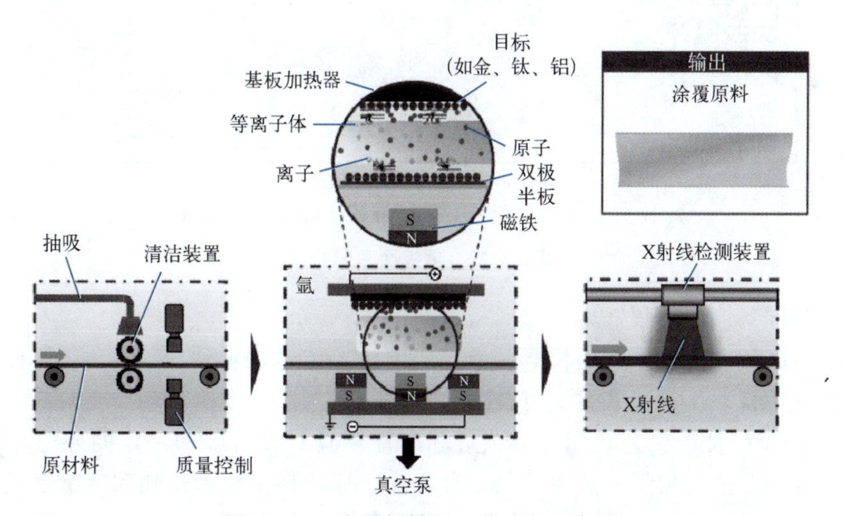

图 2-2-34 金属板镀层工艺流程示意图

典型 PVD 过程参数控制如表 2-2-19 所示。品质特征及影响因素如表 2-2-20 所示。

表 2-2-19 典型 PVD 过程参数

序号	参数名称	参数数值
1	温度	450～500℃
2	真空压力	1×10^{-7}～1×10^{-1}mBar
3	镀层厚度	0.1～6.3μm
4	工作时间	2～5min

表 2-2-20 品质特征及影响因素

分类	参数名称	分类	参数名称
品质特征	① PVD 惰性工作环境 ② 镀层材料 ③ 基材形状	影响因素	① 电导率 ② 耐蚀性

2. 成型（流场成型）

带材清理后，便会进行成型和分割，生产出阴极板和阳极板，如图 2-2-35 所示。各双极板厂商的成型方式和流程可能会有所不同。

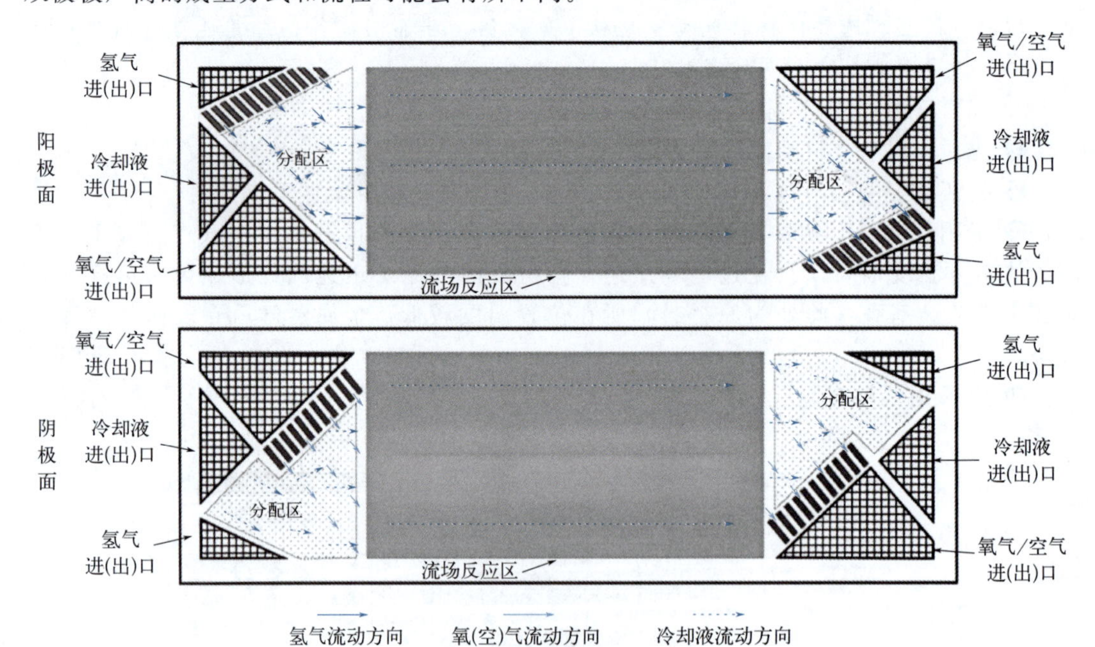

图 2-2-35 阴极面和阳极面

（1）材料准备　前制程镀好的金属板材。

（2）设备准备　流场形状的模具、液压成型机、传送供料系统。（该制程有热压、拉伸、辊对辊成型、冲压等工艺方式可替代。）

❶ 冲压成型。冲压工艺是用压力装置和刚性模具对板材施加一定的外力，使其产生塑性变形，从而获得所需形状或尺寸的一种方法。冲压坯主要为热轧和冷镦钢板，占世界钢材的 60%～70%。因此，从原材料的角度来看，冲压工艺占主导地位。而且，冲压工艺生产的双极板成本低且生产率高，具有薄（低至 0.051 mm）、均匀和高强度的特性，广泛应用于汽车、航空航天和其他领域。

冲压设备、冲压模具、金属双极板模具如图 2-2-36 所示。

图 2-2-36 冲压设备、冲压模具、金属双极板模具

❷ 液压成型。液压成型工艺是一种利用液体或模具作为传力介质加工成产品的一种塑性加工技术，液压成型原理如图 2-2-37 所示。与冲压工艺相比，液压成型的模具需求量少（只需要一套模具）。液压成型在尺寸和表面质量方面优于冲压工艺，但冲压工艺具有较高的生产率。

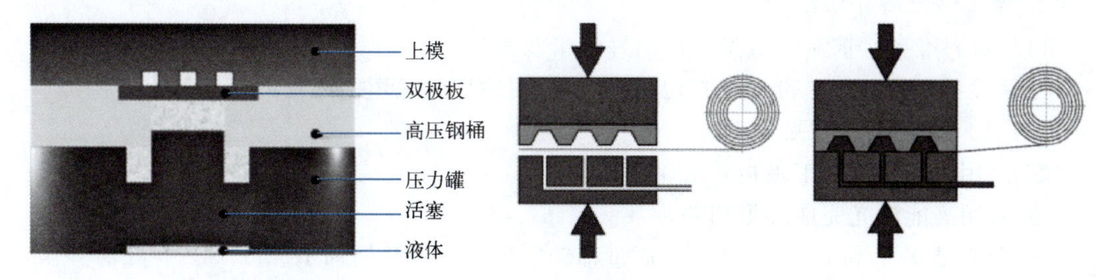

图 2-2-37 液压成型原理及工艺

（3）加工流程（图 2-2-38）

❶ 将镀好的板材送入成型机台内，并在模具下方定位。

❷ 上下合模并压紧材料。

❸ 注入高压水使产品成型（根据模具形状）。

❹ 可以一模多穴提升产量。

❺ 最后再对成型好的半双极板（单极板）进行清洁。

典型成型过程参数控制如表 2-2-21 所示，品质特征及影响因素如表 2-2-22 所示。

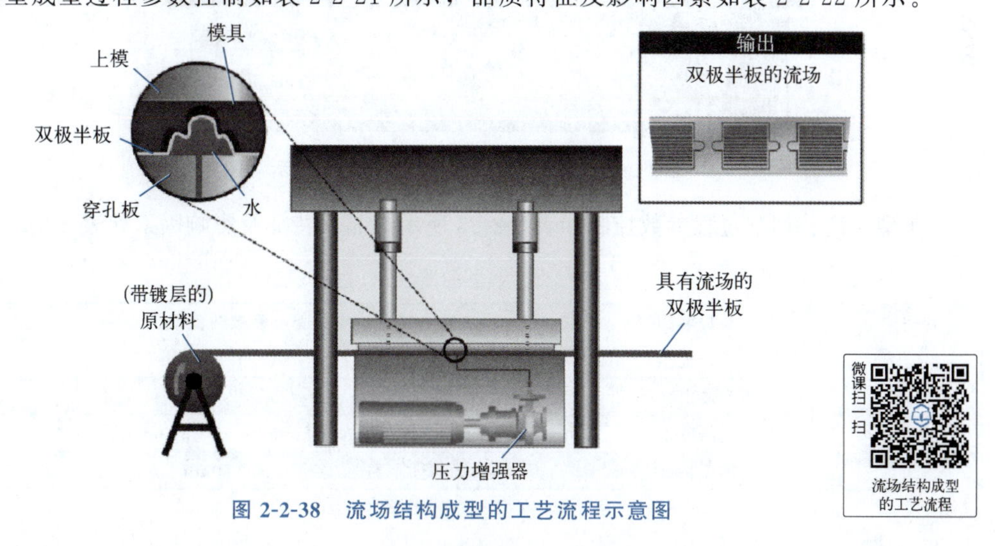

图 2-2-38 流场结构成型的工艺流程示意图

微课扫一扫

流场结构成型的工艺流程

表 2-2-21 典型成型过程参数

序号	参数名称	参数数值
1	成型压力	1.000～4.000bar
2	处理时间	2～10s/模
3	一般选取材料厚度	0.05～1mm
4	工作介质	水

表 2-2-22 品质特征及影响因素

分类	参数名称	分类	参数名称
品质特征	① 上下模夹紧力 ② 成型(水)压力 ③ 基材拉伸性能 ④ 流场的几何形状尺寸 ⑤ 机台的稳定性	影响因素	① 无破损 ② 流场均匀一致 ③ 产品一致性 ④ 流场外形无回弹变形

3. 半场板分离和切割

(1) 材料准备　前制程成型并清洁好的半双极板。

(2) 设备准备　传送带、激光切割机。(可用冲切、剪切、远程激光等替代工艺。)

(3) 加工流程（图 2-2-39）

❶ 采用激光切割加工极板外形轮廓。

❷ 采用高能激光完成外形切割。

❸ 激光是 X-Y table 可移动式，通过移动实现几何形状的加工。

❹ 不管材料有没有做过镀层，都可以实现切割（有些厂家将镀层工艺放在后续）。

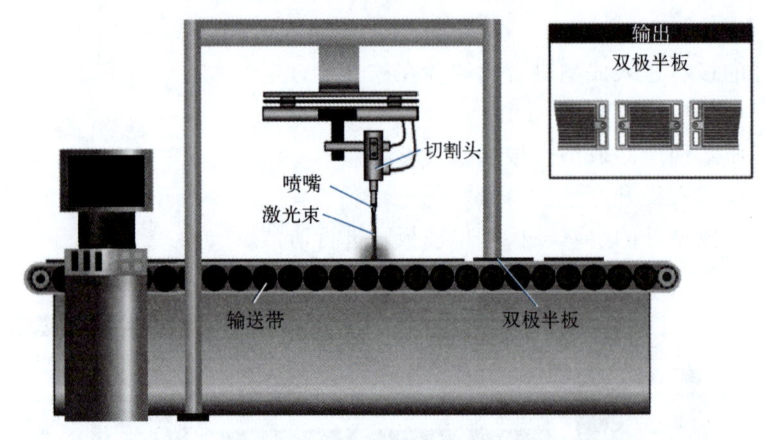

图 2-2-39 半场板分离和切割流程工艺示意图

典型分离、切割过程参数控制如表 2-2-23 所示，品质特征及影响因素如表 2-2-24 所示。

表 2-2-23 典型分离切割过程参数

序号	参数名称	参数数值
1	工作范围	500～1.500mm
2	激光输出功率	500～2.000W
3	进给速度	在壁厚为 0.2mm 时，20～300m/min(切割)
4	加工精度	10～50μm

表 2-2-24 品质特征及影响因素

分类	参数名称	分类	参数名称
品质特征	① 激光类型 ② 加工精度 ③ 切割速度 ④ 激光聚焦 ⑤ 产品污染管控	影响因素	① 边缘无毛刺 ② 镀层无损伤 ③ 无变形翘曲

4. 上下半极板连接焊接

采用高速激光焊接系统将两片单极板焊接在一起形成双极板，该工艺主要利用激光使焊接部位熔合而实现连接。

(1) 材料准备　前制程切割分离好的半极板。

(2) 设备准备　机器人激光焊接机、工作台。(可用粘结贴合、钎料助焊、添加剂制造等工艺替代。)

(3) 加工流程 (图 2-2-40)

❶ 两块半极板焊接（连接）在一起形成双极板（BPP）。

❷ 利用聚焦的激光束产生高能量使得金属熔化形成焊接缝。

❸ 为了避免焊接过程中材料氧化，需要在惰性环境下进行焊接。

❹ 可以采用焊缝检测工具进行焊接质量在线监控。

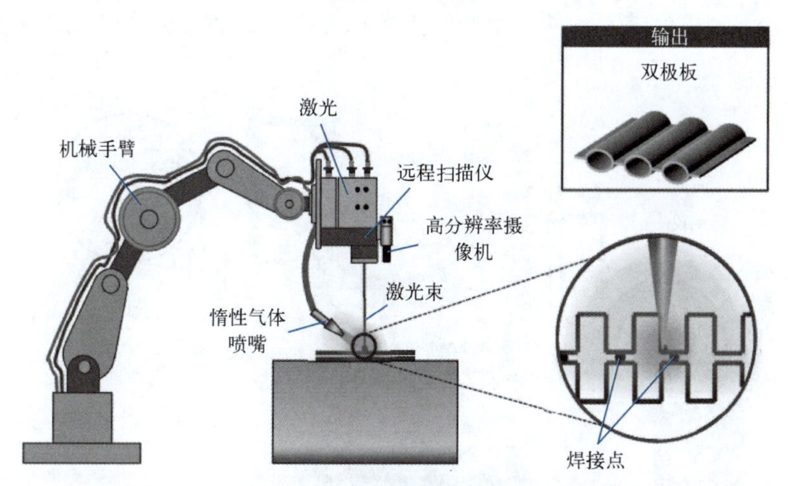

图 2-2-40　极板焊接工艺示意图

典型焊接过程参数控制如表 2-2-25 所示，品质特征及影响因素如表 2-2-26 所示。

表 2-2-25 典型焊接过程参数

序号	参数名称	参数数值
1	CT(工作时间)	10～120s/片
2	焊接速度	＜60cm/min
3	激光功率	500～1000W
4	焊接材料厚度	0.05～0.25mm

表 2-2-26 品质特征及影响因素

分类	参数名称	分类	参数名称
品质特征	① 半极板的定位和拉紧放平 ② 焊缝热影响区的控制 ③ 焊点的工艺温度 ④ 激光的波长 ⑤ 惰性工作环境的类型	影响因素	① 组件翘曲变形度 ② 焊接点的强度 ③ 介质密封焊接 ④ 没有粉末痕迹

5. 致密性（泄漏）测试

利用气密性检测设备对双极板氢气腔室、氧气/空气腔室及冷却液腔室进行泄漏检测，检验气密性状态。

(1) 材料准备　前制程焊接好的双极板（BPP）、测试用的气体介质（空气、氮气、氦气等）。

(2) 设备准备　泄漏检测仪（带有端板）。可用流量测试、超声波检测等其他程序替代。

(3) 测试流程（图 2-2-41）

❶ 利用泄漏测试仪，将加工好的 BPP 置于真空室内，充满试验介质（如氦气等），然后测量其分压。

❷ 在试验室中试验介质分压升高时，可使用质谱检漏仪（MSLD）识别双极板的泄漏。

❸ 在压降测试中，将空气作为测试介质送入被测对象，并通过系统中的气压下降检测其泄漏。

❹ 通过泄漏试验的基本条件应由产品需求标准确定。通过泄漏试验后，双极板的生产就完成了。

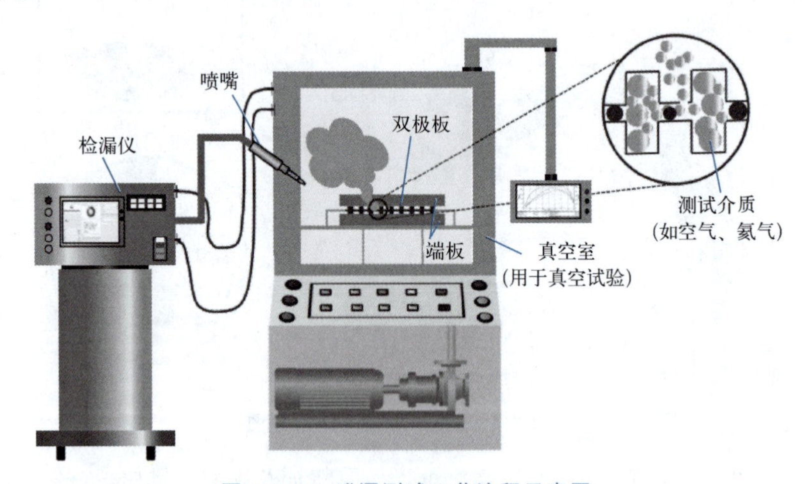

图 2-2-41 泄漏测试工艺流程示意图

典型检测泄漏过程参数控制如表 2-2-27 所示，品质特征及影响因素如表 2-2-28 所示。

表 2-2-27 典型检测泄漏过程参数

序号	参数名称	参数数值
1	测试压力	1～1.5bar
2	CT(工作时间)	20～60s
3	测试灵敏度	3×10^{-2}mbar/s(空气)，2×10^{-6}mbar/s(氦气)
4	试验气体	空气、氦气、氮气、氢气

表 2-2-28 品质特征及影响因素

分类	参数名称	分类	参数名称
品质特征	① 测试压力 ② 泄漏仪的精准度 ③ 输气管道的几何形状	影响因素	① 双极板无破损 ② 泄漏性符合标准

6. 双极板密封件加工

双极板密封件加工工序有很多种加工方式：比如点胶、印刷、模内成型以及预制件粘结等。每一种加工方式都需要具体所需的材料和工艺相对应。

(1) 材料准备　前制程经泄漏测试的 BPP、密封胶（有多种可选材料，但也需要和加工工艺相对应）。

(2) 设备准备　印刷机，根据需密封加工区域制作的网版。

(3) 加工流程（图 2-2-42）

❶ 可以通过丝网印刷的方式实现密封垫片的加工。

❷ 印刷机上的刮刀将密封材料挤压到产品需求区域（网版工艺设计决定涂布区域）。

❸ 网版图像区边缘溢出或渗透（避免污染非密封需要区），所以网版设计的经验很重要，可以通过图形的调整来得到改善。

❹ 根据材料所需条件进行干燥固化。

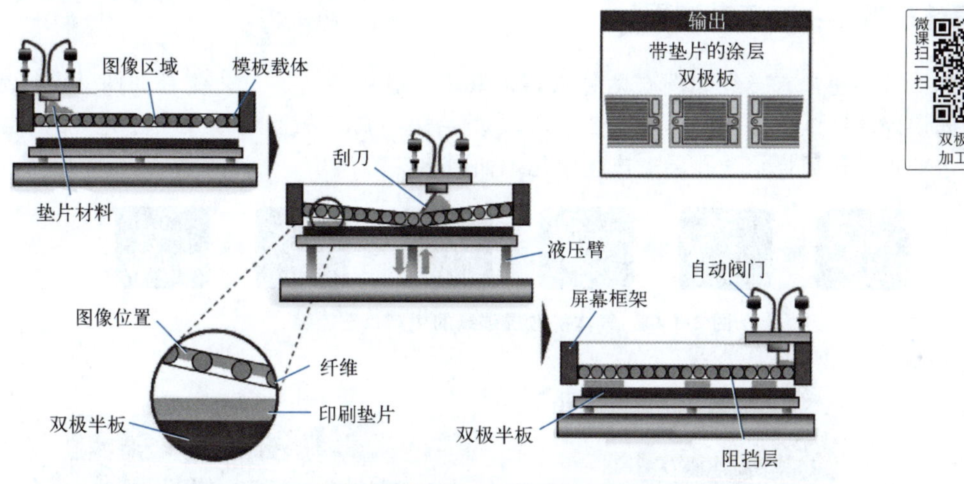

图 2-2-42　双极板密封件加工工艺流程示意图

典型密封垫片加工过程参数控制如表 2-2-29 所示，品质特征及影响因素如表 2-2-30 所示。

表 2-2-29　典型密封垫片加工过程参数

序号	参数名称	参数数值
1	循环时间	<3s
2	密封件厚度	0.3～0.5mm
3	刮刀速度	50mm/s

表 2-2-30 品质特征及影响因素

分类	参数名称	分类	参数名称
品质特征	① 印刷速度 ② 印刷网版高度(网版与承印物之间的距离) ③ 印刷剂量	影响因素	① 密封材料印刷区的位置精度 ② 统一均匀 ③ 干膜厚度 ④ 材料的固化

有的厂家通过点胶来密封，还有的厂家使用与 GDL 集成在一起的密封圈，如图 2-2-43 所示。

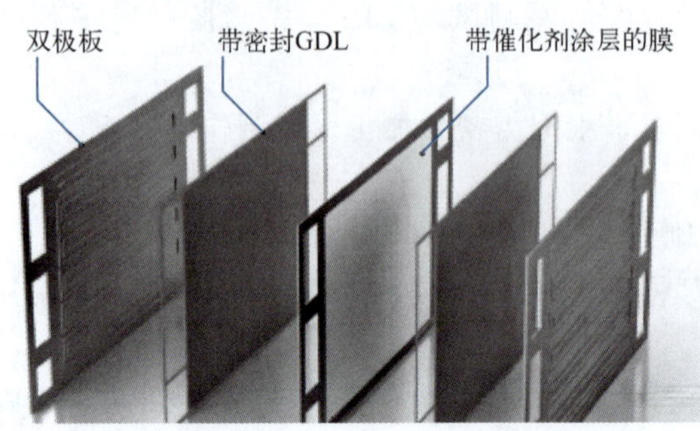

图 2-2-43 与 GDL 集成的密封圈

三、气体扩散层生产工艺流程

★本节重点，目的是掌握气体扩散层产业化工艺流程，与企业实践配合，为从事工艺技术岗位做准备。

气体扩散层通常有碳纸和碳布两种选择，其中，碳纸的生产工艺流程如图 2-2-44 所示。首先切碎碳纤维，形成碳纸（图 2-2-45），然后进行碳纸树脂浸渍及石墨化处理，再进行憎水处理，最后烧结微孔层。连续碳化炉如图 2-2-46 所示。

图 2-2-44 气体扩散层碳纸的生产工艺流程

图 2-2-45 气体扩散层碳纸

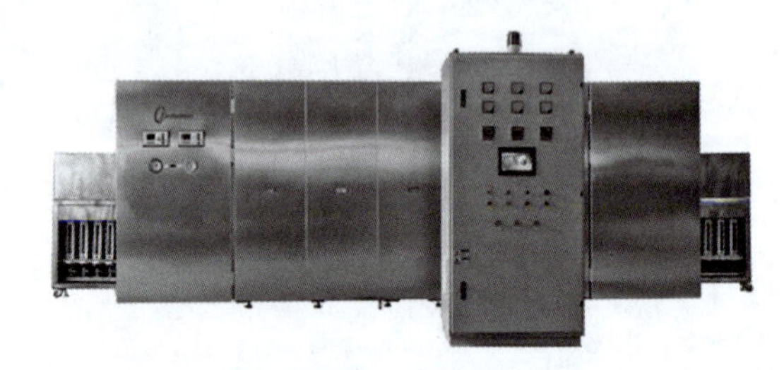

图 2-2-46 连续碳化炉

（一）切碎碳纤维

1. 物料准备

准备干燥的碳纤维材料。

2. 切碎纤维设备准备

❶ 压辊、刀片辊、带有聚合塑料齿的钢辊、碎纤维接料斗。

❷ 可用切断机等其他工艺替代以上设备，实现切断纤维束的工艺。

3. 启动设备切碎碳纤维

工作原理如图 2-2-47、图 2-2-48 所示。钢辊与压辊压住碳纤维，刀片辊携带刀片，用于切割碳纤维（图 2-2-47）。碳纤维在移动的过程中，钢辊上的聚合塑料齿压住碳纤维，刀片辊上有填充空气的聚合塑料齿以及尖锐的切割刀头。切刀负责切断碳纤维，刀片辊上含有高压气流的聚合塑料齿用来给切割施压和使切断的碎料脱落（图 2-2-48）。

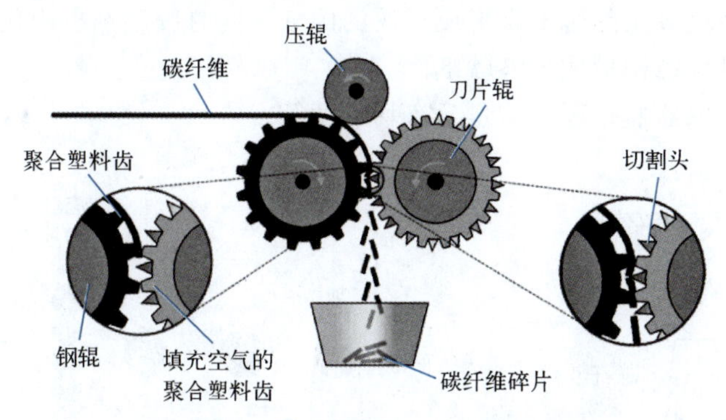

图 2-2-47 切碎碳纤维的工艺流程示意图

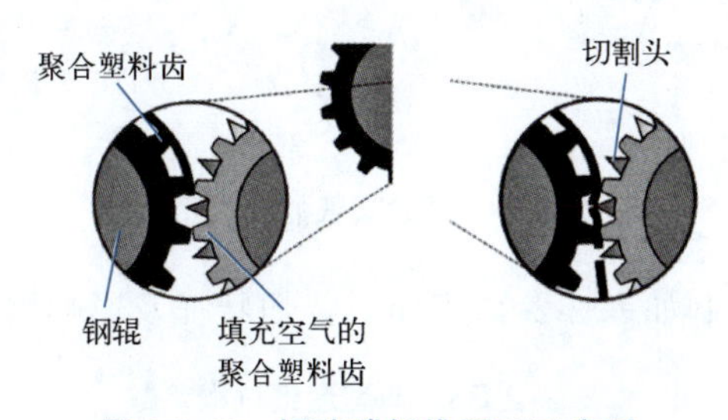

图 2-2-48 切碎碳纤维原理示意图

典型切碎过程参数控制如表 2-2-31 所示，品质特征及影响因素如表 2-2-32 所示。

表 2-2-31 典型切碎过程参数

序号	参数名称	参数数值
1	切割速度	9m/min
2	纤维切断长度	6～12mm
3	压辊压力	0.1MPa

表 2-2-32 品质特征及影响因素

分类	参数名称	分类	参数名称
品质特征	① 切刀的锋利程度 ② 切刀材料和形状	影响因素	① 碎纤维的表面形状 ② 碎纤维的外观

（二）形成碳纸（造碳纸）

1. 材料准备

上个制程加工好的碎纤维、聚合物胶黏剂、水。

2. 设备准备

❶ 料斗、斜筛网、压辊、加热辊、传送带。料斗主要用于装碳纤维和胶黏剂混合悬

浮液。

❷ 设备也可以采用类似无纺布生产工艺等的设备来替代。

3. 加工流程（图 2-2-49）

❶ 悬浮液从料斗均匀分布到筛网上，筛网可以将悬浮物留在网带上，其余溶剂以及水分从网眼向下排出。

❷ 经过压辊挤压整平排水，形成干燥的碳纸。

❸ 潮湿碳纸经过多次热辊干燥形成干燥的碳纸，同时胶黏剂也固化了。

❹ 通过冷却压延结构形成最终碳纸。

❺ 采用质量传感器监控碳纸质量分布均匀度等。

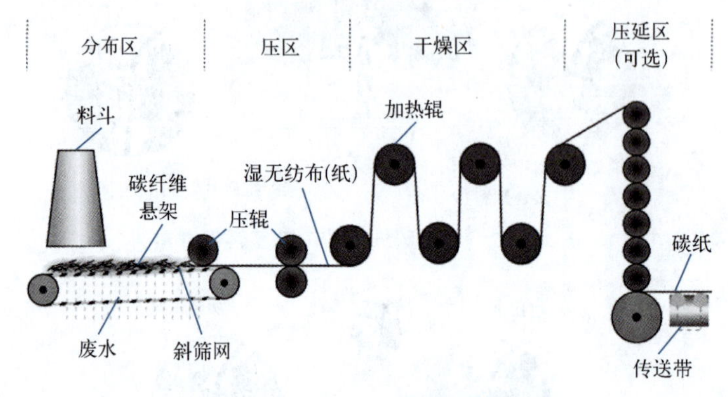

图 2-2-49 形成碳纸的流程示意图

典型造纸过程参数控制如表 2-2-33 所示，品质特征及影响因素如表 2-2-34 所示。

表 2-2-33 典型造纸过程参数

序号	参数名称	参数数值
1	生产能力	$300\sim320m^2/h$
2	密度	$15\sim70g/m^2$
3	材料厚度	$150\sim300\mu m$
4	胶黏剂含量	≤25%
5	碳纸质量分布均匀度	采用质量传感器监控碳纸质量分布均匀度等

表 2-2-34 品质特征及影响因素

分类	参数名称	分类	参数名称
品质特征	① 悬浮液的含水量 ② 压延过程间隙和压力的控制 ③ 纤维分布状况 ④ 胶黏剂的均匀分布 ⑤ 碳纸张力等	影响因素	① 碳纸厚度均匀性 ② 材料表面平滑 ③ 碳纸湿强度 ④ 表面无破坏

（三）碳纸树脂浸渍

1. 材料准备

前制程制备好的干燥碳纸、热固性树脂（如酚醛树脂等）。

2. 设备准备

传送辊、压辊、导向辊、隧道式烤炉、浸渍槽等。（可以采用红外干燥以及分切后隔离堆叠的方式替代。）

3. 加工流程（图 2-2-50）

❶ 用热固性树脂（例如酚醛树脂）浸渍碳纸，以便获得所需的材料强度和孔隙率。

❷ 通过压辊去除多余的液体。

❸ 在 150℃的隧道式烤炉内加热干燥，去除挥发性残留溶剂，固化树脂。

❹ 加热干燥后，浸渍处理的碳纸工艺完成，厚度<270μm。

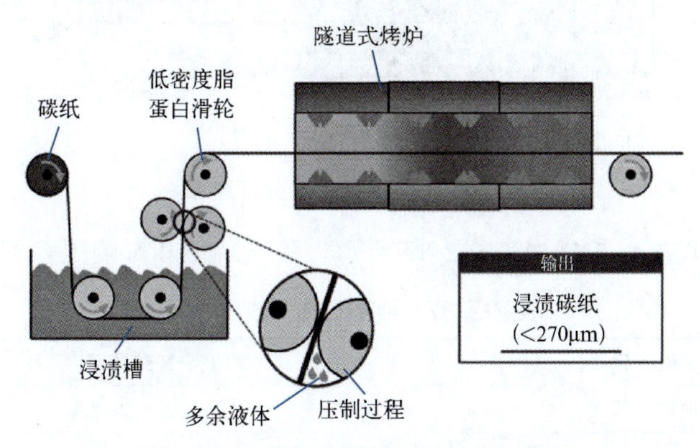

图 2-2-50 碳纸的树脂浸渍工艺示意图

典型碳纸的树脂浸渍工艺过程参数如表 2-2-35 所示，品质特征和影响因素如表 2-2-36 所示。

表 2-2-35 典型树脂浸渍工艺过程参数

序号	参数名称	参数数值
1	干燥温度	150℃
2	材料厚度	200～270μm

表 2-2-36 品质特征及影响因素

分类	参数名称	分类	参数名称
品质特征	① 材料厚度 ② 密度	影响因素	① 浸渍树脂的材料成分构成 ② 干燥时间 ③ 干燥温度

（四）石墨化

石墨化处理的目的是获得更好的弹性模量和更高的导电性、力学性能、导热性、抗氧化性。

1. 材料准备

前制程浸渍树脂后的碳纸。

2. 准备设备

❶ 传送辊、烤炉（在氮气或者氩气或者真空状态的环境内，温度为 1400～2000℃）。

❷ 可用惰性或者真空环境的批量碳化设备替代。

3. 加工流程（图 2-2-51）

❶ 碳纸在惰性气体环境（氮气、氩气）或在真空下的熔炉中加热，加热至 1400～2000℃（在间歇过程中超过 2000℃）。

❷ 烤炉内会有不同的温度区，最后在冷却区冷却至常温。

❸ 最终形成厚度为 150～300μm 的材料。

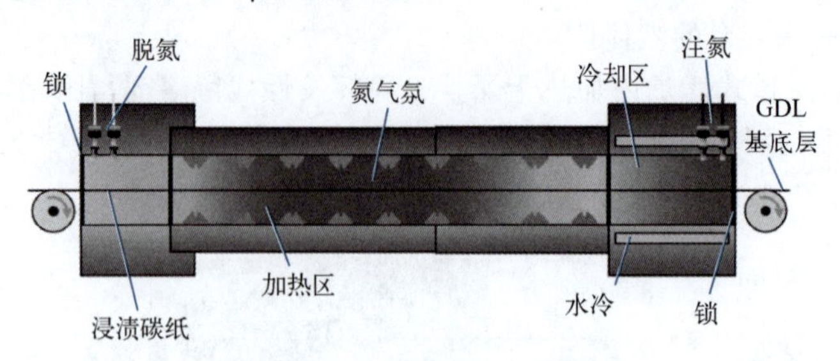

图 2-2-51 石墨化工艺示意图

典型石墨化过程参数控制如表 2-2-37 所示，品质特征和影响因素如表 2-2-38 所示。

表 2-2-37 典型石墨化过程参数

序号	参数名称	参数数值
1	烤炉过程温度	1500～2500℃
2	材料厚度	150～300μm
3	材料密度	0.2～0.3g/cm^3
4	工艺时间	自动流水线≤5min
		间歇式工艺：≤15min（以上均在惰性气体或者真空状态下操作）

表 2-2-38 品质特征及影响因素

分类	参数名称	分类	参数名称
品质特征	① 树脂的热解度≥99.5% ② 产品无死角全覆盖 ③ 电导率 ④ 碳含量	影响因素	① 石墨化过程温度曲线（趋势）管理 ② 去除热解产物的低温石墨化阶段 ③ 烤炉的惰性工作环境

（五）憎水处理

1. 材料准备

前制程石墨化处理后的碳纸以及用于处理表面的憎水剂（如 PTFE 类、FEP 类）。

2. 设备准备

传送辊、隧道烤炉、压辊、导向辊、浸渍槽等。（可以用喷涂、涂布等其他工艺来代替处理。）

3. 加工流程（图 2-2-52）

❶ 将 GDL 基板在 PTFE 浸渍槽中浸渍。

❷ 经过压辊去除多余溶液，有助于调整疏水性。

❸ GDL 中的 PTFE 可以由悬浮液的比例进行调整。

❹ 通过烤炉干燥去除剩余溶剂，在 300～350℃下烧结，使 PTFE 颗粒结合到基材上。

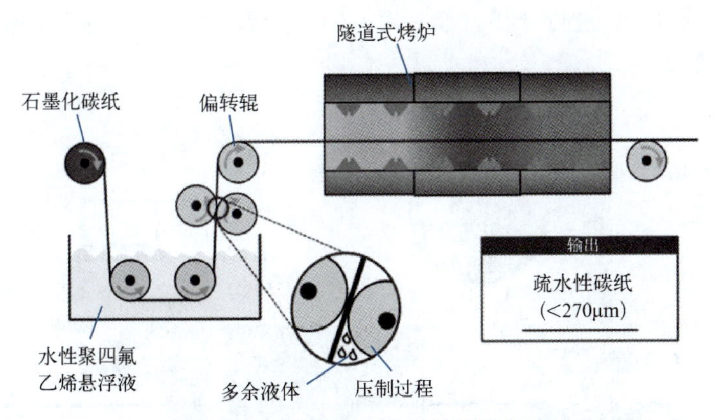

图 2-2-52 憎水处理工艺流程示意图

❺ 干燥过程的速度影响 PTFE 在材料中的分布。快速干燥将导致 PTFE 保留在表面区域，而缓慢干燥能确保其整体分布均匀。

典型憎水处理过程参数控制如表 2-2-39 所示，品质特征和影响品质因素如表 2-2-40 所示。

表 2-2-39 典型憎水处理过程参数

序号	参数名称	参数数值
1	干燥温度	300～350℃
2	PTFE 质量分数	5%～10%
3	材料厚度	200～270μm

表 2-2-40 品质特征及影响因素

分类	参数名称	分类	参数名称
品质特征	PTFE 的均匀分布	影响因素	① 憎水剂的成分 ② 干燥时间 ③ 干燥温度

（六）微孔层 MPL 烧结

微孔层 MPL 的作用是使反应气体均匀分布且便于水管理（去除液态水）。

1. 材料准备

前制程憎水处理后的碳纸、MPL 材料。

MPL 材料由碳或石墨颗粒和聚合物胶黏剂（如 PTFE）组成，其孔径在 100～500nm 之间；碳纸孔径一般在 10～30μm 之间。

2. 设备准备

❶ 传送辊、隧道烤炉、涂布设备、纵向分切刀具、在线摄像监控系统等。

❷ 可用的替代方式包括狭缝涂布、丝网涂布、喷涂等。

3. 加工流程（图 2-2-53）

❶ 用刮刀将 MPL 浆料涂布于前制程加工好的材料上，厚度<50μm。

❷ 经过隧道式烤炉对材料进行烘干，去除溶剂。采用慢干的方式可以有效改善裂纹，同时增加 MPL 层的附着力。

❸ 对干燥后的 GDL 进行分切，经过对 CCD 进行品质检查，标记缺陷产品，最终采用离型膜分隔包装。

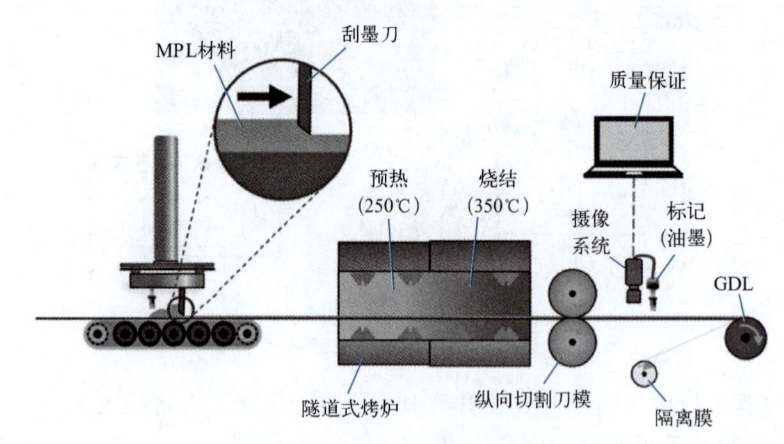

图 2-2-53 微孔层 MPL 烧结工艺流程示意图

典型 MPL 烧结过程参数控制如表 2-2-41 所示，品质特征和影响因素如表 2-2-42 所示。

表 2-2-41 典型 MPL 烧结过程参数

序号	参数名称	参数数值
1	MPL 孔径	100～500nm
2	烧结过程时间	≤10min
3	烧结过程温度	250～350℃(逐渐升温有利于改善干燥效果)
4	MPL 层厚度	<50μm

表 2-2-42 品质特征及影响因素

分类	参数名称	分类	参数名称
品质特征	① MPL 的附着力 ② 干燥温度不能超过其熔点 ③ MPL 表面无损平滑	影响因素	① 憎水剂的成分 ② 干燥时间 ③ 干燥温度

【任务评价】

完成学生工作手册中相应的任务评价表“2-2-2”。

任务三　水冷型质子交换膜燃料电池堆装调

【任务目标】

1. 能识读装配工艺文件、作业指导书、工艺图；
2. 能够按照作业指导书完成水冷型质子交换膜燃料电池堆的装配；
3. 能够按照作业指导书完成水冷型质子交换膜燃料电池堆的性能测试。

【任务单】

任务单

一、回答问题

1. 水冷型质子交换膜燃料电池堆由哪些组件构成？
2. 水冷型质子交换膜燃料电池堆的部件的功能有哪些？
3. 水冷型质子交换膜燃料电池堆装配时，需要注意哪些技术要点和步骤？
4. 测试水冷型质子交换膜燃料电池堆时，应该采用哪些方法评估其性能和安全性？

二、依次完成6个子任务

序号	子任务	是否完成
1	清点水冷型质子交换膜燃料电池堆的部件	是□　否□
2	水冷型质子交换膜燃料电池装堆	是□　否□
3	水冷型质子交换膜燃料电池电堆泄漏测试	是□　否□
4	水冷型质子交换膜燃料电池电堆活化测试	是□　否□
5	水冷型质子交换膜燃料电池电堆冷却系统安装	是□　否□
6	结果观察与分析、总结和报告	是□　否□

【任务实施】

1. 清点水冷型质子交换膜燃料电池堆的部件

根据设计方案、原材料清单，清点水冷型质子交换膜燃料电池堆的部件。

2. 水冷型质子交换膜燃料电池装堆

根据水冷型质子交换膜燃料电池电堆组装作业指导书，了解其装配过程的所有详细步骤，包含组装顺序、组装工具、组装辅助设备和注意事项等。

如果有条件，进行装堆操作实践，如模拟装配、拆解和再装配等，以提高对装堆工艺流程的熟悉度。

3. 水冷型质子交换膜燃料电池电堆泄漏测试

根据作业指导书、测试标准，进行水冷型质子交换膜燃料电池电堆泄漏测试。记录测试数据，分析、评估水冷型质子交换膜燃料电池电堆的密封性能。

4. 水冷型质子交换膜燃料电池电堆活化测试

根据作业指导书、测试标准，进行水冷型质子交换膜燃料电池电堆活化测试。记录测试数据，分析、评估水冷型质子交换膜燃料电池电堆的活化性能。

5. 水冷型质子交换膜燃料电池电堆冷却系统安装

根据作业指导书、测试标准，安装冷却系统。对水冷系统的性能进行分析和评估，检查是否达到预期要求。

6. 结果观察与分析、总结和报告

分小组整理任务单、任务过程及结果，整理 PPT，汇报分享。

完成学生工作手册中相应记录单“2-3-1”。

【安全生产】

（1）实物产品：水冷型质子交换膜燃料电池电堆及模型。

（2）工具：螺钉旋具等。

（3）电脑：撰写测试报告。

（4）网络：利用线上调研搜索工具，查阅相关领域的参考文献和研究论文。

（5）笔、表格：记录工具。

（5）测试设备和仪器，如电压表、电流表、温度计、活化测试仪等。

（7）安全生产素养。

❶ 遵守企业技术规范和标准；

❷ 工欲善其事，必先利其器。

【任务资讯】

★本节重点，目的是在实际应用时，能够独立完成水冷型质子交换膜燃料电池电堆的装配，为优化工艺奠定基础。

一、水冷型质子交换膜燃料电池装堆工艺流程

单电池的使用电压为 0.6～0.85V，通常需要将多节单电池串联提高 PEMFC 的输出电压。由单电池重复堆叠形成的集成部件为燃料电池电堆。水冷型质子交换膜燃料电池的装堆工艺如图 2-3-1 所示。

图 2-3-1 水冷型质子交换膜燃料电池装堆工艺流程

实际生产中，有几种压紧固定燃料电池堆的方式，例如绑带式、螺杆式、拉杆式或一体化集成封装。其中绑带式和螺杆式最为常见，如图 2-3-2 所示。典型水冷氢燃料电池堆工艺流程如表 2-3-1 所示。

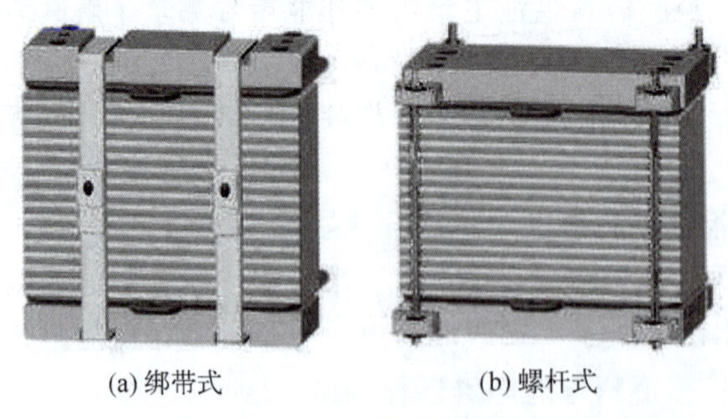

(a) 绑带式 (b) 螺杆式

图 2-3-2 绑带式和螺杆式燃料电池电堆

表 2-3-1 典型液冷氢燃料电池堆工艺流程

步骤	加工	移动	储存	检查	不合格处理方式	操作描述	产品特性	控制特性
	◇	○	△	□				
来料检验				□	退货	检验	外观、包装	
入库			△		隔离	入库	包装	搬运、堆放
领料		○			隔离	领料	数量	数量、用途
加工	◇				报废	碟簧组件、绝缘板	尺寸	一致性
清洗	◇				隔离	双极板组件	洁净	水质
吹干	◇				隔离	双极板组件	洁净	无水
码垛	◇				隔离	电堆组装	层数、整齐度	数量、防呆角
压紧	◇				隔离	压紧	力度	力度
检验				□	隔离/返修	气密检测、高度检测	气密性、高度	气密、高度、时间
捆绑	◇				隔离	捆绑锁紧	外观、力度、高度	整齐性
取下		○			隔离	松压机	外观、尺寸	
激活				□	隔离/返修	测试部活化测试	性能	参数、时间
检测				□	隔离/返修	气密检测	气密性	参数、时间
归档	◇				隔离	档案制作、铭牌制作、打印用户手册	编码	编码
包装	◇				隔离	装箱	标准产品箱、备件	密封、包装、资料
入库			△		隔离	入库	包装	搬运、堆放
出厂检验				□	返修	检验	资料、备件	资料备件齐全

电堆的零件尺寸和配合尺寸都有误差，这些误差会对燃料电池电堆的性能产生不同的影响，需要严格的工艺环节把控，将工艺因素对电堆性能的影响控制到最小，同时提高产品的一致性。

(一)堆叠和预装配

1. 物料准备

准备好的原料、半成品零部件，具体包括 MEA（含 GDL）模组、双极板（Bipolar plate，BPP）、后端板、螺杆（或包扎钢带）、集流板、绝缘板等。

2. 堆叠和预组装所需设备准备

机器人、组装定位治具等。

说明：可替代的堆叠方式有人工堆叠、全自动供料堆叠、机械手精准定位堆叠、旋转机械手堆叠。

3. 堆叠加工流程（图 2-3-3）

❶ 开始时先将下端板和集流板、绝缘板放到组装工作台上定位好。（也有将绝缘板和端板做成一体的结构。）

❷ 需注意 MEA、BPP 的产品可追溯性，可以引入利用条码（Barcode）或 RFID 识别的制造执行系统（Manufacture Executive System，MES）等。

❸ 将 MEA、BPP（含密封垫片）、其他部件、MEA、BPP 依次循环堆叠，直到达到设计所需求的数量为止。（有些厂商将 GDL 和密封垫分离于 MEA 或者 BPP，则在循环堆叠中应加入这些部件。）

❹ 最后，将有介质接口的端板以及集流板、绝缘板堆叠在最上层。

❺ 堆叠过程中需要用定位治具来确保各部件边缘精确对齐。

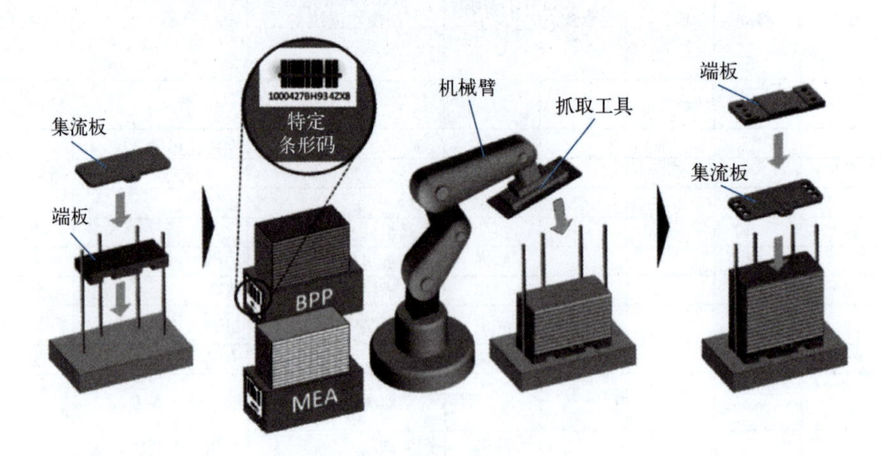

图 2-3-3　电堆堆叠工艺流程示意图

典型堆叠过程参数控制如表 2-3-2 所示，品质特征和影响因素如表 2-3-3 所示。

表 2-3-2　典型 MPL 堆叠过程参数控制

序号	参数名称	参数数值
1	燃料电池数量	每千瓦 2～10 个单电池。目前常见的是每千瓦 3～5 片
2	堆叠速度	每个组件≤2.3s
3	组件定位精度	0.1mm/100μm

表 2-3-3　品质特征及影响因素

分类	参数名称	分类	参数名称
品质特征	① 每个单体电池厚度约 1～2mm（和性能相关，仅供参考） ② 组装定位的精准 ③ 无损坏	影响因素	① 无尘室工作环境 ② 组件厚度精度：<10μm

（二）预组装后的压紧

1. 材料准备

前制程堆叠好的半成品电堆。

2. 设备准备

带有压板的可控压力的液压机（设备）。可替代的设备有气压计、伺服液压机、螺旋压力机等。

3. 压紧加工流程

压紧加工流程示意图见图 2-3-4。有以下几方面应注意。

❶ 压紧是需要借助压力设备的。

❷ 通过施加压力，各个部件（包含密封垫）被压紧，以产生密封的效果。

❸ 压紧可以降低各部件间的接触电阻。

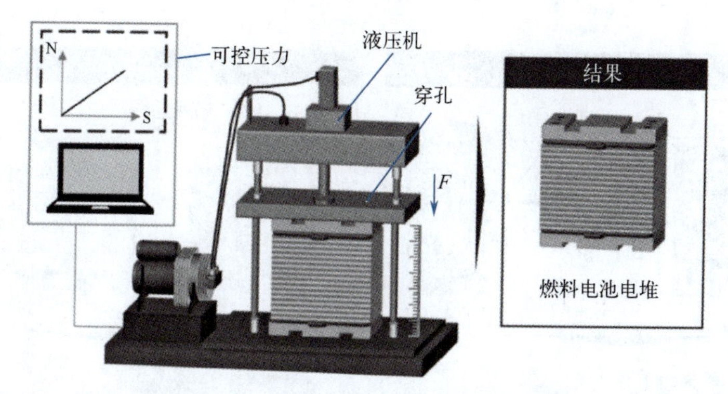

图 2-3-4 电堆压紧加工工艺流程示意图

❹ 压力的合理调节和管控既可保证压紧充分，又可避免因过载而导致的损坏。

❺ 均匀压紧是对电堆功率密度和寿命保证的基本要求。

典型成型过程参数控制如表 2-3-4 所示，品质特征及影响因素如表 2-3-5 所示。

表 2-3-4 典型成型过程参数控制

序号	参数名称	参数数值
1	压力	取决于电堆尺寸，最大 160 kN，且施加压力一定要均匀
2	施压路径或方式	取决于产品
3	处理时间	每个电堆＜150 s

表 2-3-5 品质特征及影响因素

分类	参数名称	分类	参数名称
品质特征	① 无破损 ② 压力均匀 ③ 紧密性 ④ 每个单体 1～2mm（取决于产品性能）	影响因素	① 压力和路径的精度：最大±2% ② 无尘工作环境 ③ 施压移动速度 ④ 定位精度

（三）张紧固定

1. 材料准备

金属拉带或者螺杆加弹垫加螺母。

2. 张紧固定所需设备准备

拉带包装机等。（可用夹板、护套等方式替代。）

3. 张紧加工流程

张紧加工流程见图 2-3-5。

❶ 使用张力带或者螺杆确保电堆被压紧并永久定型。

❷ 上述操作应在压力机装置内完成。

❸ 一般采用金属或者碳纤维的拉力带，并有序均匀分布拉紧固定。

❹ 拉带的连接处有焊接、连接头、夹具或者异形弯曲结构来固定连接。

❺ 拉带也可以和端板面上凹槽进行搭配固定，并用螺栓锁住。

典型张紧过程参数控制如表 2-3-6 所示，品质特征及影响因素如表 2-3-7 所示。

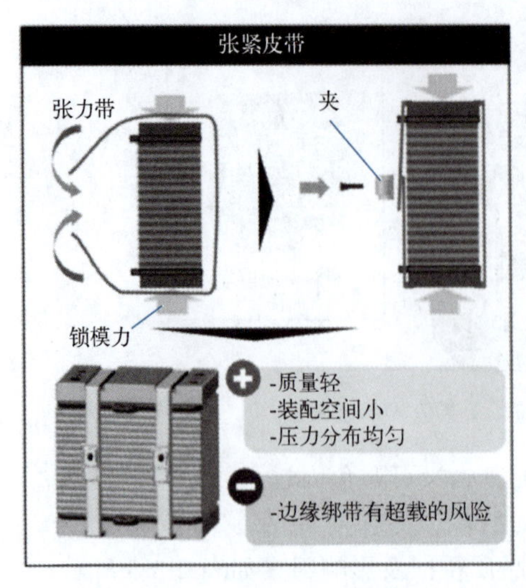

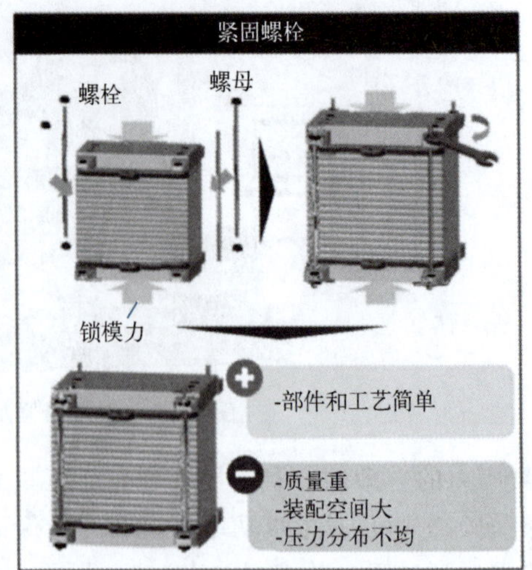

图 2-3-5 电堆两种张紧的固定方式流程工艺示意图

表 2-3-6 典型张紧过程参数

序号	参数名称	参数数值
1	夹紧压力	0.5～1MPa
2	紧固扭矩（仅螺杆式）	约 11N·m（单电池需要的力）
3	固定位置	在横截面区域将装置旋转至 180°方便固定

表 2-3-7 品质特征及影响因素

分类	参数名称	分类	参数名称
品质特征	① 不受破坏的张力带 ② 电池或端板无断裂或裂纹 ③ 均匀的压力分布	影响因素	① 拧紧顺序 ② 紧固扭矩 ③ 变形导致张拉不均匀 ④ 端板的厚度

（四）电堆的泄漏测试

1. 材料准备

前制程张紧固定的电堆。

2. 设备准备

压降测试设备、流量测试设备。可以用氮气或者氦气作为介质。

3. 加工流程

电堆泄漏测试工艺流程见图 2-3-6。

❶ 采用压降测试或者流量测试来检测电堆的密封性能。

❷ 将测试介质气体输入电堆和泄漏测试设备中。

❸ 采用压降法：在关闭介质气体输入后，观察压力变化来判断分析泄漏状况

❹ 流量测试法：打开介质气体输入，观察终端流量变化分析判断泄漏状况。

❺ 既要确定电堆整体密封性能，也要判断单体泄漏状况。

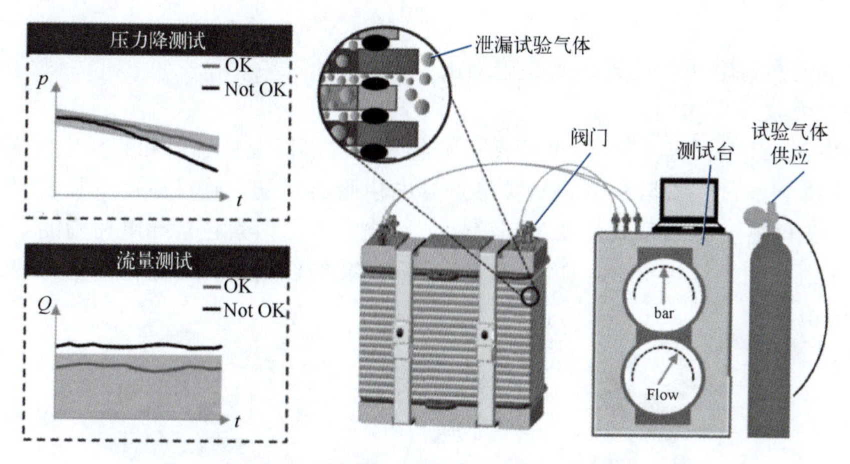

图 2-3-6 电堆泄漏测试工艺流程示意图

典型电堆泄漏检测过程参数控制如表 2-3-8 所示，品质特征及影响因素如表 2-3-9 所示。

表 2-3-8 典型电堆泄漏检测过程参数

序号	参数名称	参数数值
1	阳极氢气泄漏率	最大 1×10^{-2} Pa·m^3/s
2	阴极氧气泄漏率	最高为氢气泄漏率的 4 倍
3	通入气量	取决于电堆功率
4	试验介质气体	氦气或氮气

表 2-3-9 品质特征及影响因素

分类	参数名称	分类	参数名称
品质特征	① 泄漏率 ② 有重工返修的可能 ③ 针对整堆的泄漏测试参考国标	影响因素	① 输气管道和进料管线的密封性 ② 部件损坏 ③ 张拉不均匀 ④ 环境压力和温度 ⑤ 防尘

（五）定型装配

1. 材料准备

CVM（数据采集单元）以及触点连接的导电树脂等、正负极电流收集模块、各输入输出接口连接板。

说明： 由于电堆有裸堆、模块等形态存在，所以以上部件有些是选配的。

2. 设备准备

安装工具。

3. 加工流程

定型装配工艺流程见图 2-3-7。

❶ CVM 主要用来采集各单体电池电压。

❷ CVM 采集电压触点一般用导电树脂连接到单体电池上，也可采用焊接或者夹具等

方式。

❸ 将电池高压输出母线连接到集电器上。

❹ 将电堆装入壳体内。

❺ 外壳盖也是配电盘，也包含所有介质输入和输出以及传感器和高压电缆等连接。

典型附件装配过程参数控制包括接触点导电树脂的用量，确保搬运安装过程安全，不破坏电堆、集电器及导线位置的安装精确性。影响品质的因素包括导电树脂的干燥和本身品质、严谨的工艺操作规程。品质特征包括外壳拆装的便利性、单电池的电压的精确监控和良好的导电性。

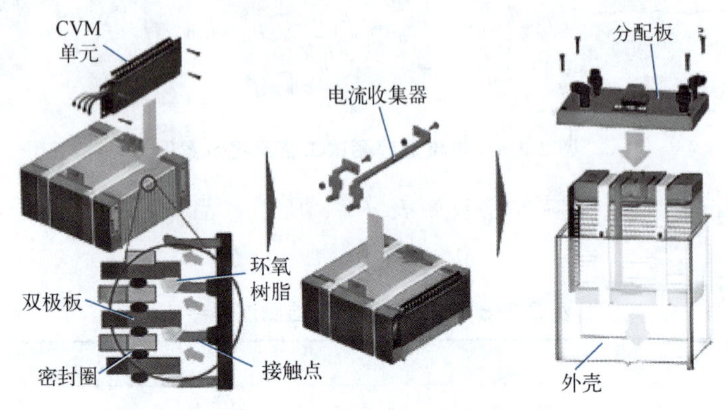

图 2-3-7 定型装配工艺流程示意图

（六）电堆活化和测试

1. 材料准备

安装定型好的电堆、氢气、去离子水（冷却液）。

2. 设备准备

电子负载、水泵、散热风扇、离子交换器、空滤、空压机（鼓风机）、加湿系统。

说明： 以上设备目前也有一套完整的测试台架可以替代。

3. 加工流程

电堆活化和测试工艺流程见图 2-3-8。

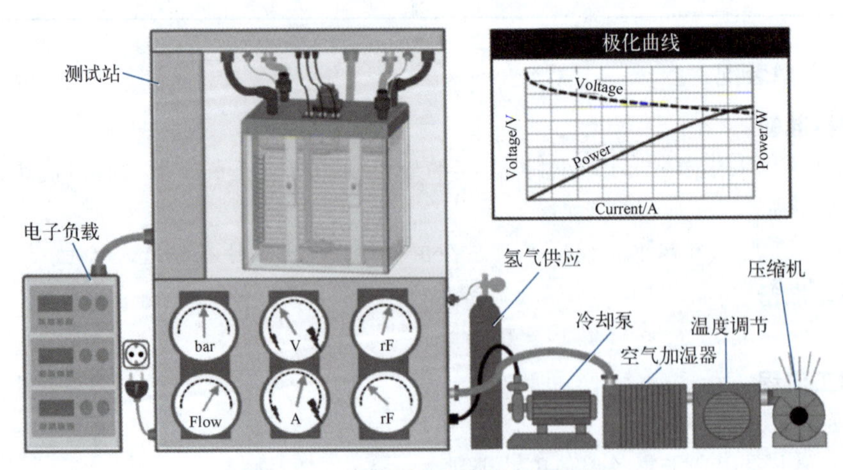

图 2-3-8 电堆活化和测试工艺流程

❶ 将组装好的电堆放置于搭建好的测试台架上。

❷ 测试系统需要有符合需求的氢气以及空气供给，还要有独立的电子负载。

❸ 活化过程可以采用恒流、恒压、变载以及不同湿度的有规律切换来进行。

❹ 确定并记录极化曲线，以评价电堆性能。

❺ 特别说明：某些时候活化后需要再次进行泄漏测试。

典型电堆活化和测试过程参数控制如表 2-3-10 所示，品质特征及影响因素如表 2-3-11 所示。

表 2-3-10　典型电堆活化和测试过程参数

序号	参数名称	参数数值
1	活化时间	活化时间持续 2～4h，不同的活化方式有较大差异
2	工作负载	取决于电堆功率
3	工作压力	25～45mbar
4	工作温度	55～75℃（这里一般指低温 PEM 燃料电池）

表 2-3-11　品质特征及影响因素

分类	参数名称	分类	参数名称
品质特征	① 电池电压和效率 ② 测试过程的热管理	影响因素	① 氢气纯度 ② 供应量的保证 ③ 温度管理 ④ 各连接管路密封 ⑤ 环境温度和压力

二、冷却系统组件准备以及水冷系统集成工艺流程

燃料电池冷却（热管理）系统构成如图 2-3-9 所示，由水泵、节温器、加热器（Positive Temperature Coefficient，PTC）、散热器、过滤器、去离子器、补偿水箱等部件组成。

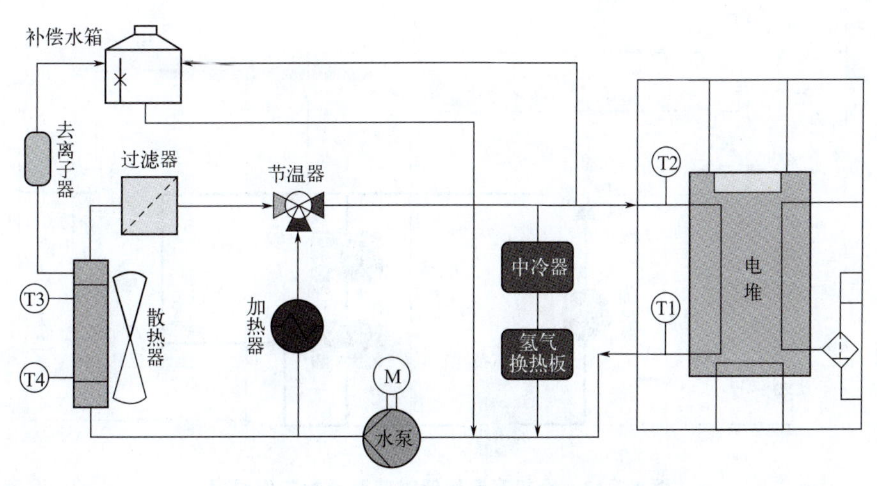

图 2-3-9　燃料电池冷却系统构成

1. 水泵

水泵（图 2-3-10）为冷却系统提供循环动力。它在 PWM 信号控制下实现调速功能，以满足系统温度控制的需要。水泵接插件中 4＃针脚用于故障反馈，当水泵发生故障时，输出高电位。

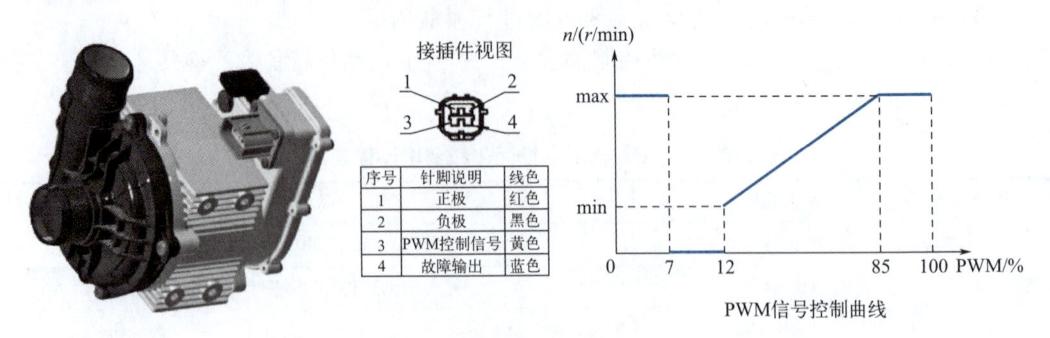

序号	针脚说明	线色
1	正极	红色
2	负极	黑色
3	PWM控制信号	黄色
4	故障输出	蓝色

图 2-3-10 水泵及控制参数

2. 节温器

节温器用于冷却液循环通道开度调节和加热、散热循环切换控制，如图 2-3-11 所示。

图 2-3-11 节温器

冷却液温度低时，节温器关闭散热器通道（与此同时加热器工作），打开加热器通道，系统循环如图 2-3-12 所示。

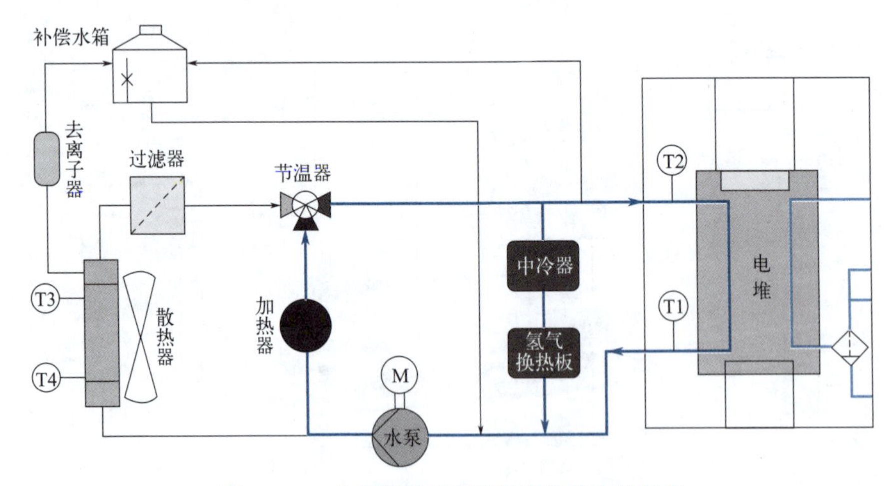

图 2-3-12 冷却液温度低时节温器的工作原理

水泵加压后的冷却液，在加热器（PTC）内完成加热，经过节温器后分流为两路，一路进入电堆流场，完成对电堆加热后，返回水泵入水口；另一路进入中冷器和氢气换热板串联水路，然后回到水泵入水口。

冷却液温度较高需要散热时，节温器关闭加热器通道，打开散热器通道，系统循环如图 2-3-13 所示。

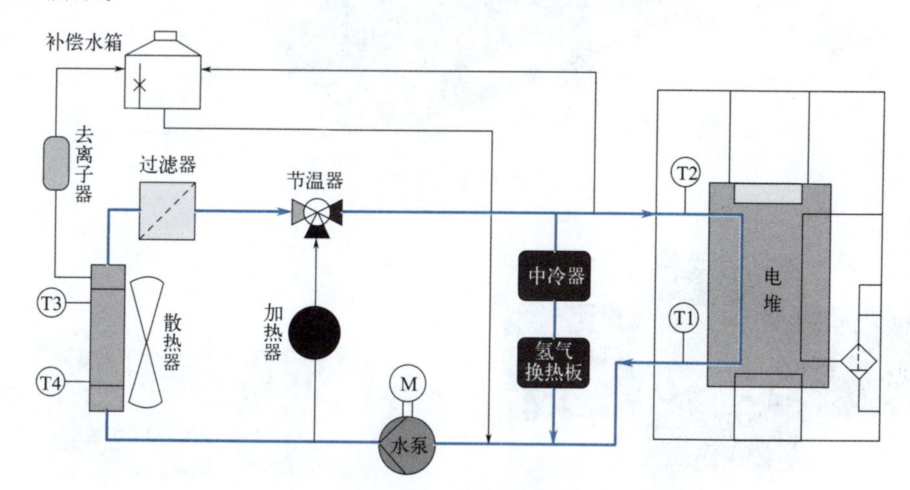

图 2-3-13 冷却液温度高时节温器的工作原理

水泵加压后的冷却液，进入散热器进行散热，然后完成散热循环。

3. 加热器

加热器（PTC）（图 2-3-14）用于系统加热，它有高压和低压两个接插件连接整车线路。

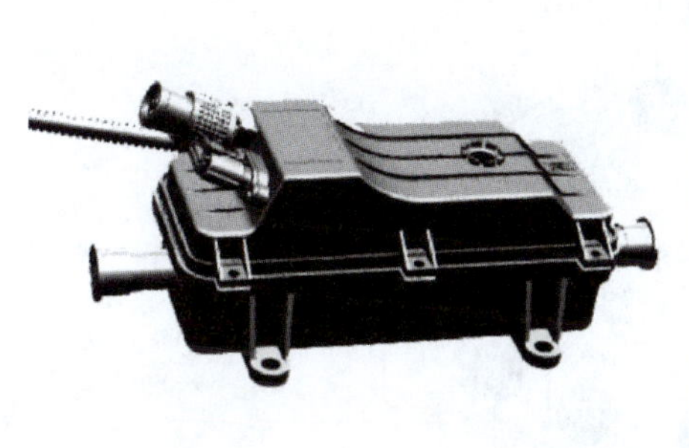

名称	端口	接口定义	线色	说明
两芯接插件	2	高压 +	红色	EV线
	4	高压 −	黑色	
	1	HVIL1	黄色	高压互锁
	3	HVIL2	棕色	
低压接插件	P6	+24V	红色	低压电源
	P5	GND	黑色	
	P4	HVIL1	黄色	低压互锁
	P3	HVIL2	棕色	
	P2	CAN-L	灰色	CAN通信
	P1	CAN-H	蓝色	
外壳接线端子	D	接线端子	黄绿色	控制器外壳接地(车身)，配合整车高低压绝缘检测，起漏电保护功能

图 2-3-14 加热器（PTC）

4. 散热器

高温冷却液经散热器（图 2-3-15），将热量散发到大气中去。

5. 过滤器

过滤器（图 2-3-16）用于滤除冷却液中的颗粒杂质。每年要使用去离子水清洗颗粒过滤器一次；每 2 年需更换一次过滤器。

6. 去离子器

燃料电池运行中，双极板上会产生高电压。为了保证高电压不会通过双极板流场内的冷却液传递到整个冷却循环系统中，就要求冷却液不能导电，电导率必须控制在 $5\mu s/cm$ 以下。去离子器（图 2-3-17）用于去除冷却液中的导电离子，保持电导率相对稳定。

图 2-3-15　散热器

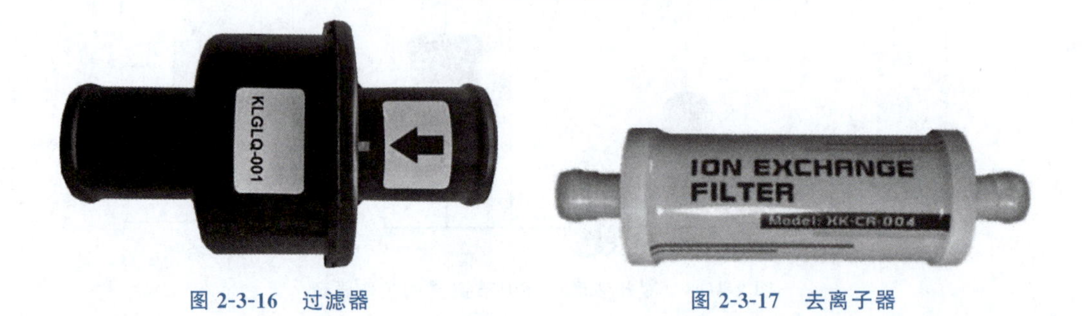

图 2-3-16　过滤器　　　图 2-3-17　去离子器

去离子器的活性物质是多孔立体结构的树脂，是形状如鱼籽的小圆球。冷却液流过去离子器时通过离子交换将导电金属离子收纳于其中。

去离子器的使用寿命取决于燃料电池系统里的离子析出量。当去离子器无法交换更多的导电离子时，它便失效了。去离子作用如图 2-3-18 所示。

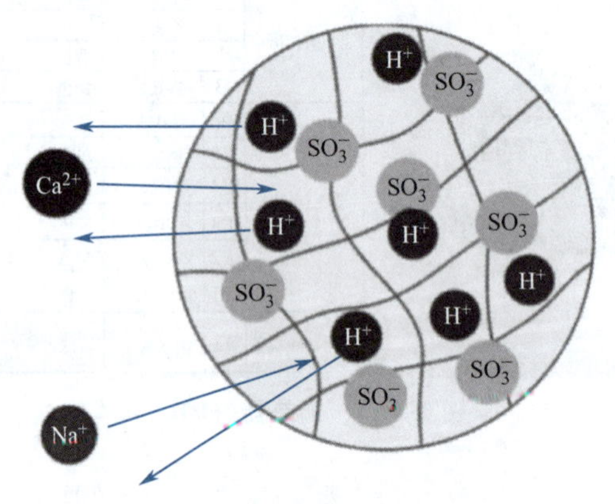

图 2-3-18　去离子作用示意图

7. 燃料电池专用冷却液

燃料电池专用冷却液由乙二醇、去离子水及缓蚀剂等混合而成，如图 2-3-19 所示。这种冷却液除了冰点要符合要求外，还要求：电导率＜2 μs/cm，pH 值在 5～8 范围内。燃料电池专用冷却液在经过数年的使用后仍能够保持稳定的 pH 值。

燃料电池系统运行时，要求冷却液电导率维持在 5 μs/cm 以下，但是冷却循环系统内材料会有部分离子析出；燃料电池发动机长期运行后，冷却液的电导率会逐渐增加。当冷却液电导率高于标准值时，燃料电池正负极输出间的绝缘值会有所下降，存在高压绝缘失

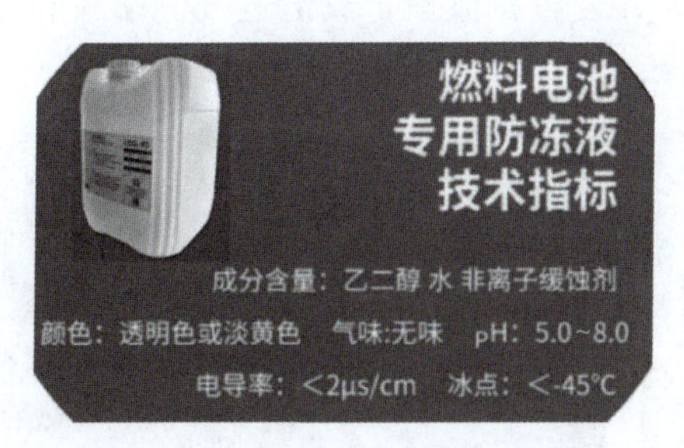

图 2-3-19 燃料电池专用冷却液

效的潜在风险。为此，每 2 年需测量一次冷却液 pH 值和电导率，测量结果需满足：电导率＜5 μs/cm，5＜pH 值＜8。电导率超标时，需更换去离子器。

三、 6kW 水冷型质子交换膜燃料电池装堆流程

❶ 准备工具：压堆机 1 台，专用模具一套（装在压堆机上，如图 2-3-20 所示），内六角螺钉旋具 1 把，手电钻 1 把（可选）。

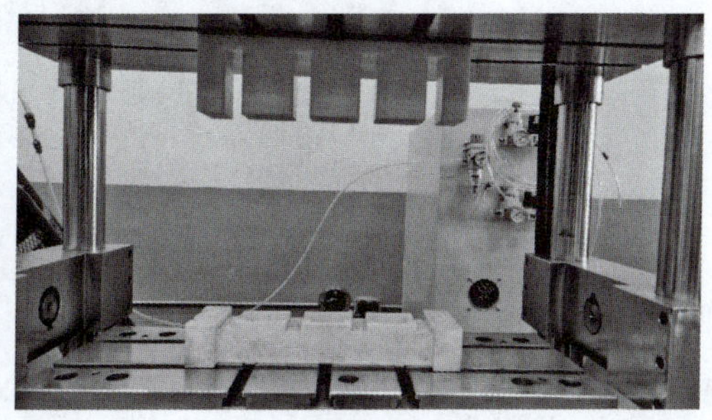

图 2-3-20 压堆机及专用模具

❷ 准备物料：进气侧双极板 1 片（空气侧为平面，与集电板接触，如图 2-3-21 所示）、主流道远端双极板 1 片（氢气侧为平面与集电板接触，主流道不贯通）、膜电极 30 片、普通双极板 29 片、钢带 4 根、螺栓 8 枚、碟簧 4 个、进气端板 1 块、非进气端板 1 块（图 2-3-22）、压堆板（图 2-3-23）1 块、绝缘贴 2 片。

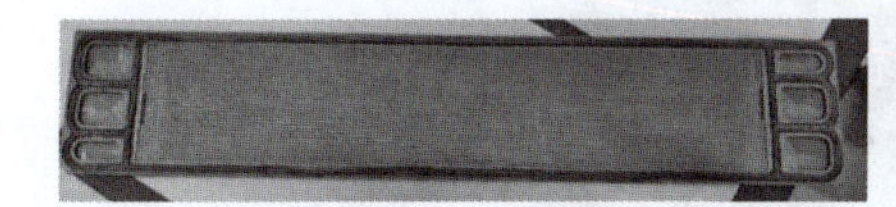

图 2-3-21 进气侧双极板

图 2-3-22 端板

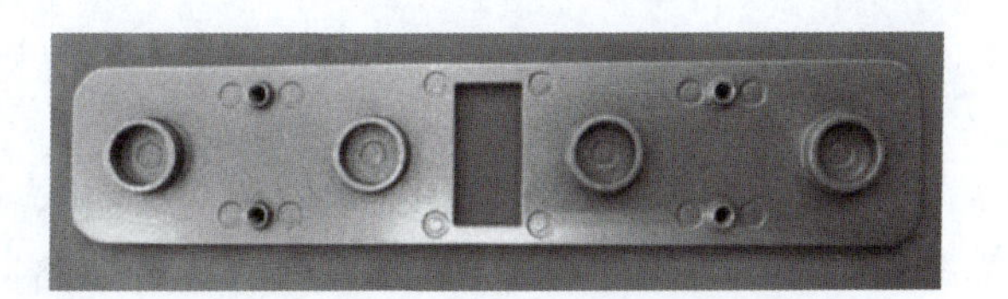

图 2-3-23 压堆板

❸ 安装辅助定位夹具，并使整机倾斜，放上进气侧端板和进气侧双极板，如图 2-3-24 所示。

图 2-3-24 倾斜压堆机后放入端板和双极板

❹ 交替放置膜电极和普通双极板，最后放上主流道远端双极板，如图 2-3-25 所示。

图 2-3-25 交替放置膜电极和普通双极板实物

❺ 放上非进气端板，并放上碟簧和压板，如图 2-3-26 所示。

图 2-3-26 非进气端板、碟簧和压板的放置

❻ 启动压堆机，缓慢下降，让压力达到额定压力（S36 型装堆额定压力 20000N），如图 2-3-27 所示。

❼ 将压堆机回正，检查气管接连，如图 2-3-28 所示。通入氮气，进行气密性测试。

❽ 先分别对三路进行单路气密性测试，再进行三路同时打开的气密性测试，如图 2-3-29 所示。如果测试通过，则继续装堆。

❾ 装上钢带和绝缘片，如图 2-3-30 所示。

图 2-3-27 压堆机施加压力

图 2-3-28 压堆机回正及检查

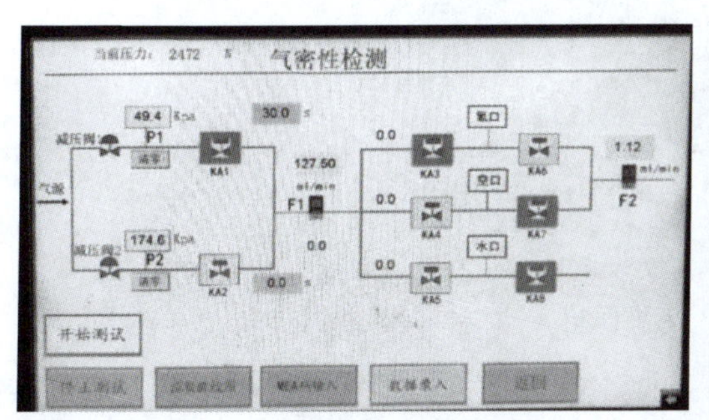

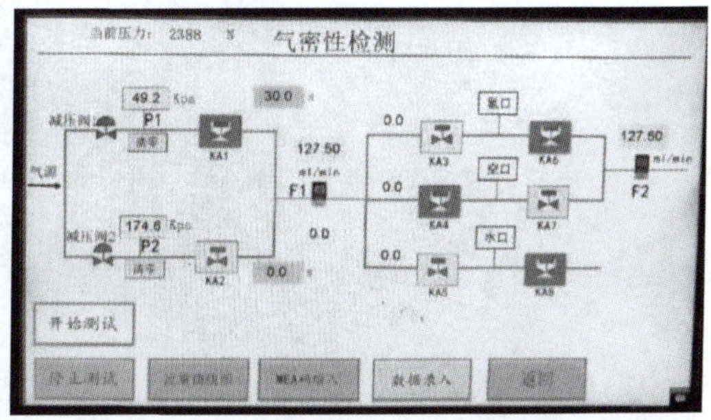

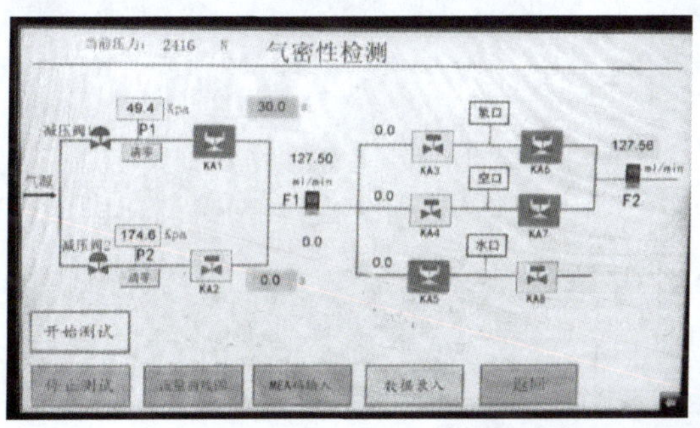

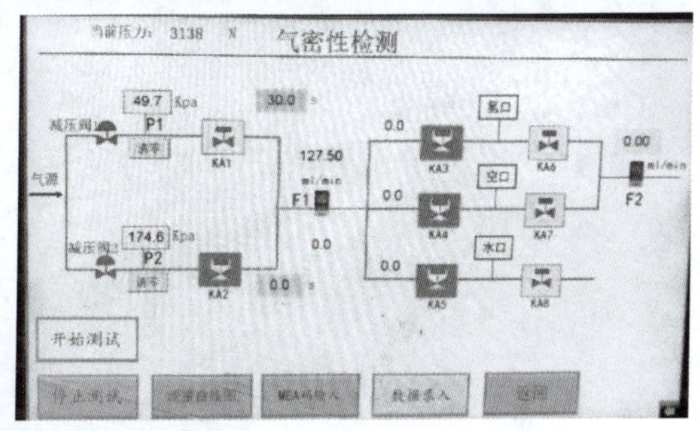

图 2-3-29 气密性测试软件界面

图 2-3-30 安装钢带和绝缘片

⑩ 装上螺栓，利用钢带将电堆紧固，如图 2-3-31 所示。

⑪ 升起模具，取下电堆，如图 2-3-32 所示。

图 2-3-31 安装螺栓

图 2-3-32 取下电堆

⑫ 如果燃料电池堆暂时不使用或者用于出售，用不干胶纸将进排气口封住，防止污染，装箱入库，如图 2-3-33 所示。

图 2-3-33 电堆保护

⑬ 如果继续使用或测试燃料电池，准备好两端气路接口，接口端已经安装好温度传感器和压力传感器，如图 2-3-34 所示。

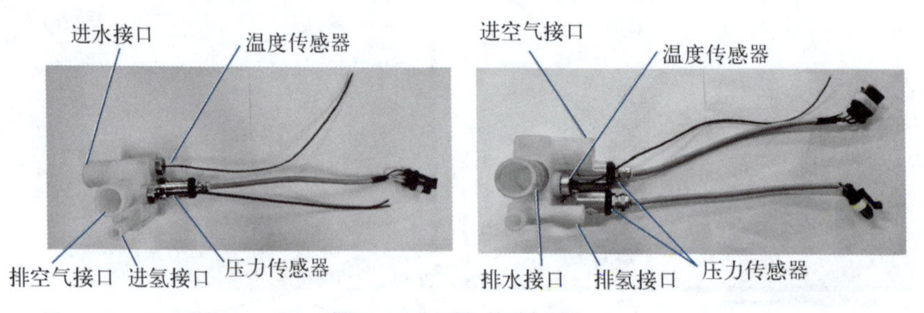

图 2-3-34 安装传感器

⑭ 将两端气路接口分别安装在电堆的两端，如图 2-3-35 所示。

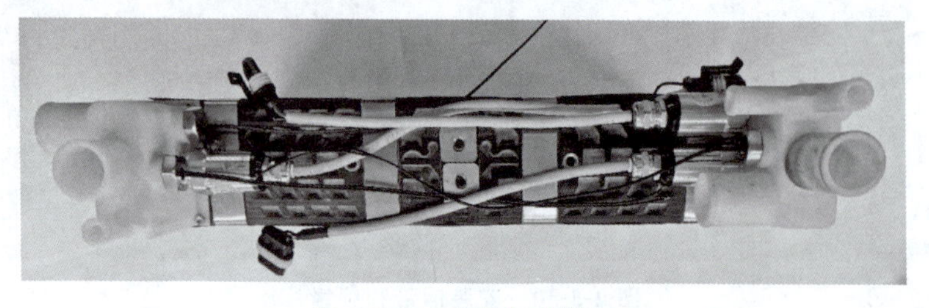

图 2-3-35 安装气路接口

⑮ 准备好两块铜板和四颗螺钉，并将铜板安装在电堆上，如图 2-3-36～图 2-3-39 所示。

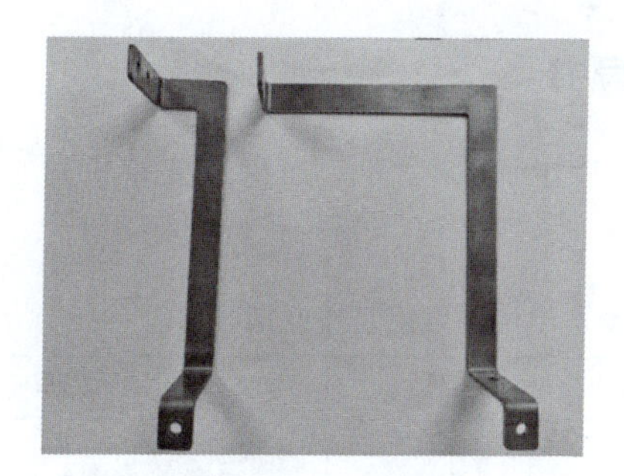

图 2-3-36 铜板

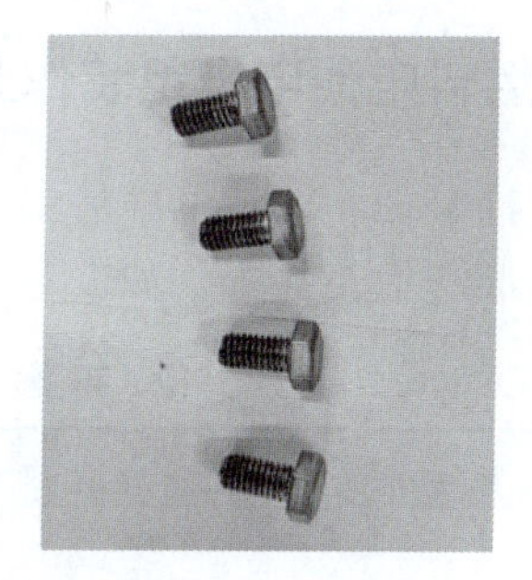

图 2-3-37 螺钉

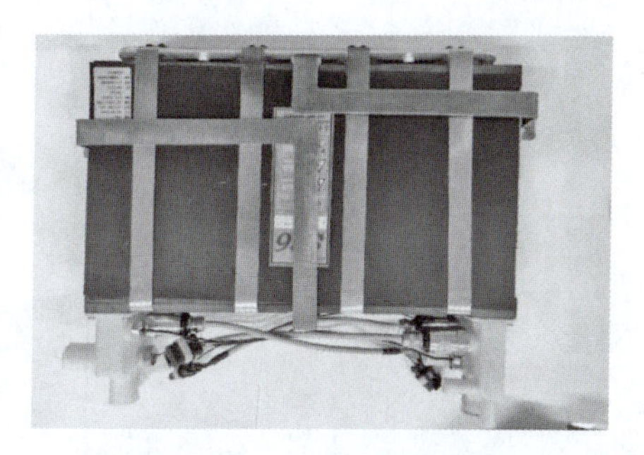

图 2-3-38 安装铜板俯视图

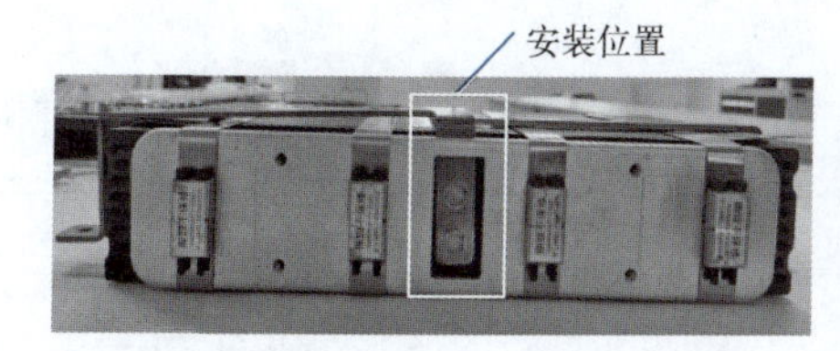

图 2-3-39 铜板安装位置

⑯ 准备好两块固定夹板和四颗螺钉，并安装在电堆端板上，如图 2-3-40～图 2-3-42 所示。

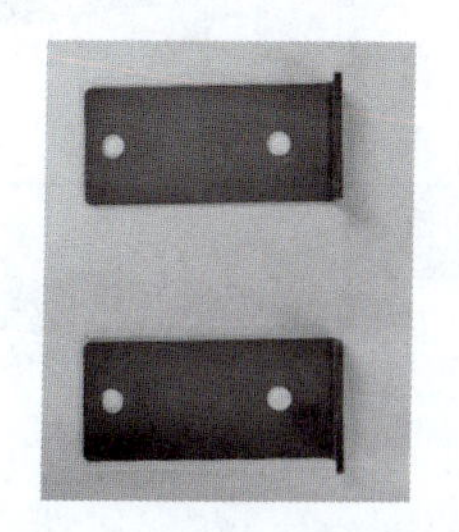

图 2-3-40 固定夹板

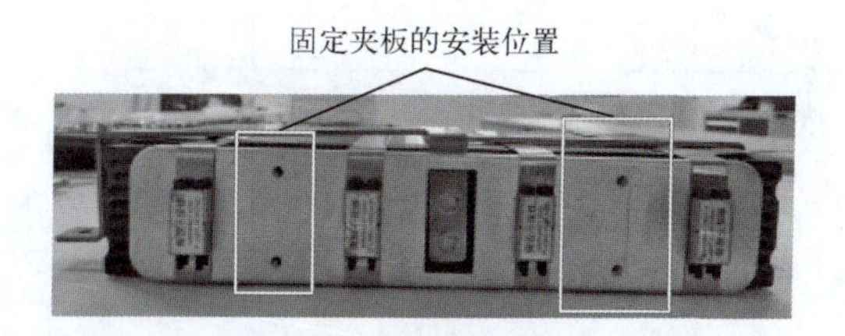

图 2-3-41 固定夹板的安装位置

图 2-3-42 安装好固定夹板的电堆

四、水冷型燃料电池电堆组装作业指导书

目前，水冷型燃料电池电堆的工艺在不同的企业有所差别，此处给出典型的水冷型燃料电池电堆组装作业指导书，如表 2-3-12 所示。

表 2-3-12 典型水冷型燃料电池电堆组装作业指导书

工序名称	安装步骤	物料、工具	图解
前端板组件组装-1	① 检查前端板各个螺纹孔是否符合要求，端板是否完好； ② 在前端板上左右侧及内侧沉槽贴双面胶带； ③ 在前端板内侧左右集电板安装槽涂适量的胶水	物料：前端板、双面胶带、胶水； 工具：剪刀	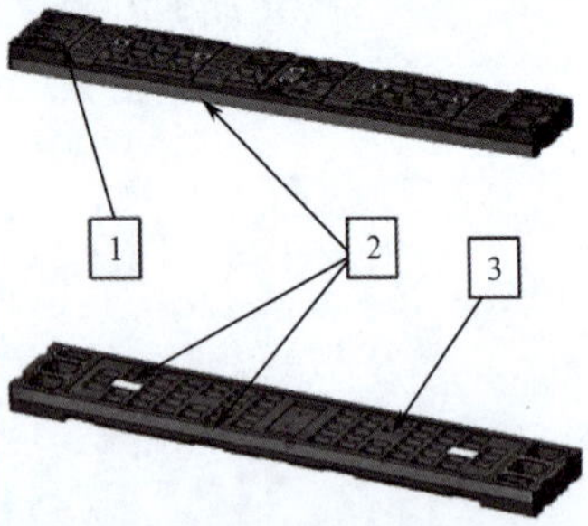 1 2 3
前端板组件组装-2	① 检查集电板是否完好； ② 撕去内侧双面胶保护层；将集电板平整地放进前端板内侧集电板安装槽，使其完全贴合安装槽； ③ 如图，翻至前端板正面将集电板电极片按压弯折； ④ 翻至内侧按压集电板，使之与前端板贴合	物料：前端板组件-1、集电板； 工具：手套	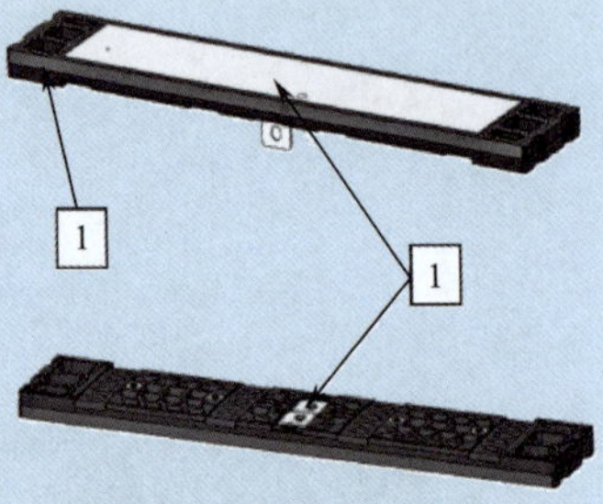 1 1
前端板组件组装-3	① 撕去内侧双面胶保护层； ② 将护堆绝缘板平整地放进前端板侧边的安装槽，按压使其完全贴合安装槽	物料：前端板组件-2、护堆绝缘板	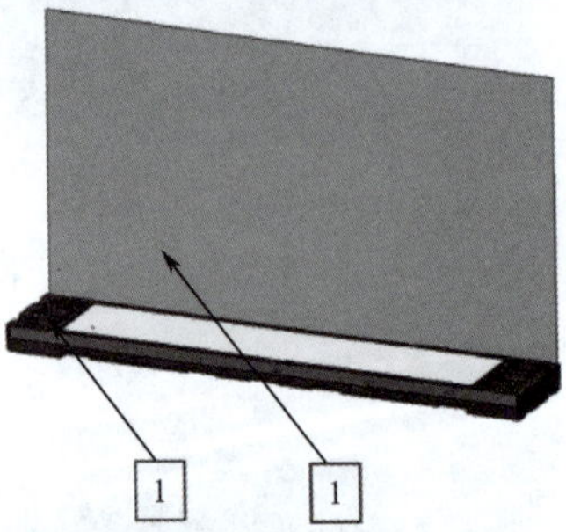 1 1
后端板组件组装	① 检查后端板各个螺纹孔是否符合要求，端板是否完好，检查集电板是否完好； ② 在后端板上内侧集电板安装槽面涂抹适当胶水，撕去内侧双面胶保护层； ③ 将集电板平整地放进后端板内的集电板安装槽，使其完全贴合安装槽； ④ 如图，翻至后端板正面将集电板电极片按压弯折； ⑤ 翻至内侧按压集电板，使之与后端板贴合	物料：后端板、双面胶带、集电板、胶水； 工具：手套	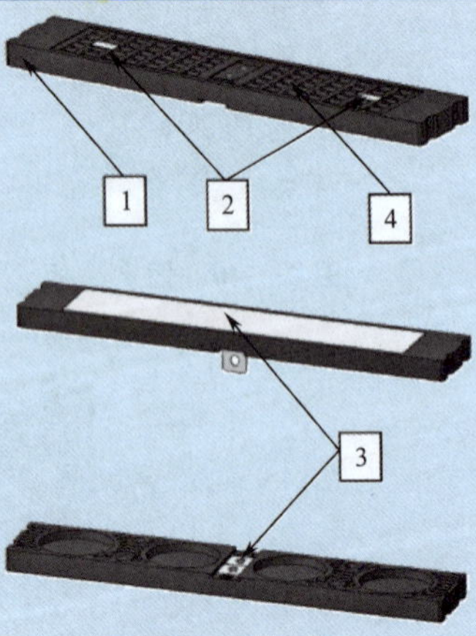 1 2 4 3

续表

工序名称	安装步骤	物料、工具	图解
碟簧组封装	① 将碟簧依照图中所示四片一组叠放入碟簧公座，再套入碟簧母座； ② 量取公母碟簧座的距离，使用剪刀剪取若干(≥5)片量取宽度值的热缩套管； ③ 取下碟簧母座，套入热缩套管后再套入碟簧母座； ④ 捏紧碟簧公母座，打开热风枪至130～180℃，从热缩管贴紧碟簧处吹扫，并逐渐滚动组件，直至热缩管包裹碟簧； ⑤ 取下碟簧公母座，检查热缩套管包裹边缘效果，合格则重复制作其他三组，如不合格，剪去热缩管重新操作(10%需二次组装)	物料：碟簧、碟簧公座、碟簧母座、热缩管； 工具：直尺、剪刀、热风枪、隔热手套	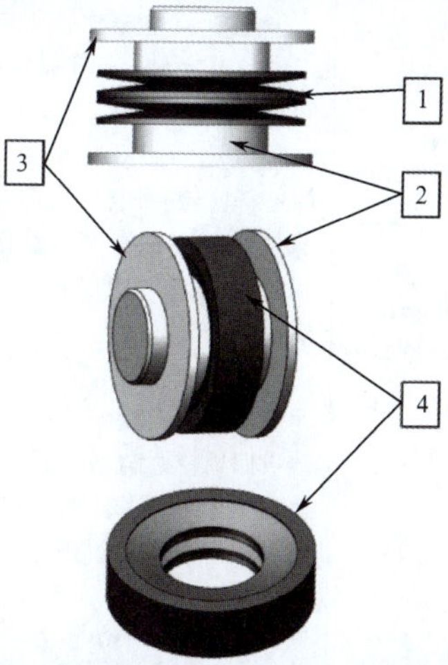 1 2 3 4
双极板阴极点胶	① 检查点胶机是否正常； ② 在工装上方设置双极板，并编程演示检验程序是否正常； ③ 放置约六片双极板 BP 或 SBP-O，阴极朝上，开启点胶机，对双极板的阴极密封槽进行均匀点胶； ④ 漏胶处补胶或二次点胶，然后晾放一段时间； ⑤ 对其他双极板点胶，然后晾放一段时间	物料：SBP-O、BP、胶水； 工具：点胶机	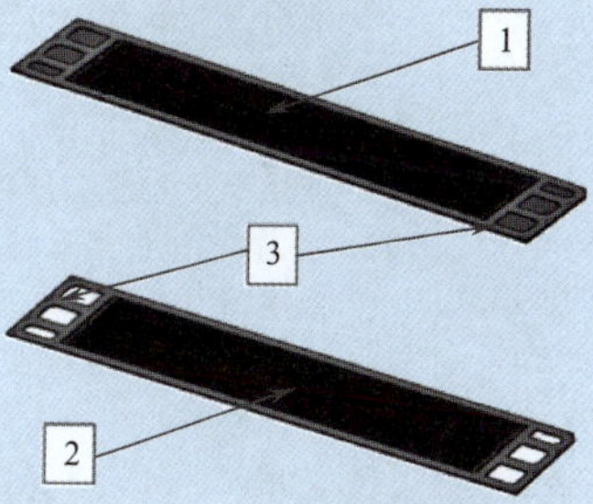 1 3 2
双极板阴极粘贴密封圈	① 接通真空源检查阴极密封圈吸盘工装是否完好，关闭吸气阀，检查密封圈是否完好； ② 将密封圈沿吸盘槽铺好，打开吸气阀进行检验并调整密封圈； ③ 调整好密封圈后关闭吸气阀，再打开，再次检验密封圈是否摆放进吸盘槽； ④ 确认合格后，将双极板阴面朝下，逐渐平行向吸盘工装面下压，轻轻按压碳板四周使之与密封圈贴合； ⑤ 关闭吸气阀，取下双极板，检查密封圈，必要时可使用镊子调整，然后重复进行贴合操作，密封圈基本在双极板设计贴合槽的中央位置	物料：SBP-O、BP、密封圈、阴极密封圈吸盘工装； 工具：真空源	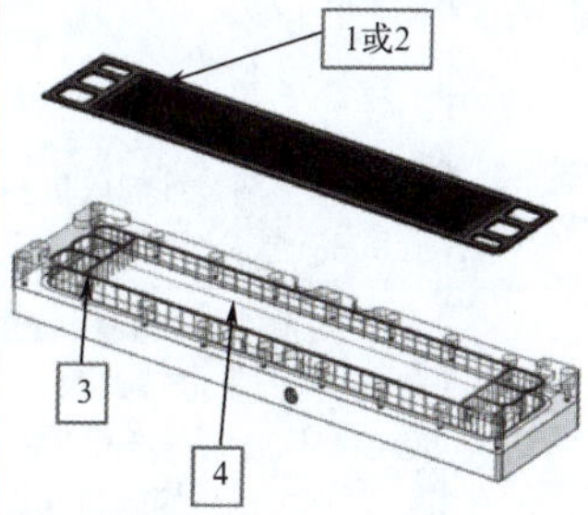 1或2 3 4
双极板阳极点胶	① 检查点胶机是否正常； ② 在工装上方设置双极板，并编程演示检验程序是否正常； ③ 放置约六片双极板 BP 或 SBP-H，阳极朝上，开启点胶机，对双极板的阳极密封槽进行均匀点胶； ④ 漏胶处补胶或二次点胶，然后晾放一段时间； ⑤ 对其他双极板点胶，然后晾放一段时间	物料：SBP-H、BP、胶水； 工具：点胶机	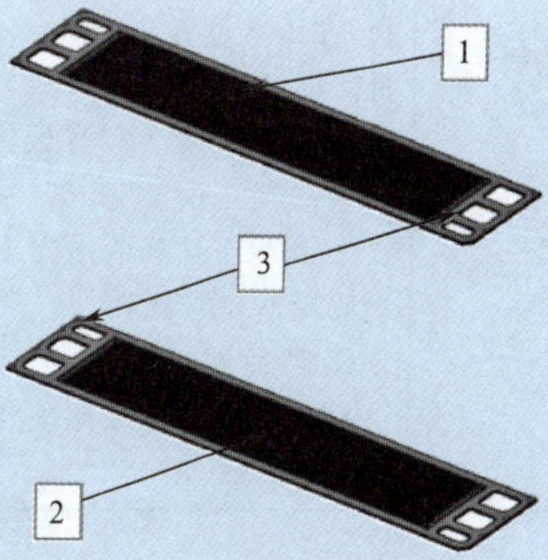 1 3 2

续表

工序名称	安装步骤	物料、工具	图解
双极板阳极粘贴密封圈	① 接通真空源检查阳极密封圈吸盘工装是否完好，关闭吸气阀，检查密封圈是否完好； ② 将密封圈沿吸盘槽铺好，打开吸气阀进行检验并调整密封圈； ③ 调整好密封圈后关闭吸气阀再打开，再次检验密封圈是否摆放进吸盘槽； ④ 确认合格后，将双极板阳面朝下，逐渐平行向吸盘工装面下压，轻轻按压碳板四周使之与密封圈贴合； ⑤ 关闭吸气阀，取下双极板，检查密封圈，必要时可使用镊子调整，然后重复进行贴合操作，密封圈基本在双极板设计贴合槽的中央位置	物料：SBP-O、BP、密封圈、阳极密封圈吸盘工装； 工具：真空源	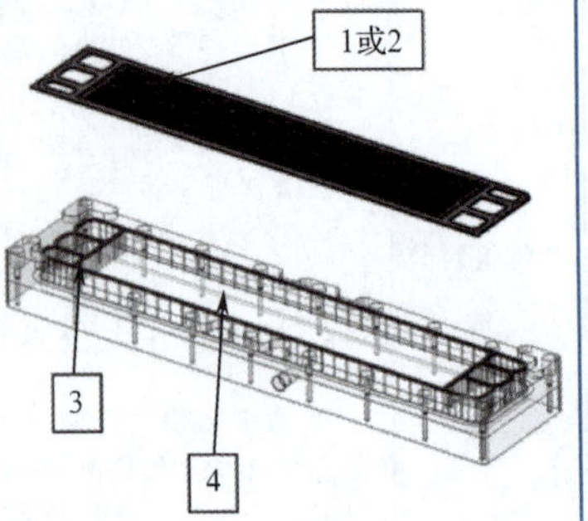
压机装堆工装安装	① 使用内六角工具和螺栓将装堆后压板安装在伺服压机上台面，下降压机至约定位槽铝的高度； ② 使用批头电批工具和螺栓将定位槽铝安装在各压机滑移脚座上； ③ 使用开口扳手将装堆前垫板的气管接头与压机的气管接头连接，将各部件如图示位置摆放； ④ 使用内六角工具将各压机滑移脚座贴紧装堆前垫板和装堆后压板，固定在伺服压机下台面上，上下移动台面验证是否干涉。 注意：①槽铝与装堆前垫板左、右、后面贴合； ② 槽铝和装堆后压板左、右间隙小于1.5mm，后面间隙小于1mm	物料：压机滑移脚座（T 槽套）、定位槽铝、圆柱头内六角螺栓、装堆后压板、装堆前垫板； 工具：电批、内六角工具、开口扳手、可倾斜伺服压机	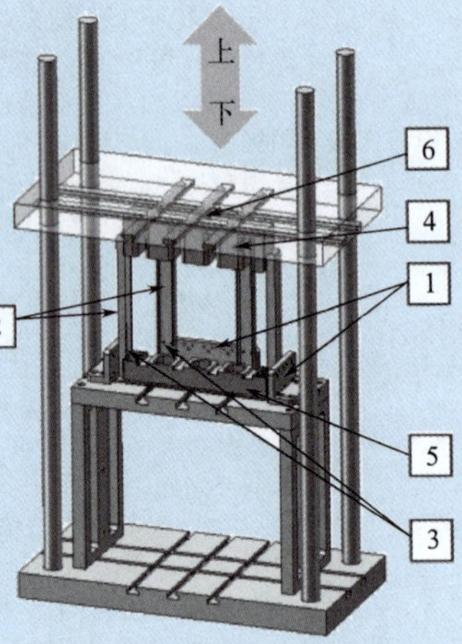
前端板组件码垛	① 对前端板和装堆前垫板密封圈槽进行点胶，固定摆放内密封圈，将前端板装配体码垛在压机工装上； ② 调节压机倾斜角度； ③ 在护堆绝缘板内侧使用胶带粘贴辅助绝缘片（防止堆叠超出护堆绝缘板，在压紧过程中卡住双极板，压紧后拆除即可）。 注意：①码垛不得导致密封圈脱离密封槽； ② 码垛三面确认贴合或极小间隙，达到码垛整齐的要求； ③ 若前端板无法放入，可使用工具（内六角工具）适当调整压机滑移脚座固定位	物料：前端板组件、内密封圈、辅助绝缘片； 工具：胶水、手套、可倾斜伺服压机、胶带	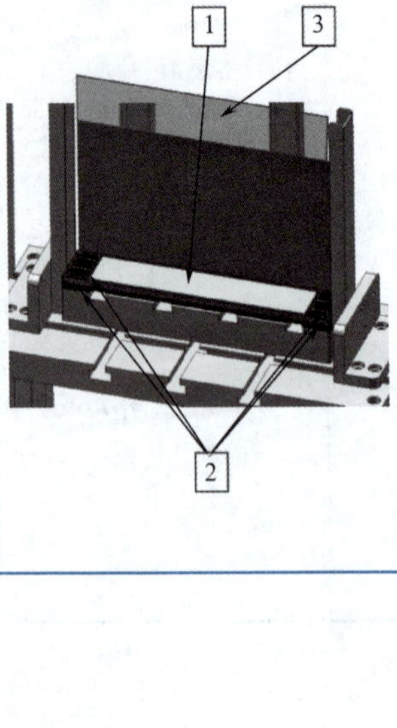

续表

工序名称	安装步骤	物料、工具	图解
SBP-0、MEA、BP组件码垛	① 将SBP-O组件码垛在前端板组件上，检查码垛整齐性； ② 将MEA组件码垛在SBP-O组件上，检查码垛整齐性； ③ 将BP组件码垛在MEA组件上，检查码垛整齐性； ④ 重复①、②、③步骤进行码垛。 注意：①码垛不得导致密封圈脱离密封槽； ② 双极板和膜电极的防呆角为右下角方向； ③ 身份码和码垛次序不得打乱	物料：SBP-O组件、MEA组件、BP组件； 工具：可倾斜伺服压机	  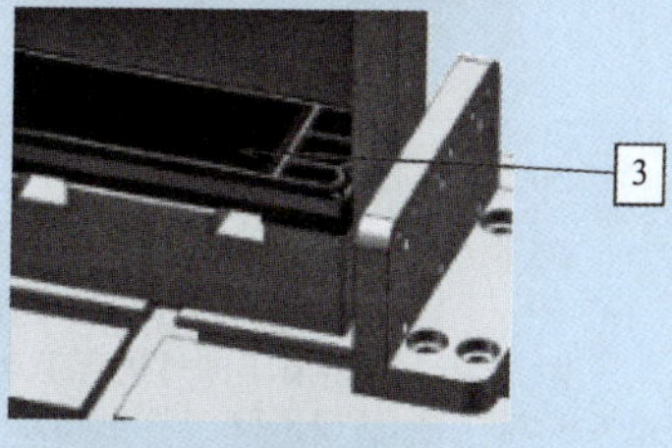 
SBP-H、后端板组件码垛	① 将SBP-H组件码垛在MEA组件上，检查码垛整齐性； ② 将后端板组件码垛在SBP-H组件上，检查码垛整齐性；	物料：SBP-H组件、后端板、碟簧组、压堆垫板；	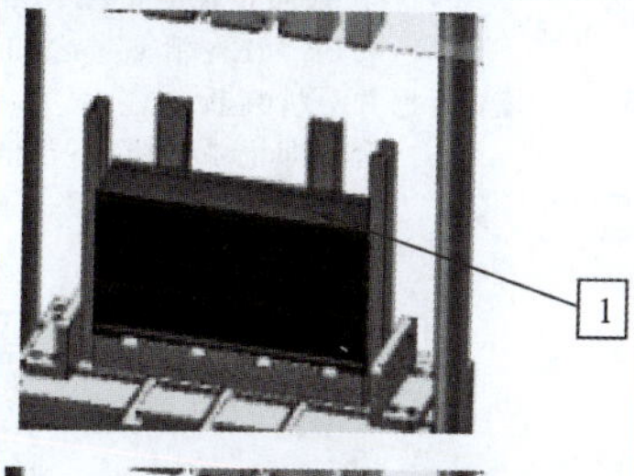 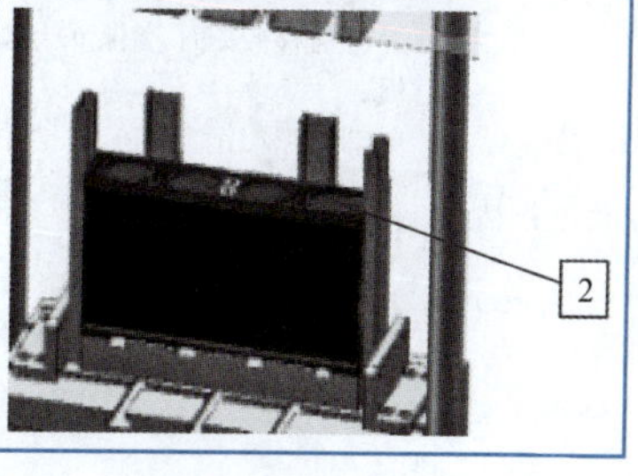

续表

工序名称	安装步骤	物料、工具	图解
SBP-H、后端板组件码垛	③ 将碟簧组分别放入后端板的碟簧槽，检查码垛整齐性； ④ 将压堆垫板码垛在碟簧组上，检查码垛整齐性	工具：可倾斜伺服压机	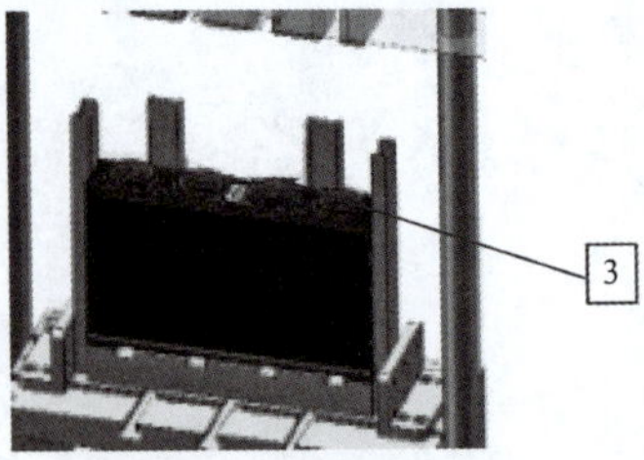 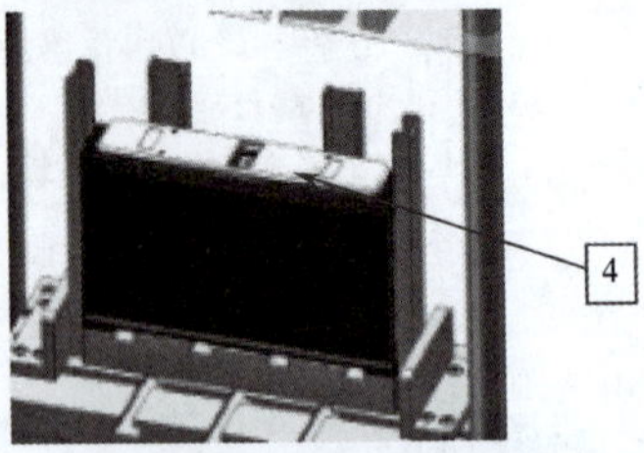 3 4
电堆压紧	① 快速下降压机上台面至接近装堆压板，慢速下降，装堆压板接触定位槽铝停止下降，检查四周干涉状况； ② 若有干涉可进行手动调整，若无干涉，缓慢下降至接触压堆垫板，检查四周干涉状况并调整； ③ 压紧电堆码垛组件至合适压力后停止压紧，3min 后再次压紧至合适压力后停止压紧	物料：电堆码垛组件； 工具：可倾斜伺服压机	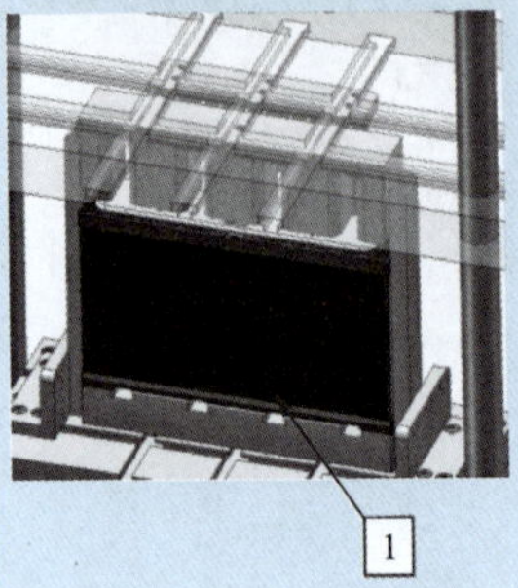 1
电堆在线气密性检测	① 依照企标测量氢气路，记录； ② 依照企标测量空气路，记录； ③ 依照企标测量水气路，记录； ④ 依照企标测量三气路，记录； ⑤ 求 MEA 泄漏量之和，对比测试数据并分析判断。 合格即记录存档，不合格另行操作	工具：可倾斜伺服压机、氮气源	
集电板粘贴	① 撕除双面胶保护层，贴护堆绝缘板； ② 穿入钢带，在适当位置折弯； ③ 使用内六角工具依次将内六角螺栓拧入钢带螺纹孔； ④ 使用电批依次拧紧螺栓； ⑤ 使用内六角工具依次矫正钢带松紧度	物料：护堆绝缘板、钢带、圆柱； 工具：电批、内六角工具	 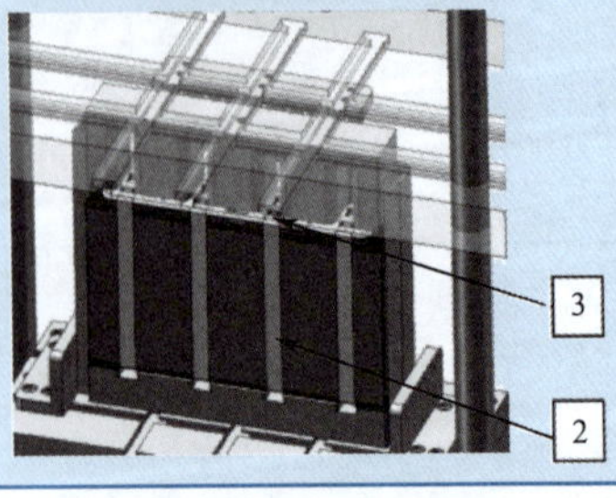 1 3 2

续表

工序名称	安装步骤	物料、工具	图解
标签粘贴	① 回正压机，并缓慢松压机，取下电堆； ② 粘贴标签，粘贴防拆标贴，打印铭牌，并粘贴； ③ 使用标签封电堆口	物料：铭牌、标签、防拆标贴； 工具：可倾斜伺服压机、游标卡尺	

【任务评价】

完成学生工作手册中相应的任务评价表“2-3-2”。

任务四 水冷型质子交换膜燃料电池堆的应用

【任务目标】

1. 能够根据作业指导书将水冷型质子交换膜燃料电池堆接入应用系统；
2. 能够掌握水冷型质子交换膜燃料电池堆在车载动力系统中的氢气压力调节；
3. 能够运行维护水冷型质子交换膜燃料电池堆系统。

【任务单】

任务单

一、回答问题

1. 水冷型质子交换膜燃料电池堆在车载动力系统中如何工作？
2. 水冷型质子交换膜燃料电池堆与传统燃油动力系统相比有哪些优势？
3. 水冷型质子交换膜燃料电池堆在车辆动力系统中面临的挑战有哪些？
4. 水冷型质子交换膜燃料电池系统工作时，氢气的压力、浓度如何控制？

二、依次完成5个子任务

序号	子任务	是否完成
1	绘制水冷型质子交换膜燃料电池堆接入系统结构图	是□ 否□
2	水冷型质子交换膜燃料电池堆系统用氢气准备	是□ 否□
3	绘制水冷型质子交换膜燃料电池堆系统工作过程示意图	是□ 否□
4	提出水冷型质子交换膜燃料电池堆工艺优化措施	是□ 否□
5	结果观察与分析、总结和报告	是□ 否□

【任务实施】

1. 绘制水冷型质子交换膜燃料电池堆接入系统结构图

将制作好的水冷型质子交换膜燃料电池堆接入应用产品的系统中，绘制系统结构图。

2. 水冷型质子交换膜燃料电池堆系统用氢气准备

准备水冷型质子交换膜燃料电池堆接入系统所用氢气的氢气瓶，确定氢气浓度、压力、流量等运行参数。

3. 绘制水冷型质子交换膜燃料电池堆系统工作过程示意图

分析水冷型质子交换膜燃料电池堆接入系统的工作过程，结构部件组成，绘制系统工作过程示意图。

4. 提出水冷型质子交换膜燃料电池堆工艺优化措施

根据水冷型质子交换膜燃料电池堆产品在系统应用过程中的效果，总结燃料电池堆及系统的工艺制作流程，提出工艺优化措施。

5. 结果观察与分析、总结和报告

分小组整理任务单、任务过程及结果，整理PPT，汇报分享。

完成学生工作手册中相应的记录单“2-4-1”。

【安全生产】

（1）实物产品：水冷型质子交换膜燃料电池发电系统及模型。

（2）工具：螺钉旋具等。

（3）电脑：撰写测试报告。

（4）网络：利用线上调研搜索工具，查阅相关领域的参考文献和研究论文。

（5）笔、表格：记录工具。

（6）测试设备和仪器，如电压表、电流表、温度计、活化测试仪等。

（7）安全生产素养。

❶ 遵守仪器设备操作规范；

❷ 心在一艺，其艺必工。

【任务资讯】

★本节重点，目的是测试制作的燃料电池产品能否满足实际应用需求，具有系统思维。

一、水冷型质子交换膜燃料电池系统在车载动力系统中的应用

（一）燃料电池叉车应用案例

燃料电池电动叉车是大功率氢燃料电池的典型应用产品之一（图 2-4-1）。以此为例，分析水冷氢燃料电池系统的结构和参数等。

图 2-4-1　燃料电池电动叉车

1. 燃料电池电动叉车的燃料电池系统技术参数

燃料电池电动叉车的燃料电池系统（图 2-4-2）通常包括燃料电池堆、氢气系统、氧气系统、冷却系统、控制系统等部件。

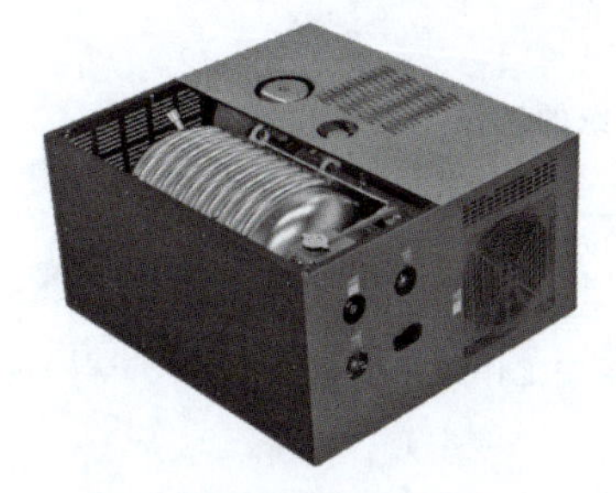

图 2-4-2　燃料电池电动叉车的燃料电池系统

图 2-4-3　燃料电池系统实物

这些部件协同工作，以提供所需的电能给电动叉车的电机驱动，实现其动力供应。整机系统构成如图 2-4-3 所示。

燃料电池电动叉车系统的主要参数如表 2-4-1 所示。

表 2-4-1 燃料电池电动叉车系统的主要参数

主要参数类型	单位	技术参数值
额定电压	V(DC)	80
额定功率	kW	10
峰值功率	kW	10.6
最高效率	%	≥55
系统噪声	dB	≤65
冷却方式	液冷	
储存温度	℃	−30～65
工作环境温度	℃	−10～45
工作环境湿度	%	10～95

2. 燃料电池电动叉车系统工作过程

燃料电池电动叉车系统的工作过程如图 2-4-4 所示。燃料电池电动叉车系统工作路径如图 2-4-5 所示。氢气供给燃料电池堆系统，燃料电池堆发电，然后经过电力转换和调节，提供动力和控制信号给叉车运动部件，同时配备辅助系统支持和安全系统监控。这样的路径确保了叉车能够安全、平稳地进行货物搬运作业。

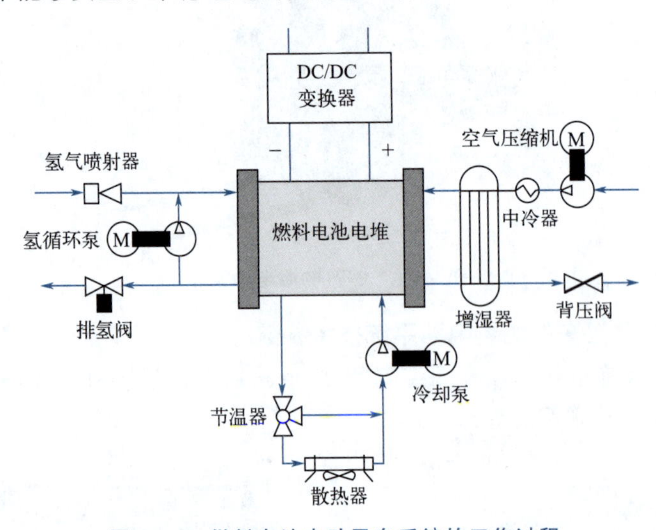

图 2-4-4 燃料电池电动叉车系统的工作过程

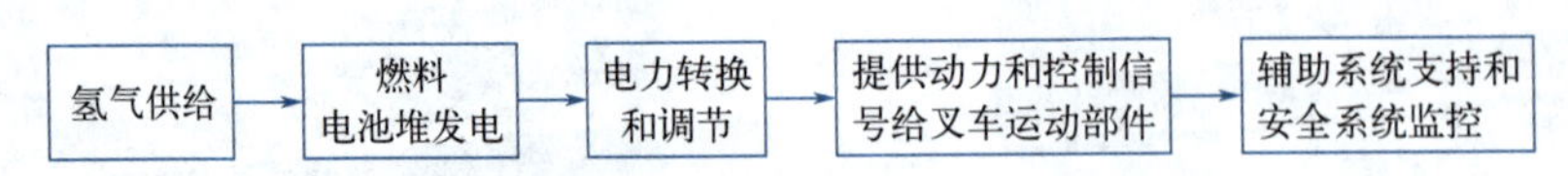

图 2-4-5 燃料电池电动叉车系统工作路径

燃料电池电动叉车的工作过程如下，见表 2-4-2。

❶ 氢气供给：工作时，高压储氢罐供应的氢气经减压阀减压后进入燃料电池系统。

❷ 空气供给：空气经过压缩机压缩并被送入燃料电池系统。

❸ 燃料电池发电：在燃料电池堆内，氢气和氧气经过电化学反应产生电能，并放出水作为副产品。反应方程式大致为：$2H_2+O_2 \longrightarrow 2H_2O$＋电能。

❹ 电能转换与传递：燃料电池产生的直流电需要经过DC/DC转换器调节至电动叉车驱动系统所需的电压水平。

❺ 驱动系统工作：电动叉车的驱动电机和其他辅助系统如功率转向、制动、液压等系统接收经DC/DC转换器调节后的电能进行工作，带动叉车完成载物、举升等任务。

❺ 散热管理：在整个过程中，由于燃料电池反应以及电机工作会产生热量，系统需通过冷却水循环散热来维持设备正常工作温度。

❻ 排放与排气管理：反应生成的纯水和热量通过排气系统排出，确保系统稳定可靠运行。

表 2-4-2 燃料电池电动叉车系统部件及工作路径描述

组件	功能
氢气供应子系统	包括氢气储存、压力调节、供应阀、排气阀、氢气循环部件等。 ① 气瓶提供所需的氢气； ② 通过压力减少阀(PRV)降低氢气的压力； ③ 通过气体流量控制单元确保恒定的气体流量进入燃料电池
空气供应子系统	包括风扇/过滤器/导管、空压机/鼓风机、加湿器等。 空气经过压缩机压缩并被送入燃料电池系统
燃料电池堆	① 接收经过流量控制的氢气进入燃料电池堆； ② 氢气与氧气发生电化学反应，生成电力和水
冷却子系统	包括冷却泵、散热风扇等。 冷却子系统用于冷却燃料电池模块，确保系统稳定运行
电池或超级电容	直流储能装置，帮助平衡叉车在不同工况下的功率需求，尤其是在需要短时高峰功率输出时，减轻燃料电池瞬时负载
电气子系统	通过DC/DC转换器调节由燃料电池产生的电压，以满足叉车的动力和控制系统的要求
驱动系统	包括电机及控制器等。 ① 使用DC/DC调节后的电力驱动叉车电机； ② 包括动力传动和其他功能(操作升降和转向等)
控制子系统	包括控制器、电压采集等。 ① 各种传感器(如压力、温度和流量传感器)，用于监测和调节系统的状态； ② 控制器接收传感器信息，并根据需求调节氢气供给、电池充放电和电机运行等

3. 燃料电池叉车系统组成

燃料电池电动叉车的控制系统（图2-4-6）主要包括以下几个部分：

❶ 燃料供给部分。液化氢通过减压阀进入系统，在流经电磁阀调节后，被送入燃料电堆。

❷ 燃料电池堆。这是系统的核心部分，燃料在这里与氧发生反应，产生电能和水。

❸ 水管理部分。生成的水需要被恰当处理，通常包括收集和排放。

❹ 空气供给部分。由风扇或者压缩机将空气送入燃料电堆供应氧气。

❺ 冷却系统。燃料电池堆工作时会产生热量，因此需要冷却系统来维持合适的工作温度。

❻ 电力转换与控制。由DC/DC转换器将燃料电堆产生的直流电转换成所需电压和电流，供给驱动电机及其他负载。

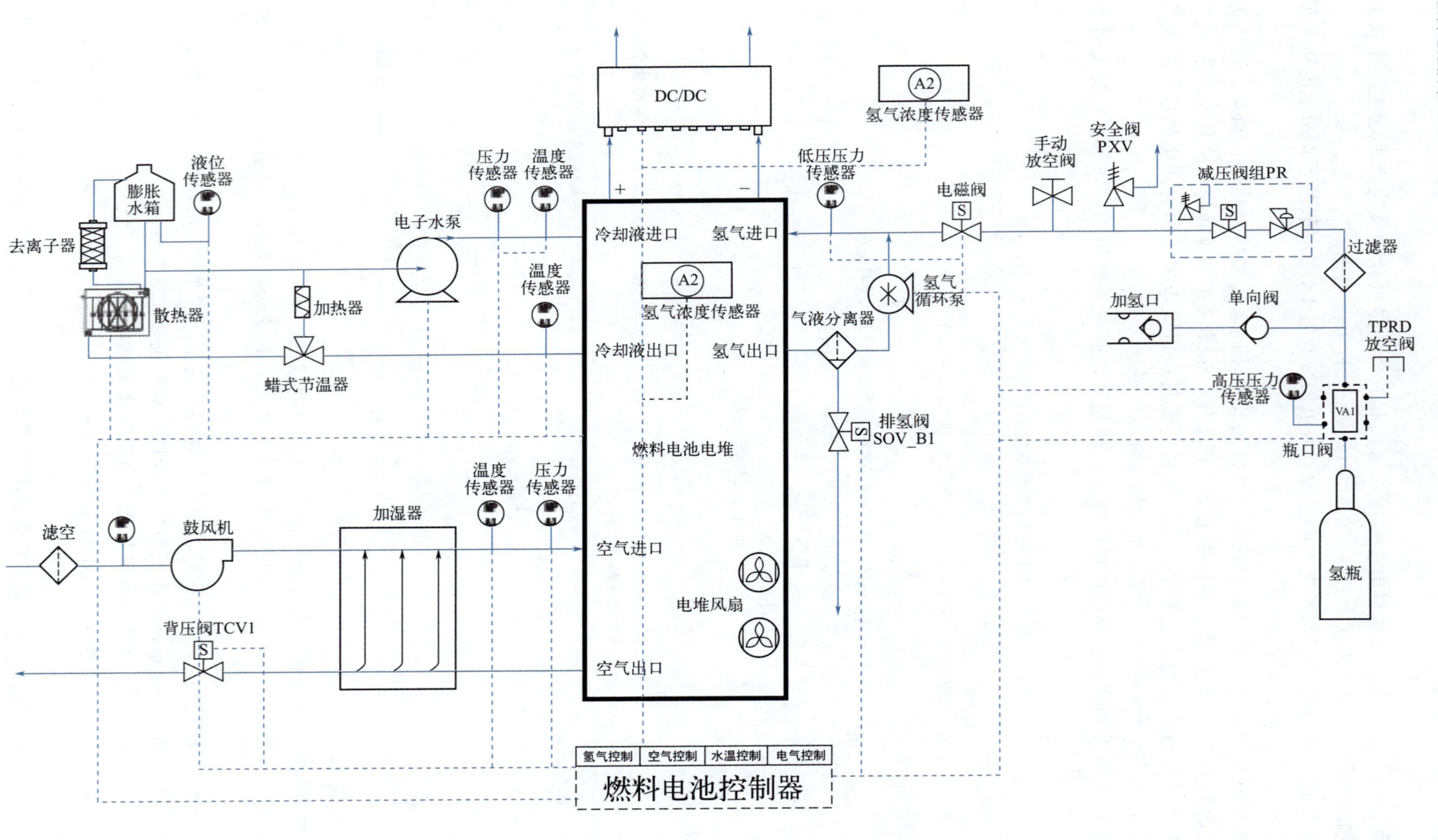

图 2-4-6 燃料电池电动叉车控制系统

❼ 控制系统。用于监控整个燃料电池系统的运行状况并进行调节，以保证系统的稳定高效运行。

❽ 电机和传动系统。电机将电能转换为机械能，以驱动叉车运动。

各种传感器、开关、保护装置等被用来监测和保障系统安全，见表 2-4-3。控制器通常会根据输入的各类传感器数据来指定输出，控制燃料供给以及电堆、冷却系统和电机的工作，确保系统在不同的工作条件下都可以稳定运行。

表 2-4-3 燃料电池电动叉车系统部件

序号	产品部件名称	功能及作用描述
1	空气过滤器	过滤和净化空气
2	空气流量计	检测流量，与空压机转速联锁控制
3	空压机/鼓风机	将空气增压并按一定的流量输送至电堆
4	增湿器	对进电堆的空气加温加湿
5	节气门	使得电堆内部空气压力提升
6	温度、压力传感器	测量各个通道内介质的温度和压力，通常有报警或强制停机的控制关系
7	加氢口	在加注时与加氢机的加气枪相连，加氢口集成有加氢嘴、过滤器及单向阀等功能部件
8	单向阀	在加氢口损坏时，阻止气体向外泄漏
9	过滤器	净化氢气，拦截颗粒杂质，防止污染电堆，同时也起到了保护减压阀的作用
10	储氢瓶	用于储存氢气
11	瓶口阀	集成瓶口阀中包括 TPRD、电磁阀、压力传感器、温度传感器等功能部件
12	减压阀	将氢气的压力调节到燃料电池所需要的压力
13	安全阀	当供给至燃料电池的氢气压力因某种原因超过设置值时，安全阀自动开启，将氢气排到外部，以达到保护燃料电池的目的
14	手动排空阀	用于储氢瓶和管阀置换时的手动操作
15	进氢电磁阀	用于氢气进入燃料电池的通断阀
16	氢气循环泵	将反应剩余的氢气循环至氢气入口，提高了氢气的利用率和安全性
17	气液分离器	将反应剩余的氢气中多余的水分离出来，以免造成电堆被水淹
18	排氢排水阀	排出燃料电池内阳极侧的氮气和过多的水分
19	膨胀水箱	用于冷却液的加注和判断是否需要添加冷却液
20	电子水泵	使燃料电池的冷却液循环流动起来，将燃料电池工作时产生的热量带出外部
21	节温器	冷启动时，冷却液在小循环内流动，缩短冷启动的时间
22	加热器	燃料电池在低温情况下工作效率低，需要快速将冷却液加热至所需的温度
23	散热器总成	将燃料电池产生的多余热量通过散热的方式排出至系统外部
24	去离子器	吸收冷却液中的离子，降低冷却液的电导率
25	氢浓度传感器	检测燃料电池堆和系统的氢气泄漏情况，以达到保护系统和人身安全的目的
26	DCF	将电堆电压稳压的主 DC，燃料电池的特性偏软，需要将输出的电压维持在需求的范围内

续表

序号	产品部件名称	功能及作用描述
27	DCL	将高低压降到低电压 24V 或 12V 的控制电压或其他配件用电电压，用于给辅助低压系统供电
28	FCU（燃料电池控制单元）	监控燃料电池的运行状态，并且记录运行数据
29	CVM（单电池电压巡检模块）	单电池监测和单电池电压低报警

（二）燃料电池车载动力系统的结构

按照动力源的不同，燃料电池电动汽车可分为全功率燃料电池电动汽车和电-电混合燃料电池电动汽车两类。

全功率燃料电池电动汽车的动力源只有燃料电池，它必须提供汽车行驶过程中所需的所有功率，主要特点在于结构布置简单，但需要大功率、高动态响应的燃料电池，造车成本会进一步增加；同时燃料电池没有能量存储的功能，不能对制动减速时的动力进行回收，降低了能源利用率；此外，长时间频繁变载工况也会对燃料电池寿命造成较大衰减。

考虑到全功率燃料电池电动汽车的不足，目前各大汽车厂商把精力主要集中在燃料电池与 RESS 的电-电混合技术方案上。图 2-4-7 显示了一些可能的混合动力车的规划图。

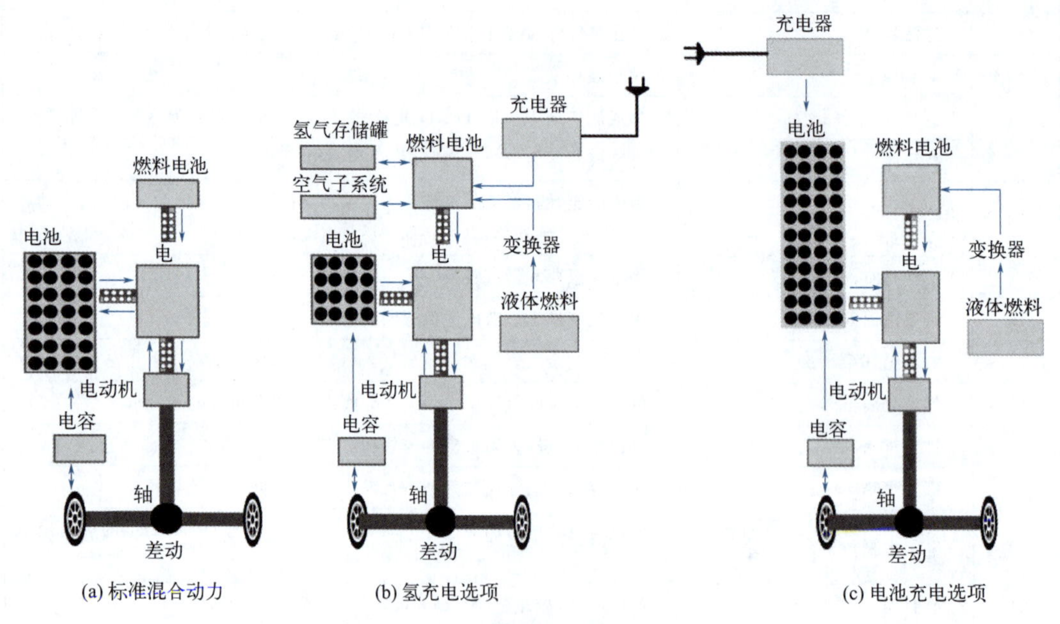

图 2-4-7 各种混合动力汽车概念

按照燃料电池在整车需求功率占比的不同，电-电混合燃料电池电动汽车可分为能量混合型和功率混合型。

（1）能量混合型　能量混合型主要是指燃料电池提供的功率在整车需求功率中的占比较少，大部分需要 RESS 来提供；该类型汽车需要功率较大的 RESS，整车质量会明显增加，对整车动力经济性有一定的影响。

（2）功率混合型　功率混合型是指燃料电池提供的功率占整车需求功率较大的比例，降低了对 RESS 的功率需求，减轻了整车质量。在功率混合型系统中，RESS 一般只在加速、爬坡等需求大功率的工况下与燃料电池共同提供动力。图 2-4-8 为典型燃料电池电动汽车动力系统拓扑结构，主要包括燃料电池系统、RESS、DC/ DC 变换器、DC/AC 变换器、驱动电机、车载储氢系统等。其中燃料电池系统经 DC/DC 变换器升压后达到驱动电机所需的高电压，RESS 如动力电池则并联在高压母线上。

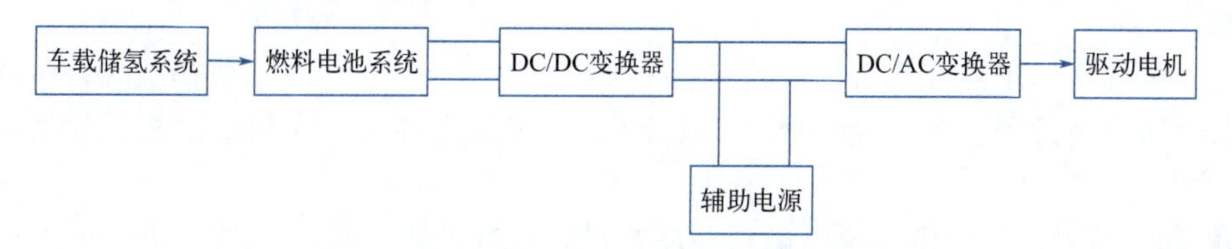

图 2-4-8　典型燃料电池动力系统拓扑结构

燃料电池系统是整个燃料电池电动汽车动力源的核心，其特性表现的好坏直接决定了整车在市场上的竞争力。燃料电池系统通常由燃料电池堆和附件系统组成，附件系统包括氢气供给子系统、空气子系统、热管理子系统等。典型的燃料电池系统拓扑结构如图 2-4-9 所示。

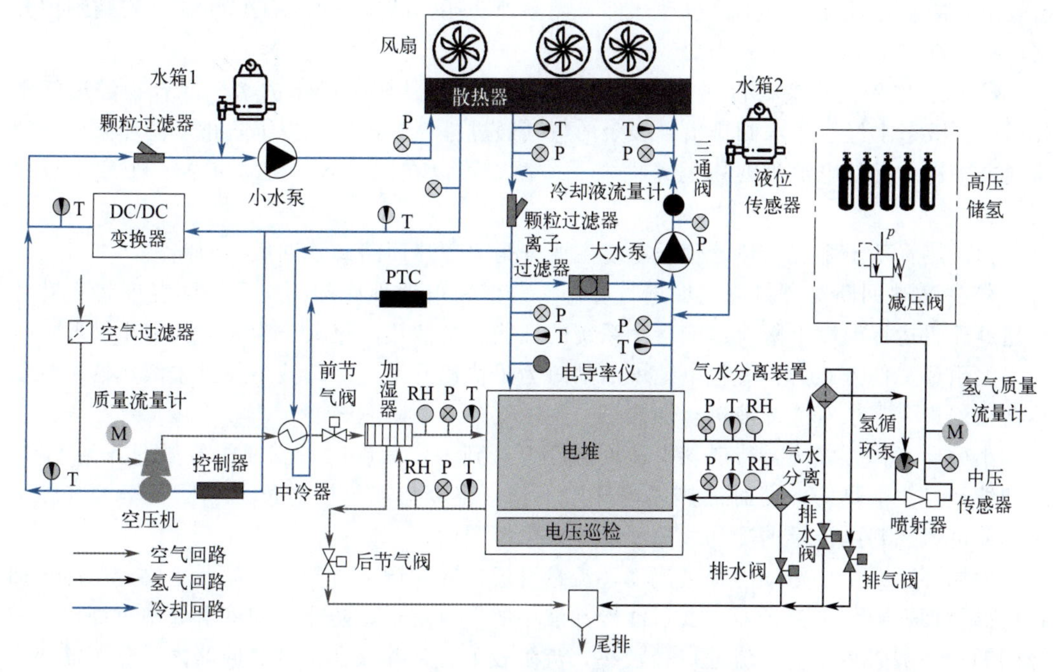

图 2-4-9　典型的燃料电池系统拓扑结构

(1) 空气子系统　空气子系统主要为燃料电池堆提供反应所需的压缩空气，主要由过滤器、空压机、质量流量计、中冷器、加湿器、节气门等组成。

❶ 空气中有许多杂质，因此需要用过滤器对其中的物理和化学杂质进行过滤。

❷ 为了保证燃料电池堆的反应效率，反应空气需要具有一定压力，故采用空压机对环境大气进行压缩。

❸ 压缩过后的空气温度可达 200℃及以上。为防止进气温度过高而损伤燃料电池堆，需要中冷器对压缩后的空气进行冷却。

❹ 为防止质子交换膜出现膜干的现象，需对进入燃料电池堆的空气进行加湿处理。目前膜加湿器是市场上燃料电池发动机的主流技术，通常利用排出燃料电池堆的水汽对进

气进行加湿，而丰田 Mirai 的燃料电池系统则取消了外部加湿方案。

❺ 发动机停机时，阴极内部有未反应完的氧气，与未反应的氢气容易形成氢-空界面，从而形成过电势使催化剂层发生不可逆的衰退。因此发动机停机后，需关闭前节气门和后节气门，并与 DC/DC 变换器内的放电电阻配合，充分消耗燃料电池堆内部剩余的反应气体。

（2）氢气供给子系统　氢气供给子系统为燃料电池堆提供反应所需的氢气，包括温度传感器、压力传感器、氢气喷射器（或比例阀）、氢气循环泵、吹扫电磁阀、气水分离装置等。

❶ 氢气喷射器通常由多个电磁阀并联组成，控制原则一般是通过采集阴极入口压力值和阳极入口压力值，保证阴阳极压差在合理的范围内，防止两端压差过大而损坏燃料电池堆。

❷ 氢气循环泵是燃料电池系统辅助部件中的关键部件，配备氢气循环装置可以有效提升氢气利用率，并使得阳极侧氢气的分配更加均匀，同时带走从阴极渗透至阳极的液态水。引射器也可作为氢气循环动力器件之一，主要利用射流使不同压力流体相互混合来传递能量和质量。其优点在于无运动部件，无额外功耗，结构简单，工作可靠，安装维护方便，密封性好。

❸ 吹扫电磁阀主要有排水电磁阀和排气电磁阀。从阳极排出的水气混合物经过气水分离后，液态水经过排水阀排出，多余的氢气通过排气阀排出。为了防止经循环泵循环的氢气再次进入燃料电池堆时因温差而发生冷凝，可以在阳极入口处也布置一个气水分离装置。

（3）热管理子系统　热管理子系统主要分为主散热回路和辅助散热回路。

❶ 主散热回路对燃料电池堆进行冷却。若燃料电池堆冷却不充分，则温度将上升甚至超过理想运行温度上限，影响整个系统的性能。主散热回路又分为大循环和小循环。

大循环工作方式为：燃料电池堆启动时为了快速升温，冷却液不经过主散热器，且加热器根据指令需求对冷却液进行加热。

小循环工作方式为：待燃料电池堆温度上升到一定程度时，三通阀节温器开始工作，冷却液经过主散热器，同时散热风扇开始工作，将冷却液热量通过散热器吹至大气环境中，使进入燃料电池堆的冷却液的温度在要求范围内。

大循环水泵主要驱动冷却液流动，流量可通过转速调节；颗粒过滤器主要过滤冷却回路中的物理颗粒；去离子器主要过滤冷却液中的导电粒子，防止冷却液电导率过高引起绝缘问题。一般去离子器的流通口径较小，流阻较大，常并联在主散热回路内。除了需要对燃料电池堆进行冷却外，空压机和 DC/DC 变换器等零部件也需要冷却。

❷与主散热回路相比，辅助散热回路所需流量较小，因此辅助散热回路对水泵扬程和流量的要求较低。

燃料电池反应所需气体、温度和散热均由上述子系统控制，封装燃料电池时需配置电压巡检装置（Cell Voltage Monitor，CVM），以判断各单体电池的工作状态。

二、水冷型质子交换膜燃料电池系统温度控制

在燃料电池中，电池堆温度是一个重要的性能参数，升高温度会增加水的活性，增强电化学活动，降低膜的欧姆电势，加剧膜和催化剂的降解，使燃料电池的输出电压上升，导致电池堆性能降低；而低温可能会导致水的凝结和电极产生电压损失。由于排气温度通

常低于 70℃，大约有 95%的热量需要通过冷却方法带走，因此，燃料电池的散热量相对较高，且其理想的运行温度为 60～80℃。

基于前述冷却系统组件准备及水冷系统集成工艺，燃料电池系统的温度控制还需要相应的控制策略对系统组件的运行进行调控，有效的热管理控制策略是确保燃料电池达到所需工作温度的关键。目前，人们对燃料电池进行仿真或者通过实验研究热管理的控制策略，以保证燃料电池工作所需的工作温度。

(一) 车用燃料电池系统温度控制技术指标

车用燃料电池系统温度控制技术指标包括工作温度范围、稳定性、均衡性、高效性、安全性和可靠性等，见表 2-4-4。

表 2-4-4 车用燃料电池系统温度控制技术指标

技术指标	描述
工作温度范围	车用燃料电池系统的工作温度范围为－40～80℃，可以根据实际应用需求进行调整
稳定性	车用燃料电池系统的温度控制应具有良好的稳定性，能够快速响应和稳定维持在目标温度范围内，以确保系统的正常运行
均衡性	车用燃料电池系统中各组件的温度应该保持良好的均衡性，避免出现局部过热或过冷的情况。通过合理的设计和控制策略，确保各组件温度分布均匀
高效性	车用燃料电池系统的温度控制应该是高效的，在保持系统稳定的前提下，最大限度地利用燃料，提高能量转换效率
安全性	温度控制技术应具备一定的安全性，防止系统温度过高引发火灾等危险，或者温度过低导致冻结等问题
可靠性	温度控制系统应具备良好的可靠性，能在各种环境条件下稳定工作，并具备适应突发状况和快速故障反应的能力

(二) 车用燃料电池系统温度控制标准

车用燃料电池系统温度控制标准的作用是确保燃料电池系统在运行过程中能够达到安全、稳定、可靠的温度控制要求，见表 2-4-5。这些标准提供了统一的技术要求和测试方法，为燃料电池系统的设计、开发和生产过程提供了指导，同时也为用户和监管机构提供了参考依据。

表 2-4-5 车用燃料电池系统温度控制标准

标准名称	发布机构	描述
ISO 14687:2019	国际标准化组织(ISO)	对车用氢气燃料质量的要求，包括燃料的温度限制
SAE J2601:2020	美国汽车工程师协会(SAE)	氢气能量系统用于汽车的温度控制要求，包括工作温度范围和稳定性要求
UN GTR No. 13	联合国经济委员会全球技术法规(UN-ECE)	主要关注新型汽车的安全要求，包括温度控制方面的指导

(三) 车用燃料电池系统温度控制策略

车用燃料电池系统的温度控制包括温度监测与反馈控制、主动冷却与加热、温度均衡措施、过热保护与安全策略以及高效能源利用，见表 2-4-6。常用的控制策略包括传统 PID 控制、预测控制、自适应控制、模糊控制、协同控制和其他控制等。

表 2-4-6 常用的车用燃料电池系统温度控制策略

控制策略	描述
传统 PID 控制	使用比例、积分和微分控制算法进行温度调节。根据实时的误差信号进行反馈控制，使温度维持在设定值附近
预测控制	建立数学模型并利用预测算法预测未来温度变化情况，并提前采取相应的调节措施，更灵活地应对不确定性和系统动态变化
自适应控制	基于系统的实时反馈和学习，自动调整控制参数以适应系统的变化和不确定性，提高温度控制性能和鲁棒性
模糊控制	利用模糊逻辑推理处理非线性和模糊性问题，并通过设计模糊规则实现温度控制，应对复杂的非线性关系和多变量的温度分布
协同控制	使多个控制策略和算法相互协调工作，以实现更优的温度控制效果。例如，将 PID 控制与模糊控制相结合，综合利用它们各自的优点
其他控制	包括基于模型预测控制（Model Predictive Control，MPC）、优化控制等新颖的控制方法，根据实际应用需求选择和开发

【任务评价】

完成学生工作手册中相应的任务评价表“2-4-2”。

参考文献

[1] 航天科技集团六院101所．液态储氢加氢技术取得重大突破［J］．军民两用技术与产品，2023（3）：63.

[2] 陈维荣，李奇．质子交换膜燃料电池系统发电技术及其应用［M］．北京：科学出版社，2016.

[3] 赵振东，刘国庆，吴金国，等．质子交换膜燃料电池电堆封装技术研究进展［J］．南京工程学院学报（自然科学版），2022，20（4）：53-60.

[4] 樊智鑫，宋珂，章桐．空冷质子交换膜燃料电池性能优化研究综述［J］．汽车技术，2020（4）：1-8.

[5] 付洋，戴朝华，张玉瑾，等．便携式燃料电池电源系统的设计与控制研究［J］．太阳能学报，2020，41（1）：311-317.

[6] 郭文林，李伟斌，姚根有，等．MEA生产工艺及关键材料研究进展［J］．现代化工，2021，41（6）：81-85，89.

[7] 张利杰，孙彦民，李贺，等．催化剂涂覆工艺研究进展［J］．无机盐工业，2023，55（2）：19-25.

[8] 康启平，张国强，刘艳秋．质子交换膜燃料电池膜电极研究进展［J］．中北大学学报（自然科学版），2020，41（2）：97-102，123.

[9] 秦飞，郭朋彦，张瑞珠，等．氢燃料电池堆封装研究现状［J］．汽车电器，2022（3）：14-17.

[10] 白子为，谭晖，石秋雨，等．质子交换膜制氢设备密封技术综述［J］．热力发电，2022，51（11）：49-55.

[11] 陈光，郝冬，王晓兵，等．燃料电池用气密性试验台的分析与开发［J］．汽车工程师，2020（4）：48-50.

[12] 张妍懿，郝冬，陈光，等．氢燃料电池的泄漏和气密性试验标准综合分析［J］．汽车工程师，2020（7）：11-13，17.

[13] 康启平，张国强，刘艳秋．PEMFC膜电极的活化研究进展［J］．中北大学学报（自然科学版），2020，41（3）：193-198.

[14] 蓝弋林，杨代军，楚天阔，等．质子交换膜燃料电池的快速活化方法展望［J］．工程热物理学报，2022，43（12）：3331-3343.

[15] 王顺权．电动自行车用氢燃料电池动力系统研究［J］．江苏科技信息，2020，37（4）：49-51.

[16] 李建，张立新，李瑞懿，等．高压储氢容器研究进展［J］．储能科学与技术，2021，10（5）：1835-1844.

[17] 郭晓璐，刘孝亮，徐双庆．车载储氢气瓶循环特性研究进展［C］//中国机械工程学会压力容器分会．压力容器先进技术——第十届全国压力容器学术会议论文集（上）．合肥：合肥工业大学出版社，2021：7.

[18] 陈鹰，魏王慧，高艳秋．质子交换膜燃料电池用氢气产品及检测标准研究进展［J］．低温与特气，2019，37（6）：6-11.

[19] 沈丹丹，高顶云，潘相敏．氢能源利用安全性综述［J］．上海节能，2020（11）：1236-1246.

[20] 潘兴龙，金守一，许德超．质子交换膜燃料电池双极板气体流道设计综述［J］．中国第一汽车股份有限公司新能源开发院．

[21] 顾颖颖，于永昌，龙安椿，等．Bi掺杂的直接甲醇燃料电池阳极催化剂研究进展［J］．有色金属材料与工程，2023，44（2）：35-44.

[22] 胡华冲．直接甲醇燃料电池高海拔环境适应性研究［J］．电源技术，2023，47（4）：510.

[23] 秦彦周，曹世博，刘国坤，等．质子交换膜燃料电池堆冷却系统研究进展［J］．汽车技术，2021（11）：1-14.

[24] 姚东升，周耀丹，张志芸，等．大功率质子交换膜燃料电池系统热管理控制策略研究［J］．汽车文摘，2023（7）：36-39.

[25] 乔兴年，王彦波，时保帆，等．重型商用车燃料电池堆耐久性能与衰减机理研究［J］．电源技术，2023，47（11）：1477-1480.

[26] 郭泽胤，万成安，郑莎，等．质子交换膜燃料电池气体扩散层研究进展［J］．电源技术，2024，48（3）：433-438.

[27] 陈逸菲，赵思涵，赵浩轩，等．燃料电池气体扩散层中碳纸材料研究进展［J］．中华纸业，2023，44（24）：1-9.

[28] 陈匡胤，李蕊兰，童杨，等．质子交换膜燃料电池气体扩散层结构与设计研究进展［J］．化工进展，2023，42（S1）：246-259.

[29] 杨官正，王英瑞．质子交换膜燃料电池贵金属基催化剂发展现状、研究进展及未来展望［J］．现代盐化工，2023，50（4）：1-7.

[30] 赵路甜，程晓静，罗柳轩，等．低铂质子交换膜燃料电池氧还原催化剂的研究进展与展望［J］．科学通报，2022，67（19）：2212-2225.

[31] 谢旭秋，王丽，赵淑会，等．含磷酸结构全氟磺酸质子交换膜研究进展［J］．膜科学与技术，2023，43（6）：202-211.

[32] 李杰，姬佳奇，李柯达，等．燃料电池高温质子交换膜的研究进展［J］．工程研究——跨学科视野中的工程，2023，15（5）：424-445.

[33] 李新，王一丁，詹明．质子交换膜燃料电池密封材料研究概述［J］．船电技术，2020，40（6）：19-23.

[34] 刘畅，黄永聪，殷枢，等．氢能源接触网检修车燃料电池动力系统设计［J］．机车电传动，2023（3）：73-83.

[35] 温序晖，杨海玉．叉车用燃料电池概述［J］．东方电气评论，2020，34（1）：6-11.

[36] 李进，蒋洋，马荣鸿，等．电动叉车用燃料电池系统研究［J］．电力电子技术，2020，54（12）：41-43.

[37] 华日升，张文泉，程利冬，等．燃料电池金属双极板设计与成形技术综述［J］．精密成形工程，2022，14（3）：25-33.

[38] 王茁，曹婷婷，曲英雪，等．燃料电池电堆设计开发关键技术［J］．汽车文摘，2020（10）：57-62.

[39] 金守一，赵洪辉，盛夏，等．车用燃料电池膜电极制备方法综述［J］．汽车文摘，2021（11）：17-24.

[40] 樊润林，彭宇航，田豪，等．燃料电池复合石墨双极板基材的研究进展：材料、结构与性能［J］．物理化学学报，2021，37（9）：102-117.

[41] 黄鸿，黄鲲．碳纤维复合材料与碳纤维纸生产工艺［J］．中华纸业，2014，35（8）：6-12.

[42] 陈宏，鲁亮，董江波，等．10kW质子交换膜燃料电池电堆模拟工况下耐久性测试及衰减机理研究［J］．中国科学：化学，2023，53（9）：1792-1800.

[43] ZHIANI M，MAJIDI S，TAGHIABADI M M. Comparative study of on-line membrane electrode assembly activation procedures in proton exchange membrane fuel cell［J］. Fuel Cells，2013，13（5）：946-955.

燃料电池技术

学生工作手册

目录

基础分册

项目分册

学生工作手册

1-1-1 风冷型质子交换膜燃料电池设计与原料准备记录单

项目名称	小功率风冷型质子交换膜燃料电池制作	班级		姓名	
组号			指导教师		

(一)风冷型质子交换膜燃料电池的类型和规格确定记录

产品名称		产品基本结构	
参数名称	参数数值	备注	

(二)风冷型质子交换膜燃料电池的结构简图(可手工绘制)

风冷型质子交换膜燃料电池结构简图		
操作人：	复核人：	日期：

（三）风冷型质子交换膜燃料电池的工艺流程图

风冷型质子交换膜燃料电池工艺流程图

操作人： 复核人： 日期：

（四）风冷型质子交换膜燃料电池的原材料清单

序号	名称	规格	数量	简图
1	涂覆催化剂的质子交换膜			
2	双极板			
3	碳纸			
4	集流板			
5	端板			
6	紧固螺栓			
7	垫片			
8	螺母			

（五）制作设备及辅助工具清单

序号	名称	规格	数量	简图
1				
2				
3				
4				
5				
6				
7				
8				

（六）燃料电池性能测试单

序号	电堆编号	性能	测试方法	测试工具
1				
2				
3				
4				

（七）计划制定工作单

序号	内容	人员	时间安排	备注
1				
2				
3				
4				
5				

（八）计划实施工作单

序号	主要内容	实施情况	完成时间

（九）改进提交工作单

	序号	内容
问题总结	1	
	2	
	3	
	4	
	5	
	6	
改进要点记录		

（十）燃料电池制造方案确定

序号	名称	内容要点
1	设计部分方案	
2	制作部分方案	
3	应用场景方案	

1-1-2 风冷型质子交换膜燃料电池设计与原料准备任务评价表

项目名称	小功率风冷型质子交换膜燃料电池制作	班级		姓名	
组号		指导教师			

	考核内容	考核标准	满分	得分
小组成绩（30%）	实操准备	计划单填写认真，分工明确，时间分配合理	10	
		器材准备充分，数量和质量合格	10	
	实操清场	能及时完成器材的整理、归位	20	
		离场时，会关闭门窗、切断水电	10	
	任务完成	按时完成任务，效果好	20	
	演示和汇报	能有效收集和利用相关文献资料	10	
		能运用语言、文字进行准确表达	10	
	工作方案	观测指标合理，操作方法正确可行	10	
	合计		100	

	考核内容	考核标准	满分	得分
个人成绩（70%）	操作能力	操作规范、有序	20	
	任务完成	工作记录填写正确	10	
	课堂表现	遵守学习纪律，正确回答课堂提问	10	
	课后作业	按时完成作业，准确率高	10	
	考勤	按时出勤，无迟到、早退和旷课	10	
	自我管理	能按计划单完成相应任务	10	
	团队合作	能与小组成员分工协作，完成项目准备、清场等工作	10	
	表达能力	能与小组成员进行有效沟通，演示和汇报质量高	10	
	学习能力	能按时完成信息单、准确率高	10	
	合计		100	

总体评价	

1-2-1 风冷型质子交换膜燃料电池单电池生产记录单

项目名称	小功率风冷型质子交换膜燃料电池制作	班级		姓名	
组号			指导教师		

(一)领取的原材料清单

序号	原材料名称	规格	数量	是否需要加工/加工方法
1	端板			
2	双极板			
3	碳布			
4	质子交换膜			
5	催化剂(根据实际情况选用)			

(二)相关知识和技能信息确认单

序号	内容	人员	实施情况
1	喷涂工艺		
2	裁切工艺		
3	点胶工艺		
4	修边工艺		

(三)膜电极工艺记录表

序号	原材料规格	催化剂成分及配比	喷涂工艺	效果
1				
2				
3				
4				

(四)原材料裁切工艺记录表

序号	原材料名称	裁切尺寸	裁切工艺	效果
1				
2				
3				
4				

(五)贴片点胶工艺记录表

序号	原材料名称	贴片工艺	点胶工艺	固化工艺	效果
1					
2					
3					
4					

(六)修边工艺记录表

序号	样品编号	修边工艺	效果
1			
2			
3			
4			

(七)改进提交工作单

	序号	内容
问题总结	1	
	2	
	3	
	4	
	5	
	6	
改进要点记录		

1-2-2 风冷型质子交换膜燃料电池单电池生产任务评价表

<table>
<tr><td>项目名称</td><td colspan="3">小功率风冷型质子交换膜燃料电池制作</td><td>班级</td><td></td><td>姓名</td><td></td></tr>
<tr><td>组号</td><td colspan="4"></td><td>指导教师</td><td colspan="2"></td></tr>
<tr><td rowspan="10">小组成绩
（30%）</td><td>考核内容</td><td colspan="2">考核标准</td><td>满分</td><td colspan="3">得分</td></tr>
<tr><td rowspan="2">实操准备</td><td colspan="2">计划单填写认真，分工明确，时间分配合理</td><td>10</td><td colspan="3"></td></tr>
<tr><td colspan="2">器材准备充分，数量和质量合格</td><td>10</td><td colspan="3"></td></tr>
<tr><td rowspan="2">实操清场</td><td colspan="2">能及时完成器材的整理、归位</td><td>20</td><td colspan="3"></td></tr>
<tr><td colspan="2">离场时，会关闭门窗、切断水电</td><td>10</td><td colspan="3"></td></tr>
<tr><td>任务完成</td><td colspan="2">按时完成任务，效果好</td><td>20</td><td colspan="3"></td></tr>
<tr><td rowspan="2">演示和汇报</td><td colspan="2">能有效收集和利用相关文献资料</td><td>10</td><td colspan="3"></td></tr>
<tr><td colspan="2">能运用语言、文字进行准确表达</td><td>10</td><td colspan="3"></td></tr>
<tr><td>产品样品</td><td colspan="2">工艺正确可行</td><td>10</td><td colspan="3"></td></tr>
<tr><td colspan="3">合计</td><td>100</td><td colspan="3"></td></tr>
<tr><td rowspan="11">个人成绩
（70%）</td><td>考核内容</td><td colspan="2">考核标准</td><td>满分</td><td colspan="3">得分</td></tr>
<tr><td>操作能力</td><td colspan="2">操作规范、有序</td><td>20</td><td colspan="3"></td></tr>
<tr><td>任务完成</td><td colspan="2">工作记录填写正确</td><td>10</td><td colspan="3"></td></tr>
<tr><td>课堂表现</td><td colspan="2">遵守学习纪律，正确回答课堂提问</td><td>10</td><td colspan="3"></td></tr>
<tr><td>课后作业</td><td colspan="2">按时完成作业，准确率高</td><td>10</td><td colspan="3"></td></tr>
<tr><td>考勤</td><td colspan="2">按时出勤，无迟到、早退和旷课</td><td>10</td><td colspan="3"></td></tr>
<tr><td>自我管理</td><td colspan="2">能按计划单完成相应任务</td><td>10</td><td colspan="3"></td></tr>
<tr><td>团队合作</td><td colspan="2">能与小组成员分工协作，完成项目准备、清场等工作</td><td>10</td><td colspan="3"></td></tr>
<tr><td>表达能力</td><td colspan="2">能与小组成员进行有效沟通，演示和汇报质量高</td><td>10</td><td colspan="3"></td></tr>
<tr><td>学习能力</td><td colspan="2">能按时完成信息单，准确率高</td><td>10</td><td colspan="3"></td></tr>
<tr><td colspan="3">合计</td><td>100</td><td colspan="3"></td></tr>
<tr><td>总体评价</td><td colspan="7"></td></tr>
</table>

1-3-1 风冷型质子交换膜燃料电池系统装调记录单

项目名称	小功率风冷型质子交换膜燃料电池制作	班级		姓名	
组号			指导教师		

(一)领取的原材料清单

序号	部件名称	规格	数量	作用
1				
2				
3				
4				
5				
6				
7				
8				
9				
10				
11				
12				
13				
14				
15				
16				
17				
18				
19				
20				
21				
22				
23				
24				
25				
26				
27				
28				

(二)相关知识和技能信息确认单

序号	内容	人员	实施情况
1			
2			
3			
4			

(三)燃料电池装堆工艺步骤记录表

序号	工艺步骤
1	
2	
3	
4	
5	
6	
7	
8	
9	
10	
11	
12	
13	
14	
15	
16	
17	
18	
19	
20	

（四）燃料电池电堆半成品电堆检漏步骤记录表

测试项目	工艺步骤	结果记录
外观检查		
空气介质气密性测试		
浸水气密性测试		

（五）燃料电池电堆半成品活化测试记录表

项目	过程记录	结果记录
活化测试原理图		
活化测试步骤		
活化测试主要参数		

（六）燃料电池电堆紧固工序记录表

电池堆编号	工艺步骤	结果记录

（七）燃料电池电堆成品检测记录表

项目	工艺步骤	结果记录
外观检查		
性能测试		

（八）改进提交工作单

	序号	内容
问题总结	1	
	2	
	3	
	4	
	5	
	6	
改进要点记录		

1-3-2 风冷型质子交换膜燃料电池系统装调任务评价表

项目名称	小功率风冷型质子交换膜燃料电池制作	班级		姓名	
组号			指导教师		

小组成绩（30%）

考核内容	考核标准	满分	得分
实操准备	计划单填写认真，分工明确，时间分配合理	10	
	器材准备充分，数量和质量合格	10	
实操清场	能及时完成器材的整理、归位	20	
	离场时，会关闭门窗、切断水电	10	
任务完成	按时完成任务，效果好	20	
演示和汇报	能有效收集和利用相关文献资料	10	
	能运用语言、文字进行准确表达	10	
产品样品	工艺正确可行	10	
合计		100	

个人成绩（70%）

考核内容	考核标准	满分	得分
操作能力	操作规范、有序	20	
任务完成	工作记录填写正确	10	
课堂表现	遵守学习纪律，正确回答课堂提问	10	
课后作业	按时完成作业，准确率高	10	
考勤	按时出勤，无迟到、早退和旷课	10	
自我管理	能按计划单完成相应任务	10	
团队合作	能与小组成员分工协作，完成项目准备、清场等工作	10	
表达能力	能与小组成员进行有效沟通，演示和汇报质量高	10	
学习能力	能按时完成信息单，准确率高	10	
合计		100	

总体评价	

1-4-1 风冷型质子交换膜燃料电池系统应用记录单

项目名称	小功率风冷型质子交换膜燃料电池制作	班级		姓名	
组号			指导教师		

(一)燃料电池电堆接入系统结构图

序号	名称	功能及作用描述
1	燃料电池堆	
2	燃料电池应用产品	
燃料电池应用产品系统结构图		

(二)相关知识和技能信息确认单

序号	内容	人员	实施情况
1			
2			
3			
4			

(三)燃料电池电堆接入系统氢气参数记录表

序号	名称	数值
1	氢气瓶	
2	氢气来源	
3	氢气浓度	
4	瓶内氢气压力	
5	氢气使用流量	

（四）燃料电池应用产品系统部件及工作过程记录表

序号	燃料电池应用产品部件名称	功能及作用描述
1		
2		
3		
4		
5		
6		
7		
8		
燃料电池应用产品工作过程示意图		

（五）燃料电池电堆工艺优化措施记录表

序号	应用效果	工艺优化措施
1		
2		
3		
4		

1-4-2 风冷型质子交换膜燃料电池系统应用任务评价表

项目名称	小功率风冷型质子交换膜燃料电池制作	班级		姓名	
组号		指导教师			

小组成绩（30%）

考核内容	考核标准	满分	得分
实操准备	计划单填写认真，分工明确，时间分配合理	10	
	器材准备充分，数量和质量合格	10	
实操清场	能及时完成器材的整理、归位	20	
	离场时，会关闭门窗、切断水电	10	
任务完成	按时完成任务，效果好	20	
演示和汇报	能有效收集和利用相关文献资料	10	
	能运用语言、文字进行准确表达	10	
产品样品	工艺正确可行	10	
合计		100	

个人成绩（70%）

考核内容	考核标准	满分	得分
操作能力	操作规范、有序	20	
任务完成	工作记录填写正确	10	
课堂表现	遵守学习纪律，正确回答课堂提问	10	
课后作业	按时完成作业，准确率高	10	
考勤	按时出勤，无迟到、早退和旷课	10	
自我管理	能按计划单完成相应任务	10	
团队合作	能与小组成员分工协作，完成项目准备、清场等工作	10	
表达能力	能与小组成员进行有效沟通、演示和汇报质量高	10	
学习能力	能按时完成信息单，准确率高	10	
合计		100	

总体评价	

2-1-1 水冷型质子交换膜燃料电池堆的设计记录单

项目名称	大功率水冷型质子交换膜燃料电池制作	班级		姓名	
组号			指导教师		

（一）水冷型燃料电池电堆与空冷型燃料电池电堆的异同点记录表

燃料电池类型	水冷型燃料电池	空冷型燃料电池
相同点	1. 2.	1. 2.
不同点	1. 2.	1. 2.
电堆结构图		

（二）大功率水冷型质子交换膜燃料电池产品的性能参数列表

产品名称		产品结构	
参数名称	参数数值	备注	

(三)水冷型质子交换膜燃料电池产品的部件清单

序号	名称	规格	数量	功能
1				
2				
3				
4				
5				
6				
7				
8				
9				

(四)设计的水冷型质子交换膜燃料电池的性能参数列表

产品名称		产品结构	
参数名称	参数数值	备注	

(五)设计的水冷型质子交换膜燃料电池堆的其他部件参数

序号	名称	规格	数量	功能
1	端板			
2	钢带			
3	螺钉			
4	减压阀			
5	鼓风机			
6	水泵			
7	碟簧			
8				
9				

(六)设计的水冷型质子交换膜燃料电池堆的核心部件材料表

序号	名称	材质	结构图	功能
1	气体扩散层			
2	催化剂			
3	质子交换膜			
4	密封材料			

(七)计划制定工作单

序号	内容	人员	时间安排	备注
1				
2				
3				
4				

(八)计划实施工作单

序号	主要内容	实施情况	完成时间

(九)改进提交工作单

<table>
<tr><td rowspan="7">问题总结</td><td>序号</td><td>内容</td></tr>
<tr><td>1</td><td></td></tr>
<tr><td>2</td><td></td></tr>
<tr><td>3</td><td></td></tr>
<tr><td>4</td><td></td></tr>
<tr><td>5</td><td></td></tr>
<tr><td>6</td><td></td></tr>
<tr><td>改进要点记录</td><td colspan="2"></td></tr>
</table>

(十)燃料电池制造方案确定

序号	名称	内容要点
1	设计部分方案	
2	制作部分方案	
3	应用场景方案	

2-1-2 水冷型质子交换膜燃料电池堆的设计任务评价表

<table>
<tr><td>项目名称</td><td colspan="2">大功率水冷型质子交换膜燃料电池制作</td><td>班级</td><td></td><td>姓名</td><td></td></tr>
<tr><td>组号</td><td colspan="3"></td><td>指导教师</td><td colspan="2"></td></tr>
<tr><td rowspan="11">小组成绩
(30%)</td><td>考核内容</td><td colspan="2">考核标准</td><td>满分</td><td colspan="2">得分</td></tr>
<tr><td rowspan="2">实操准备</td><td colspan="2">计划单填写认真,分工明确,时间分配合理</td><td>10</td><td colspan="2"></td></tr>
<tr><td colspan="2">器材准备充分,数量和质量合格</td><td>10</td><td colspan="2"></td></tr>
<tr><td rowspan="2">实操清场</td><td colspan="2">能及时完成器材的整理、归位</td><td>20</td><td colspan="2"></td></tr>
<tr><td colspan="2">离场时,会关闭门窗、切断水电</td><td>10</td><td colspan="2"></td></tr>
<tr><td>任务完成</td><td colspan="2">按时完成任务,效果好</td><td>20</td><td colspan="2"></td></tr>
<tr><td rowspan="2">演示和汇报</td><td colspan="2">能有效收集和利用相关文献资料</td><td>10</td><td colspan="2"></td></tr>
<tr><td colspan="2">能运用语言、文字进行准确表达</td><td>10</td><td colspan="2"></td></tr>
<tr><td>工作方案</td><td colspan="2">观测指标合理,操作方法正确可行</td><td>10</td><td colspan="2"></td></tr>
<tr><td colspan="3">合计</td><td>100</td><td colspan="2"></td></tr>
<tr><td colspan="6"></td></tr>
<tr><td rowspan="12">个人成绩
(70%)</td><td>考核内容</td><td colspan="2">考核标准</td><td>满分</td><td colspan="2">得分</td></tr>
<tr><td>操作能力</td><td colspan="2">操作规范、有序</td><td>20</td><td colspan="2"></td></tr>
<tr><td>任务完成</td><td colspan="2">工作记录填写正确</td><td>10</td><td colspan="2"></td></tr>
<tr><td>课堂表现</td><td colspan="2">遵守学习纪律,正确回答课堂提问</td><td>10</td><td colspan="2"></td></tr>
<tr><td>课后作业</td><td colspan="2">按时完成作业,准确率高</td><td>10</td><td colspan="2"></td></tr>
<tr><td>考勤</td><td colspan="2">按时出勤,无迟到、早退和旷课</td><td>10</td><td colspan="2"></td></tr>
<tr><td>自我管理</td><td colspan="2">能按计划单完成相应任务</td><td>10</td><td colspan="2"></td></tr>
<tr><td>团队合作</td><td colspan="2">能与小组成员分工协作,完成项目准备、清场等工作</td><td>10</td><td colspan="2"></td></tr>
<tr><td>表达能力</td><td colspan="2">能与小组成员进行有效沟通,演示和汇报质量高</td><td>10</td><td colspan="2"></td></tr>
<tr><td>学习能力</td><td colspan="2">能按时完成信息单,准确率高</td><td>10</td><td colspan="2"></td></tr>
<tr><td colspan="3">合计</td><td>100</td><td colspan="2"></td></tr>
<tr><td colspan="6"></td></tr>
<tr><td>总体评价</td><td colspan="6"></td></tr>
</table>

2-2-1 水冷型质子交换膜燃料电池单电池部件生产记录单

项目名称	大功率水冷型质子交换膜燃料电池制作	班级		姓名	
组号			指导教师		

(一)大功率质子交换膜燃料电池单电池部件的制造流程记录

流程名称	所需物料、设备、产出物	设备关键技术参数及工艺关键控制点
1.	1. 2.	1. 2.
2.	1. 2.	1. 2.
3.		
4.		
5.		

(二)膜电极自动化生产线工艺流程记录表

工艺流程	所需物料、设备、产出物	设备关键技术参数及工艺关键控制点
1.	1. 2.	1. 2.
2.	1. 2.	1. 2.
3.		
4.		
5.		
6.		

(三)双极板生产线工艺流程记录表

工艺流程	所需物料、设备、产出物	设备关键技术参数及工艺关键控制点
1.	1. 2.	1. 2.
2.	1. 2.	1. 2.

（四）气体扩散层生产线工艺流程记录表

工艺流程	所需物料、设备、产出物	设备关键技术参数及工艺关键控制点
1.	1. 2.	1. 2.
2.	1. 2.	1. 2.

（五）单电池的测试标准及测试方法记录表

测试项目	所需设备	参考标准及测试方法

（六）单电池的生产效率和质量控制

生产流程	设备管理	质量控制方法

（七）改进提交工作单

<table>
<tr><td rowspan="6">问题总结</td><td>序号</td><td>内容</td></tr>
<tr><td>1</td><td></td></tr>
<tr><td>2</td><td></td></tr>
<tr><td>3</td><td></td></tr>
<tr><td>4</td><td></td></tr>
<tr><td>5</td><td></td></tr>
<tr><td>改进要点记录</td><td colspan="2"></td></tr>
</table>

2-2-2 水冷型质子交换膜燃料电池单电池部件生产任务评价表

<table>
<tr><td>项目名称</td><td colspan="3">大功率水冷型质子交换膜燃料电池制作</td><td>班级</td><td></td><td>姓名</td><td></td></tr>
<tr><td>组号</td><td colspan="4"></td><td>指导教师</td><td colspan="2"></td></tr>
<tr><td rowspan="10">小组成绩
（30%）</td><td>考核内容</td><td colspan="3">考核标准</td><td>满分</td><td colspan="2">得分</td></tr>
<tr><td rowspan="2">实操准备</td><td colspan="3">计划单填写认真，分工明确，时间分配合理</td><td>10</td><td colspan="2"></td></tr>
<tr><td colspan="3">器材准备充分，数量和质量合格</td><td>10</td><td colspan="2"></td></tr>
<tr><td rowspan="2">实操清场</td><td colspan="3">能及时完成器材的整理、归位</td><td>20</td><td colspan="2"></td></tr>
<tr><td colspan="3">离场时，会关闭门窗、切断水电</td><td>10</td><td colspan="2"></td></tr>
<tr><td>任务完成</td><td colspan="3">按时完成任务，效果好</td><td>20</td><td colspan="2"></td></tr>
<tr><td rowspan="2">演示和汇报</td><td colspan="3">能有效收集和利用相关文献资料</td><td>10</td><td colspan="2"></td></tr>
<tr><td colspan="3">能运用语言、文字进行准确表达</td><td>10</td><td colspan="2"></td></tr>
<tr><td>产品样品</td><td colspan="3">工艺正确可行</td><td>10</td><td colspan="2"></td></tr>
<tr><td colspan="4">合计</td><td>100</td><td colspan="2"></td></tr>
<tr><td rowspan="11">个人成绩
（70%）</td><td>考核内容</td><td colspan="3">考核标准</td><td>满分</td><td colspan="2">得分</td></tr>
<tr><td>操作能力</td><td colspan="3">操作规范、有序</td><td>20</td><td colspan="2"></td></tr>
<tr><td>任务完成</td><td colspan="3">工作记录填写正确</td><td>10</td><td colspan="2"></td></tr>
<tr><td>课堂表现</td><td colspan="3">遵守学习纪律，正确回答课堂提问</td><td>10</td><td colspan="2"></td></tr>
<tr><td>课后作业</td><td colspan="3">按时完成作业，准确率高</td><td>10</td><td colspan="2"></td></tr>
<tr><td>考勤</td><td colspan="3">按时出勤，无迟到、早退和旷课</td><td>10</td><td colspan="2"></td></tr>
<tr><td>自我管理</td><td colspan="3">能按计划单完成相应任务</td><td>10</td><td colspan="2"></td></tr>
<tr><td>团队合作</td><td colspan="3">能与小组成员分工协作，完成项目准备、清场等工作</td><td>10</td><td colspan="2"></td></tr>
<tr><td>表达能力</td><td colspan="3">能与小组成员进行有效沟通，演示和汇报质量高</td><td>10</td><td colspan="2"></td></tr>
<tr><td>学习能力</td><td colspan="3">能按时完成信息单，准确率高</td><td>10</td><td colspan="2"></td></tr>
<tr><td colspan="4">合计</td><td>100</td><td colspan="2"></td></tr>
<tr><td>总体评价</td><td colspan="7"></td></tr>
</table>

2-3-1 水冷型质子交换膜燃料电池堆装调记录单

项目名称	大功率水冷型质子交换膜燃料电池制作	班级		姓名	
组号			指导教师		

(一)水冷型质子交换膜燃料电池堆的部件清单

序号	部件名称	规格	数量	作用
1				
2				
3				
4				
5				
6				
7				
8				
9				
10				
11				
12				
13				
14				
15				
16				
17				
18				
19				
20				
21				
22				
23				
24				
25				
26				
27				
28				

（二）相关知识和技能信息确认单

序号	内容	人员	实施情况
1			
2			
3			
4			

（三）水冷型质子交换膜燃料电池装堆工艺步骤记录表

序号	工艺步骤
1	
2	
3	
4	
5	
6	
7	
8	
9	
10	
11	
12	
13	
14	
15	
16	
17	
18	
19	
20	

（四）水冷型质子交换膜燃料电池电堆半成品电堆检漏步骤记录表

测试项目	工艺步骤	结果记录

（五）水冷型质子交换膜燃料电池电堆半成品活化测试记录表

项目	过程记录	结果记录
活化测试原理图		
活化测试步骤		
活化测试主要参数		

（六）燃料电池电堆紧固工序记录表

电池堆编号	工艺步骤	结果记录

（七）燃料电池电堆冷却系统安装记录表

序号	工艺步骤	结果记录

（八）改进提交工作单

	序号	内容
问题总结	1	
	2	
	3	
	4	
	5	
	6	
改进要点记录		

2-3-2 水冷型质子交换膜燃料电池堆装调任务评价表

<table>
<tr><td>项目名称</td><td colspan="2">大功率水冷型质子交换膜燃料电池制作</td><td>班级</td><td></td><td>姓名</td><td></td></tr>
<tr><td>组号</td><td colspan="3"></td><td>指导教师</td><td colspan="2"></td></tr>
<tr><td rowspan="10">小组成绩
(30%)</td><td>考核内容</td><td colspan="2">考核标准</td><td>满分</td><td colspan="2">得分</td></tr>
<tr><td rowspan="2">实操准备</td><td colspan="2">计划单填写认真,分工明确,时间分配合理</td><td>10</td><td colspan="2"></td></tr>
<tr><td colspan="2">器材准备充分,数量和质量合格</td><td>10</td><td colspan="2"></td></tr>
<tr><td rowspan="2">实操清场</td><td colspan="2">能及时完成器材的整理、归位</td><td>20</td><td colspan="2"></td></tr>
<tr><td colspan="2">离场时,会关闭门窗、切断水电</td><td>10</td><td colspan="2"></td></tr>
<tr><td>任务完成</td><td colspan="2">按时完成任务,效果好</td><td>20</td><td colspan="2"></td></tr>
<tr><td rowspan="2">演示和汇报</td><td colspan="2">能有效收集和利用相关文献资料</td><td>10</td><td colspan="2"></td></tr>
<tr><td colspan="2">能运用语言、文字进行准确表达</td><td>10</td><td colspan="2"></td></tr>
<tr><td>产品样品</td><td colspan="2">工艺正确可行</td><td>10</td><td colspan="2"></td></tr>
<tr><td colspan="3">合计</td><td>100</td><td colspan="2"></td></tr>
<tr><td rowspan="11">个人成绩
(70%)</td><td>考核内容</td><td colspan="2">考核标准</td><td>满分</td><td colspan="2">得分</td></tr>
<tr><td>操作能力</td><td colspan="2">操作规范、有序</td><td>20</td><td colspan="2"></td></tr>
<tr><td>任务完成</td><td colspan="2">工作记录填写正确</td><td>10</td><td colspan="2"></td></tr>
<tr><td>课堂表现</td><td colspan="2">遵守学习纪律,正确回答课堂提问</td><td>10</td><td colspan="2"></td></tr>
<tr><td>课后作业</td><td colspan="2">按时完成作业,准确率高</td><td>10</td><td colspan="2"></td></tr>
<tr><td>考勤</td><td colspan="2">按时出勤,无迟到、早退和旷课</td><td>10</td><td colspan="2"></td></tr>
<tr><td>自我管理</td><td colspan="2">能按计划单完成相应任务</td><td>10</td><td colspan="2"></td></tr>
<tr><td>团队合作</td><td colspan="2">能与小组成员分工协作,完成项目准备、清场等工作</td><td>10</td><td colspan="2"></td></tr>
<tr><td>表达能力</td><td colspan="2">能与小组成员进行有效沟通,演示和汇报质量高</td><td>10</td><td colspan="2"></td></tr>
<tr><td>学习能力</td><td colspan="2">能按时完成信息单,准确率高</td><td>10</td><td colspan="2"></td></tr>
<tr><td colspan="3">合计</td><td>100</td><td colspan="2"></td></tr>
<tr><td>总体评价</td><td colspan="6"></td></tr>
</table>

2-4-1 水冷型质子交换膜燃料电池堆的应用记录单

项目名称	大功率水冷型质子交换膜燃料电池制作	班级		姓名	
组号			指导教师		

(一)燃料电池电堆接入系统结构图

序号	名称	功能及作用描述
1	燃料电池堆	
2	燃料电池应用产品	
燃料电池应用产品系统结构图		

(二)相关知识和技能信息确认单

序号	内容	人员	实施情况
1			
2			
3			
4			

(三)燃料电池电堆接入系统氢气参数记录表

序号	名称	数值
1	氢气瓶	
2	氢气来源	
3	氢气浓度	
4	瓶内氢气压力	
5	氢气使用流量	

（四）燃料电池应用产品系统部件及工作过程记录表

序号	燃料电池应用产品部件名称	功能及作用描述
1		
2		
3		
4		
5		
6		
7		
8		
燃料电池应用产品工作过程示意图		

（五）燃料电池电堆工艺优化措施记录表

序号	应用效果记录	工艺优化措施
1		
2		
3		
4		

2-4-2 水冷型质子交换膜燃料电池堆的应用任务评价表

<table>
<tr><td>项目名称</td><td colspan="2">大功率水冷型质子交换膜燃料电池制作</td><td>班级</td><td></td><td>姓名</td><td></td></tr>
<tr><td>组号</td><td colspan="3"></td><td>指导教师</td><td colspan="2"></td></tr>
<tr><td rowspan="10">小组成绩
(30%)</td><td>考核内容</td><td colspan="2">考核标准</td><td>满分</td><td colspan="2">得分</td></tr>
<tr><td rowspan="2">实操准备</td><td colspan="2">计划单填写认真，分工明确，时间分配合理</td><td>10</td><td colspan="2"></td></tr>
<tr><td colspan="2">器材准备充分，数量和质量合格</td><td>10</td><td colspan="2"></td></tr>
<tr><td rowspan="2">实操清场</td><td colspan="2">能及时完成器材的整理、归位</td><td>20</td><td colspan="2"></td></tr>
<tr><td colspan="2">离场时，会关闭门窗、切断水电</td><td>10</td><td colspan="2"></td></tr>
<tr><td>任务完成</td><td colspan="2">按时完成任务，效果好</td><td>20</td><td colspan="2"></td></tr>
<tr><td rowspan="2">演示和汇报</td><td colspan="2">能有效收集和利用相关文献资料</td><td>10</td><td colspan="2"></td></tr>
<tr><td colspan="2">能运用语言、文字进行准确表达</td><td>10</td><td colspan="2"></td></tr>
<tr><td>产品样品</td><td colspan="2">工艺正确可行</td><td>10</td><td colspan="2"></td></tr>
<tr><td colspan="3">合计</td><td>100</td><td colspan="2"></td></tr>
<tr><td rowspan="11">个人成绩
(70%)</td><td>考核内容</td><td colspan="2">考核标准</td><td>满分</td><td colspan="2">得分</td></tr>
<tr><td>操作能力</td><td colspan="2">操作规范、有序</td><td>20</td><td colspan="2"></td></tr>
<tr><td>任务完成</td><td colspan="2">工作记录填写正确</td><td>10</td><td colspan="2"></td></tr>
<tr><td>课堂表现</td><td colspan="2">遵守学习纪律，正确回答课堂提问</td><td>10</td><td colspan="2"></td></tr>
<tr><td>课后作业</td><td colspan="2">按时完成作业，准确率高</td><td>10</td><td colspan="2"></td></tr>
<tr><td>考勤</td><td colspan="2">按时出勤，无迟到、早退和旷课</td><td>10</td><td colspan="2"></td></tr>
<tr><td>自我管理</td><td colspan="2">能按计划单完成相应任务</td><td>10</td><td colspan="2"></td></tr>
<tr><td>团队合作</td><td colspan="2">能与小组成员分工协作，完成项目准备、清场等工作</td><td>10</td><td colspan="2"></td></tr>
<tr><td>表达能力</td><td colspan="2">能与小组成员进行有效沟通，演示和汇报质量高</td><td>10</td><td colspan="2"></td></tr>
<tr><td>学习能力</td><td colspan="2">能按时完成信息单，准确率高</td><td>10</td><td colspan="2"></td></tr>
<tr><td colspan="3">合计</td><td>100</td><td colspan="2"></td></tr>
<tr><td>总体评价</td><td colspan="6"></td></tr>
</table>